"十四五"职业教育部委级规划教材

塑料生产技术及质量控制

彭红梅　杨东洁　主　编

黄　俊　李平立　副主编

中国纺织出版社有限公司

内 容 提 要

本书概述了塑料的性能、用途及成型理论，详细论述了挤出成型、注射成型、压延成型、模压成型、层压成型、泡沫塑料成型、中空吹塑成型等技术，并针对这些成型技术的基本理论、成型机械、工艺过程及控制、技术的发展趋势等方面展开介绍。学习本书的前提是已经具备热学、化学、力学、高分子化学与物理及各种塑料性能等基础知识。

本书可作为高分子材料及相关专业师生的教学用书，也可供相关企业技术人员参考阅读。

图书在版编目（CIP）数据

塑料生产技术及质量控制 / 彭红梅，杨东洁主编；黄俊，李平立副主编. --北京：中国纺织出版社有限公司，2024.4

"十四五"职业教育部委级规划教材

ISBN 978-7-5229-1508-1

Ⅰ. ①塑… Ⅱ. ①彭… ②杨… ③黄… ④李… Ⅲ. ①塑料成型—生产工艺—职业教育—教材 Ⅳ. ①TQ320.66

中国国家版本馆 CIP 数据核字（2024）第 056259 号

责任编辑：孔会云 陈彩虹 责任校对：高 涵
责任印制：王艳丽

中国纺织出版社有限公司出版发行
地址：北京市朝阳区百子湾东里 A407 号楼 邮政编码：100124
销售电话：010—67004422 传真：010—87155801
http://www.c-textilep.com
中国纺织出版社天猫旗舰店
官方微博 http://weibo.com/2119887771
三河市宏盛印务有限公司印刷 各地新华书店经销
2024 年 4 月第 1 版第 1 次印刷
开本：787×1092 1/16 印张：20.5
字数：480 千字 定价：56.00 元

前　言

　　高分子材料是以高分子化合物为基础的材料，高分子材料已与金属材料、无机非金属材料一样成为科学技术、经济建设中的重要材料。塑料和橡胶、纤维并称为三大类高分子材料，塑料作为品种最多、用量最大的高分子材料，由其加工成型的制品对人类生产生活影响非常广泛。通过掌握塑料成型加工原理、技术及生产控制因素，可以加深对塑料加工、结构和性能的理解，熟知影响塑料制品性能的各种因素，指导人们选择和运用合适的加工设备、加工方法和成型工艺，并以较低的成本实现较高的劳动生产效率，获得高质量的塑料制品。高分子材料类及相关专业本专科教师、学生，高分子生产和加工企业技术人员，能够从本书中了解到塑料加工基本原理、成型设备和工艺技术，熟悉塑料制品的加工—结构—性能的关系，从而全面掌握塑料制品生产过程。

　　本书所介绍的内容，只是塑料成型加工中的基本原理、基本生产控制过程，限于时间和数学基础，对于一些理论问题，不做过多的繁复数学推导，而主要就其物理意义加以说明。对于不同的成型加工过程，由于塑料品种繁多，产品千变万化，只就主要和典型的内容加以讨论。以此为基础，使学习者进一步理解与掌握塑料生产技术的改进与发展。

　　本书由成都纺织高等专科学校彭红梅、杨东洁主编。参加编写工作的人员有成都纺织高等专科学校刘晓华（第一章），成都纺织高等专科学校阳建斌（第二章），成都纺织高等专科学校彭红梅（第三、第四章），成都纺织高等专科学校李春和黄俊（第五、第六章），公安部四川消防研究所李平立（第七章），四川安费尔高分子材料科技有限公司李亚儒（第八章），成都纺织高等专科学校杨东洁（第九章），全书由彭红梅统稿。

　　四川大学、武汉纺织大学、什邡市太丰新型阻燃剂有限责任公司等单位为本书的编写提出了很多宝贵意见，也得到国内高分子界同仁的关心，在此我们表示衷心的感谢。

　　由于编者水平有限，书中的疏漏和不妥之处在所难免，敬请读者朋友批评指正。

编者

2023 年 7 月

目　录

第一章 绪论

第一节 塑料及其应用

塑料是以树脂（或在加工过程中用单体直接聚合）为主要成分，以增塑剂、填充剂、润滑剂、着色剂等添加剂为辅助成分，在一定温度和压力的作用下能流动成型的有机高分子材料。

一、塑料的组成

树脂指受热时通常有转化或熔融温度范围，转化时受外力作用具有流动性，常温下呈固态或半固态或液态的有机聚合物，它是塑料最基本也是最重要的成分，决定塑料的类型和基本性能。树脂的作用：黏合其他成分材料；赋予塑料可塑性和流动性。树脂分为天然树脂和合成树脂。天然树脂是由自然界中动植物的分泌物所得的无定形有机物质，如松香、琥珀、虫胶等，其特点为：无明显的熔点，受热后逐渐软化，可溶解于有机溶剂，而不溶解于水。合成树脂指由简单有机物经化学合成或某些天然产物经化学反应而得到的树脂产物，其特点为：合成树脂不能直接使用，需通过一定的加工工艺将它转化为塑料或塑件后才能使用。合成树脂有聚氯乙烯（PVC）、聚乙烯（PE）、聚丙烯（PP）、聚苯乙烯（PS）、聚酰胺（PA）、聚碳酸酯（PC）、酚醛树脂、聚氨酯（PU）、环氧树脂等。在工业生产和应用上，大部分塑料中还需加入各种助剂（也称添加剂），用于改善塑料的加工性能和使用性能或降低成本。助剂有增塑剂、稳定剂、润滑剂、填充剂、阻燃剂、发泡剂、着色剂等。助剂在一定程度上能改善塑料的力学性能、物理性能和加工性能。

有些塑料也可不加任何助剂，如聚四氟乙烯塑料，这种塑料称为单组分塑料，否则称为多组分塑料。

二、塑料的分类

塑料的种类繁多，主要的就有几十种。塑料的分类方法有以下几种。

（一）按塑料受热后呈现的基本特性分类

按塑料受热后呈现的基本特性不同，可分为热塑性塑料和热固性塑料两种。

1. 热塑性塑料

指在特定温度范围内能反复加热软化和冷却硬化的塑料，其分子结构为线型或支链型结构，即变化过程可逆。聚氯乙烯、聚丙烯、聚苯乙烯、聚甲基丙烯酸甲酯（PMMA）、聚甲醛、聚酰胺及聚碳酸酯等都是热塑性塑料。

热塑性塑料发展很快。近年来又发展了一批具有特殊性能的热塑性塑料，如聚砜、聚酰亚胺及含氟塑料等。

2. 热固性塑料

指在受热或其他条件下能固化成不熔不溶性物质的塑料，其分子结构为体型，即变化过程不可逆。热固性塑料在加工时，起初也具有一定的塑性，可制成一定形状的制件，但继续加热或加入固化剂后则随化学反应的发生而变硬（固化），使形状固定下来不再变化（定型）。固化定型后的塑料，质地坚硬而不溶于溶剂，如再加热也不会软化和不具有可塑性，温度过高就会发生分解。具有这种性质的塑料就称为热固性塑料。酚醛树脂（电木）、脲醛树脂（电玉）、环氧树脂以及不饱和聚酯等都是热固性塑料。

（二）按原料树脂的合成途径分类

按原料树脂的合成途径不同，塑料可以分为以下三种。

1. 以加聚树脂为基础原料的塑料

加聚树脂是以加聚反应得到的合成树脂。常见的有聚氯乙烯、聚烯烃、聚苯乙烯、聚甲基丙烯酸甲酯、聚四氟乙烯等。

2. 以缩聚树脂为基础原料的塑料

缩聚树脂是以缩聚反应得到的合成树脂。常见的有酚醛树脂等。

3. 以天然高分子物为基础原料的塑料

以天然高分子物为基础原料，必须经过化学加工而制得塑料。常见的有硝化纤维素、醋酸纤维素等。

（三）按应用范围分类

按应用范围不同，塑料还可分为通用塑料、工程塑料和特种塑料三种。

1. 通用塑料

通用塑料是指产量大、用途广、成型性好、价格低、性能普通，主要用于制造日用品的塑料。聚氯乙烯、聚乙烯、聚丙烯、聚苯乙烯、酚醛树脂为五大通用塑料。其他如聚烯烃、乙烯基塑料、丙烯酸塑料、氨基塑料等也都属于通用塑料。它们的产量占塑料总产量的一半以上，构成塑料工业的主体。

2. 工程塑料

工程塑料产量小，价格较高，具有优异的力学性能、电性能、化学性能、耐热性能、自润滑性能及尺寸稳定性，可代替一些金属材料用于制造结构零部件。聚酰胺、聚甲醛、聚碳酸酯、聚砜和丙烯腈-丁二烯-苯乙烯共聚物（ABS）等都是具有优良的力学性能和耐热、耐腐蚀、耐磨等特性的工程塑料。

3. 特种塑料

又称功能塑料，一般指具有特种功能（如耐热、自润滑、导电等）应用于特殊领域的塑料，如用于导电、导磁、感光、防辐射、光导纤维、液晶、高分子分离膜等的塑料。特种塑料一般是由通用塑料或工程塑料用树脂经特殊处理或改性获得的，也有一些是由专门合成的特种树脂制成的。

三、塑料的性能

（一）塑料的优点

塑料的产量大，应用广，这与它的优异性能是分不开的。它们的主要优点可归纳如下。

（1）质轻、比强度高。塑料质轻，一般塑料的密度在 $0.9 \sim 2.3 g/cm^3$，是钢铁密度的 $1/8 \sim 1/4$，铝密度的 $1/2$。泡沫塑料则更轻，它的密度在 $0.01 \sim 0.5 g/cm^3$。材料的强度与密度的比值称作比强度，有些增强塑料的比强度接近甚至超过钢材。材料质轻有很多优点，比如汽车的离合器，如果使用质轻的塑料，提速就会更快；又如飞机上使用质轻的塑料，飞机整体质量较轻，就会比较省油。

（2）耐化学腐蚀性好。比如聚四氟乙烯（PTFE），俗称塑料王。PTFE 可以在王水里面浸泡数天，所以 PTFE 是耐腐蚀性非常好的一种塑料。对于大部分的塑料，比如塑料容器，都具有一定的耐腐蚀性，即在一定的使用范围、一定的使用周期内可以正常使用。

（3）电绝缘性能优异。塑料绝缘性优良，因此可用于电器方面，也可用于雷达、半导体、电缆的包覆材料。

（4）减磨、耐磨性能好。大多数塑料具有优良的减磨、耐磨和自润滑特性。许多工程塑料制造的耐摩擦零件就是利用塑料的这些特性，如用尼龙、聚甲醛制作的齿轮。

（5）透光及防护性能。这里主要针对一些透明的塑料，有一部分不结晶的塑料是透明的。如 PS、PMMA、PC，可以做一些透明的制品；PVC、PE、PP 等塑料薄膜具有良好的透光性和保暖性，可用作农用薄膜、地膜。塑料具有多种防护性能，因此常用作防护包装用品，如塑料薄膜和塑料箱、塑料桶、塑料瓶等。

（6）易于成型加工。在不同的温度下，高分子材料可以处在不同的聚集态。高分子材料有三种聚集态结构，分别是玻璃态、高弹态、黏流态。这三种聚集态具有温度可逆性，在不同的温度下可以进行不同的加工，所以高分子材料的可塑性很强。比如，在玻璃态下可以进行机械加工，在高弹态下可以进行中空、真空成型，在黏流态下可以进行挤出、注射成型等。相较于金属和陶瓷，塑料加工的品种更多，可塑性更强。

除此之外，塑料还具有绝热、隔音、隔热、减震等许多优点。由于塑料的这些优良性能，使它在工农业生产和人们的日常生活中具有广泛用途，它已从过去作为金属、玻璃、陶瓷、木材和纤维等材料的代用品，一跃成为现代生活和现代工业不可缺少的材料。

（二）塑料的缺点

塑料尽管具有以上这些其他材料所不及的优良性能，但也有不足之处。塑料的主要缺点如下。

（1）与金属和陶瓷相比，塑料不耐热。通用塑料，如 PE、PP、PVC，使用温度在 100℃ 以下。比如塑料饮水杯，如果超过其软化温度就会变形，长期在较高温度下使用会加快老化速率，使用周期就会变短。工程塑料、特种塑料最高使用温度不超过 400℃，常见的工程塑料如 PA、PC 等使用温度一般是在 100~260℃，所以塑料不能用在温度特别高的地方。因为塑料不耐热，所以不适合用在比较苛刻的环境里。

（2）蠕变。蠕变是指在一定温度和较小的恒定外力的作用下，材料的变形随时间的增加而逐渐增大的一种现象。蠕变是高分子材料独有的性能。蠕变最为直接地表现了高聚物静态黏弹性能，也是材料主要失效形式之一。与普通的塑性变形不同，塑性变形一般是在应力超过弹性极限以后才产生，而蠕变是随时间变化的一种现象，只要作用时间足够长，没有达到弹性极限同样也会出现蠕变。作为塑料制品，当受力时间足够长，其形状就会发生改变，比如，雨衣被悬挂时间久了就会发现有痕迹，这是因为受到了重力的作用，发生了蠕变。又如橡皮筋，使用后就会越来越松，这是因为在反复的使用过程中，慢慢发生了形变。

（3）老化。塑料制品使用过程中，由于受周围环境，如光、热、雨、雪、风、微生物和化学药品等的作用，会发生颜色改变、发硬变脆、龟裂等现象。总的来说就是发生了降解和/或交联的结果，我们称为老化。对于塑料而言，一般是由于降解而导致的老化。降解是指聚合物分子量变小的反应，也就是分子链上的一部分脱落了。降解主要分为热降解、力化学降解、化学/生化降解、氧化降解、光降解/光氧化降解。有些塑料制品，除树脂外还加入一些增塑剂、稳定剂等助剂。这些助剂在外界条件作用下，也会挥发、损失，而使塑料制品逐步老化。如柔软的聚氯乙烯薄膜，经风吹雨打，热水浸泡，会加快塑料中的增塑剂挥发和损失，使薄膜发硬变脆。聚乙烯制成的提桶经长时间的日光曝晒，也会加快制品脆化龟裂。这就是塑料制品长时间使用后会老化的根本原因。为了推迟塑料的老化，目前，有的塑料制品在生产中已加入防老剂。同时，正确合理地使用和保管，也可以减慢塑料制品的老化过程，延长它的使用寿命。比如，在使用、陈列、储存塑料制品时，不要在日光下长期曝晒，不要放在火炉、燃气管道上烘烤，不要长期浸泡在热水或沸水中，不要与丙酮、氯仿、醋酸丁酯、樟脑等化学药品接触，都可以减缓塑料制品的老化。所以，塑料制品老化的快慢、使用寿命的长短，除了取决于该制品的质量外，还与合理的使用和保管方法有很大关系。

（4）塑料易变形。塑料的尺寸稳定性差，相比于金属和陶瓷，塑料更容易发生变形。塑料降温成型收缩较大，受力会发生变形。

四、塑料的用途

塑料已被广泛应用于农业、工业、建筑、包装、国防及人们日常生活等各个领域。

（1）电器方面。目前在各种家用电器，如电视机、收录机、电风扇、洗衣机、电冰箱等方面获得了广泛的应用。

（2）运输方面。汽车、火车、轮船等交通工具及相应的附属设施所用的塑料，逐年增加。品种有：燃油箱、保险杠、遮阳板、车座、门把手、方向盘、仪表板等。

（3）包装方面。塑料作为一种新型包装材料，在包装领域中已获得广泛应用，例如各种中空容器、注塑容器（周转箱、集装箱、桶等）、包装膜、编织袋、泡沫塑料、捆扎绳和打包带等。

（4）建筑方面。给水管、排水管、雨水管、槽系统、电气护套管、热收缩管、塑料门窗、板材、壁纸、地板卷材、地板毡、平托盘、防水材料、堵水材料、装饰材料、建筑涂料、卫生洁具等。

（5）渔业方面。如渔网、养殖浮漂等。

（6）农业方面。如地膜、育秧薄膜、大棚膜、排灌管道等。

（7）化学方面。在化学工业中用塑料制作各种容器及其他防腐零部件，如塔器、贮槽、贮罐、反应器、电镀电解槽、热交换器、烟囱、管道、阀门、泵、衬里等。

（8）医疗方面。可制作人工血管、心脏瓣膜、食道、气管等，人工耳朵、人工皮肤、人工关节等，输液器、输血袋、注射器、插管、检验用品、病人用具、手术室用品等。

（9）航空方面。用各种增强塑料作为飞机的结构和覆面材料。

（10）体育方面。如各种健身用品。

（11）日用品方面。如塑料凉鞋、拖鞋、雨衣、手提包、儿童玩具、牙刷、肥皂盒、热水瓶壳等。

（12）家具方面。可制作家庭、机关、工厂、学校和公共场所用家具。

五、常见塑料及其应用

1. 聚乙烯（PE）

聚乙烯是由乙烯单体经聚合而成，1939 年实现工业化生产，是目前合成树脂中产量最大、用途最广的品种之一，其原料充足，产量一直居世界塑料产量的首位，在我国居第二位，仅次于 PVC 塑料，属易加工塑料。

特征：无臭、无味、无毒的可燃性白色粉末，挤出造粒为蜡状半透明颗粒，呈乳白色，密度 $0.91 \sim 0.98 \mathrm{g/cm^3}$。

常见的聚乙烯有高密度聚乙烯（HDPE）和低密度聚乙烯（LDPE）。

HDPE 俗称孖力士。HDPE 的高结晶度（80%~90%）导致了它的密度高，硬度大，力学性能较高；HDPE 比 LDPE 有更强的抗渗透性；该材料的流动特性很好，熔融指数为 0.1~28；HDPE 的抗冲击强度较低，很容易发生环境应力开裂现象；当温度高于 60℃ 时，HDPE 很容易在烃类溶剂中溶解；HDPE 纯度低、介电性能不高、透明性和成型加工性能较差；HDPE 的特性主要由密度和分子量分布所控制。

LDPE 俗称花料，是半结晶材料。LDPE 结晶度 55%~65%，故密度小、质地柔软、透明性较 HDPE 好；LDPE 的热膨胀系数很高，不适合加工长期使用的制品；LDPE 耐热性差，不耐光和氧，易老化，需加抗氧化剂和光稳定剂；LDPE 耐化学性较好，介电强度高，具有良好的柔软性、延伸性和透明性，加工性能好；LDPE 成型后收缩率较高，在 1.5%~4% 之间；LDPE 的分子量越高，流动特性越差，但是有更好的抗冲击强度。

HDPE 主要用于包装、建材、水桶、玩具，电冰箱容器、存储容器、家用厨具、密封盖等。LDPE 主要用于管道连接器、包装胶袋、绝缘电线、吹塑薄膜等。

2. 聚丙烯（PP）

聚丙烯是由丙烯单体经自由基聚合而成的聚合物。由于分子链上有侧甲基，不利于分子排列的规整度和柔性，使刚性增大；聚丙烯的密度约为 $0.9 \mathrm{g/cm^3}$。

优点：密度小（最轻的塑料），质量轻；吸水率低于 0.02%，几乎不受水分侵蚀；抗冲击强度高，加工流动性好，易成型，制品外观质量好；原料来源丰富，价格便宜；耐热性好（但热负荷变形能力差）；耐化学性能好。

缺点：低温环境呈脆性，耐气候老化性能差（可通过改性、添加助剂等方式改善）；属于结晶性材料，收缩率较大，尺寸稳定性差。

PP 的用途主要有：挤出制品（文件夹、名牌夹、影集、一次性水杯等，棒材、板材等）；纤维制品（单丝：如绳索、渔网；扁丝：如编织袋，代替传统麻袋、编织布用于帐篷、防雨布；纤维：如地毯、毛毯、蚊帐、尿布、滤布、窗帘）；注塑制品（汽车配件的主导材料：如保险杠、轮壳罩、仪表盘、方向盘、手柄、蓄电池壳等；日用品：衣架、凳子、脸盆、水桶、玩具、办公用品、夹具等；电器：洗衣机筒、电视机外壳、电风扇叶、电冰箱内衬等）；薄膜制品（防潮包装、冷冻和保鲜食品的包装等）。

3. 聚氯乙烯（PVC）

由乙炔气体和氯化氢合成氯乙烯，再聚合而成 PVC，是热塑性塑料。它是世界上产量最大的塑料产品之一，价格便宜，应用广泛。但是聚氯乙烯热稳定性较差，长时间受热会导致分解，放出氯化氢气体，使聚氯乙烯变色，使用温度一般在 $-15 \sim 55$ ℃。

聚氯乙烯的分子链中存在极性氯原子，增大了分子间的作用力，阻碍了单链内旋，减小了分子链间距离，所以刚度、强度和硬度均比聚乙烯高。PVC 为微黄色半透明状，有光泽。透明度优于聚乙烯、聚丙烯，差于聚苯乙烯，随增塑剂用量不同，分为软、硬聚氯乙烯，软制品柔而韧，手感黏，硬制品的硬度高于低密度聚乙烯，而低于聚丙烯，在屈折处会出现白化现象。PVC 材料具有不易燃性、高强度、耐气候变化性以及优良的几何稳定性。

优点：质量轻、防水、隔热、保温、防潮、阻燃、施工简便等。规格、色彩、图案繁多，极富装饰性，可应用于居室内墙和吊顶的装饰，是塑料类材料中应用最为广泛的装饰材料之一。

缺点：不耐高温，在较热的环境中工作容易变形。

PVC 在建筑材料、地板革、地板砖、人造革、管材、电线电缆、包装膜、瓶、发泡材料、密封材料、纤维等方面均有广泛应用。

PVC 生产中会使用大量增塑剂［塑化剂，如邻苯二甲酸二辛酯（简称二辛酯，DOP）］和含有重金属的热稳定剂，且合成过程很难杜绝游离单体的存在，这些都被认为是有毒的。所以 PVC 在接触人体，特别是在医药食品应用中，正逐渐被 PP、PE 所取代。

聚乙烯薄膜和聚氯乙烯薄膜，是目前农业生产中用量最大的两种塑料薄膜，用聚乙烯薄膜做成的塑料袋是无毒的，可以用来盛装食物，只是强度差些，且不能经受 80 ℃以上的高温，并有一定的透气性，不宜长期用来盛装茶叶、香料等。用聚氯乙烯薄膜做成的塑料袋有毒性，因而不宜与食品直接接触。聚氯乙烯塑料常用于做雨衣、鞋底、床罩、窗帘、桌布、手提包等。鉴别上述塑料薄膜的简易方法有以下几种。

（1）触摸法。用手摸起来有润滑感，表面像涂了一层蜡（也称为蜡感），这是无毒的聚乙烯薄膜；摸起来有些发黏的则为聚氯乙烯薄膜。

（2）抖动法。用手抖动时声音发脆，这是无毒的聚乙烯薄膜；用手抖动时声音低沉的则为聚氯乙烯薄膜。

（3）燃烧法。遇火即燃，火焰呈黄色，燃烧时有石蜡状油滴滴落，并有蜡烛燃烧时的气味，这是无毒的聚乙烯薄膜；若不易燃烧，离火即熄灭，火焰呈绿色，则为聚氯乙烯薄膜。

（4）浸水法。将塑料袋浸入水中，用手将其按压入水后能浮出水面，这是无毒的聚乙烯薄膜；沉入水底的则为聚氯乙烯薄膜。

4. 聚苯乙烯（PS）

聚苯乙烯是由苯乙烯单体经自由基加聚反应合成的聚合物。它是一种无色、无味、透明的热塑性塑料，具有高于 100 ℃的玻璃化温度；由于侧基上有苯环，分子间移动的阻力增大，结晶度降低，因而具有较大的刚度。通常的聚苯乙烯为非晶态无规聚合物。

主要品种包括普通聚苯乙烯（GPPS）、高抗冲击聚苯乙烯（HIPS）、可发性聚苯乙烯

（EPS）和茂金属聚苯乙烯（SPS）等。

聚苯乙烯是一种比较古老的塑料，其生产工艺也比较完善。聚苯乙烯具有良好的透明性（透光率为88%～92%）和表面光泽，容易染色、硬度高、刚性大，此外，还有良好的耐水性、耐化学腐蚀性和加工流动性能。其主要缺点是：性脆、抗冲击强度低、易出现应力开裂、耐热性差等。

从大的方面来看，聚苯乙烯广泛应用于光学领域，其主要原因就是其透明性较高，可制造光学玻璃和光学仪器，但由于聚苯乙烯塑料属于惰性表面材料，工业中贴合，需要使用专业聚苯乙烯胶水。从小的方面来看，聚苯乙烯经常被用来制作泡沫塑料制品。聚苯乙烯还可以和其他橡胶类高分子材料共聚生成各种不同力学性能的产品。可用于发泡制作防震、隔音、保温等夹芯结构材料。电冰箱、火车、轮船、飞机等也用它们来隔热、隔音，还可用来做救生圈等。

5. ABS 塑料

俗称超不碎胶，是丙烯腈、丁二烯、苯乙烯的共聚物树脂，改变三种组分的配比，可使树脂的性能和特点发生很大的变化，以适应不同产品的需要。丙烯腈使聚合物耐油、耐热、耐化学腐蚀，丁二烯使聚合物具有卓越的柔性、韧性的橡胶的特点，苯乙烯使聚合物具有良好的刚性和熔融的加工流动性。ABS 具有以上三种组分的特点，是一种强度高、韧性好、易于加工成型的热塑性高分子材料；涂有黑色颜料的 ABS 制品的耐候性好，在室外暴露两年，经太阳和大气侵蚀，其外观和性能基本不变；可以在 −25～60℃ 的环境下表现正常，而且有很好的成型性，加工出的产品表面光洁，易于染色和电镀；可以与多种树脂配混成共混物。具有突出的综合性能（加工温度范围宽，不需额外加助剂等），使其成为极其重要的一类工程塑料。

ABS 广泛用于以下领域。

（1）壳体材料。制造电话、复印机、传真机、玩具及厨房用品等的壳体。常见的乐高积木就是 ABS 制品。

（2）汽车配件。具体品种有方向盘、仪表盘、风扇叶片、挡泥板、手柄及扶手等。

（3）机械配件。可用于制造齿轮、泵叶轮、轴承、把手、管材、管件、蓄电池槽及电动工具壳等。

6. 氟塑料

氟塑料是部分或全部氢被氟取代的烷烃聚合物，主要品种有聚四氟乙烯（PTFE）、四氟乙烯—六氟丙烯共聚物（FEP）、聚偏二氟乙烯（PVDF）、乙烯—四氟乙烯共聚物（ETPE）、聚氟乙烯（PVF）、聚三氟乙烯（PCTFE）等。

聚四氟乙烯是氟塑料最主要的品种，有优异的化学稳定性、耐候性、电绝缘性、难燃性，突出的表面不粘性，极低的摩擦系数，宽广的使用温度范围，可用作耐磨、耐腐蚀、密封、绝缘、防粘及耐高低温材料，适于长期在 −80～250℃ 温度范围工作。PTFE 俗称塑料王，是由四氟乙烯自由基聚合而制得的一种全氟聚合物，为白色或灰白色的物质。PTFE 的化学性质十分稳定，优于其他的弹性塑料。它与所有已知的酸和碱（包括三大强酸和氢氟酸）都不发生反应。聚四氟乙烯不会受潮，也不溶解于任何已知的溶剂（但能溶解于熔融的碱金属）。

目前，氟塑料已广泛应用于化工、电子、电气、航空、航天、半导体、机械、纺织、建筑、医药、汽车等工业领域。

第二节 塑料成型工艺的分类

成型是将各种形态的塑料（粉料、粒料、溶液或分散体）制成所需形状的制品或坯件的过程，是一切塑料制品或型材生产的必经过程。

一、按成型加工技术分类

根据塑料成型加工技术的不同，可将其分为连续式、间歇式与周期式三种类型。

（1）连续式成型加工技术。这类技术的共同特点是，其成型加工过程一旦开始，就可以不间断地一直进行下去。用这类成型加工技术制得的塑料产品长度可不受限制，因此管材、棒材、型材、单丝、板材、片材、薄膜等产品可用这类方法生产。典型的连续式塑料成型工艺有各种型材的挤出、板材和片材的压延、薄膜的流延和涂覆人造革的成型等。

（2）间歇式成型加工技术。这类技术的共同特点是成型加工过程的操作不能连续进行，各个制品成型加工操作时间并不固定，有时具体的操作步骤也不完全相同。一般来说，这类成型加工技术的机械化和自动化程度都不高，手工操作占有重要地位。用移动式模具的压缩模塑和传递模塑、冷压烧结成型、层压成型、静态浇铸以及大多数二次加工技术均属此类。

（3）周期式成型加工技术。这类技术的共同特点是，在成型加工过程中，每个制品均以相同的步骤，每个步骤均以相同的时间，以周期循环的方式完成工艺操作。主要依靠成型设备预先设定的程序完成各个制品的成型加工操作，因而成型加工过程可以没有或只有极少量的手工操作。全自动控制的注塑和注坯吹塑，以及自动生产线上的片材热成型和蘸浸成型等是这类工艺的典型代表。

二、按所属成型加工阶段分类

按各种成型加工技术在塑料制品生产中所属成型加工阶段的不同，可将其划分为一次成型、二次成型和二次加工三个类别。

（1）一次成型技术。是指能将塑料原材料转变成有一定形状和尺寸的制品或半成品的各种成型工艺。用于一次成型的塑料原料常称为成型物料，通常是粉状、粒状、纤维状和碎屑状固体塑料，以及树脂单体、低分子量的预聚体、树脂溶液和增塑糊等。这类成型工艺多种多样，目前生产上广泛采用的挤出、注塑、压延、压制、浇铸和涂覆等重要成型工艺均属于一次成型。

（2）二次成型技术。是指既能改变一次成型所得塑料半成品（如型材和坯件等）的形状和尺寸，又不会使其整体性受到破坏的各种成型工艺。目前生产上采用的只有双轴拉伸成型、中空吹塑成型和热成型等少数几种属于二次成型技术。

（3）二次加工技术。这是一类在保持一次成型或二次成型产品硬固状态不变的条件下，为改变其形状、尺寸和表观性质所进行的各种工艺。由于是在塑料完成全部成型后实施的技术操作，因此也将二次加工技术称作"后加工技术"。生产中已采用的二次加工技术多种多样，但大致可分为机械加工、连接加工和修饰加工三类。

一切塑料产品的生产都必须经过一次成型，是否需要经过二次成型和二次加工，则由所用成型物料的成型工艺性、一次成型技术的特点、制品的形状与结构、对制品表观的使用要求、批量大小和生产成本等多方面的因素决定。

三、按聚合物在成型加工过程中的变化分类

按聚合物在成型加工过程中的变化，可将塑料成型加工技术分为以物理变化为主、以化学变化为主、物理变化和化学变化兼有三种类别。

（1）以物理变化为主的成型加工技术。塑料的主要组分（聚合物）在这一类成型加工过程中，主要发生相态与物理状态转变、流动与变形及机械分离等物理变化。在这类工艺的成型加工过程中，有时也会出现一些聚合物力降解、热降解和轻度交联等化学反应，但这些化学反应对成型加工过程的完成和制品的性能都不起主要作用。热塑性塑料的所有一次成型和二次成型，以及大部分二次加工技术都属于此类。

（2）以化学变化为主的成型加工技术。这一类工艺成型加工过程中，聚合物或其单体有明显的交联反应或聚合反应，而且这些化学反应进行的程度对制品的性能有决定性影响。加有引发剂的甲基丙烯酸甲酯预聚浆和加有固化剂液态环氧树脂的静态浇铸、聚氨酯单体的反应注射成型，以及用液态热固性树脂为主要组分的胶黏剂黏接塑件的技术，是这类成型加工技术的实例。

（3）物理变化和化学变化兼有的成型加工技术。热固性塑料的传递模塑、压缩模塑和注射成型是这类成型工艺的典型代表，其成型过程的共同特点是都需要先通过加热使聚合物从固态变到黏流态，黏流态物料流动取得模腔形状后，再借助交联反应使制品固化。用热固性树脂溶液型胶黏剂和涂料处理塑件的技术，由于需要先使溶剂充分蒸发，然后才能借助聚合物交联反应形成黏接接头或涂膜，故也应属于这一类别的加工技术。

第三节　成型用的物料及其配制

工业上用作成型的塑料有粉料、粒料、溶液和分散体等几种，不管是哪一种料，一般都不是单纯的聚合物（合成树脂），或多或少都加有各种助剂（添加剂）。加入助剂的目的是，改善塑料加工工艺和改善塑料制品某些特性，其用量虽少，作用甚大。为了成型过程的需要，有将聚合物与助剂配制成粉料或粒料的，也有将其配制成溶液或分散体的。完成配制的方法大多靠混合，以使它们形成一种均匀的复合物。为此，本节将对塑料中各种组分的作用原理、配制方法进行介绍。

由于当前工业生产上对热固性塑料的制备作业多是在合成树脂厂进行的，因此，以下的讨论主要是热塑性塑料。

一、成型用的物料的组成

（一）聚合物（或树脂）

聚合物（或树脂）是塑料的主要组分，成型后在制品中应成为均一的连续相；能将各种添加剂（助剂）黏结在一起，并赋予制品必要的力学性能。由聚合物和添加剂配制成的塑料，在成型过程中，于一定条件下，应有流动和形变的性能（可塑性），塑料方能进行成型加工和得到广泛应用。所用聚合物可以是热固性的，也可以是热塑性的。聚合物（或树脂）品种不同，所得制品性能和使用范围也不一样。塑料成型中常用的聚合物（或树脂）有聚氯乙烯、聚乙烯、聚丙烯、聚苯乙烯、聚酰胺、聚甲醛、聚碳酸酯、聚砜和ABS 等。

（二）添加剂（助剂）

塑料的添加剂的品种众多，包括增塑剂、热稳定剂、光稳定剂、抗氧化剂、阻燃剂、抗静电剂、加工改性剂、润滑剂、发泡剂、偶联剂、着色剂等十几个大类共 2000 多种化合物。加入塑料中的助剂随制品的不同要求而定，并不是各类都需要（表 1-1）。

表 1-1　获得塑料各种功能所需添加剂类型

改性功能	添加剂类型
稳定化	热稳定剂、抗氧剂、紫外线吸收剂、防霉剂
柔软化、轻量化	增塑剂、发泡剂
提高加工性能	润滑剂、加工助剂、增塑剂
改善表面性能	润滑剂、增白剂、光亮剂、防黏结剂、滑爽剂
防静电	抗静电剂
着色	着色剂
难燃、不燃	阻燃剂、不燃剂、填充剂
提高强度、硬度	填充剂、增强剂、补强剂、交联剂、偶联剂

1. 增塑剂

增塑剂能够增加塑料的可加工性、延展性和膨胀性，它是能与树脂相容的、不易挥发的高沸点有机化合物。增塑剂的主要作用是削弱聚合物分子间的次价键，即范德瓦耳斯力，从而增加了聚合物分子链的移动性，降低了聚合物分子链的结晶性，即增加了聚合物的塑性。表现为聚合物的硬度、模量、软化温度和脆化温度下降，而伸长率、柔韧性提高。

（1）增塑剂的分类。增塑剂按作用机理大致可分为两种。

①非极性增塑剂。主要作用是插入高分子链之间，增大高分子链之间的距离，从而削弱它们之间的范德瓦耳斯力，使高分子链易于活动，在较低的温度下可发生玻璃化转变。

②极性增塑剂。作用机理是增塑剂的极性基团与高聚物分子的极性基团相互作用，代替了高聚物分子极性基团的作用，从而削弱了高聚物之间的范德瓦耳斯力，因此达到增塑的目的。

（2）对增塑剂的要求。理想增塑剂应满足下列要求：

①与树脂之间有良好的相容性；

②增塑效率高；

③卫生性好，无毒、无味、不污染；

④耐久性好，即挥发性、迁移性和抽出性都低；

⑤稳定性好；

⑥具有优良的加工性；

⑦电绝缘性好等。

（3）各类增塑剂。邻苯二甲酸酯、脂肪族二元酸酯、石油磺酸苯酯、磷酸酯、聚酯、环氧化合物、含氯化合物等都是典型的增塑剂。

聚氯乙烯常用增塑剂的增塑效率见表1-2。

表1-2　聚氯乙烯常用增塑剂的增塑效率

增塑剂	缩写代号	等效用量/份	效率比值
癸二酸二丁酯	DBS	49.5	0.78
邻苯二甲酸二丁酯	DBP	54.0	0.85
环氧脂肪酸丁酯	EBST	58.0	0.91
癸二酸二辛酯	DOS	58.5	0.93
己二酸二辛酯	DOA	59.9	0.94
邻苯二甲酸二烯丙酯	DAP	61.2	0.97
邻苯二甲酸二辛酯	DOP	63.5	1.00
邻苯二甲酸二异辛酯	DIOP	65.5	1.03
石油磺酸苯酯	M-50	73~76	1.15~1.2
环氧大豆油	ESBO	78.0	1.23
磷酸三甲酚酯	TCP	79.3	1.25
磷酸二甲酚酯	TXP	83.1	1.31
氯化石蜡（53%氯）	CP-53	89	1.4

注　等效用量即以100份聚氯乙烯为计算标准。

2. 稳定剂

在成型加工和使用期间为有助于材料性能保持原始值或接近原始值而在塑料配方中加入的物质称为稳定剂。在塑料中加入稳定剂是为了抑制聚合物因受外界因素（光、热、氧、细菌、霉菌以至简单的长期存放等）所引起的破坏作用。

（1）热稳定剂。塑料受热时，达到一定温度和时间就会产生降解。发生降解后的塑料分子常有自由基，其化学活性能促使其他塑料分子发生降解。热稳定剂的作用是提高塑料的裂解温度或去除活性中心。

热稳定剂主要用于聚氯乙烯及其他含氯聚合物，原因是PVC的加工温度与其分解温度很相近,当在 160~200℃的温度下加工时,PVC 会发生剧烈的热降解,制品变色,因此在加工 PVC 制品时必须添加热稳定剂,使 PVC 能够承受所需的加工温度。

PVC 分子中存在许多结构上的缺陷,如双键、支化点、残存的引发剂端基、含氧结构等,这些缺陷经热或光的活化很容易形成自由基,热降解中形成的自由基参与了脱氯化氢的反应,如果不抑制氯化氢的产生,分解又会进一步加剧,直至 PVC 树脂的大分子被裂解成各种小分子为止。

热稳定剂的作用机理如下。

①吸收、中和氯化氢,抑制其自动催化作用;

②置换 PVC 分子中的不稳定的烯丙基氯原子或叔碳位氯原子,抑制脱氯化氢;

③与多烯结构发生加成反应,破坏大共轭体系的形成,减少着色;

④消耗自由基、阻止氧化反应。

塑料常用的热稳定剂见表 1-3。

表 1-3　塑料常用的热稳定剂

类型	典型品种
盐基性铅盐类	三盐基硫酸铅、二盐基硬脂酸铅、二盐基亚磷酸铅
金属皂盐	硬脂酸钡、硬脂酸镉、硬脂酸钙、硬脂酸镁、硬脂酸锌
有机锡化合物	二月桂酸二丁基锡、马来酸二丁基锡、顺丁烯二酸二丁基锡
环氧化合物	环氧化油、环氧脂肪酸酯、环氧树脂
亚磷酸酯	亚磷酸的三芳酯、二烷酯、三芳烷酯、烷芳混合酯以及聚合型亚磷酸酯

(2) 光稳定剂。塑料和其他高分子材料暴露在日光或强的荧光下,产生了光降解的过程。不仅改变了塑料的外观,而且会影响到塑料制品的多项力学性能和电性能。

紫外线的波长范围在 290~400nm,由于波长与光量子能量呈反比,因此,波长越短,辐射能量越强。紫外线的辐射能量能使有机物的化学键破坏而产生自由基。光稳定剂是一种能抑制或减弱光对塑料的降解作用,提高塑料耐光性的物质。按其作用机理分为光屏蔽剂、紫外线吸收剂、淬灭剂、自由基捕获剂四大类。

①光稳定剂按作用机理分类。

a. 光屏蔽剂。在光线和聚合物之间设置一道屏障,使光线不能直接照射到聚合物内部,在塑料制品与紫外线中间加以屏蔽、隔断,使制品内部不受紫外线的危害,有效地抑制光老化现象。

b. 紫外线吸收剂。吸收射入的紫外线,放出无破坏性的长波光能或热能,防止聚合物降解。

c. 淬灭剂。移出聚合物所吸收的光能,使其所贮存的能量达不到降解所需的量。

d. 自由基捕获剂。自由基是聚合物吸收了紫外线,导致自动氧化反应而产生的,而自由基捕获剂可以捕获这种活性自由基,阻止链式反应继续下去,并生成稳定的化合物。

②塑料常用光稳定剂（表1-4）。

表1-4 塑料常用的光稳定剂

类型	典型品种
光屏蔽剂	炭黑、氧化锌、二氧化钛、亚硫酸锌
紫外线吸收剂	二苯甲酮类：UV-9、UV-24、UV-531、UV-342、UV-356 苯并三唑类：UV-326、UV-327、UV-P 三嗪类：2, 4, 6-三（2′-羟基4′-正丁氧基苯基）-1, 3, 5三嗪 取代丙烯酸酯类：2-氰基-3, 3′-二苯基丙烯酸酯 水杨酸酯类：对-叔丁基水杨酸苯酯
淬灭剂	二价镍的配合物或镍盐
自由基捕获剂	受阻胺、癸二酸双酯、亚磷酸三酯

（3）抗氧剂。很多聚合物在制造、储存、加工和使用过程中都会因氧化反应而加速降解，导致其性能下降。加入抗氧剂可以抑制或减少聚合物在正常或较高温度下的氧化。

聚烯烃类、聚苯乙烯、聚甲醛、聚苯醚、聚氯乙烯等塑料易于氧化。

①抗氧剂按作用机理分类。

a. 链终止型抗氧剂。能够中断自动氧化反应中的链增长反应。

b. 氢过氧化物分解剂。使氢过氧化物分解成非自由基型的稳定化合物，从而避免因氢过氧化物分解成自由基而引起的降解。

c. 金属离子钝化剂。与变价金属离子结合，将其稳定在一个价态，消除金属离子对氧化反应的催化作用。

②塑料常用抗氧剂（表1-5）。

表1-5 塑料常用的抗氧剂

类型	典型品种	类型	典型品种
链终止型抗氧剂	氢给予体：仲芳胺、受阻酚 自由基捕捉剂：醌、炭黑 电子给予体：叔胺	氢过氧化物分解剂	有机硫化物、亚磷酸酯
		金属离子钝化剂	肼抑制剂、醛胺缩聚物

3. 润滑剂

为改善塑料熔体的流动性能，减少或避免对成型设备的摩擦、磨损和黏附，以及改进制品表面粗糙度而加入的一类助剂称为润滑剂。一般与润滑剂关系最密切的树脂是聚氯乙烯，特别是聚氯乙烯硬质制品。

润滑剂分为内润滑剂、外润滑剂两类。内润滑剂在聚合物中具有限量的相容性，主要作用是减少聚合物分子的内摩擦，起塑化和软化作用；外润滑剂与聚合物的相容性很低，保留在塑料熔体的表面以降低与成型设备间的摩擦，起界面润滑作用。塑料常用的润滑剂见表1-6。

表1-6　塑料常用的润滑剂

类型	典型品种
金属皂类	硬脂酸钙、硬脂酸钡、硬脂酸镁、硬脂酸锌、硬脂酸铝
脂肪酸酰胺	硬脂酸酰胺、油酰胺、1,2-亚乙基硬脂酸酰胺
脂肪酸酯	硬脂酸丁酯、硬脂酸单甘油酯
醇类	硬脂醇、软脂醇
烃类	石蜡、微晶石蜡、液体石蜡、聚乙烯蜡、有机硅氧烷、卤代烃
脂肪酸	硬脂酸

4. 偶联剂

偶联剂是一种能把两个性质差异很大的材料，通过化学或物理的作用偶联（结合）的物质，有时也用来处理玻璃纤维的表面，使其与树脂形成良好的结合，故也称为表面处理剂。在聚合物材料生产和加工过程中，亲水性的无机填料与聚合物相容性差，通过偶联剂的桥联作用可以使它们紧密地结合在一起。

现今使用的偶联剂主要有有机硅烷类，其次是酞酸酯类，另外还有有机铬类、锆类化合物及高级脂肪酸、醇、酯等几类。塑料常用的偶联剂见表1-7。

表1-7　塑料常用的偶联剂

类型	典型品种
有机硅烷类	乙烯基硅烷、环氧基硅烷、氨基硅烷、巯基硅烷、含氯硅烷、磺酰叠氮硅烷
酞酸酯类	单烷氧基型酞酸酯、单烷氧基磷酸酯型酞酸酯、单烷氧基焦磷酸酯型酞酸酯螯合型酞酸酯、配位体型酞酸酯
有机铬类	有机酸铬络合物
锆类	锆化合物

偶联剂使用方法有两种。一种为表面处理法，在玻璃钢工业中用得较多，即先以偶联剂处理玻璃纤维表面，然后涂上树脂或加入树脂中。另一种为渗入法，将偶联剂直接加入树脂中，作为原配方中的一个添加成分使用。

5. 增强剂

增强剂又叫增强材料，它们能掺和到树脂中，可与树脂牢固地黏合，显著提高制品的力学强度。

（1）增强剂作用机理。

①增强剂本身有很高的力学性能，强度较高，它们的加入能有效地提高塑料的力学性能，起到良好的增强作用。

②增强剂加入塑料中，与树脂以次价力相结合，形成牢固的物理交联，当其中一部分分

子键受到应力时，可通过这些交联点将应力分散传递到其他分子键上；若其中某一分子链发生断裂，相关的分子键也会承担应力，从而起到加固作用，而不致危及全体。

（2）常用增强剂。增强剂过去多用于热固性塑料中，现在在热塑性塑料中也得到了广泛的应用。塑料常用的增强剂见表1-8。

表1-8　塑料常用的增强剂

种类			品名
无机纤维	结晶性	陶瓷纤维	碳纤维
			硼纤维
			碳化硅
		石棉	石棉
		金属	铬
			不锈钢
	非结晶性硅酸盐化合物纤维		玻璃纤维
有机纤维	芳香族聚酰胺		聚对苯二甲酰对苯二胺
	芳香族聚酰肼		聚氨基苯对苯二甲酰肼

6. 填充剂

填充剂又称为填料，填料在填充过程中一般显示两种功能，其一是增加容量、降低成本。树脂的价格很高，导致塑料制品的价格高，而填充剂的价格很低，填充剂的加入，可大大减少树脂的用量，其加入量可达40%左右，这样显著降低了塑料制品的成本；其二加入填充剂可改善塑料的某些性能，如耐热性、耐候性、硬度、尺寸稳定性、阻燃性等。

（1）填充剂的选择。在填充剂选择时，应注意以下几点。

①价格便宜；

②在树脂中分散性好、填充量大；

③不降低树脂的加工性能及制品的物理性能，最好具有较好的改性效果；

④本身应具备耐水性、耐热性、耐化学腐蚀性；

⑤不降低其他助剂的性能；

⑥对增塑剂的吸收量小，无曲折白化现象；

⑦填充剂在不影响塑料总体性能的情况下，应能多多加入，以降低树脂的用量。

填充剂的加入并不是单纯地混合，而是彼此间存在着次价力，虽然很弱，但具有加合性，从而改变了树脂分子构象平衡和松弛时间，还可使树脂的结晶倾向和溶解度降低。

（2）填充剂的分类及塑料常用填充剂。按化学性能可分为有机填料和无机填料；按形状可分为粉状、纤维状、层状（片状）。填充剂种类繁多，碳酸钙、滑石粉、白炭黑、中空微珠、实心玻璃微珠、陶土、石膏、云母、有机纤维等是常用的填充剂。塑料常用的填充剂见表1-9。

表1-9　塑料常用的填充剂

种类	作用
碳酸钙	提高耐热性、硬度，降低收缩率，降低成本
黏土、高岭土	降低收缩率，提高耐药物、耐热、耐水性，降低成本
滑石粉	提高刚性、尺寸稳定性、高温蠕变性、耐化学腐蚀性，降低摩擦因数
石棉	提高刚性、尺寸稳定性、高温蠕变性
云母	提高耐热性、尺寸稳定性、介电性能
二氧化硅	提高介电性、抗冲击性
硫酸钙	降低成本，提高尺寸稳定性、耐磨性
金属粉或纤维	提高导电传热性、耐热性
二硫化钼	降低摩擦因数、热膨胀系数，提高耐磨性
聚四氟乙烯粉或纤维	提高耐磨性、润滑性和极限 pv 值
中空微球	提高耐热性、耐腐蚀性、隔热性、介电性、隔音性

注　pv 值是设计和使用机械密封的重要参数，表示被密封介质压力 p 与密封端面平均滑动速度 v 的乘积。极限 pv 值是指密封失效时达到的最高值。

7. 发泡剂

广义上讲，发泡剂是指用于高分子材料使其产生泡孔结构的有机或无机物质，它们可以是固体、液体或气体。在发泡过程中，根据气孔产生的方式不同，发泡剂又分为物理发泡剂和化学发泡剂两大类。

物理发泡剂在发泡过程中依靠发泡剂本身的物理状态变化，即物质在一定温度下气体发生膨胀或液体气化或固体升华而使高分子材料发泡。物理发泡剂一般是低沸点的能够溶于塑料的液体或易升华的固体。当树脂受热升温时，它们挥发或升华产生大量气体，使塑料发泡。在此过程中，发泡剂仅是物理变化，化学组成不变。常用的物理发泡剂主要是脂肪烃或卤代烃，如戊烷、三氯氟甲烷、三氯三氟乙烷等，其沸点一般不超过100℃。此外，惰性气体如氮气、二氧化碳，也是物理发泡剂。应该指出的是，氯氟烃会导致大气臭氧层空洞，破坏人类生态环境，因此，全世界正在不断减少或消除氯氟烃，寻找氯氟烃的替代产品。

化学发泡剂是由于其在一定温度下进行化学反应或分解，产生大量气体使高分子材料发泡。化学发泡剂可分为无机发泡剂和有机发泡剂，无机发泡剂主要有碳酸氢钠、碳酸铵等化合物，有机发泡剂主要有偶氮类、亚硝基类和磺酰肼类化合物。在聚氨酯、酚醛树脂之类的塑料中，可由扩链式反应或交联反应中形成的气体使塑料发泡。

塑料常用的发泡剂见表1-10。

表 1-10 塑料常用的发泡剂

种类	典型品种
物理发泡剂	压缩气体（空气、氮气、二氧化碳） 低沸点脂肪烃、卤代脂肪烃以及低沸点的醇、醚、酮、芳香烃
化学发泡剂	无机发泡剂（碳酸盐、亚硝酸盐、过氧化氢） 有机发泡剂（偶氮化合物、N-亚硝基化合物、酰肼类化合物）
辅助发泡剂	尿素、有机酸、有机酸金属盐

8. 阻燃剂

不少塑料属于热不稳定材料。当它在空气中受热时，常常会发生降解反应，释放出挥发性气体，留下多孔的残渣。残渣通常由碳渣组成，它具有吸收辐射热的能力，使其产生积累性升温。空气中的氧气也容易掺入多孔的残渣中，当氧气的浓度、残渣的温度达到挥发性气体的燃烧温度时，塑料就会燃烧起来。这给塑料的应用带来许多限制。

在塑料中加入一些含磷、卤素的有机物或三氧化二锑等物质能阻止或减缓其燃烧，这类物质称为阻燃剂。此外，在某些聚合物（如环氧树脂、聚酯、聚氨酯、ABS 等）合成时，引入一些难燃结构（基团），也可起到降低其燃烧性能的作用，这些称为反应型阻燃剂。

（1）阻燃剂作用机理。

①阻燃剂能产生较重的不燃性气体或高沸点液体，覆盖于塑料表面，将氧气和可燃物的联系阻断。

②通过阻燃剂的吸热分解或吸热升华，降低聚合物表面温度。

③阻燃剂产生大量的不燃性气体，冲淡燃烧区域的可燃性气体浓度和氧浓度。

④阻燃剂捕捉活性自由基，中断链式氧化反应。

（2）阻燃剂分类及常用阻燃剂（表 1-11）。

表 1-11 塑料常用的阻燃剂

种类		典型品种
添加型阻燃剂	无机化合物	三氧化二锑、氢氧化铝、氢氧化镁、无水氢二胺、偏硼酸钡
	有机卤化物	氯化石蜡、六溴苯、十溴联苯醚、氯化联苯、四溴丁烷
	磷酸酯类	磷酸三甲酚酯、磷酸三苯酯、磷酸二苯酯
	卤代磷酸酯类	三（2,3-二溴丙基）磷酸酯、三（氯溴丙基）磷酸酯
反应型阻燃剂	多元醇类	四溴双酚 A、含磷多元醇
	有机酸酐类	四溴苯甲酸酐、氯桥酸酐

9. 交联剂

交联剂又叫固化剂、硬化剂、硫化剂、熟化剂。塑料中加入交联剂的目的是使具有线型大分子结构或带支链的线型大分子结构的树脂分子之间产生交联，结果使树脂由线型的分子结构转变为网型或体型的分子结构，从而改变塑料的力学性能和塑料熔体的流变性能。

按照交联剂自身的结构特点可分为八大类：有机过氧化物交联剂，羧酸及酸酐类交联剂，胺类交联剂，偶氮化合物交联剂，酚醛树脂及氨基树脂类交联剂，醇、醛及环氧化合物，硅院类交联剂，无机交联剂（氧化锌、氧化镁、硫黄及氯化物）。

在塑料工业中，交联剂主要用于环氧树脂、不饱和聚酯、酚醛树脂、聚乙烯、聚氯乙烯等塑料。常用的交联剂有咪唑类交联剂、苯酐、二亚乙基三胺、叔丁基过氧基乙烷、六亚甲基四胺等。

10. 抗静电剂

抗静电剂是添加于塑料中或涂覆于塑料制品表面，以防止塑料产生静电的化学物质。其作用是降低表面电阻和体积电阻，适度增加导电性，从而减轻塑料在成型和使用过程中的电荷积聚。

（1）抗静电剂作用机理。

①在塑料表面形成抗静电剂分子层，从而减少摩擦，降低静电的产生。

②表面层的抗静电剂分子的亲油基深入到塑料内部，亲水基则露于表面。当抗静电剂为离子型时，能起到离子导电的作用；当抗静电剂为非离子型时，由于亲水基的吸湿作用也可形成导电层，从而降低表面电阻。

③抗静电剂本身带有电荷，如果这种电荷与因摩擦而产生的静电荷相反时，则可以产生电中和现象，从而消除静电。

（2）抗静电剂分类及常用抗静电剂。抗静电剂种类很多，目前在塑料中实际应用的主要是表面活性剂，塑料常用的表面活性剂见表1-12。

表1-12　塑料常用的表面活性剂

种类		典型品种
阳离子型	季铵盐类	亲油基：单烷基、双烷基 离子对：卤素、磷酸、过氯酸、有机酸
非离子型	脂肪酸多元醇酯	亲油基：单烷基、双烷基 亲水基：甘油、山梨糖醇、聚甘油酯、聚氧乙烷、聚氧丙烯
	聚氧乙烷加成物	亲油基：烷基胺、烷基酰胺、脂肪醇、烷基酚 亲水基：聚氧乙烯、聚氧乙烯+聚氧丙烯
两性型	内胺类	阳离子部分：烷基胺、烷基酰胺、咪唑啉
	丙氨酸盐类	阴离子部分：羧酸盐、磺酸盐
阴离子型	磷酸盐类	亲油基：脂肪醇、聚氧乙烯加成物
	磺酸盐类	亲油基：烷基、烷基苯
高分子型	聚丙烯酸衍生物	亲水基：季铵盐、磺酸、碳酸、聚氧乙烯

11. 着色剂

着色剂是使塑料着色的一种添加剂，又称色料。塑料着色除了美观外，还可提高其抵抗紫外线的能力，有助于延缓光老化的作用。塑料着色有两种，一种是整体着色（内着色），另一种是表面着色或表面印花（外着色）。后者常被视为塑料制品修饰加工的内容。这里所讨论的主要是整体着色。

给予色彩的色料主要有无机颜料、有机颜料和染料三类。色料状态一般为粒状、膏状、粉状。目前有的工厂专业生产高浓度（50~200倍或更高）的色母料，供成型企业使用，因为它清洁、方便又易于控制，因而发展很快。塑料常用的无机颜料见表1-13，塑料常用的有机颜料见表1-14，各类色料性能比较见表1-15。

表 1-13　塑料常用的无机颜料

颜色	种类	品名
黑	碳素	炭黑
白	氧化物（Ti）	钛白
	氧化物（Zn）	锌白
红	氧化物（Fe）	铁丹
黄	氧化物（Fe）	黄赭石
	氧化物（Ti）	钛黄
蓝	硅酸盐（Al）	群青
	铬酸盐（Co）	钴蓝
紫	磷酸盐（Co）	钴紫罗兰色淀
白（辅助颜料）	碳酸盐（Ca）	碳酸钙
	硫酸盐（Ca）	石膏
	氧化物（Al）	矾土
	硅酸盐（Mg）	黏土

表 1-14　塑料常用的有机颜料

颜色	种类	品名
红	非溶性偶氮类	淀性红
	溶解性偶氮类	淀性红
橙	非溶性偶氮类	永固橙
	杜烯类	阴丹士林橙
黄	非溶性偶氮类	颜料耐光黄
	染料沉淀色料类	过氰基橙
绿	钛菁类	钛菁绿
	碱性孔雀淀料	碱性孔雀绿色淀料
	萘酚类	萘酚绿
蓝	钛菁类	钛菁蓝
	杜烯类	阴丹士林蓝
	染料沉淀色料类	维多利亚蓝

颜色	种类	品名
紫	二噁烷类	二噁烷紫罗兰
	染料沉淀色料类	阴丹士林紫罗兰
荧光白	荧光增白类	荧光增白剂

表 1-15 各类色料性能比较

性能	无机颜料	有机颜料	染料
来源	天然或合成	合成	天然或合成
相对密度	3.5~5.0	1.3~2.0	1.3~2.0
在有机溶剂及聚合物中的溶解性	不溶	难溶或不溶	溶
在透明塑料中	非透明体	一般为非透明体，低浓度时少数为半透明体	透明体
着色力	小	中等	大
颜色亮度	小	中等	大
光稳定性	强	中等	差
热稳定性	500℃以上分解	200~260℃分解	175~200℃分解
化学稳定性	高	中等	低
吸油量	小	大	—
迁移	小	中等	大

二、混合

工业上的混合有两种含义：简单混合和分散混合。

简单混合是指分散相粒径大小不变，只增加分散相在空间分布的随机性的混合过程。在聚合物共混中，采用高速混合机对聚合物的粉状原料进行混合就属于简单混合。

分散混合是指既增加分散相分布的随机性，又减小粒径，改变分散相的粒径分布。在聚合物的共混改性中，进行熔融共混就属于分散混合。分散混合又称为塑炼。

（一）混合机理

混合时遵循三种传递机理：对流混合、分子扩散、湍流扩散。

1. 对流混合

又称体积扩散。它是指物系中的质点、液滴或固体粒子在系统内从一个空间位置向另一空间位置的运动。在聚合物加工中，多组分物料混合占支配地位。

2. 分子扩散

以物料的浓度梯度（化学势能）为驱动力，使物料由高浓度处自发向低浓度处扩散，从而达到各处组分均化的过程。分子扩散在气体和低黏度的混合中占主导地位。

3. 湍流扩散

又称涡流扩散。在聚合物加工中，由于高分子熔体通常具有很高的黏度，要提高熔体的流速，使其达到湍流状态。

（二）混合设备

1. 简单混合设备

简单混合常用的设备有滚筒类和转子类之分。

（1）滚筒类混合设备。

①转鼓式混合机。转鼓式混合机是最简单的混合设备，如图1-1所示，它主要是由混合室与驱动装置构成。其共同点是靠盛载混合物料的混合室的转动来完成的，混合作用较弱且只能用于非润性物料的混合。为了强化混合作用，混合室的内壁上也可加设曲线型的挡板，以便在混合室转动时引导物料从混合室的一端走向另一端，混合室一般用钢或不锈钢制成。

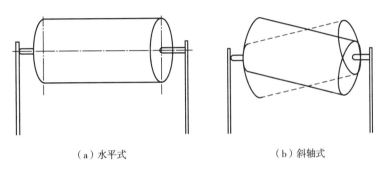

（a）水平式　　　　　　　　（b）斜轴式

图1-1　转鼓式混合机示意图

转鼓式混合机又分为水平式和斜轴式。水平式混合室轴线是水平的，物料在混合室内的混合作用仅发生在垂直方向；斜轴式混合室轴线与水平旋转轴线呈一定的角度，原本在垂直方向运动的物料受到了一个倾斜方向的作用而发生一定的水平方向的运动，这样就产生了上、下、左、右的交叉混合作用。

②V形混合机（图1-2）。V形混合机的混合室绕旋转轴旋转，物料的运动与在斜轴转鼓式混合机内物料的运动类似。但在每一个旋转周期中，当混合室的连接部位位于最高点时，连接部位的物料将分别进入不同的混合室；当混合室的连接部位位于最低点时，物料又将从不同的混合室重新汇集于连接部位。为了提高混合效果，V形混合机的两个混合室为非等长结构，可以增大物料在混合室内的湍流程度。

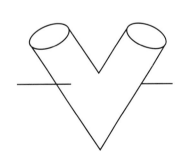

图1-2　V形混合机示意图

③双锥形混合机。双锥形混合机为混合室由圆柱（或棱柱）筒体与两个截圆锥（或棱锥）构成的辊筒类混合设备，如图1-3所示。该机主要用于固态物料的混合，也可以用于固态物料与少量液态物料之间的混合。如果混合室内装有折流板，也可以使物料的团块粉碎。

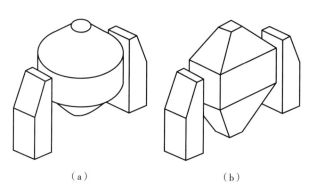

（a）　　　　　　　　　　（b）

图 1-3　双锥形混合机示意图

（2）转子类混合设备。

①螺带式混合机。这种混合机是由螺带、混合室、驱动装置和机架组成，螺带即为起搅拌、推动物料运动的转子。常用的螺带式混合机为双螺带混合机，有卧式和立式两种。

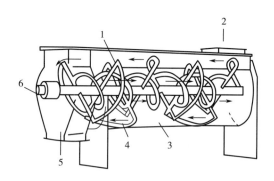

图 1-4　卧式双螺带混合机示意图
1—螺带　2—进料口　3—混合室
4—物料流动方向　5—出料口　6—驱动轴

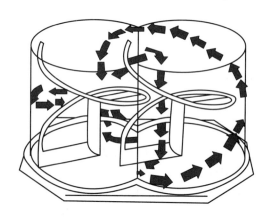

图 1-5　立式双螺带混合机示意图

a. 卧式双螺带混合机。典型的卧式双螺带混合机如图 1-4 所示，它是一个两端封闭的半圆筒形槽，槽上有可启闭的盖，槽体附夹套可通蒸汽加热或通冷却水冷却，槽内有两根反方向的螺带，当螺带转轴旋转时，两根螺带同时搅动物料上、下翻转，由于两根螺带外缘回转半径不同，对物料的搅动速度便不相同，有利于径向分布混合。与此同时，外螺带将物料从右端推向左端，而内螺带（外缘回转半径小的螺带）又将物料从左端推向右端，使物料形成了在混合室轴向的往复运动，产生了轴向的分布混合，从而达到混合的目的。混合室的下部开有卸料口。

这类设备以往用于润性或非润性物料的混合，目前多用在高速混合后物料的冷却过程，也称作冷却混合机。

b. 立式双螺带混合机。立式双螺带混合机采用双轴和双混合室结构，如图 1-5 所示。它是由两个带有一定锥度的圆筒相交而成，螺带在混合室内垂直放置，其外缘与混合室内壁几乎接触，螺带的截面比卧式螺带式混合机的螺带大。螺带在驱动轴的带动下旋转将物料沿混合室的内壁向上提升，当物料到达混合室的中心部位时，又回落到底部，如此往复循环。

②锥筒螺杆式混合机。锥筒螺杆式混合机如图1-6所示。该机工作时，螺旋周围的物料在螺杆自转的带动下，由混合室的底部向顶部移动，继而在重力作用下回落到混合室底部，实现了物料在混合室垂直方向的上、下移动。与此同时，混料螺旋在混合室内公转，搅动物料，使混合室筒壁处的物料向中心移动，形成物料的径向混合。总之，物料的上、下流动和径向流动，形成了复杂的激涡流动，使整个混合室内的各组分、各部分之间实现良好的分布混合。

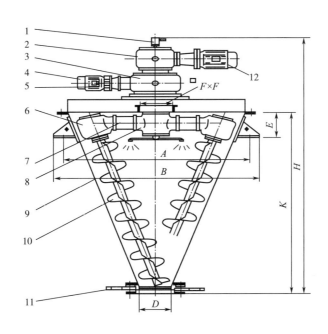

图1-6 锥筒螺杆式混合机示意图

1—喷液器 2—主减速器 3—减速器 4—电动机 5—减速机 6—传动头

7—转臂 8—传动箱 9—锥体 10—螺旋 11—出料阀 12—主电动机

③捏合机。该机可兼用于润性与非润性物料的混合，主要由搅拌器、混合室及驱动装置组成，如图1-7所示。混合室是一个带有鞍形底部的钢槽，上部有盖和加料口，下部一般设有排料口，有的卸料靠混合室的倾斜来完成。钢槽外附夹套进行加热和冷却，还可在搅拌器的中心开设通道以便冷、热载体的流通。有的高精度混合室还设有真空装置，可在混合过程中排出水分与挥发物。搅拌器的形状变化很多，最普通的是S形和Z形。混合时，物料借搅拌器的转动（两个搅拌器的转动方向相反，速度也可以不同）沿混合室的侧壁上翻而在混合室的中间下落。这

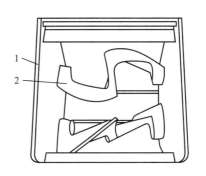

图1-7 Z形捏合机示意图

1—捏合室壁 2—转子

样物料受到重复折叠和撕捏作用从而得到均匀的混合。

④高速混合机。高速混合机是使用极为广泛的混合设备，该机由混合锅、搅拌桨、锅盖、折流板、排料装置及电动机、机座组成，如图 1-8 所示。高速混合时，高速旋转的搅拌桨通过其表面与物料之间的摩擦力和侧面对物料的推力，使物料产生沿搅拌桨切线方向的运动；与此同时在搅拌桨离心力作用下物料被抛向混合室内壁，并沿内壁向上运动，到达一定高度后，又在重力作用下回落到搅拌桨的中心，然后又被抛起。因此，混合室内物料的运动实际上是交替经历的螺旋上升与下降的运动状态。由于搅拌桨的转速很高，物料的运动速度也很快，快速运动的物料流使得物料相互之间不断发生摩擦、碰撞，物料被粉碎，物料的温度也同时上升，经历了快速的交叉混合，促进物料各组分之间的均匀分布和对液态添加剂的吸收。挡板的作用是使物料运动呈流化状，更有利于分散均匀。

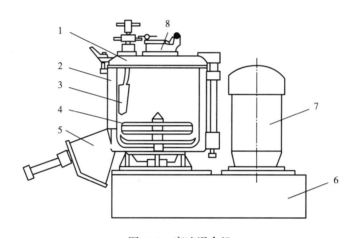

图 1-8　高速混合机

1—回转盖　2—容器　3—挡板　4—快转叶轮　5—出料口　6—机座　7—电动机　8—进料口

高速混合机的混合效率较高，所用时间远比捏合机短，在一般情况下只需 8~10min。

2. 分散混合设备

分散混合又称塑炼，塑炼所用的设备目前主要有开炼机、密炼机和螺杆挤出机等，现分述如下。

（1）开炼机。开炼机又称开放式塑炼机或双辊筒塑炼机，如图 1-9 所示。它是通过一对能转动的平行辊筒对塑料进行挤压和剪切作用的设备。辊筒多由冷铸钢铸成，表面硬度很高，以减少工作中的磨损。辊筒靠电动机经减速箱、离合器，然后由两个互相啮合的齿轮带动。

开炼机工作时，两个辊筒以不同的表面速度相对回转。堆放在辊筒上的物料，由于与辊筒表面的摩擦和黏附作用，以及物料之间的黏接作用，被拉入两辊筒之间的间隙之内。由于在辊筒间的物料中存在速度梯度，即产生了剪切力。这种剪切力使辊隙内的物料受到强烈的挤压与剪切作用，使物料在辊隙内形成楔形断面的料片。从辊隙中排出的料片，由于两个辊筒表面速度和温度的差异而包覆在一个辊筒上，重新返回两辊间，同时物料受到剪切作用产生热量或受到加热辊筒的作用渐渐趋于熔融或软化，这样多次往复，直至达到预期的塑化和

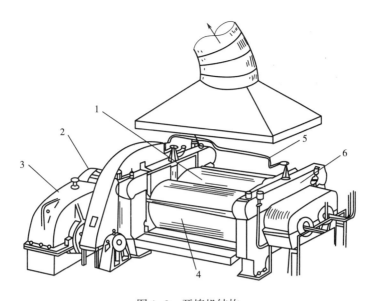

图 1-9　开炼机结构

1—后辊　2—电动机　3—减速器　4—前辊　5—紧急刹车装置　6—机架

混合状态。

开炼机的优点如下。

①开炼机工作时，经取样可以直接观察到物料在混合过程中的变化，从而能及时调整操作工艺及配方，达到预定的混合目的，特别是对那些其物性尚不完全清楚的物料，用开炼机比用其他混炼方法更有利于探索最适宜的工艺操作条件；

②开炼机结构简单，混炼强度高，价格低廉。

开炼机的缺点如下。

①工人的劳动强度大，劳动条件差；

②能量利用不够合理，物料易发生氧化。

（2）密炼机。其特点为混炼室是密闭的，因而工作密封性好，混合过程中物料不会外泄，可减少混合物中添加剂的氧化或挥发。混炼室的密闭有效地改善了工作环境，降低了劳动强度，缩短了生产周期。

密炼机由混炼室、一对转子、压料装置、卸料装置、加热冷却装置及传动系统组成，如图 1-10 所示。干混料由加料斗加进混炼室后，压料装置下降，对物料进行加压。物料在上顶栓压力及摩擦力的作用下，被带入具有螺旋棱、有速比的 [一般两转子速比为 1∶（1.1~1.8）]、相对回转的两转子

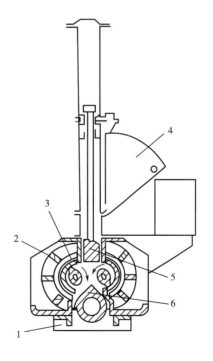

图 1-10　密炼机示意图

1—底座　2—混炼室　3—转子
4—加料斗　5—上顶栓　6—下顶栓

的间隙中，致使物料在由转子与转子，转子与混炼室壁、上顶栓、下顶栓组成的捏炼系统内，受到不断变化和反复进行的剪切、撕拉、搅拌、折卷和摩擦的强烈捏炼作用，使物料破坏并升温，产生氧化断链，增加可塑度，使配料分散均匀，从而达到塑炼或混炼的目的。

密炼后的物料一般呈团状，为了便于粉碎或粒化，还需要用开炼机将它辊成片状物。

（3）螺杆挤出机（连续混炼机）。螺杆挤出机的主要部件是螺杆和料筒。当初混物进入料斗后，物料即被转动的螺杆卷入料筒。一方面受筒壁的加热而逐渐升温与熔化，另一方面则绕着螺杆向前移动。挤出机料筒内物料的塑炼就是在外热与剪切摩擦热的作用下完成的。

连续混炼机是连续作业的，其结构近似单、双螺杆挤出机，一端投入物料（干混料），经塑化推挤从另一端出来。所以，动力消耗小、劳动强度低。它与单、双螺杆挤出机的区别在于螺杆结构和形式不同，有的是普通螺杆上串接转子，有的是普通螺杆上加混炼头，也有特殊形状螺杆的混炼机，混炼的效果与螺杆的结构有关。目前为了提高螺杆挤出机的塑化混合效果和挤出生产量，开发了一些新型挤出机，如双阶挤出机、行星螺杆挤出机等。

（三）混合工艺控制

1. 简单混合工艺控制

简单混合工艺控制主要是温度和时间。对 PVC 来说，出料温度决定了 PVC 物料均匀混合的进程。温度过低，PVC 物料混合不均匀，影响 PVC 材料的性能；温度过高，PVC 物料在混料罐内易发生降解，甚至"糊料"，影响生产。温度的设定也与添加剂有关，当碳酸钙用量较大时，可适当提高混合温度，以利于 PVC 物料及低熔点组分均衡吸附碳酸钙，提高表观密度。除混合温度需要控制外，还需要密切注意混合时间，以便对混合质量控制进行监控。混料的总量也是不可忽视的。一般每批料应控制在混罐容积的 75% 左右，以免混料时间过长（或过短），致使物料过混合（或混合不均匀）。

硬质 PVC 塑料高速混合工艺参数见表 1-16。

表 1-16 硬质 PVC 塑料高速混合工艺参数

加料量/kg	搅拌速度/（r/min）	搅拌时间/min	加热温度/℃	出料温度/℃
85~90	430	10~15	少许加热	80~100

硬质 PVC 塑料捏合工艺参数见表 1-17。

表 1-17 硬质 PVC 塑料捏合工艺参数

工艺参数	500L 高速混合机	500L Z 形捏合机
加料量/kg	200	250
加热蒸汽压（表压）/MPa	0.2	0.1~0.3
捏合时间/min	低速5~7；高速3	10
出料温度/℃	90~100	95~110

半硬质 PVC 塑料捏合工艺参数见表 1-18。

表 1-18 半硬质 PVC 塑料捏合工艺参数

工艺参数	500L 高速混合机	500L Z 形捏合机
加料量/kg	150	200
加热蒸汽压（表压）/MPa	0.07	0.05
捏合时间/min	6	10
出料温度/℃	150~110	105~110

软质 PVC 塑料捏合工艺参数见表 1-19。

表 1-19 软质 PVC 塑料捏合工艺参数

项目		捏合设备		
		500L Z 形捏合机	500L 高速混合机	200L 高速混合机
捏合速度/（r/min）		主轴承 40	430	550
加料量/kg		250	200	100
加热蒸汽压（表压）/MPa		3~4	3~4	3~4
捏合时间/min	不加增塑剂	40~50	5~7	—
	48%~50%增塑剂	30~40	6~8	5~7
出料温度/℃		90~110	90~100	90~100

2. 分散混合工艺控制

分散混合又称为塑炼，塑炼主要的工艺控制条件是塑炼温度、时间和剪切力。

（1）开炼机塑炼工艺控制。开炼机的塑炼效果，不仅取决于转速，而且与辊筒的间隙大小、辊筒咬入口的物料形状、表面状态、包辊情况等因素有关。两辊转速比常为 1：（1.2~1.3）（前辊速度慢），两辊间隙可调，间隙越小，剪切作用越显著，塑化效果越好，但生产能力降低。出片时厚度控制在 2~3mm 利于切粒。辊筒的温度控制不能太高或太低，选择在既能包住前辊又能在下片时不黏附辊面之间为宜，一般前辊温度比后辊高 5~10℃，以便于操作。PVC 塑料开炼工艺参数见表 1-20。

表 1-20 PVC 塑料开炼工艺参数

开炼机技术参数		工艺条件			
辊筒直径/mm	550	项目	硬质 PVC	软质 PVC	电缆料
辊筒长度/mm	1500	前辊温度/℃	180~190	170~180	160~170
前辊转速/（r/min）	13	后辊温度/℃	170~180	160~170	150~160
后辊转速/（r/min）	16	初期辊隙/mm	1~2	2~3	2~3
速比	1：1.23	后期辊隙/mm	3~4	3	3
一次投料量/kg	50~60	混炼时间/min	15~20	10~15	10~15

（2）密炼机塑炼工艺控制。密炼机塑炼属于高温塑炼，塑炼时产生的热量极大，物料来不及冷却，温度通常高于120℃，甚至处于160~180℃之间。在塑炼过程中，在密炼机内部，物料通过螺杆的旋转和双螺杆之间的相互作用而不断向前推进。同时，密炼机的加热系统通过加热螺杆和筒体使物料温度逐渐升高，从而实现物料的塑化和软化。在密炼机的塑炼过程中，需要调整加热温度、转速和加料量等参数来控制物料的塑化程度和塑化时间。同时，密炼机还可以通过调整螺杆的结构和排气系统来满足不同物料的塑炼要求。PVC塑料密炼工艺参数见表1-21。

表1-21　PVC塑料密炼工艺参数

混炼设备	工艺条件	硬质PVC	电缆料
密炼机	蒸汽压力/MPa	0.5~0.6	0.4~0.6
	压缩空气/MPa	0.3~0.5	0.3
	加料量/kg	95	85
	混炼时间/min	4~6	3~5
	出料温度/℃	175~180	160~170
	出料状态	松散小块	中~大块韧料

3. 塑炼终点

塑炼的终点虽可用撕力机测定塑炼料的撕力来判断，但在生产中一般是靠经验判定的。因为上述鉴定方法需要较长的时间，不能及时作出判断。常用的经验方法是，用刀切开塑炼料来观察其截面，如截面上不显毛粒，而且颜色和质量都很均匀，即可认为合格，已达到塑炼终点。

三、配料工艺

（一）粉料和粒料的配制

配制粉料主要包括原料的准备和原料的混合两个方面。配制粉料工艺流程如图1-11所示。

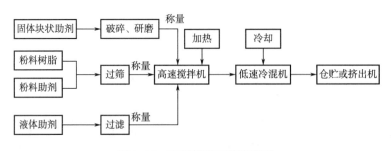

图1-11　配制粉料工艺流程图

一般只是使各组分混合分散均匀，因此，通常仅需经过简单混合作业即可制得。这种粉料也称作干混料。

1. 原料的准备

通常包括原料的预处理、称量及输送。

（1）预处理。由于聚合物的装运或其他原因，原料中可能混入一些机械杂质，为了生产安全，提高产品质量，最好进行过筛及吸磁处理去除去杂质。过筛是利用筛子除去树脂中较大颗粒及机械杂质，使树脂细度均匀，有利于分散均匀，以便与其他添加剂混合。常用的筛选设备有电磁振动筛和平动筛等。研磨是将大颗粒磨细以便于分散。常用的设备有球磨机和三辊研磨机。物料是否干燥根据树脂的吸水性而定，对于吸水率高的树脂，如聚酰胺、酚醛树脂、脲醛树脂等，使用前要进行干燥。在润性物料的混合过程前，应对增塑剂进行预热，以加快其扩散速率，强化传热过程，使聚合物加速溶胀，提高混合效率。

（2）称量。称量是保证粉料或粒料中各种原料组成比率精确的步骤。袋装或桶装的原料，通常虽有规定的质量，但为保证准确性，有必要进行复称。

（3）原料的输送。对液态原料（如各种增塑剂）常用泵通过管道输送到高位槽贮存，使用时再定量放出。对固体粉料（如树脂）则常用气流输送到高位的料仓，使用时再向下放出，进行称量。这对于生产的密闭化、连续化都是有利的。

2. 原料的混合

原料的混合是在聚合物熔点以下的温度和较为缓和的剪切应力下进行的一种简单混合，是凭靠设备的搅拌、振动、空气流态化、翻滚、研磨等作用完成的。混合过程仅在于增加各组分微小粒子空间的无规排列程度，并不减小粒子本身。以往混合多是间歇操作的，因为连续化生产不易达到控制要求的准确度。目前有些已采用连续化生产，具有分散均匀、效率高等优点。

混合时加料的次序很重要。通常是按下列次序逐步加入的：树脂、稳定剂、加工助剂、抗冲击改性剂、色料、填料、润滑剂等。

混合终点的测定，工厂中一般都以时间或混合终了时物料的温度来控制。

（二）粒料的配制

粒料与粉料在组成上是一致的，不同的只是混合的程度和形状。粒料的制备首先是将树脂与各类添加剂进行初混合制成粉料，再经过塑炼和造粒而成，工业上称为造粒。

1. 造粒工艺

热塑性塑料的造粒全过程通常由备料、塑炼和成粒三个基本工序组成。塑料造粒工艺流程如图 1-12 所示。

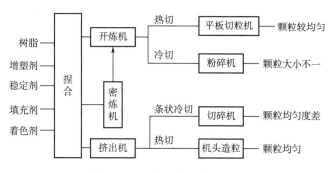

图 1-12 塑料造粒工艺流程图

经混合得到的干混料，原料组分有了一定的均匀性，但聚合物本身合成时因局部的聚合条件差别等，或多或少存在着胶凝粒子，此外，聚合物还可能含有杂质，如单体、催化剂残余体和水分等。塑炼的目的是改变物料的性状，使物料在剪切力作用下热熔、剪切混合达到适当的柔软度和可塑性，使各种组分的分散更趋均匀，同时可以驱逐其中的挥发物及弥补树脂合成中带来的缺陷（驱赶残存的单体和催化剂残余等），这样，使用塑炼后的料粒就更能制得性能一致的制品。塑炼设备有开炼机、密炼机、挤出机。

2. 开炼机轧片造粒

预混料经开炼机塑炼，或先经密炼机再经开炼机塑炼后的塑性物料，直接用开炼机轧制成料片，然后用切粒法或粉碎法制成粒料。

（1）切粒法成粒。在平板切粒机上进行。经过风冷或水冷的轧制料片进入切粒机后先被上、下圆辊切刀纵切成矩形截面的窄料条。窄料条再被回转刀横切成方块状的粒子。改变料片的厚度、圆辊切刀的间距和横切时窄料条的牵引速度，可得到形状和尺寸不同的粒子。

（2）粉碎法成粒。先将冷硬后的料片破碎成小片，然后再用粉碎机磨碎。磨碎后的粒子一般要经过两次筛分，第一次先将过大的粒子筛出，第二次再筛出过小的粒子。过大的粒子可再次磨碎，过小的粒子可送往开炼机重新塑炼。

塑料粉碎法成粒设备有粉碎破碎机械（颚式破碎机、旋回破碎机、圆锥破碎机、锤式破碎机、冲击式破碎机、辊式破碎机）和磨碎机（球磨机、棒磨机、管磨机、自磨机、振动磨机、立磨机）。

3. 挤出机造粒

以挤出机为主机的预混料造粒工艺，可采取热切粒和冷切粒两种方法将挤出的料条或料带切割成粒子。

（1）热切粒法。用装在挤出机机头前的旋转切刀，切断由多孔口模挤出的高温圆截面料条。刚从口模挤出的料条是在近于熔融状态下被切断，为避免切成的粒子又相互粘连，应加强粒子的冷却。风冷热切粒装置如图1-13所示。水下热切粒机头如图1-14所示。

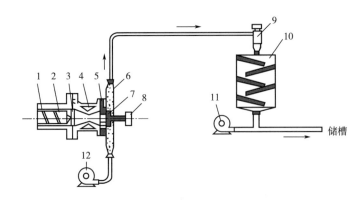

图1-13　风冷热切粒装置

1—料筒　2—螺杆　3—过滤板　4—机头　5—多孔模板　6—玻璃罩
7—切刀　8—皮带轮　9—旋风分离器　10—冷却箱　11，12—鼓风机

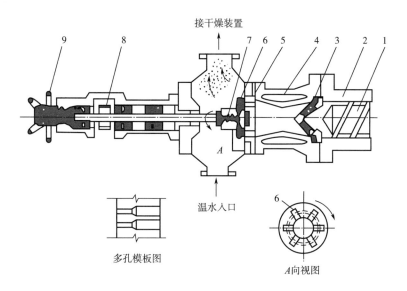

图 1-14 水下热切粒机头

1—螺杆 2—料筒 3—过滤板 4—机头 5—多孔模板 6—切刀 7—弹簧 8—皮带轮 9—调节手柄

（2）冷切粒法。在口模挤出的料条或料带冷却后，再将其切割成粒的工艺操作。常用的冷却方法是将挤出的条、带浸没在冷水中，也可用吹冷风和喷淋水冷却。

（三）溶液的配制

用流延法生产薄膜、胶片及某些浇铸制品等常使用聚合物的溶液作为原料。溶液的主要组分是溶质与溶剂，作为成型用的溶液中的溶质是聚合物和除溶剂外的有关助剂，而溶剂通常则是指烃类、芳烃类、氯代烃类、酯类、醚类和醇类。用溶液作原料制成的制品（如薄膜），其中并不含溶剂（事实上可能存有挥发未尽的、痕量的溶剂），溶剂只是为了分散树脂而加入，它能将聚合物溶解成具有一定黏度的液体，在成型过程中必须予以排出。

配制溶液所用的设备是带有强力搅拌和加热夹套的溶解釜。配料方法一般分为慢加快搅法和低温分散法两种。通常是采用慢加快搅法，先将溶剂在溶解釜内加热至一定温度，而后在高速强力搅拌下缓慢地投入粉状或片状的聚合物，投料速度应以不出现结块现象为度。

对溶剂的选择有以下要求：

（1）溶解聚合物能力强，由聚合物和溶剂两者溶度参数相近的法则来选择；

（2）无色、无臭、无毒、不燃、化学稳定性好；

（3）沸点低，以便在成型加工中易挥发；

（4）成本低。

（四）溶胶塑料的配制

1. 溶胶塑料概述

成型工业中作为原料用的分散体主要是固态的氯乙烯聚合物或共聚物与非水液体形成的悬浮体，通称为聚氯乙烯溶胶塑料或聚氯乙烯"糊"。

制备聚氯乙烯糊时，应先将各种添加剂与少量分散剂（此量应计入分散剂总量中）混合，并用三辊磨研细以作为"小料"备用，而后将乳液树脂和剩余分散剂，于室温下在混合设备内通过搅拌而使其混合。混合过程中缓缓注入"小料"，直至成均匀糊状物为止。为求质量进一步提高，可将所成糊状物再用三辊磨研细；然后再真空（或离心）脱气。

2. 溶胶塑料分类

根据组成不同，有四种不同性质的溶胶塑料。

（1）塑性溶胶。固体树脂和其他固体添加剂悬浮在液体增塑剂里而成的稳定体系，其液相全是增塑剂。又称为增塑糊。

（2）有机溶胶。在塑性溶胶基础上加入有挥发性而对树脂无溶胀性的有机溶剂，即稀释剂，也可以全部用稀释剂而无增塑剂。又称为稀释增塑糊。

（3）塑性凝胶。在塑性溶胶基础上加入胶凝剂。又称为增塑胶凝糊。

（4）有机凝胶。在有机溶胶的基础上加入胶凝剂。又称为稀释增塑胶凝糊。

四种不同性质的溶胶塑料之间存在一定的联系，如图1-15所示。图中非水挥发性液体是指溶剂或和稀释剂，圆形表示组分，矩形表示糊塑料，虚线箭头表示可加可不加的组分。

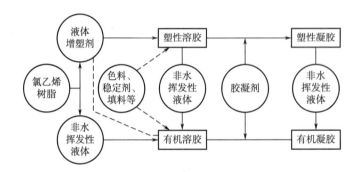

图1-15 溶胶塑料的分类与组成

3. 溶胶塑料的组成

溶胶塑料的组成有树脂、分散剂、稀释剂、胶凝剂、稳定剂、填充剂、着色剂等。四种溶胶塑料的典型配方见表1-22。

表1-22 四种溶胶塑料的典型配方

组成名称	材料	塑性溶胶/份	有机溶胶/份	塑性凝胶/份	有机凝胶/份
树脂	乳液聚合聚氯乙烯	100	100	100	100
增塑剂	邻苯二甲酸二辛酯	80	40	40	40
	环氧酯	—	—	40	—
挥发性溶剂	二异丁酮	—	70	—	40
稀释剂	粗汽油	—	70	—	10
稳定剂	二碱式亚磷酸铅	3	3	3	3
填充剂	碳酸钙	20	—	—	—

组成名称	材料	塑性溶胶/份	有机溶胶/份	塑性凝胶/份	有机凝胶/份
色料	镉红	2	—	—	—
	炭黑	—	—	0.9	0.9
胶凝剂	有机质膨润黏土	—	—	5.0	5.0

第四节　塑料生产基本过程

成型、机械加工、修饰、装配是塑料生产的四个基本过程。

一、成型

成型是将各种形状的塑料（粉料、粒料、溶液和分散体）制成所需形状的制品或坯体的过程。它在四个过程中最为重要，也是一切塑料制成型材必不可少的生产过程。成型的方法很多，主要有挤出成型、注射成型、压延成型、模压成型、中空吹塑成型、热成型等。

1. 挤出成型

挤出成型又称挤压成型或挤出模塑。它是通过塑料原料在挤出机中加热、加压呈流动状态，连续通过口模成型的方法。挤出成型在塑料的加工工业中占有相当重要的地位，是最早的成型方法之一，其制品约占塑料总产量的三分之一以上。挤出成型可加工绝大多数热塑性塑料和少数热固性塑料，其加工所得制品主要有薄膜、板（片）材、管、棒、丝、网、电线电缆被覆以及异型材等。配以其他设备，挤出成型也可生产中空容器、复合材料等。挤出成型的主要特点是可以连续化生产，生产效率高，产品的质量均匀，生产操作简单，工艺控制容易，可一机多用。

2. 注射成型

注射成型又称注射模塑。它是将粒状或粉状的塑料原料从注射机的料斗送进加热的料筒，经加热熔化呈流动状态后，由柱塞或螺杆的推动而通过料筒端部的喷嘴并注入温度较低的闭合模具内。充满塑模的熔料在受压的情况下，经冷却、固化后即可保持模具型腔所赋予的形状，从而得到制品。注射成型是目前塑料加工中最普遍采用的方法之一，适用于全部热塑性塑料和部分热固性塑料，其制品约占塑料制品总量的20%~30%。用途已从民用扩大到国民经济各个领域中，并将逐步代替传统的金属和非金属材料的制品，这些制品主要是各种工业配件、仪器仪表的零件和壳体等。注射成型的主要特点是生产周期短，生产效率高；成型制品的形状由简到繁、尺寸由小到大，尺寸精确；生产自动化、高速化，具有极高的经济效益。

3. 压延成型

压延成型是热塑性塑料主要的成型方法之一，压延成型与挤出成型、注射成型合称为热塑性塑料的三大成型方法。压延成型是将熔融塑化的热塑性塑料置于做相向旋转的加热辊筒间挤压、剪切延展成一定厚度、一定宽度和粗糙度的膜状、片状物料，经冷却即可制成膜状、片状制品。也可附以一定的基材，制得人造革、塑料墙壁纸等产品。适用于压延成型的热塑性塑料有聚氯乙烯、聚乙烯、聚丙烯、ABS、聚乙烯醇等，但目前使用最多的是聚氯乙烯。压延成型的主要特点是加工能力大，生产速度快，产品质量好，连续化生产、自动化程度高。但其设备庞大、生产流程长，一次投资高，维修复杂，制品宽度受辊筒长度限制，因此在连续板（片）材的生产方面不如挤出法发展的速度快。

4. 模压成型

模压成型又称压制成型，包括压缩模塑和层合（即层压）两种，是一种较古老的成型方法。压缩模塑是将粉状、粒状或纤维状物料放入成型温度下的模具型腔中，然后闭模加压，而使其成型并固化的方法。可用于热固性塑料和热塑性塑料，但主要用于热固性塑料。层合成型主要用于生产板材，可用于热固性塑料（一般加入纤维状填料），也可用于热塑性塑料。模压成型的设备和模具结构简单、制造费用低、精度要求低；压机占地面积小、可马上投产、且收益显著；成型压力低、原料损耗小；纤维状填料的定向性小，受塑料种类和填料种类影响少，是制备高强度制件的有效方法。但该法生产效率低，制品精度低，劳动强度大，大都为手工操作等。故模压成型随着其他成型方法的发展和普及而逐步减少，但就其优缺点的综合分析来看，模压成型仍属一种不可缺少的成型方法。

5. 中空吹塑成型

中空吹塑成型是将挤出成型或注射成型所得的半熔融态管坯（型坯）置于各种形状的模具中，管坯中通入压缩空气将其吹胀，使之紧贴于模腔壁上，再经冷却脱模得到中空制品。这种成型方法可以生产口径不同、容量不同的瓶、壶、桶等各种包装容器，日常用品和儿童玩具等。用于中空吹塑的塑料品种有聚乙烯、聚氯乙烯、聚丙烯、聚苯乙烯、线性聚酯、聚碳酸酯等。

6. 热成型

热成型是利用热塑性塑料板（片）材作为原料来制造塑料制品的一种方法。成型时，先将板（片）材固定于夹框上，并将其加热到一定温度，而后凭借施加的压力使其贴近模具型面，因而取得与型面相仿的形样。成型后的板（片）材冷却后，即可从模具上取下，经适当修整即得制品。适用于热成型的塑料品种有很多，如各种类型的聚苯乙烯、聚氯乙烯、有机玻璃、聚丙烯、聚乙烯、聚碳酸酯、ABS 等。热成型制品的应用范围越来越大，已广泛用于工业、农业、食品、医药、电子等各个领域，尤其在包装行业得到更为迅速的发展。热成型工艺简单、设备投资少、模具制造方便。但制品结构不宜太复杂，且制品壁厚均匀度较差，边角废料多等。虽然如此，热成型仍属于很有经济价值和实用价值的成型方法，其产品花色品种变化之快，没有哪种方法可与之匹敌。

总之，塑料制品的成型方法有很多，将在后面的章节中一一详细介绍。

二、机械加工

塑料制品的机械加工是采用机械方法对塑料制品进行加工的总称。对塑料制品进行机械加工的类型，主要有裁切、冲切、切削、钻削、螺纹加工、激光加工等。通过机械加工可获得尺寸精度高、结构复杂的制品；此外，机械加工还用作模塑或其他成型作业的辅助性工序。如塑料制品的废边切除、挤压型材的锯切以及将片材切成规定的尺寸等。

塑料的裁切主要用于塑料板材、管、棒等型材，可以采用多种方法，如锯切、剪切、铣切、砂轮切割、激光切割、电热丝切割、超声波切割、高压水流（水刀）切割等。对棒状或管状塑料的裁切，也可使用车床。

塑料的冲切是用具有一定形状且带有刃口的冲模剪裁塑料板材。冲切的方法有冲裁、冲孔、切口、剖切、修边、整修等，其中冲裁和冲孔最为常见。

塑料的切削是用切削工具将坯料或工件上的多余材料切除掉，以获得具有所需的几何形状、尺寸和表面质量的机器零件。

塑料钻削的目的就是钻孔，它不仅可在各种钻床上进行，也可在车床、铣床上进行，还可使用手钻。

塑料的螺纹加工分攻丝与车螺牙两种。攻丝是指在孔眼内制造内螺牙，车螺牙则是在柱形体上制出外螺牙。攻丝是在攻丝床或有攻丝附件的钻床上进行的，但也有手工进行的，采用的刀具是丝锥。车螺牙可用车削或铣削完成，也可以手工用螺纹板牙来完成。

利用激光对塑料加工的本质是，塑料能将吸收的光迅速转成热能，在很短的时间内将塑料本身烧蚀。如果将激光集中在塑料制品的某一点上，激光就能在其光柱所触及的范围内沿着前进方向将塑料全部摧毁。这样，在塑料制品不作任何移动时，指定照射的部位就会被激光打成孔眼；而当制品移动时就能被它"切"出长缝。由激光转成热能不仅极为集中，而且十分快速，使转化的热能向非照射部分的传递接近于零。

三、修饰

修饰是对模塑制品或其他成型制品表面进行后加工，但主要是前一类制品。其目的在于去除制品废边和附生的赘物以及美化制品的表面，提高和改变制品性能。对塑料制品进行修饰的类型，主要有机械修饰（锉削、磨削、抛光、滚光）、表面涂饰（溶浸增亮、涂料涂饰）、彩饰、涂盖金属等。

锉削实际上也是切削，应该属于机械加工的范围。但在塑料成型工业中，锉削在绝大程度上都被用作模塑制品和片材的修平、除废边、去毛刺及修改尺寸等，只有少数例外，如在模塑制品上锉成斜面等。

磨削是用砂带或砂轮清除塑料制品的废边或铸口残根的方法。此外，磨削还常用于磨平或糙化表面（如供作黏合用）、磨出斜角或圆角、修改尺寸等。

抛光是用表面附有磨蚀料或抛光膏的旋转布轮对塑料制品表面进行处理。但随要求的不同（具体反映在布轮表面上附加的物料种类）又可分为灰抛（亦称砂磨）、磨削抛光和增泽抛光等三种。

滚光是对小型模塑制品的一种修饰作业。它是将磨料、塑料制品和附加的菱形木块等同时加入多棱转鼓内，利用转鼓的转动，对塑料制品进行表面处理。通过滚光操作，可以圆角，去除废边和铸口残根，减小尺寸，锉光表面等。

溶浸增亮是将热塑性塑料制品先放在一种可溶的有机溶剂中浸约1min，而后放在另一种不溶的液体内浸少许时间以除去其表面上附着的溶剂。制品表面上细小不规则物，如机械加工的刀痕等，就能借此而除去。这种方法可增添制品的表面光泽，减少制品的表面的污染和吸湿能力，从而提高制品的介电性能。

涂料涂饰是将树脂溶液，通过喷涂、辊涂、浸涂、淋涂、帘涂、刷涂等方法直接涂在塑料制品的表面上。

彩饰是对塑料制品表面添加彩色图案、花纹或文字的一种作业，也称施彩。目的是使塑料制品增添美感或便于区别。它包括凸版印刷、凹版印刷、丝网印刷、平版（胶版）印刷、渗透印刷（扩散印刷）、喷墨打印、热转移、移印、烫印、漆花等。

涂盖金属是用电镀、真空淀积、喷镀等方法，在塑料制品表面上覆盖薄层金属的作业。与塑料制品相比，可达到装饰效果外，还可以提高表面硬度、力学强度、耐水性、耐油性、耐候性，并赋予导电性及焊锡附着性；与金属制品相比，减轻了质量，降低了成本，耐腐蚀性增强。

四、装配

装配是指将各个已经完成的零部件用黏接、焊接或用其他机械方法进行连接或配套，以使之成为一个完整的塑料制品。

黏接是指在黏合剂的作用下，将被黏物表面连接在一起的过程，用黏接的方法，可以使简单的部件成为复杂而完整的大件，借以弥补模塑制品的不足。此外，黏接还可以用于点缀装饰，修残补缺。

焊接是指采用加热和加压或其他方法，使热塑性塑料制品的两个或多个表面熔合成为一个整体的方法。焊接是制造大型设备、复杂构件不可缺少的，同时可完成修残补缺的任务。焊接的主要方法有加热工具焊接、感应焊接、热气焊接、超声焊接、摩擦焊接和高频焊接等。

机械连接是借机械力使塑料部件之间或与其他材料（多数是金属）的部件连接的方法。塑料制品的机械连接包括压配、铆接、螺纹、铰链、缝接、弹簧夹等连接方法。

机械加工、修饰和装配等三个过程，通常都是根据塑料制品的不同要求来取舍的。不是每种塑料制品都必须完整地经过这三个过程。相对于"成型"来说，这三种过程统称为"加工"，而且常居于次要地位。

习题与思考题

1. 什么是塑料？它有哪几种分类方法？
2. 塑料的成型加工方法主要有哪几种？
3. 塑料有哪些用途？
4. 塑料生产中有哪些常用助剂？
5. 增塑剂的分类及其作用机理是什么？
6. 稳定剂的分类及其作用机理是什么？
7. 热稳定剂的分类及其作用机理是什么？
8. 光稳定剂的分类及其作用机理是什么？

9. 抗氧剂的分类及其作用机理是什么？

10. 润滑剂的分类及其作用机理是什么？

11. 抗静电剂的分类及其作用机理是什么？

12. 什么是简单混合？常见的简单混合的设备有哪些？其工作原理是什么？

13. 物料的开炼设备及工艺是怎样的？

14. 物料的密炼设备及工艺是怎样的？

15. 粉料和粒料分别如何制造？它们之间有何异同？

16. 塑料糊可分为哪几类？

17. 简述混合机理。

第二章　塑料成型的理论基础

在塑料成型过程中，一般将塑料加热到黏流态（或者采用聚合物溶液及悬浮液）使之容易发生流动和变形，这样有利于它的输运和成型。那么，由于塑料在成型过程中受到剪切、拉伸、加热和冷却等物理和化学的作用，从而影响塑料在成型过程中及成型后的结构和性能。所以，应该了解塑料在成型过程中表现出一些共同的基本物理和化学性质，包括聚合物的流变、拉伸、结晶、取向、降解和交联等现象。

第一节　聚合物的流变行为

液体的流动和变形都是在受到应力的情况下得以实现的。重要的应力有剪切应力、拉伸应力和压缩应力三种。三种应力中，剪切应力对塑料的成型最为重要，因为成型时聚合物熔体或分散体在设备和模具中流动的压力降、所需功率以及制品的质量等都受到剪切应力的制约。拉伸应力对塑料的成型也较重要，它经常是与剪切应力共同出现的，例如吹塑成型中型坯的引伸，吹塑薄膜时泡管的膨胀，塑料熔体在锥形流道内的流动以及单丝的生产等都受到拉伸应力的影响。压缩应力一般不是很重要，可以忽略不计。

液体在平直管内受剪切应力而发生流动的形式有层流和湍流。液体层流时，是按许多彼此平行的流层进行的，同一流层上的各质点流动速度彼此相同，但各层之间的流动速度却不一定相等，而且各层之间也无可见的扰动。如果流动速度增大且超过临界值时，则层流转变为湍流。湍流时，液体各点速度的大小和方向都随时间而变化，此时流体内会出现扰动。

一、流体流动类型

（一）牛顿流体

液体层流的最简单规律是牛顿流动定律。当有剪切应力 τ（用 N/m^2 或 Pa 表示）于一定温度下施加到两个相距为 dr 的流体平行层面并以相对速度 dv 运动，如图 2-1 所示，则剪切应力 τ 与剪切速率 dv/dr 之间呈直线关系，见式（2-1）。

$$\tau = \eta \frac{dv}{dr} = \eta \cdot \dot{\gamma} \qquad (2-1)$$

式中：η 为比例常数，称为切变黏度系数或牛顿黏度，简称黏度，单位为 $Pa \cdot s$（$1Pa \cdot s = 1N \cdot s/m^2$）。

以 τ 对 $\dot{\gamma}$ 作图得到流动曲线图，牛顿流体的流动

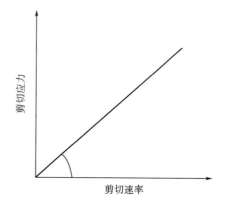

图 2-1　牛顿流体的流动曲线

曲线是通过原点的直线，该直线与 $\dot{\gamma}$ 轴夹角 θ 的正切值是牛顿黏度值（图2-1）。

实际上，一般低分子化合物的液体或溶液属于牛顿流体。在成型过程中，塑料熔体或聚合物分散体在所施加的剪切应力下，其流动行为不符合牛顿流动定律。

（二）非牛顿流体

凡不符合牛顿流动定律的流体均称为非牛顿流体。非牛顿流体流动时剪切应力和剪切速率的比值不再称为黏度，而称为表观黏度，用 η_a 表示。表观黏度在一定温度下并不是一个常数，可随剪切应力、剪切速率而变化。根据其剪切应力和剪切速率的关系，非牛顿流体又可分为宾汉流体、假塑性流体和膨胀性流体三种。

1. 宾汉流体

这种流体所表现的流动曲线是直线的（图2-2），当剪切应力高至一定值 τ_y 后，宾汉流体的剪切应力和剪切速率的关系表现为直线，直线的截距为 τ_y。这个截距就是使流体产生流动的最小应力 τ_y，又称为屈服应力。当对流体的剪切应力大于屈服应力后，其流动行为与牛顿流体相同。因此，宾汉流体的流动方程见式（2-2）。

$$\tau - \tau_y = \eta_p \frac{dv}{dr} = \eta_p \dot{\gamma} \tag{2-2}$$

式中：η_p 为刚度系数，等于流动曲线的斜率。当剪切应力小于 τ_y 时，材料完全不流动，相当于固体材料，则 $\dot{\gamma}=0$，$\eta_p=\infty$。当剪切应力大于 τ_y 时，立刻呈现流动行为，具有一定黏度。牙膏、钻井用的泥浆、下水管道中的污泥，部分聚合物在良溶剂中的浓溶液和凝胶性糊塑料等属于或接近宾汉流体。

2. 假塑性流体

这种流体所表现的流动曲线是非直线的（图2-2），其表观黏度随剪切应力的增加而降低，即随着剪切应力的增加，曲线的斜率减小。大多数聚合物的熔体，以及所有聚合物在良溶剂中的溶液，其流动行为都具有假塑性流体的特征。

从图2-2中可以看出，假塑性流体的流动曲线与指数函数曲线相似，通过曲线模拟可以将剪切应力与剪切速率的关系用指数函数来表示，流动方程见式（2-3）。

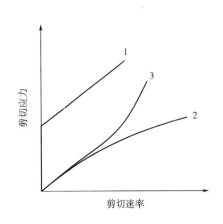

图2-2　不同类型流体的流动曲线
1—宾汉流体　2—假塑性流体　3—膨胀性流体

$$\tau = K\left(\frac{dv}{dr}\right)^n = K\dot{\gamma}^n \tag{2-3}$$

式中：K 为流体黏稠度的量度，K 越大则流体越黏稠；n 为判定流体与牛顿流体的差别的程度。$n=1$ 时，为牛顿流体；n 远离1时，其非牛顿流体性越强。

从另一个角度出发，根据前述定义，假塑性流体的表观黏度方程见式（2-4）。

$$\eta_a = \frac{\tau}{\dot{\gamma}} \tag{2-4}$$

则

$$\eta_a = K\dot{\gamma}^{n-1} \tag{2-5}$$

在实际生产中，解决具体问题时一般都有一定的经验公式，并且大多采用简单经验性的指数函数。

假塑性流体的黏度随剪切应力或剪切速率的增加而下降的原因与流体分子的结构有关。对聚合物熔体来说，造成黏度下降的原因在于其中大分子彼此之间的缠结。当缠结的大分子承受剪切应力时，其缠结点就会被解开，同时还沿着流动的方向规则排列，因此就降低了黏度。缠结点被解开和大分子规则排列的程度是随剪切应力的增加而加大的。

3. 膨胀性流体

这种流体的流动曲线也不是直线（图2-2）。它与假塑性流体的区别在于它的表观黏度会随剪切应力的增加而增大。固体含量高的悬浮液，以及在较高剪切速率下的聚氯乙烯糊塑料的流动行为属于膨胀性流体。

实际上，在塑料成型过程中同一种聚合物的熔体和分散体在不同条件下会分别具有以上几种流体的流动行为。人们通过实验得出塑料的流动曲线和表观黏度值，就能初步判断这种塑料在成型操作中的难易程度。例如在注射模塑时，如果某一塑料熔体在降解温度以下，剪切速率为 $10^3 \sim 10^5 \mathrm{s}^{-1}$，其表观黏度为 $10 \sim 10^3 \mathrm{Pa \cdot s}$，则容易进行注塑。如果表观黏度过大，塑料模具的设计就受到限制，并且成型制品很容易出现缺陷；如果表观黏度过小，会出现溢模的现象，难以保证制品的质量。

二、拉伸黏度

在吹塑或纺丝成型过程中，需要对聚合物熔体或分散体进行拉伸。根据牛顿流动定律，当拉伸应力在一定温度下施加到流体的同一平面上的两个质点之间，则拉伸黏度用方程式（2-6）计算。

$$\lambda = \frac{\sigma}{\dot{\varepsilon}} \tag{2-6}$$

式中：σ 为拉伸应力；$\dot{\varepsilon}$ 为拉伸应变速率。

剪切流动是流体中的一个平面在另一个平面上的移动，而拉伸流动是一个平面上两个质点间的距离拉长。此外，拉伸黏度还随拉伸应力是单向、双向等变化。

在拉伸流动中，一个方面可能由于聚合物熔体的分子链解缠结而降低拉伸黏度，另一个方面也可能随着分子链的拉直和沿拉伸轴取向，从而使拉伸黏度增大。因此，拉伸黏度随拉伸应变速率的变化趋势，取决于这两种效应哪一种占优势。一般来说，聚合物熔体的剪切黏度随拉伸应力增大而降低，而拉伸黏度随拉伸应力增大而增大。低密度聚乙烯、聚异丁烯和聚苯乙烯等支化聚合物，由于熔体中有局部弱点，在拉伸过程中形变趋于均匀化，因而拉伸黏度随拉伸应变速率增大而增大；聚甲基丙烯酸甲酯、ABS、聚酰胺、聚甲醛、聚酯等低聚合度线型高聚物的拉伸黏度与拉伸应变速率无关；高密度聚乙烯、聚丙烯等高聚合度线型高聚物，因局部弱点在拉伸过程中引起熔体的局部破裂，所以拉伸黏度随拉伸应变速率增大而降低。

三、温度和压力对剪切黏度的影响

除了施加的应力和应变速率对流体剪切黏度起作用外，温度、压力等因素也会影响剪切黏度。

1. 温度对剪切黏度的影响

流体剪切黏度（包括表观黏度）与温度的关系见式（2-7）。

$$\eta = \eta_0 e^{a(T_0 - T)} \tag{2-7}$$

式中：η 为流体在温度为 T 时的剪切黏度；η_0 为某一基准温度 T_0 时的剪切黏度；e 为自然对数的底；a 为常数。

一般而言，聚合物分子链刚性越大，和分子间的引力越大时，表观黏度对温度的敏感性越大。同时，其敏感程度还与聚合物分子量和分子量分布有关。表观黏度对温度的敏感性一般比它对剪切应力或剪切速率的敏感性要强些。

在成型操作中，对温度敏感性变化不大的聚合物来说，仅凭增加温度来增加其流动性是不适合的，因为即使温度增幅较大，其表观黏度却降低有限（如聚丙烯、聚乙烯、聚甲醛等）。另一方面，大幅度地增加温度很可能使它发生热降解，从而降低制品质量。此外对成型设备等的损耗较大，并且会恶化工人的工作条件。但是，在成型中利用升温来降低聚甲基丙烯酸甲酯、聚碳酸酯和聚酰胺66等聚合物熔体的黏度是可行的，因为升温不多即可使其表观黏度下降较多。

2. 压力对剪切黏度的影响

由于聚合物具有长链结构和容易发生分子链内旋转，出现的孔洞或孔隙较多，所以在加工温度下的压缩性比普通流体大得多。聚合物在高压下（注射成型时受压达 35～300MPa）体积收缩较大，分子间作用力增大，黏度增大，有些甚至会增加十倍以上，从而影响流动。黏度与压力的关系见式（2-8）。

$$\eta_p = \eta_{p_0} e^{b(p - p_0)} p_\eta \tag{2-8}$$

式中：η_p 和 η_{p_0} 分别代表在压力 p 和大气压 p_0 下的黏度；b 为压力系数，b 与孔洞体积成正比，与绝对温度呈反比。

对于聚合物流体而言，压力的增加相当于温度的降低。在处理熔体流动的工程问题时，首先把黏度看作温度的函数，然后再把黏度看作压力的函数，这样可在等黏度条件下得到一个换算因子 $(\Delta T / \Delta p)_\eta$，即可确定出产生同样熔体黏度所施加的压力相当的温降。一般聚合物熔体的 $(\Delta T / \Delta p)_\eta$ 值为 $(3\sim9) \times 10^{-7}$℃/Pa，即压力增大 1Pa，相当于温度降低 $(3\sim9) \times 10^{-7}$℃。

第二节　塑料的可加工性

一、塑料可加工性的含义

塑料的可加工性有两层意义：一是材料能否成型加工的性质，即可加工性；二是成型过程附加与材料的性质，如形状、尺寸及内部结构的变化。聚合物聚集态的多样性导致其成型加工的多样性。聚集态的特点：长链结构，相互贯穿、重叠、缠结；内聚能较大，吸引力（分子内，分子间）大。

线性聚合物聚集态的重要性质是聚集态间可转变且可逆，可逆性的转变对成型加工的重要性：使聚合物材料的加工性更多样化，成型加工是一种"转变"技术。

聚合物聚集态转变取决于聚合物的分子结构、体系的组成以及所受应力和环境温度。当聚合物及其组成一定时，聚集态的转变主要与温度有关。温度变化时，塑料的受力行为发生变化，呈现出不同的物理状态和力学性能特点。

线型非晶态聚合物在受热时常存在的三种物理状态为：玻璃态（结晶聚合物也称结晶态）、高弹态和黏流态。

1. 玻璃态

聚合物处于温度 T_g 以下的状态，链段处于冻结状态，聚合物呈现刚性固体状，聚合物受力变形符合虎克定律。聚合物在玻璃态的特点如下。

（1）模量高，形变小；

（2）形变与外力大小呈正比；

（3）在极限应力范围内，形变具有可逆性；

（4）形变与回复均在瞬间完成，可以认为形变和回复与时间无关。

处于玻璃态的聚合物可作为结构材料，能进行车、铣、锯、削、刨等机械加工。一般多数聚合物的温度都高于室温，只有极少数聚合物的温度低于室温，如高密度聚乙烯玻璃化温度为-80℃，玻璃态是大多数聚合物的使用状态。T_g 是聚合物使用温度的上限。T_b 是聚合物使用温度的下限。当温度低于 T_b 时，聚合物在很小的外力作用下就会发生断裂，无使用价值。从聚合物的使用角度来看，$T_b \sim T_g$ 之间的范围显然越宽越好。常温下，玻璃态的典型材料是有机玻璃。

2. 高弹态

当聚合物受热温度超过 T_g 时（$T_g \sim T_f$ 之间），曲线开始急剧变化，聚合物进入柔软而富有弹性的高弹态。变形能力显著增大，弹性模量显著降低，但变形仍然具有可逆性。聚合物在高弹态的特点如下。

（1）模量低，形变值大；

（2）形变仍具可逆性；

（3）达到高弹形变的平衡值和完全恢复形变不是瞬间完成的，形变与恢复具有时间依赖性；

（4）靠近 T_f 附近，聚合物黏度很大。在高弹态状态下，可进行弯曲、吹塑、真空成型、引伸、冲压等成型，成型后会产生较大的内应力。

进行上述成型加工时，应考虑到高弹态具有的可逆性，由于高弹态形变比普弹形变大一万倍左右，且属于与时间有依赖性的可逆形变，因此，必须将成型后的塑料制品迅速冷却到 T_g 以下，以保证得到符合产品质量要求的塑件。也就是说要充分考虑到加工中的可逆形变，否则就得不到符合形状尺寸要求的制品。常温下，高弹态的典型材料是橡胶。

3. 黏流态

当聚合物受热温度超过 T_f 时，分子热运动能量进一步增大，至能解开分子链间的缠结而发生整个大分子的滑移，变形迅速发展，聚合物开始有明显的流动，聚合物开始进入黏流态变成液体，具有了流动性，通常称之为熔体。在这种状态下聚合物的变形不具有可逆性，一经成型和冷却后，其形状就能永久保持下来。聚合物在黏流态的特点如下。

（1）黏度小；

（2）形变具有不可逆性；

（3）形变与时间有关。

T_f 是塑料成型加工的最低温度，在这种黏流状态下，聚合物熔体形变在不太大的外力作用下就能引起宏观流动，可进行注射、挤出、压延、纺丝等成型加工，成型后应力较小。增高温度将使塑料的黏度大大降低，流动性增大，有利于塑料熔体充型，但不适当的增大流动性容易导致诸如注射成型过程中的溢料、挤出成型塑件形状的扭曲、收缩和纺丝过程中纤维的毛细断裂等现象。当温度高到分解温度 T_d 附近还会引起聚合物分解，以致降低塑件的力学性能或引起外观不良等缺陷。因此，T_f 和 T_d 可用来衡量聚合物的成型性能，温度区间大时，聚合物熔体的热稳定性好，可在较宽的温度范围内变形和流动，不易发生热分解。T_f 和 T_d 都是聚合物材料进行成型加工的重要参考温度。常温下，黏流态的典型材料是熔融树脂（如胶黏剂）。

和线型无定型聚合物的热力学曲线相比较，完全线型结晶型聚合物的热力学曲线通常无明显的高弹态，说明完全结晶的聚合物不存在高弹态，在高弹态温度下也不会有明显的弹性变形，但结晶型聚合物一般不可能完全结晶，都含有非结晶的部分，所以它们在高弹态温度阶段仍能产生一定程度的变形，只不过比较小而已。因此，对线型结晶型聚合物，可在 $T_g \sim T_m$ 的温度区间内进行薄膜吹塑和纤维拉伸。完全线型结晶型聚合物的 T_f 对应的温度为熔点，是线型结晶型聚合物熔融或凝固的临界温度，由于其熔点很高，甚至高于其分解温度，所以不能采用一般的成型加工方法，如聚四氟乙烯塑件就是采用高温烧结法制成的。线型结晶型聚合物可在脆化温度和熔点之间应用，使用温度范围较宽，耐热性能好。

由于聚合物分子运动单元的多重性及力学松弛的特性，导致各种加工过程要求不同的聚合物流体性质。我们重点讨论塑料的可挤压性、可模塑性、可延展性。

二、塑料的可挤压性

可挤压性是指聚合物通过挤压作用形变时获得一定形状并保持这种形状的能力，因此只有处于粘流态才能通过挤压获得宏观而有用的形变。塑料在加工过程中常受到挤压作用，例如塑料在挤出机和注射机料筒中以及在模具中都受到挤压作用。

通常条件下塑料在固体状态不能采用挤压成型，衡量聚合物可挤压性的物理量是熔体黏度（剪切黏度和拉伸黏度）。熔体黏度过高，则物料通过形变而获得形状的能力差；反之，熔体黏度过低，虽然物料具有良好的流动性，易获得一定形状，但保持形状的能力较差。因此，适宜的熔体黏度是衡量聚合物可挤压性的重要标志。聚合物的可挤压性不仅与其分子组成、结构和分子量有关，而且与温度、压力等成型条件有关。通常简便实用的测量方法是测定聚合物的熔体流动速度。虽然不能说明成型过程中实际聚合物的流动情况。但由于方法简便易行，对成型塑料的选用和适用性具有参考价值。

熔融指数（MFR）是评价热塑性聚合物特别是聚烯轻的可挤压性的一种简单而实用的

方法，它是在熔融指数仪中测定的。这种仪器只测定给定剪切应力下聚合物的流动度（简称流度，即黏度的倒数）。MFR 是指定温下 10min 内聚合物从出料孔挤出的重量（g），MFR 大，流动性好，即黏度小；MFR 小，流动性差，即黏度大。成型加工方法与适当的熔融指数范围的关系见表 2-1。

表 2-1　成型加工方法与适当的熔融指数范围的关系

成型方法	产品	所需材料的 MFR/（g/10min）
挤出成型	管材	<0.1
	片材、瓶、薄壁管材	0.1~0.5
	电线、电缆	0.1~1.0
	薄片、单丝	0.5~1.0
	多股丝或纤维	1.0
	瓶（高级玻璃）	1~2
	胶片	9~15
注射成型	模压制件	1~2
涂布	薄壁制件	3~6
	涂敷纸	9~15
热成型	制件	0.2~0.5

三、塑料的可模塑性

可模塑性是塑料在温度、压力作用下产生变形并在模具中模制成型的能力，模塑条件这里主要是指温度和压力。若温度太高，虽然熔体的流动性好，易于成型，但会引起降解，制品的收缩率大；若温度太低，虽然熔体黏度增大，但流动困难，成型性差，并且因弹性增加，制品形状稳定性差；适当增加压力，通常能改善聚合物的流动性；压力过高时，会引起溢料和增大制品的内应力；压力过低时，会造成缺料。

注射、挤出、模压等成型方法对聚合物的可模塑性要求是：能充满模具型腔获得制品所需尺寸精度，有一定的密实度，满足制品合格的使用性能等。具有可模塑性的聚合物可通过注射、模压、压延和挤出等成型方法制得各种形状的模塑制品。

可模塑性主要取决于塑料的流变性、热性能、力学性能、工艺因素以及模的结构尺寸。热固性聚合物的可模塑性还与聚合物的化学反应性能有关，模塑条件对塑料可模塑性也有影响。通常采用模塑范围图和螺线流动长度来评价。

1. 模塑范围图

模塑范围图表示能成型出合格塑料制品的温度和压力值。典型的模塑范围图如图 2-3 所示。模塑

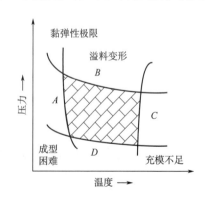

图 2-3　典型的模塑范围图

范围图由四条特征线构成：A 线是成型温度的最低限线；在此线左侧各点温度下，熔体黏度过高，弹性增大，流动困难，成型性差，制品稳定性降低；B 线是成型压力的最高限线，此线以上区域各点对应压力过大，成型时容易在模具分裂面处产生溢料，造成制品毛边，并使制品内应力增加，设备寿命降低；C 线是成型温度的最高限线，此线右侧各点对应的温度过高，会使收缩率变大，甚至造成塑料降解；D 线是成型压力的最低限线，此线以下各点对应的压力过低，易造成制品缺料。因此，只有 A、B、C、D 四条线包围的区域，即图中阴影区域各点所对应的温度、压力是合适的成型温度和压力。要成型得到满意的塑件，使塑料具有较好的可模塑性，就要充分考虑温度和压力两者的关系，把温度和压力控制在可模塑的包围区域内。模塑范围图一般针对给定的聚合物和模塑设备。

2. 螺线流动长度

螺旋流动长度试验被广泛地用来判断聚合物的可模塑性。螺线流动长度试验用模具结构如图 2-4 所示。模具的型腔是一条阿基米德螺旋线形的沟槽，在螺旋线形的沟槽上有许多的刻度。模具浇口在模具中央。聚合物熔体在注射压力推动下，由中部注入模具中，伴随流动过程熔体逐渐冷却并硬化为螺线。螺线的长度反映不同种类或不同级别聚合物流动性的差异。在相同条件下，螺线越长，聚合物流动性越好；螺线越短，聚合物流动性越差。

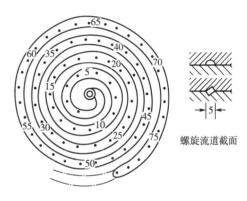

图 2-4　螺线流动长度试验用模具结构
示意图（入口在螺旋中央）

另外，通过螺旋流动试验还可以了解：

（1）聚合物在宽广的剪切应力和温度范围内的流变性质；

（2）模塑时温度、压力和模塑周期等的最佳条件；

（3）聚合物分子量和配方中各种添加剂成分和用量对模塑材料流动性和加工条件的影响关系；

（4）成型模具浇口和模腔形状与尺寸对材料流动性和模塑条件的影响。

四、塑料的可延展性

可延展性是指无定形或半结晶固体聚合物在一个方向或两个方向上受到压延或拉伸时变形的能力。线型聚合物的可延展性来自大分子的长链结构和柔性，在形变过程中在拉伸的同时变细、变薄、变窄。通过压延或拉伸工艺可生产薄膜和片材。

聚合物的可延展性取决于材料产生塑性变形的能力和加工硬化作用。利用聚合物的可延展性，可通过压延和拉伸工艺生产片材、薄膜和纤维。形变能力与固体聚合物的结构及其所处的环境温度有关，而加工硬化作用则与聚合物的取向程度有关。

1. 可延展性的本质

（1）由于线形聚合物的长链结构和柔性，当固体材料在 $T_\mathrm{g} \sim T_\mathrm{m}$（$T_\mathrm{f}$）温度区间受到大于屈服强度的拉力作用时，高分子链发生解缠和滑移，从而产生宏观的塑性延伸形变，在形变过程中在拉伸的同时变细或变薄、变窄。

（2）随着取向程度的提高，大分子间作用力增大，引起聚合物黏度升高，使聚合物表现出"硬化"倾向，形变也趋于稳定而不再发展。取向过程的这种现象称为"应力硬化"。

（3）当应力达到屈服点，材料因不能承受应力的作用而破坏，这时的应力称为抗张强度或极限强度。

（4）形变的最大值称为断裂伸长率。

（5）聚合物通过拉伸作用可以产生力学各向异性，从而可根据需要使材料在某一特定方向（即取向方向）具有比别的方向更高的强度。

2. 可延展性的影响因素

聚合物可延展性的影响因素取决于材料产生塑性形变的能力和"应力硬化"作用，而形变能力与固体聚合物所处温度有关。

（1）在 $T_g \sim T_m$ 之间，拉伸应力作用下产生塑性流动，满足材料截面尺寸减小的要求；

（2）对于半结晶聚合物，拉伸在低于 T_m 以下的温度进行；

（3）对非晶聚合物，拉伸则在接近 T_g 的温度进行；升高温度，可延展性提高；

（4）"应力硬化"后，限制聚合物分子流动，阻止拉伸比提高。

可延展性的测定常在小型牵引试验机上进行。

第三节　影响聚合物流动的因素

大多数聚合物熔体属于假塑性流体，聚合物熔体在任何给定剪切速率下的黏度主要由两方面因素决定。

（1）聚合物熔体的自由体积。聚合物熔体的自由体积是未被聚合物占领的孔隙，也是聚合物大分子链段进行扩散运动的场所，凡使自由体积增加的因素会加速大分子运动，使黏度降低。

（2）大分子长链之间的缠结。聚合物大分子间的缠绕作用使分子间作用力增加，使分子链运动变得困难。凡能减少这种缠结作用的因素会加速分子运动，从而使黏度降低。

影响聚合物流动即聚合物黏度的因素主要有：聚合物分子链结构（主要包括分子链的柔顺性、支化度、侧基、分子量及分子量分布）、添加剂、外界因素（主要包括温度、压力、剪切速率）。

一、聚合物分子链结构

1. 柔顺性

聚合物分子链的柔性大，缠结点多，解缠与滑移困难，非牛顿流动性强；刚性大，熔体黏度对温度敏感性增加。如聚苯乙烯、聚碳酸酯、涤纶、尼龙。

2. 支化度

一般来说，短支链（梳型支化）对材料黏度的影响甚微。对聚合物材料黏度影响大的是长支链（星型支化）的形态和长度。若支链长，但其长度还不足以使支链本身发生缠结，这时分子链的结构往往因支化而显得紧凑，使分子间距增大，分子间相互作用减弱。与分子量相当的线型聚合物相比，支化聚合物的黏度要低些。若支链相当长，支链本身发生缠结，支化聚合物的流变性质更加复杂。在高剪切速率下，支化聚合物比分子量相当的线型聚合物的黏度低，但其非牛顿流动性较强。在低剪切速率下，与分子量相当的线型聚合物相比，支化聚合物的剪切黏度或者要低些，或者要高些。

3. 侧基

结构中含有大侧基，自由体积增大，熔体黏度对压力和温度敏感性增加。如聚甲基丙烯酸甲酯（PMMA），聚苯乙烯（PS）。一般来说，侧基的极性使分子间的作用力增大。分子间作用力大，黏度就高，反之则低。聚碳酸酯、聚氯乙烯、聚甲基丙烯酸甲酯等的熔体黏度要比聚乙烯、聚丙烯大得多。

4. 分子量

分子量增大，除了使材料黏度迅速升高外，还使材料开始发生剪切变稀的临界剪切速率变小，非牛顿流动性突出。其原因是分子量大，变形松弛时间长，流动中发生取向的分子链不易恢复原形，因此较早地出现流动阻力减少的现象。

5. 分子量分布

分子量分布对熔体黏性的主要影响规律有：当分子量分布加宽时，物料黏流温度 T_f 下降，流动性及加工行为改善；分子量分布宽的试样，其非牛顿流变性较为显著。这种性质使高分子材料在加工时，特别是在橡胶制品加工时，希望材料分子量分布稍宽些为宜。宽分布橡胶不仅比窄分布材料更易挤出或模塑成型，而且在停放时的"挺性"也更好些；分子量分布宽的试样，对温度变化敏感性下降；分子量分布宽的试样，可纺性下降。虽然分子量分布宽的聚合物易于加工，但是此时聚合物材料的拉伸强度比较低。

聚合物分子链结构如图 2-5 所示。

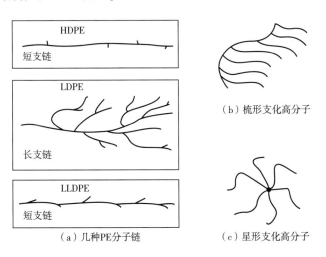

图 2-5　聚合物分子链结构

二、添加剂

对流动性影响较显著的添加剂有两大类。

（1）塑性添加剂。即软化增塑材料，主要有增塑剂、溶剂、润滑剂等，主要作用是减弱材料内大分子链间的相互牵制，使自由体积增大，体系黏度下降，非牛顿流动性减弱，流动性改善。

（2）刚性添加剂。即填充补强材料，如填充剂（碳酸钙、赤泥、陶土、高岭土等）、增强剂（短纤维）。主要作用是使体系黏度上升，弹性下降，硬度和模量增大，流动性变差。

三、外界因素

1. 温度

升高温度可使聚合物大分子的热运动和分子间的距离增大，从而降低熔体黏度。可以通过调节温度来改变高分子的加工性。聚合物分子链刚性越大和分子间的引力越大时，表观黏度对温度的敏感性也越大。表观黏度对温度的敏感性一般比它对剪切应力或剪切速率的敏感性要强些。在成型操作中，对一种表观黏度随温度变化不大的聚合物来说，仅凭升高温度来增加其流动性是不适合的，因为温度即使升幅很大，其表观黏度却降低有限（如聚丙烯、聚乙烯、聚甲酸等）。另一方面，大幅度地升高温度很可能使它发生热降解，从而降低制品质量，此外成型设备等的损耗也较大，并且会恶化工作条件。相对而言，在成型中利用升温来降低聚甲基丙烯酸甲酯、聚碳酸酯、聚酰胺66等聚合物熔体的黏度是可行的，因为升温不多即可使其表观黏度下降较多。对于温敏性塑料，即温度升高黏度下降明显的塑料，主要品种有聚碳酸酯（PC）、PMMA等分子链刚性较大的聚合物。

2. 压力

由于聚合物熔体存在很多微小空穴，即所谓"自由体积"，因而具有可压缩性。聚合物在加工过程中所受压力的双重方式有自身流体静压力和外界压力，特别是外部压力作用（一般 $10 \sim 300MPa$）可使聚合物熔体的自由体积减小，分子间距离减小、作用力增大，以致熔体黏度也随之增加。

一般低分子的压缩性不很大，压力增加对其黏度的影响不大。但是，聚合物由于具有长链结构和分子链内旋转，产生空洞较多，所以在加工温度下的压缩性比普通流体大得多。聚合物在高压下（注射成型时受压达 $35 \sim 300MPa$）体积收缩较大，分子间作用力增大，黏度增大，有些甚至会增加十倍以上，从而影响了流动性。聚合物结构不同对压力的敏感性不同。一般情况下带有体积庞大的苯基的聚合物，分子量较低、密度较低者其黏度受压力的影响较大。但压力的影响比较复杂，规律并不明显，所以在较低压力下可忽略不计，压力较在时要具体情况具体对待。

压力对黏度影响的复杂性如下。

（1）压力作用使得自由体积减少，从而分子运动场所减少，分子运动能力减少而导致聚合物本体黏度增加。但聚合物的可压缩性不同，黏度对压力的敏感性不同。

（2）加压可提高流率，如注塑中物料所受压力达 $300 \sim 350kg/cm^2$。

（3）对聚合物分散体而言，因含有小分子，成型中压力不高，压力对黏度的影响较小。

（4）温度和压力的等效性。一种聚合物在正常的加工温度范围内，增加压力对黏度的影响与降低温度对黏度的影响具有相似性。这种在加工过程中通过改变压力和温度都能获得相同的黏度变化的效应称为压力—温度等效性。

3. 剪切速率

大多数聚合物熔体属于假塑性流体，其黏度随剪切应力或剪切速率的增加而降低。不同聚合物熔体黏度的变化对剪切作用的敏感程度不同，例如聚甲醛和聚乙烯对剪切作用的变化要比尼龙和聚甲基丙烯酸甲酯敏感得多。如果聚合物的熔体黏度对剪切作用很敏感，在操作中必须严格控制螺杆的转速或压力不变，否则，剪切速率的微小变化都会引起熔体黏度的显著改变，致使制品出现表观不良、充模不均、密度不匀或其他弊病。在挤出成型中，剪切速率不能过大，也就是螺杆的转速不能超过一定的限度，否则，挤出物的外形会逐渐变得不规整，螺杆转速越快，不规整现象越严重，甚至会使挤出物崩裂成一节节的小块。聚合物熔体黏度的大小直接影响塑料成型过程的难度。例如在注射成型过程中，某塑料温度控制在其分解温度以下，剪切速率为 $0.001s$ 时，熔体黏度为 $50 \sim 500Pa/s$，注射成型较容易。但如果黏度过大，就要求有较高的注射压力。制品的大小受到限制，而且制品还容易出现缺陷；如果黏度过小，溢模现象严重，产品质量也不容易保证，在这种情况下，要求喷嘴有自锁设置。在挤出成型、延压成型和其他成型工艺中，也同样要求聚合物有适宜的熔体黏度。黏度过大或过小都会给成型带来困难。根据上述影响熔体黏度的各种因素分析，可按不同的聚合物选择适当的工艺条件，使熔体黏度达到成型操作的要求。

对于剪敏性塑料，即剪切速率或剪切应力升高黏度明显下降的塑料，主要品种有聚乙烯、聚丙烯、聚苯乙烯等分子链柔性较大的聚合物。

第四节　聚合物熔体流动过程中的弹性

大多数聚合物在流动过程中，除表现出黏性外，还有一定的弹性，这种弹性对加工影响很大。最常见的弹性表现是末端效应（入口效应、出口膨化效应）和不稳定流动。

一、末端效应

聚合物熔体在管子进口端与出口端，这种与聚合物液体弹性行为有紧密联系的现象叫作末端效应。它包括入口效应和出口膨化效应。

1. 入口效应

被挤压的高聚物熔体通过一个狭窄的口模，即使口模通道很短，也会有明显的压力降，这种现象称为入口效应。聚合物从大尺寸管道流进小尺寸管后，须经一定距离 L_e，才能形成稳态流动。L_e 称作入口效应区的长度，不同聚合物和不同几何尺寸的管道，其 L_e 值大小不一样。聚合物入口效应的表征：对于不同的聚合物、不同直径的管子，入口效应区域也不同。使用入口效应区域长度 L_e 与管子直径 D 的比值 L_e/D 来表示产生入口效应区域的范围。试验测得，层流条件下，牛顿流体的 L_e 约为 $0.05D \cdot Re$；非牛顿假塑性流体的 L_e 为 $0.03 \sim 0.05D \cdot Re$。其中 Re 为雷诺数。

入口效应产生的原因如下。

（1）聚合物液体以收敛流动的方式进入小管时，为保持恒定流速，只有调整流体中各部分流速才能适应管口突然减小的情况。如果管壁上的流速仍为零，则只有增大液体中的剪切速率才能满足流速调整的要求，需要消耗能量来提高剪应力和压力梯度。

（2）液体中增大的剪切速率使大分子产生更大、更快的形变，使大分子沿流动方向伸展取向，分子的这种高弹形变要克服分子内和分子间的作用力也要消耗一定的能量，引起压力的降低。

2. 出口膨化效应

聚合物熔体在流出管口时，熔流的直径并不等于管子的直径，出现两种相反的情况：黏度低的牛顿流体通常液流缩小变细；对黏弹性聚合物熔体，液流直径增大膨胀，后一种现象称为挤出物胀大。出口膨化效应又称离模膨胀效应、巴拉斯（Barus）效应。它是聚合物熔体从管道口挤出时，截面直径增大而长度缩小的现象，实际上是一种由弹性恢复而引起的失稳流动。

使用膨胀比来表征膨胀的程度，它的定义是液流离开管口后自然流动（无拉伸时）时膨胀的最大直径 D_f 对管子出口端直径 D 之比，用 D_f/D 表示。

离模膨胀效应产生机理为高聚物流动过程中的伸展取向（取向效应），高聚物熔体流动期间处于高剪切场内，大分子在流动方向取向，而在口模处发生解取向，引起离模膨胀；液流中的正应力，由于黏弹性流体的剪切变形，在垂直剪切方向上存在正应力作用，引起离模膨胀；当高聚物熔体由大截面的流道进入小直径口模时，产生了弹性变形。高聚物熔体被解除边界约束离开口模时，弹性变形获得恢复，引起离模膨胀。

如果长径比 L/D 很大（如大于 16）时，即入口效应引起的应变在液体流经 L_s 时有足够的时间得到松弛，这样贮存于液体中的弹性能大部分都在流动中消散了。出口膨胀的主要因素就是液体中的正压力差和剪切流动中贮存的弹性能。若 L/D 小，即松弛时间太短，入口效应所贮存的可逆应变成分在到达管口之前来不及完全松弛，伸展的分子回复卷曲构象，使液体产生轴向收缩和显著的径向膨胀。

二、不稳定流动

不稳定流动是指聚合物熔体在挤出成型或注射成型中，在低剪切速率或剪切应力的范围内，挤出物具有光滑的表面和均匀的截面，但当剪切应力或剪切速率增加到某一数值后，挤出物的表面变得粗糙，失去光泽，粗细不均匀和外形扭曲等，严重时会产生波浪形、竹节形或周期性螺旋状的挤出物，在极端严重的情况下，甚至会产生断开的、形状不规则的碎片，这些现象通称为熔体破裂现象。出现熔体破裂现象的剪切应力和剪切速率分别称为临界剪切应力和临界剪切速率。

大量的实践证明，不稳定流动和熔体破裂现象主要是下述两方面原因引起的。

1. 液体流动时在管壁上产生的滑移

液体流动时在管壁附近的剪切速率最大，由于黏度对剪切速率的依赖性，管壁附近液体的黏度必然较低；流动过程中的分级效应也使聚合物中分子量较低的级分向管壁移动，从而使管壁附近的液体黏滞性降低，易引起液体在管壁上的滑移，使液体的流速增加。

2. 液体中的弹性回复

剪切速率分布的不均匀性还使熔体中弹性的分布沿径向方向存在差异，从而使平行于速度梯度的方向上产生弹性应力。管壁附近的黏滞力较低，因此该处最易于弹性回复，这样就破坏正常的稳态层流，出现不稳定流动。管壁上某处形成低黏度层时，伴随弹性回复，滑移作用使管中流速分布发生改变，产生滑移区域的液体流速增加，层流被破坏，一定时间内通过滑移区域的液体增加，总流速增大。液体流速在某处瞬时增大，是由弹性效应所致，所以又称这种流动为"弹性湍流"，也称"应力破碎"。

3. 液体的剪切历史差异

液体在入口区域和管子中流动时，受到的剪切作用不一样，因而能引起液流中产生不均匀的弹性回复。当它们流过管道并留出管口时，可能引起极不一致的弹性回复，若这种弹性回复力很大，以致能克服液体的黏滞阻力时，就能引起挤出物畸变和断裂。

要避免或减轻高分子熔体产生熔体破裂现象，可从以下方面考虑：可将模孔入口处设计成流线型，避免流道中的死角；适当提高温度，使弹性回复容易发生；降低分子量，适当加宽分子量分布，使松弛时间缩短，有力减轻弹性回复；采用添加少量低分子物质；挤出后适当牵引，可减少或避免熔体破裂现象；在临界剪切应力、剪切速率下成型。

第五节　聚合物的加热与冷却

在成型加工中聚合物的流动和成型，必须借助加热和冷却。任何物料加热与冷却的难易是由温度或热量在物料中的传递速度决定的，而传递速度又决定于物料的固有性能——热扩散系数 a，其定义见式（2-9）。

$$a = k/c_p \cdot \rho \tag{2-9}$$

式中：k 为导热系数；c_p 为定压热容 $[J/(kg \cdot K)]$；ρ 为密度（kg/m^3）。

由试验数据统计结果可知，在较大温度范围内各种聚合物热扩散系数的变化幅度并不大，通常不到两倍。虽然各种聚合物由玻璃态到熔融态的热扩散系数是逐渐下降的，但是在熔融状态下的较大温度范围内热扩散系数几乎保持不变。在熔融状态下热扩散系数不变的原因是比热容随温度上升的趋势恰好被密度随温度下降的趋势所抵消。

由于聚合物热传导的传热速率很小，冷却和加热都不是很容易。其次，黏流态聚合物由于黏度很高，对流传热速率也很小。因此，如果在成型过程中要使塑料流体的各个部分在较短的时间内达到同一温度，常需要较复杂的设备和很大的消耗，以及较长的时间。如果对聚合物加热过高，由于聚合物的传热不好，则局部温度就可能过高，会引起降解。

聚合物熔体在冷却时也不能使冷却介质与熔体之间温差太大，否则就会因为冷却过快而使其内部产生内应力。因为聚合物熔体在快速冷却时，皮层的降温速率远比内层快，这样就可能使皮层温度已经低于玻璃化温度，而内层温度依然在这一温度之上。此时皮层就成为坚硬的外壳，弹性模量远远超过内层（大至 10^3 倍以上）。当内层获得进一步冷却时，必会因为收缩而使其处于拉伸的状态，同时也使皮层受到应力的作用。这种冷却情况下的聚合物制品，其力学性能，如弯曲强度、拉伸强度等都比应有的数值低。严重时，制品会出现翘曲变形以致开裂，成为废品。

由于许多聚合物熔体的黏度都很大，因此在成型过程中发生流动时，会因内摩擦而产生显著的热量。如果熔体的流动是在圆管内进行的，则摩擦热在管的中心处为零，而在管壁处最大。借助摩擦热而使聚合物升温是成型中常用的一种方法，例如在挤出成型或注射成型过程中，聚合物的许多热量来自摩擦生热。

聚合物熔体在流动过程中，由于黏度大，会在较短的流道内造成很大的压力降，从而可能使前后的密度不一致。密度变小表明熔体的体积膨胀，体积膨胀则会消耗热能。

结晶聚合物在受热熔融时，伴随有相态的转变，这种转变需要吸收较多的热量。例如，部分结晶的聚乙烯熔融时就比无定形的聚苯乙烯熔融时吸收更多的热量。

第六节　成型加工与聚合物结晶

在聚合物成型过程中，不仅经历加热和冷却过程，而且受到剪切应力、拉伸应力等作用。塑料制品也随着发生一系列的物理和化学变化。这些变化主要包括结晶、取向、降解和交联等。它们对塑料制品的质量和性能有着决定性的影响。

一、成型过程中的结晶

结晶型高分子在塑料成型加工中常伴随着结晶度、晶粒尺寸、甚至晶型结构的变化。结晶可使大分子链段排列规整，分子间作用力增强，因而使制品的密度、刚度、拉伸强度、硬度、耐热性、抗溶性、气密性和耐化学腐蚀性等性能提高；而依赖于链段运动的有关性能，如弹性、断裂伸长率、抗冲击强度则有所下降。结晶度升高可使材料的软化点和热变形温度有所提高，透明性下降。

高分子材料的结晶能力与分子链结构、成型条件（应力、应变、冷却速度等）、后处理方式（退火、淬火等）及添加成核剂等有关。

1. 聚合物链结构

有利于结晶的因素如下。

（1）链结构简单，重复结构单元较小，分子量适中；

（2）主链上不带或只带极少支链；

（3）主链化学对称性好，取代基小且对称；

（4）规整性好；

（5）高分子链的刚柔性及分子间作用力适中。

2. 应力、应变作用的影响

塑料在挤出成型、注射成型、压延成型、模压成型和薄膜拉伸等成型过程中，受到高流体静压力的作用而使聚合物的结晶速率加快。在拉伸应力和剪切应力作用下，大分子沿应力或应变的方向伸直并有序排列，有利于诱发晶核形成和晶体的生长，使结晶速率加快，片晶厚度增加。例如，在500MPa的压力下，聚合物可能生成完全伸直链晶体。

聚合物熔体的结晶度随着应力的增加而增大，并且压力能使熔体结晶温度升高。

应力对晶体的结构和形态也有影响。例如在剪切应力或拉伸应力作用下，塑料熔体中生成长串的纤维状晶体。压力也能影响球晶的大小和形状，低压下生成的是大而完整的球晶，高压下则生成小而形状不规则的球晶。

3. 冷却速度的影响

温度对聚合物结晶有着显著的影响。在 $T_m \sim T_g$ 的范围内，结晶温度稍有变化，即使变化 1℃，也可使结晶速率相差几倍到几十倍。因此，在塑料成型过程中温度从 T_m 降低到 T_g 以下时的冷却速度，决定着制品是否能形成结晶，以及结晶的速率、结晶度、晶体的形态和尺寸等。

冷却速度慢，聚合物的结晶过程从均相成核作用开始，在制品中容易形成大的球晶。而大的球晶结构使制品发脆，力学性能下降。冷却程度不够容易使制品发生扭曲变形。

如果冷却速度过快，聚合物熔体的过冷程度大，骤冷使聚合物来不及结晶而成为过冷液体的非晶结构，以致制品体积松散。在厚制品的内部由于冷却温度稍慢仍可形成微晶结构，使制品内外结晶程度不均匀，制品会产生内应力。同时，由于制品中的微晶结构和过冷液体结构不稳定，成型后的继续结晶会改变制品的形状尺寸和力学性能。

在塑料成型中常采用中等的冷却速度，控制冷却温度在最大结晶温度和 T_g 之间。塑料制品表面层能在较快的时间内冷却成为硬壳。冷却过程中接近表层的区域先结晶，内层因在较长的时间内处于 T_g 以上的温度范围，有利于晶体的生长。因比，塑料制品的晶体结晶完整，结构稳定，外观尺寸稳定性好。

4. 退火（热处理）

退火是将制品加热到熔点以下的某一温度，一般在制品使用温度以下 10~20℃，或热变形温度以下 10~20℃，以等温或缓慢变温的方式使结晶逐渐完善化的过程。

退火的方法能够使结晶聚合物的结晶趋于完善（结晶度增加），将不稳定的结晶结构转变为稳定的结晶结构，微小的晶粒转变为较大的晶粒等。退火可使晶片厚度明显增加，熔点升高，但在某些性能提高的同时又可能导致制品"凹陷"或形成孔洞及变脆。此外退火也有利于大分子的解取向和消除注射成型等过程中制品的冻结应力。

如 PA 的薄壁制品采用快冷再退火，可得到微小球晶，结晶度仅 10%；采用慢冷再退火，可得到尺寸较大的球晶，结晶度可达 50%~60%。

5. 淬火（骤冷）

淬火是将熔融或半熔融状态的结晶型高分子，在该温度下保持一段时间后，快速冷却使其来不及结晶，以改善制品的冲击性能。

如聚三氟氯乙烯（PCTFE）结晶度可达 85%~90%，密度、硬度、刚性均较高，但不耐冲击，用作涂层时容易剥落；采用淬火，结晶度仅 35%~40%，冲击韧性提高，成为较理想的化工设备防腐涂料。

6. 成核剂

在不完全结晶的聚合物中加入成核剂可以改变其结晶行为，使结晶由异相成核开始，加快结晶速率，增加结晶密度和促使晶粒尺寸微细化，达到缩短成型周期、提高制品透明性、表面光泽、抗拉强度、刚性、热变形温度、抗冲击强度、抗蠕变性等性能。

如 PET 的热变形温度和弹性模量均比 PBT 高，但其最大的缺点是结晶温度高（PET 约 140℃，而 PBT 约 80℃），结晶速率慢，因此，成型周期长，生产成本高。通过加入成核剂可使其最大结晶温度降至 80℃。

二、成型过程中的取向作用

在成型过程中，聚合物分子和某些纤维状填料受到剪切流动或受力拉伸时，不可避免地沿受力方向做平行排列。

取向会造成高分子材料的性能呈现各向异性。取向后，沿取向方向材料的力学性能（如拉伸强度、抗冲击强度、弹性模量等）会有很大提高。单轴取向时，取向方向（纵向）和垂直于取向方向（横向）强度不同，纵向强度增加，横向强度减少。取向还使材料的光学性能、热膨胀系数等发生变化，如取向后的材料具有双折射现象等。

1. 热塑性塑料成型过程中聚合物分子的流动取向

用热塑性塑料生产制品时，只要在生产过程中有熔体流动，就会存在聚合物分子取向的问题。尽管改变生产方法，流动取向在制品中造成的性质变化以及影响取向的外界因素都基本一致。

根据对实际样品的测定，热塑性塑料制品中各区的取向程度有所差别，如图 2-6 所示。一方面，由剪切应力造成熔体的流动速度梯度诱导分子取向；另一方面，取向是一种热力学非平衡态，当温度较高时，取向的聚合物在分子热运动的作用下又可能发生解取向。塑料制品中任一点的取向状态都是剪切应力和温度两个主要因素矛盾运动的结果，与该点在模塑过程中的流体运动和冷却的历史过程有关。例如，在挤出成型和注射成型的塑料制品中，由于在浇口的等温流动区域，管道截面小，流动速度大，导致管道附近的熔体取向度最大；当进入非等温流动区域，管道截面大，压力逐渐降低，流动速度降低，其前沿部分的取向度最低；前沿部分的熔体与温度较低的管壁接触时，被迅速地冷却形成了取向结构少或无取向结构的冷冻表层；而靠近冻结层的熔体仍在流动，黏度高，流动速度慢，导致模腔中次表层的熔体有最大的取向度。但是在模腔中心的熔体，温度高，流动速度大，取向度低。

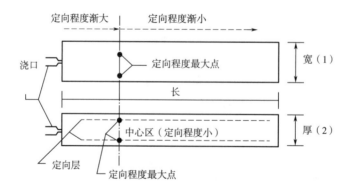

图 2-6　注射成型长方形热塑性塑料制品时流动取向过程示意图

制品中如果含有取向的分子，顺着分子取向的方向（也就是塑料在成型中的流动方向，简称径向或横向）上的力学性能总是大于与之垂直方向（简称横向）上的力学性能。在结构复杂的制品中，由取向引起的各向性能的变化十分复杂。如果塑料制品需要较高取向度时，可以适当增加浇口长度、压力和充满塑模的时间。如果塑料制品需要较低取向度时，可以适当增加塑模温度、制品厚度（即型腔的深度），或者将浇口设在型腔深度较大的部位，减少分子取向度。

2. 热固性塑料模压制品中纤维状填料的取向

带有纤维状填料的粉状或粒状热固性塑料制造模压制品的方法有压缩模塑法、传递模塑法和热固性塑料的注射成型法等。后者涉及制品中纤维状填料的取向作用。在注射成型过程中，填料排列的方向主要是顺着流动方向，碰上阻断力（如模壁等）后，它的流动方向就改成与阻断力成垂直的方向。例如，注射成型扇形薄片时，熔体的流线自浇口处沿半径方向散开，在扇形模腔的中心部分熔体流速最大，当熔体前沿到达模壁被迫改变流线时，流线转向两侧形成垂直于半径方向的流动，熔体中的纤维状填料也随熔体流线改变方向，最后形成中心环似的排列，其中以扇形的边沿部分最明显，并且具有平面取向的性质。

模压制品中填料的取向方向与程度主要依赖于浇口的形状（它能左右塑料流动速度的梯度）与位置，如图 2-7 所示，这是在生产上应该注意的。

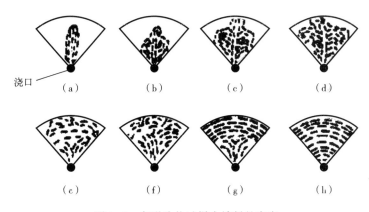

图 2-7 扇形片状试样中填料的定向

填料的取向与塑料的流动行为、发展过程和流动方向紧密联系。因此，在设计模具时应考虑到制品在使用中的受力方向应与塑料在模内流动的方向一致，也就是设法保证填料的取向方向与受力方向一致。填料在热固性塑料制品中的取向是无法在制品成型后消除的。

3. 拉伸取向

分子链、链段、片晶、晶带等结构单元在拉伸应力作用下沿受力方向取向。成型过程中，在玻璃化温度与熔点之间的温度区域内，将塑料制品沿着一个方向拉伸，在拉伸应力的作用下，分子链从无规线团中被应力拉开、拉直和在分子彼此之间发生移动，分子链将在很大程度上沿着拉伸方向作整齐排列，即分子在拉伸过程中出现了取向。由于拉伸取向使分子链间吸引力增加，所以拉伸并经迅速冷却至室温后的制品在拉伸方向上的拉伸强度、抗蠕变性能等有很大的提高。

影响拉伸取向的因素：拉伸温度、拉伸速度、拉伸比、冷却速度。

拉伸温度范围应在玻璃化温度到黏流温度或熔点之间。在此温度范围内，在给定拉伸比和拉伸速度的情况下，拉伸温度越低，则分子取向度越高。在给定拉伸比和拉伸温度下，拉伸速度越大，则分子取向度越高。不管拉伸情况如何，骤冷的速率越大，能保持取向的程度越高。

对薄膜来说，如果拉伸是在一个方向上进行的，则这种方法称为单向拉伸（或称单轴拉伸）；如果是在纵横两个方向上拉伸的，则称为双向拉伸（或称双轴拉伸）。拉伸后的薄膜或其他制品，在重新加热时，将会沿着分子取向的方向（即原来的拉伸方向）发生较大的收缩。如果将拉伸后的薄膜或其他制品在张紧的情况下进行热处理，即在高于拉伸温度而低于熔点的温度区域内某一适宜的温度下加热若干时间（通常为几秒），而后骤冷至室温，则所得的薄膜或其他制品的收缩率就降低很多。

实质上，聚合物在拉伸取向过程中的变形可分为三个部分：瞬时弹性变形、分子链平行排列的变形和黏性变形。瞬时弹性变形是一种瞬息可逆的变形，是由分子键角的扭变和分子链的伸长造成的。这一部分的变形，在拉伸应力解除时能全部恢复。分子链平行排列的变形即所谓分子取向部分，它在制品的温度降到玻璃化温度以下后即冻结而不能恢复。黏性变形与液体的变形一样，是分子间的彼此滑动，也是不能恢复的。

因此，为提高塑料制品的取向程度，可以采取以下一些措施：①在给定拉伸比和拉伸速度下，拉伸温度越低（不得低于玻璃化温度）越好。其目的是增加平行排列的变形，而减少黏性变形。②在给定拉伸比和给定温度下，拉伸速度越大，则所得分子取向的程度越高。③在给定拉伸速度和给定温度下，拉伸比越大，取向程度越高。④不管拉伸情况如何，骤冷的速率越大，能保持取向的程度越高。

第七节　成型过程中聚合物的降解和交联反应

对于热固性塑料，成型材料在温度、压力、时间等条件作用下，通过合理的变形、流动完成充模，通过适度的交联反应完成固化定型；对于热塑性塑料，成型材料在热、压力、拉力、剪切力等的作用下，通过熔融流动取得模腔（或模口）形样，通过冷却获得和保持既得形状和尺寸。成型中的化学反应主要有聚合物的降解和交联。交联反应是热固性塑料成型中必需的，如果不发生交联反应或交联反应程度不够高，则线型结构的成型材料就无法变为体型结构而固化定型，热固性塑料的一系列性能优势也无法得到体现。但在热塑性塑料成型中，一般都应避免产生不正常的交联反应，因为交联反应后物料成型性能会恶化，无法满足成型方法的要求。一般来说，降解反应都是有害的，它的存在会破坏制品的外观及内在质量，也使成型过程不易控制。但是在有些情况下，可以积极地利用某些降解（如力降解），来减小聚合物的平均分子量和熔体黏度，以达到改善材料流动性和成型性的目的。

一、聚合物的降解

聚合物在热、力、氧、水、光、超声波和核辐射等作用下会发生降解的化学过程，从而使其性能劣化。降解的实质是：断链；分子链结构的改变；侧基的消除等。在以上的许多作用中，自由基常是一个活泼的中间产物。降解作用的结果都是聚合物分子结构发生变化。对成型来说，在正常操作的情况下，热降解是主要的，由力、氧和水引起的降解居于次要地位，而光、超声波和核辐射引起的降解则是很少的。显然，标志热作用大小的是温度，但是温度的大小也与力、氧和水等对聚合物的降解有密切关系。

1. 热降解

聚合物是否容易发生热降解，应从其分子结构和有无痕量杂质（能对聚合物分解速度和活化能的大小起敏感作用的）的存在来判断，但大部分的热降解特性都来自分子结构的改变。热降解是指在无氧或少氧情况下，由热能直接作用而导致的大分子断键过程。

聚合物的热降解首先是从分子中最弱的化学键开始的。关于化学键的强弱次序一致认为：

$$C—F>C—H（烯烃和烷烃）>C—C（脂肪链）>C—Cl$$

大多数聚合物的热降解都是无规热降解，例如聚乙烯、聚丙烯、聚丙烯酸酯的热降解。乙烯类聚合物的降解，通常认为是自由基的链式反应。同样也具有链引发、链增长、链传递和链终止等几个基本步骤，但历程不完全相同，这是因为降解反应中所生成的自由基以及其活性都与原来聚合物的结构有关。含有芳环主链和等同立构的聚合物热降解的倾向都比较小。

能引起聚合物发生热降解的杂质本质上就是热降解反应的催化剂，它是随聚合物的种类不同而不同的，不同杂质导致聚合物的热降解历程也不同。

2. 力降解

聚合物在成型过程中常因粉碎、研磨、高速搅拌、混炼、挤压、注射等而受到剪切应力和拉伸应力。这些应力在条件适当的情况下是可以使聚合物分子链发生断裂反应的。引起分子链断裂反应的难易程度不仅与聚合物的化学结构有关，而且也与聚合物所处的物理状态有关。此外，分子链断裂反应常有热量发生，如果不及时排除，则热降解将同时发生。在塑料成型中，除特殊情况外，一般都不希望力降解的发生，因为它常能劣化制品的性能。由力降解产生的断裂链段的性质通常都是自由基性质的。这种自由基将通过再结合、链的歧化、链的转移以及与自由基受体的作用而失去活性。

在大量试验结果的基础上，有关力降解的通性可以归为以下几条。

（1）聚合物分子量越大，越容易发生力降解。

（2）施加的应力越大时，降解速率也越大，而最终生成的断裂分子链段却越短。

（3）一定大小的应力只能使分子链断裂到一定的长度。当全部分子链都已断裂到施加的应力所能降解的长度后，力降解将不再继续。

（4）聚合物在升温与添有增塑剂的情况下，力降解的倾向趋弱。

3. 氧化降解

大多数情况下，氧化降解是以链式反应进行的。聚合物首先通过热或其他能源的引发形成自由基。随之自由基与氧结合形成过氧化自由基，过氧化自由基又与聚合物作用形成过氧氢化物和另一个自由基，这两步即为链传递作用。引发作用也能由聚合物与氧直接作用而形成。这种作用每发生在聚合物分子链结构的"弱点"处。再者，由引发作用形成的 ROOH 化合物也能通过分解而形成自由基。

在常温下，绝大多数聚合物都能和氧气发生极为缓慢的作用，只有在热、紫外辐射等的联合作用下，氧化作用才比较显著。联合作用的降解历程很复杂，而且随聚合物的种类不同，反应的性质也不同。

经氧化降解形成的结构物（如酮、醛、过氧化物等），在电性能上，常比原来的聚合物低，且容易受光的降解。当这些化合物进一步发生化学作用时，则将引起断链、交联和支化等作用，从而降低或增高分子量。就最后制品来说，凡受过氧化作用的必会变色、变脆、拉伸强度和伸长率下降、熔体的黏度发生变化，甚至还会发出气味。但是由于化学过程过于复杂，目前就是一些比较常用的聚合物，如聚氯乙烯，其氧化降解历程也只能给出一些定性的概念。总的来说，任何降解作用的速率在氧气存在下总是加快，而且反应的类型增多。

有效防止氧化降解的方法：加入光稳定剂、抗氧剂，防止高温与氧接触。

4. 水解

如果聚合物结构中含有酰胺基、酯基等可能发生水解的化学基团时，则可能因水解而降解。如聚酰胺（PA）、聚酯（PET、PBT）。

有效防止水解的方法：在成型前对原料进行充分干燥。

二、热固性塑料的交联作用

我们知道，热固性塑料在尚未固化时，其主要组成物（树脂）都是线型或带有支链的聚合物。这些线型聚合物分子与热塑性塑料中线型聚合物分子的区别在于：前者在分子链中都带有反应基团（如羟甲基等）或反应活性点（如不饱和键等）。固化时，聚合物分子链上反应活性点之间或反应活性点与交联剂之间发生相互反应而交联在一起，这些化学反应都称为交联反应。已经发生作用的基团或活性点对原有反应基团或活性点的比值称为交联度。

实际的交联反应是很难达到100%，其主要原因如下。

（1）交联反应是热固性树脂分子向三维发展并逐渐形成巨型网状结构的过程。随着过程的进展，未发生作用的反应基团之间，或者反应活性点与交联剂之间的接触机会就越来越少，甚至变为不可能。

（2）有时反应体系中包含着气体反应生成物（如水汽），会阻止反应的进行。

在塑料成型工业中，交联一词常常被硬化、熟化等词代替。所谓"硬化得好"或"硬化得完全"并不意味着交联作用的完全，而是指交联作用发展到一种最为适宜的程度，以制品的力学性能等达到最佳。显然，交联程度是不会大于100%的，但是硬化程度是可以的。一般称硬化程度大于100%的为过熟，反之则称为欠熟。

硬化作用的类型是随树脂的种类而异的，它对热固性塑料的贮存期和成型所需的时间起着决定性的作用。硬化不足的热固性塑料制品，其中常存有比较多的可溶性低分子物，而且由于分子结合得不够强（指交联作用不够），以致对制品的性能带来了损失。例如力学性能、耐热性、耐化学腐蚀性、电绝缘性等的下降，热膨胀、后收缩、内应力、受力时的病变量等的增加，表面缺少光泽，容易发生翘曲等。硬化不足时，还可能使制品产生裂纹，使上述性能进一步恶化。吸水量也有显著的增加。出现裂纹说明所用模具或成型条件不合适，塑料中树脂与填料的用量比不当时也会产生裂纹。

过度硬化或过熟的制品，在性能上也会出现很多的缺点。例如力学强度不高，发脆，变色，表面出现密集的小泡等。显而易见，过度硬化或过熟连成型中所产生的焦化和裂解（如果有的话）也包括在内。制品过熟一般都是成型不当所引起的。过熟和欠熟的现象有时也会发生在同一制品上。出现这一现象的主要原因可能是模塑温度过高、上下模的温度不一、制品过大或过厚等。

检定硬化程度的方法很多。一般常用的物理方法有：脱模后热硬度的检定法、沸水试验法、萃取法、密度法、导电度测验法等。

习题与思考题

1. 什么是高聚物的黏性流动？
2. 什么是"假塑性流体"？
3. 什么是"入口效应"？
4. 什么是"出口膨化效应"？
5. 什么是"塑料的可延展性"？
6. 聚合物结晶对制品有何影响？
7. 影响聚合物结晶的因素有哪些？
8. 简述聚合物发生氧化裂解的原因。
9. 如何提高塑料制品的取向度？
10. 温度和压力如何影响剪切黏度？
11. 成型过程中有哪几种取向作用？
12. 聚合物降解主要有哪几种？PVC 主要发生哪种降解？
13. 影响拉伸取向的因素有哪些？
14. 为什么聚合物加热和冷却不能有太大的温差？

第三章　挤出成型

第一节　概述

挤出成型又称挤塑或挤出模塑成型，是塑料加工工业中最早出现的成型方法之一。挤出成型的定义是：高聚物的熔体（或黏性流体）在挤出机的螺杆或柱塞的挤压作用下通过一定形状的口模而连续成型，所得的制品为具有恒定截面几何形状的连续型材。可将挤出过程分为两个阶段：第一个阶段是使固态塑料塑化，即使其变成黏流态并在加压的情况下使其通过特殊形状的口模而成为截面与口模形状相同的连续体；第二个阶段是采用适当的冷却方法使挤出的连续体失去塑性而变为固态，即所需制品。通常挤出成型的生产工艺过程为：塑料原料熔融塑化、挤出成型、冷却定型、冷却、牵引、切割、检验、包装、入库。目前，我国塑料挤出成型在塑料制品的成型加工工业中占有很重要的地位，已占到整个塑料工业的40%左右，据统计，在塑料制品的成型加工中，挤出成型制品的产量居于首位。大部分热塑性塑料都可采用挤出成型，制品更是各种各样，其发展速度非常迅猛。

用于挤出成型加工的主要原料有聚氯乙烯、聚乙烯、聚丙烯等大多数热塑性塑料，酚醛树脂、环氧树脂等热固性塑料。挤出成型虽然也用于热固性塑料的成型，但仅限于少数的几种。挤出成型加工的主要设备有挤出机，此外还有机头、口模及冷却定型、牵引、切割、卷取等辅机。挤出成型能连续生产各种不同截面几何形状的塑料制品，产品主要有硬管、软管、波纹管、棒材、丝、包装袋、网、薄膜、复合膜、板材、片材、电线电缆的涂覆和涂层制品、异型材等。挤出机可周期性重复生产中空制品，如瓶、桶等。

根据物料的状态，挤出成型可分为干法挤出成型和湿法挤出成型，干法挤出成型指挤出物是熔体，我们常见的塑料挤出成型就是干法挤出成型，而湿法挤出成型其物料是溶液，比如说溶液纺丝属于湿法挤出成型。根据操作方式，挤出成型可分为连续挤出成型和间歇挤出成型。连续挤出成型指的是混合、塑化、成型一次完成，连续挤出成型采用螺杆式挤出机，有单螺杆和双螺杆两种，一般生产用挤出机是双螺杆，因为双螺杆挤出量大，产量高。间歇挤出成型采用柱塞式挤出机，柱塞往复一次为一工作循环，没有混合，适用黏度大、流动性差的高聚物，如聚四氟乙烯，柱塞式挤出机对物料没有混合搅拌作用，生产上较少采用。

一般挤出成型大致的工艺过程：塑料颗粒或粉末由料斗加入挤出机中，在螺杆的作用下，在挤出机里塑化熔融，塑化好的熔体经过口模，出口模后，由于制品还处于高温熔融状态，容易变形，所以出口模后，制品要通过定型装置进行定型，定型时制品温度降低，但温度还没有达到室温，接着经过冷却装置完全冷却至室温，然后经过牵引装置将制品牵出，最后经过收集装置（软制品卷绕收集，硬制品经过切割装置切割成段）。整个挤出成型过程可以概括为：加料—在螺杆中熔融塑化—机头口模挤出—定型—冷却—牵引—切割。

与其他成型方法相比，挤出成型有以下突出的优点。

（1）连续成型。挤出成型可生产任意长度的管材、薄膜、电缆、纤维等，所以挤出成型的生产率很高。

（2）品种多样化。挤出成型几乎能成型所有的热塑性塑料，也可以用于热固性塑料。三大合成高分子材料：塑料、橡胶和纤维都能适用挤出成型，因机头（口模）及辅机不同，可生产多种产品。

（3）生产率高、适用性强、用途广泛。挤出成型属于连续成型，并且可以一机多用，适用于橡胶、塑料、纤维。

（4）设备简单，投资少。挤出成型通过换机头、换口模就能生产不同规格或形状的产品。挤出成型生产线占地面积较小，对厂房及配套设施要求较低。

（5）可以完成不同工艺过程的综合性加工。除直接成型制品外，还可用挤出成型进行混合、塑化、造粒、着色、坯料成型等工艺过程，如挤出机与压延机配合，可生产压延薄膜；挤出机与压机配合，可生产各种压制件；挤出机与吹塑机配合，可生产中空制品。

以上优点使挤出成型在塑料加工中占有重要地位，聚合物挤出成型制品现已广泛应用于国民经济的各个领域。在农业方面，农膜作为重要的塑料制品起到了举足轻重的作用，我国的农用塑料棚膜与世界同步发展，此外塑料管可用于农田排灌，塑料网用于养殖业可大大提高珍珠、鲜贝等的产量，也可用于捕鱼业、水产业。在包装行业，包装薄膜的发展很快。包装薄膜主要有扭结包装膜、收缩包装膜、缠绕包装膜、贴体包装膜、充气包装膜、高阻透性膜、高耐热性膜、选择渗透性膜、保鲜膜、抗菌膜等。此外，复合材料、中空容器、编织袋、塑料网、打包带、捆扎绳等广泛用于粮食、农副产品、纺织、食品、药品、化工产品、化肥、水泥、精密仪器、日用品、体育用品、文化用品等的包装。在机械制造业及交通运输业，塑料制品的应用也十分广泛，塑料棒材可用于加工成轴承，齿轮、管件等机械零件，各种塑料管、板、异型材可制造仪表盘、车门内壁、挡泥板内衬、水管、油管、气管、装饰件、门、窗、顶板、扶手、地板等。在化学工业，由于塑料制品具有优异的耐化学腐蚀性，塑料管、板、棒、中空容器作为防腐蚀料，而且可制造各种槽、罐、釜、管道、泵、风机、塔等的内衬，可以节约大量金属材料。在电子、电讯工业，利用塑料的电绝缘性能好的优点，大量采用塑料作为绝缘材料。如电线、电缆的绝缘层、防护层，各种电器的绝缘件、绝缘板等。在建筑工业，越来越多地采用塑料板材、型材制造门窗、地板、壁板、层顶板、上下水管、隔声隔热材料、家具等。在医疗卫生业，塑料薄膜可用于制造输血袋，塑料管材可用于制造输血管、输液管、氧气管、食道、尿道及手术器具等。当然，在日常生活中使用的塑料制品更是琳琅满目，比比皆是，如人造革、塑料容器、装饰用品、塑料鞋等。

第二节　挤出成型理论

一、单螺杆挤出机的挤出成型理论

挤出成型理论是描述物料在螺杆和口模中运动、变化规律的基本理论。在挤出成型过程中，塑料随着温度的逐渐升高经历了固体—弹性体—黏流体三态变化过程，在此过程中，塑料有温度、压力、黏度甚至化学结构的变化，因此在挤出过程中，塑料状态变化和流动行为相当复杂。

（一）螺杆挤出机分段

根据塑料在挤出机中的三种物理状态的变化过程以及螺杆各部位的工作要求，通常将挤出机的螺杆分成加料段（固体输送区）、熔融段（压缩段）和熔体输送段（均化段），如图3-1所示。

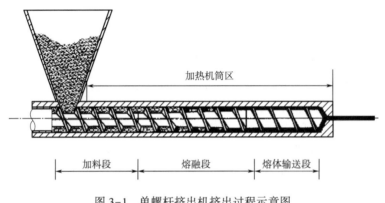

图3-1　单螺杆挤出机挤出过程示意图

（1）加料段。是挤出机喂料口到塑料开始呈现熔融状态之间的一段。在加料段塑料呈固体颗粒状，加料段末端，塑料因受热变软。其作用是压实塑料，并输送固体塑料。

（2）熔融段（压缩段）。是塑料开始熔融到螺槽内塑料完全熔融的一段。其作用是使塑料进一步被压实、塑化，并使逐渐被熔融的塑料内夹带的气体压出，从加料口处排出，并提高塑料的热传导性，使塑料温度继续升高。为使塑料被压实塑化，该段的螺槽是逐渐变浅的。

（3）熔体输送段（均化段）。从熔融段末端到机头之前的一段。塑料进入熔体输送段时，温度及塑化程度不够均匀，所以要进一步被塑化均匀，再被定压、定量、定温地挤出。该段的螺槽容积可以是不变的或逐渐变小。

（二）螺杆挤出机的挤出理论

通常，最广泛的挤出理论是建立在上述三个功能段，即加料段的固体输送理论、熔融段的熔融理论和熔体输送段的熔体输送理论。

1. 固体输送理论

固体塑料从料斗进入挤出机的料筒内，在螺杆的旋转作用下，由于料筒内壁和螺杆表面的摩擦作用向前运动。在加料段，螺杆的职能主要是对塑料进行输送，塑料原料仍以固体状态存在，并在加料段开始被压实。固体输送理论是以固体对固体的摩擦力平衡为基础建立起来的。假定物料—螺杆之间的摩擦力用 F_1 表示，物料—料筒之间的摩擦力用 F_2 表示，如果 $F_1=F_2$，即螺杆对物料的摩擦力与料筒对物料的摩擦力相等，此时物料不发生任何移动。如果 $F_1>F_2$，即螺杆对物料的摩擦力大于料筒对物料的摩擦力，由于螺杆是转动的，物料就会随螺杆转动，而不会发生轴向移动，这种情况应当尽量减少或避免。如果 $F_1<F_2$，即螺杆对

物料的摩擦力小于料筒对物料的摩擦力，此时物料才会向前运动。

根据以上分析，为了提高加料段的固体输送率，应该降低 F_1，提高 F_2，即降低物料—螺杆之间的摩擦力，增加物料—料筒之间的摩擦力。应降低螺杆表面与物料的摩擦系数，可以提高螺杆表面的光洁度；提高料筒表面与物料的摩擦系数，可以在料筒内开设纵向沟槽；从挤出机结构角度来考虑，增加螺槽深度及螺旋角，对增大固体输送速率是有利的。从工艺角度来考虑，应控制好固体输送区螺杆机筒的温度，调节摩擦系数，提高固体输送率；在加料段尽早建立适当的压力，有利于压实固体塞子，提高产量以及避免产量波动。

2. 熔融理论

由加料段送来的固体物料进入压缩段，在料筒的外加热和物料—物料之间及物料—金属之间摩擦作用的内热作用下而升温，同时逐渐受到越来越大的压缩作用，固体物料逐渐熔化，最后完全变成黏流态，再进入均化段。在压缩段既存在固体物料又存在熔融物料，物料在流动过程中有相变发生，因此在压缩段的物料的熔化和流动情况复杂，各点的温度不均匀。总之，在压缩段，物料升温，由固态到黏流态，体积变小，从而被压实，有利于排气。

3. 熔体输送理论

从压缩段进入均化段的物料是具有恒定密度的黏流态物料，在均化段，物料的流动已成为黏性流体的流动，物料不仅受到旋转螺杆的挤压作用，同时受到由于机头口模的阻力所造成的反压作用，通常把物料在螺槽中的流动看成由下面四种类型的流动所组成。

（1）正流。物料沿着螺槽向机头的流动，这是均化段熔体的主流，是由于螺杆旋转时螺棱的推挤作用引起的。

（2）逆流。沿螺槽与正流方向相反的流动，它是由机头、分流板、滤网等对熔体产生的反压作用引起的。

（3）横流。螺杆转动时推挤物料引起的，横流使物料在螺槽内产生翻转运动，形成环流，促使物料混合、搅拌、热交换，有利于物料均化和塑化，对总生产能力影响不计。

（4）漏流。物料沿着螺杆轴线方向向料斗方向流动，它是由于机头等对熔体的反压作用引起螺杆与机筒间隙处形成的流动。即挤出机的总生产能力 Q 为正流、逆流、漏流的代数和，Q = 正流 + 逆流 + 漏流。

二、双螺杆挤出机的挤出成型理论

与单螺杆挤出过程类似，双螺杆挤出过程也可分为加料和固体输送、熔融、熔体输送三个阶段。但双螺杆挤出机的工作原理与单螺杆挤出机完全不同。一方面，双螺杆挤出机为正向输送，强制将物料推向前进。另一方面，双螺杆挤出机在两根螺杆的啮合处对物料产生强烈的剪切作用，增加物料的混合与塑化效果。例如，当螺杆同向旋转时，一根螺杆的螺齿像楔子一样伸入到另一螺杆的螺槽中，物料基本上不能由该螺槽继续进入到邻近的螺槽中去，而只能被迫地由一根螺杆的螺槽流到另一根螺杆的螺槽中去。这样物料在两根螺杆之间反复强迫转向，受到了良好的剪切混合作用。如果螺杆是反向旋转的，则物料必然要经过夹口，物料好像通过两辊的辊隙，所以剪切效果会更好。

第三节　螺杆挤出机

挤出成型的核心设备是挤出机，挤出成型前还有前辅助设备（包括输送设备、粉碎设备、混合设备和干燥设备等预处理设备），挤出成型后还有后辅助设备（包括定形装置、冷却装置、牵引装置、切断装置和控制装置）。挤出设备有柱塞式挤出机和螺杆挤出机两大类，前者为间歇式挤出，后者为连续挤出。柱塞式挤出机没有搅拌混合作用，塑化物料质量均匀性较差，制品质量差，很少采用，但柱塞式挤出机挤出压力高，对于熔融黏度很大、流动性极差的物料可采用（如 PTFE 和硬 PVC 管材）。螺杆挤出机螺杆旋转时螺纹所产生的推动力将物料推向口模，又可分为单螺杆挤出机和双螺杆挤出机，目前单螺杆挤出机是生产上用得最多的挤出设备，也是最基本的挤出机。双螺杆挤出机近年来发展较快，其应用也逐渐广泛。

一、单螺杆挤出机

单螺杆挤出机是一种应用最多的通用型挤出机，其基本结构包括挤压系统、传动系统、供料系统、加热冷却系统和控制系统五大部分。单螺杆挤出机的特点是挤压系统由机筒和一根螺杆组成，如图 3-2 所示，这种挤出机只要更换不同结构形式的螺杆，就可以完成各种热塑性塑料的挤出成型。

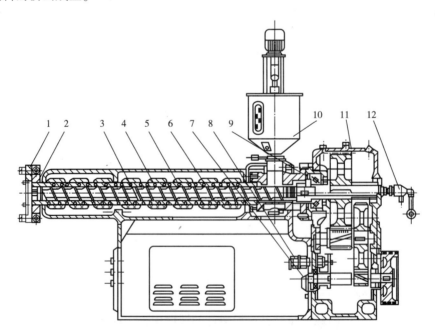

图 3-2　单螺杆挤出机示意图

1—机头连接法兰　2—滤板　3—冷却水管　4—加热器　5—螺杆　6—机筒
7—油泵　8—电动机　9—止推轴承　10—料斗　11—减速箱　12—螺杆冷却装置

（一）挤压系统

挤压系统主要由螺杆和机筒组成，是挤出机工作的核心部分。挤压系统又包括加料装置、机筒、分流板、螺杆等。物料经过挤压系统经历了玻璃态、高弹态、黏流态三态的变化。挤压系统作用如下：连续稳定地输送（固体、熔体），熔融（固体→熔体）混合、塑化（温度、组成分布均匀），增压（排气、传热，使制品密实）等。挤压系统的结构如图3-3所示。

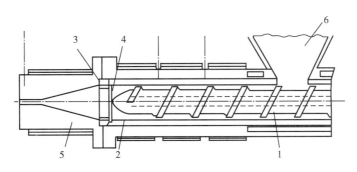

图 3-3　挤压系统的结构
1—螺杆　2—机筒　3—分流板　4—过滤网　5—机头　6—料斗

1. 加料装置

加料装置即料斗，向料筒的加料口提供物料。其作用为：供料；加料孔处有截断装置；加料孔周围有冷却水夹套；玻璃视孔及标定计量的装置；预热干燥和真空减压装置。其品种有：普通料斗、有搅拌器的加料斗、强制加料斗、带干燥装置的加料斗。

2. 机筒

机筒是挤出机主要部件之一，机筒包容螺杆，螺杆在机筒中转动。机筒为一个受压、受热的金属圆筒，温度可达 150~410℃，压力可达 30~50MPa，要求机筒的材料高强度、耐磨、耐腐蚀，通常由钢制外壳和合金钢内衬共同组成，其外壳有加热和冷却系统。其作用为：和螺杆共同完成对塑料的固体输送、熔融和定量定压输送；对物料进行加热、加压；内壁光滑，料斗座处内壁加纵向沟槽，提高挤出产量。当螺杆旋转推动被挤出物料向前移动时，由机筒外部加热传导热量给物料，再加上螺杆的容积变小，使塑料受到挤压、反转及剪切等多种力的作用后被均匀地混合塑炼，完成对塑料的塑化。机筒和螺杆的配合，保证了挤出机的正常工作。机筒的外部装置有加热和冷却系统，而且各自附有热电偶和自动仪表等。加热方法可以是电阻加热、电感应加热、蒸汽或油加热等。冷却装置可以是风冷或水或油冷，其作用是防止进料口处的物料过热发黏，出现搭桥现象，使物料供料不足。另外在紧急停车时，避免物料过热降解。

3. 分流板

分流板也叫多孔板，在螺杆头和口模之间有一个过渡区，物料流过这一区域时，其流动形式要发生变化。为适应这一变化，该过渡区应当有一个决定于螺杆头形状和尺寸、口模形状和尺寸以及物料黏度的形状，该形状应当使熔体易于向口模流动。分流板至螺杆头的距离不宜过大，否则易造成物料积存，使热敏性塑料分解；距离太小，则料流不稳定，对制品质

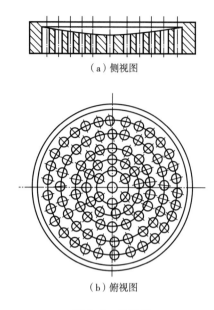

（a）侧视图

（b）俯视图

图 3-4　分流板

量不利，一般为 0.1D（D 为螺杆直径）。分流板的作用是使料流由螺旋运动变为直线运动。此外，分流板还可以提高熔体压力，使制品比较密实，当物料通过孔眼时，得以进一步均匀塑化，以控制塑化质量。分流板如图 3-4 所示。

过滤网的使用层数一般为 1~5 层，目数为 40~120 目。在安放时，目数大的网放在中间，目数小的网靠在分流板上支撑目数大的网，以增加目数大的网的工作强度。

4. 螺杆

螺杆作为挤出机挤压系统的重要部件之一，是塑化部件中的关键部件，螺杆和塑料直接接触，塑料通过螺槽的有效长度，经过很长的热历程，要经过三态（玻璃态、黏弹态、黏流态）的转变，螺杆各功能段的长度、几何形状等几何参数将直接影响塑料的输送效率和塑化质量，将最终影响成型和制品质量。

螺杆结构对挤出工艺有重要影响，挤出不同高聚物用不同形式的螺杆。螺杆表面应有很高的硬度和光洁度，以减少聚合物与螺杆表面的摩擦力。在挤出成型过程中，螺杆主要有三方面的作用：一是输送物料，螺杆转动，物料在旋转的同时受到轴向压力，向机头方向流动；二是传热塑化物料，螺杆与料筒配合使物料接触传热面不断更新，在料筒的外加热和螺杆摩擦热作用下，物料逐渐软化，熔融为黏流态；三是混合均化物料，螺杆与料筒和机头配合产生强大的剪切作用，使物料进一步均匀混合，并定量定压地由机头挤出。

（1）螺杆结构。常用螺杆结构形式及其参数如图 3-5 所示。

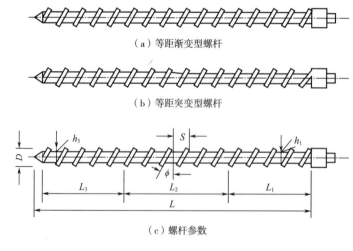

（a）等距渐变型螺杆

（b）等距突变型螺杆

（c）螺杆参数

图 3-5　常用螺杆结构形式及其参数

L—螺杆工作部分长度　D—螺杆直径　S—螺纹螺距　h_1—加料段螺槽深度

h_3—均化段螺槽深度　φ—螺纹升角　L_1—加料段　L_2—压缩段　L_3—均化段

螺杆有两种类型，即渐变型螺杆和突变型螺杆。

①渐变型螺杆。是指由加料段较深螺槽向均化段较浅螺槽的过渡，是在一个较长的螺杆轴向距离内完成的，即螺槽容积逐渐变小（螺杆压缩段较长，螺槽深度逐渐变浅）。特点如下。

a. 渐变型螺杆大多用于无定形塑料和橡胶的加工，如聚氯乙烯；

b. 它对大多数物料能够提供较好的热传导，传热均匀，效果好，适用于热敏性塑料；

c. 对物料的剪切作用较小，而且可以控制，其混炼特性不是很高，也可用于结晶型塑料。

物料在这种螺杆中的熔融过程正如熔融理论所揭示的那样，多用于非结晶型塑料的加工，对物料剪切作用较小，混炼特性不高，适用于热敏性塑料及部分结晶型塑料，可分为等距不等深螺杆和等深不等距螺杆。

②突变型螺杆。是指由加料段较深螺槽向均化段较浅螺槽的过渡，是在较短的螺杆轴向距离内完成的，即螺槽容积是突然变小（螺杆压缩段较短，螺槽深度变化较大）。特点如下。

a. 突变螺杆由于具有较短的压缩段，有的甚至只有（1~2）D；

b. 对物料能产生巨大的剪切，故适用于黏度低、具有突变熔点的塑料，如尼龙、聚烯烃；

c. 对于高黏度的塑料容易引起局部过热，故不适于聚氯乙烯。

物料在这种螺杆中的熔融过程也符合熔融理论所揭示的规律。压缩段较短，对物料有强烈剪切作用，适用于熔点突变、黏度低的塑料，如 PA、PP、PE 等，对高黏度料易局部过热，不适于 PVC 等热敏性塑料的加工。

（2）螺杆的结构参数。

①螺杆直径 D。螺杆直径用来表示挤出机的大小规格，它在一定意义上表示挤出机的挤出量大小。螺杆直径的大小一般可以根据制品的截面积尺寸、物料的加工性能及所需的生产率及加工能力来合理选择，即选择挤出机型号。我国挤出机螺杆直径已系列化，有 30mm、45mm、65mm、90mm、120mm、150mm、200mm，较广泛使用的螺杆直径为 65~150mm。通常制品截面积大应选用大直径螺杆，而制品截面积小应选用小直径螺杆。螺杆直径与挤出制品之间的关系见表3-1。

表3-1　螺杆直径与挤出制品之间的关系

螺杆直径/mm	30	45	65	90	120	150
硬管直径/mm	3~30	10~45	20~65	30~120	50~180	80~300
吹膜直径/mm	50~300	100~500	400~900	700~1200	2000	3000
挤板宽度/mm	—	—	400~800	700~1200	1000~1400	1200~2500

②长径比 L/D。挤出机的长径比是指螺杆有效长度 L 和螺杆直径 D 之比（图3-5）。长径比是挤出机的又一个重要参数。如果将螺杆长径比和螺杆转速结合起来考虑，在一定意义上表示了螺杆的塑化能力和塑化质量。国家标准系列规定 L/D 有 15、20、25、30 等，最大

可达 43。应根据原料性能及生产效率等选择长径比适中的挤出机。如加大长径比，由于螺杆的长度增加，塑料在机筒中的停留时间延长，物料塑化得更加充分、均匀，所以产量、质量都可提高。但这时螺杆、机筒的加工和装配难度提高，成本也相应增加，螺杆易变形，螺杆与机筒的间隙容易不均匀。螺杆长径比与诸多因素有关，所以可以根据实际需要和加工条件再由实验确定。还可以由统计类比的方法来确定。国内应用较多的长径比范围在 15~25。国外挤出机的长径比范围一般在 22~33。

③螺杆三段长度。实践表明，加长计量段长度会使压力峰值移到计量段末，其结果使产量和压力波动都大大减小。螺杆三段的长度与结构应结合物料的特性和所挤制品的类型来考虑。如塑料加工用螺杆，其三段长度分配见表 3-2。

表 3-2　螺杆三段长度分配参考范围

塑料原料	加料段	压缩段	均化段
非结晶型物料	10%~25%	50%~65%	20%~25%
结晶型物料	50%~65%	(2~6) D	25%~35%

④螺杆的压缩比 ε。螺杆的压缩比 ε 是加料段第一个螺槽的容积与均化段最后一个螺槽容积之比，表示塑料通过螺杆的全过程被压缩的程度。其作用是压缩物料，排除气体，建立起必要的熔体压力，保证物料到达螺杆末端时有足够的致密度。螺杆的压缩比 ε 一般在 2~5。ε 的大小取决于挤出塑料的种类和形态，粉状塑料的相对密度小，夹带空气多，ε 应大于粒状塑料。另外挤出薄壁状制品时，ε 应比挤出厚壁制品的大。ε 的获得主要采用等距变深螺槽、等深变距螺槽和变深变距螺槽等方法，其中等距变深螺槽是最常用的方法。ε 越大，塑料受到的挤压作用就越大，制品中含气量越低，制品越密实。但 ε 过大，螺杆机械强度降低，生产能力反而下降。粉料应选择 ε 较大的螺杆，粒料应选择 ε 较小的螺杆。不同物料与压缩比的关系见表 3-3。

表 3-3　塑料原料与压缩比的关系

原料名称		压缩比 ε	原料名称	压缩比 ε
硬聚氯乙烯	粒状	2.5 (2~3)	聚甲基丙烯酸甲酯	3
	粉状	3~4 (2~5)	聚酰胺 6	3.4
软聚氯乙烯	粒状	3.3~3.6 (3~4)	聚酰胺 66	3.6
	粉状	3~4.6	聚酰胺 11	2.8 (2.6~4.6)
聚乙烯	管材	3.2~4	聚酰胺 1010	3.2
	薄膜	>4	纤维素塑料	1.7~2
聚丙烯		3.7~3.8 (2.5~4)	聚三氟氯乙烯	2.5~3.4 (2~4)
聚苯乙烯		2~2.5 (2~4)	聚全氟乙丙烯	3.6
ABS		1.8 (1.6~2.4)	聚苯醚	2~3.5

原料名称	压缩比 ε	原料名称	压缩比 ε
聚甲醛	4（3~4）	聚砜（管材、型材）	3.3~3.5
聚碳酸酯	2.5~3	聚砜（片材）	2.7~3.1
聚酯	3.4~3.9	聚砜（薄膜）	3.7~4

⑤螺槽深度 h。螺槽深度与所加工物料的热稳定性有关。螺槽深度直接影响螺杆的塑化效率及生产中的最大压力。如浅螺槽对塑化有利，但生产效率低；深螺槽挤出量大，但挤出不平稳，塑化质量较差。常规螺杆压缩段螺槽深度 h_2 是一个变量，加料段螺槽深度 h_1 和均化段螺槽深度 h_3 是个定值。其中 h_3 对挤出物的塑化质量和混炼质量、机器的生产率和功率消耗以及螺杆的强度等影响最大。h_3 小，螺槽浅，提高了塑料熔体的塑化效果，有利于熔体的均化。但 h_3 过小会导致剪切速率过高，以及剪切热过大，引起大分子链的降解，影响熔体质量。反之，如果 h_3 过大，由于在预塑时，螺杆背压产生的回流作用增强，会降低塑化能力。所以合适的 h_3 应由压缩比 ε 来决定，对于结晶型塑料，如 PP、PE、PA 以及复合塑料，$\varepsilon = 3 \sim 3.5$；对黏度较高的塑料，如 PVC、ABS、HIPS、AS、POM、PC、PMMA、PPS 等，$\varepsilon = 1.4 \sim 2.5$。

⑥螺杆其他参数。螺旋角 ϕ 是指螺纹与螺杆横截面之间的夹角，影响螺槽的有效容积，物料的滞留情况以及螺棱根部的强度等，螺旋角越大，生产能力越大，但挤压剪切作用减小，塑化能力降低。在一定条件下，从理论推导出的最佳螺旋角在 17°~20°。

螺杆与机筒的间隙 δ 的大小涉及挤出机的生产能力、功率消耗、使用寿命、机器加工成本等问题。δ 取值过大，加工、装配容易，但生产能力则会降低，塑料在机筒内的停留时间难以控制，甚至造成热分解。δ 取值过小，加工装配困难，功率消耗增大，且容易使螺杆与机筒磨损，降低机器使用寿命。螺杆与机筒的间隙 δ 的选择既要根据加工条件决定，也要考虑被加工物料的性能。一般黏度大的塑料，δ 可取大值；黏度小的塑料，δ 应取小值。

螺纹棱部宽 E 取（0.08~0.12）D，在螺杆根部取大值。其宽窄影响螺槽的容料量，熔体的漏流以及螺棱耐磨损程度。E 太小，漏流增加，导致产量降低，对低黏度熔体更是如此。E 太大会增加螺棱上的动力消耗，有局部过热的危险。在保证螺棱强度的条件下，E 应取小一些。

螺杆的头部结构形状对熔料的停留时间有很大的影响。对于不同原料的挤出应注意选择不同的结构形式。如图 3-6 所示，螺杆头部呈圆弧形状，适用于流动性较好的聚烯烃和尼龙的挤出；螺杆头部锥角较小，适用于聚氯乙烯的挤出，此种形状可减少熔料在机筒内的停留时间，从而避免原料分解。

（3）螺杆的功能。根据物料在挤出机中的三种物理状态的变化过程以及对螺杆各部位的工作要求，通常将螺杆分成加料段，又称固体输送段；熔融段，又称压缩段；均化段，又称计量段。

①加料段。物料进入物料开始呈现熔融状态之间的一段，其长度为（4~8）D。在这段中，塑料依然是固体状态，到加料段末段，塑料受热软化。这段螺杆的主要功能是从加料斗

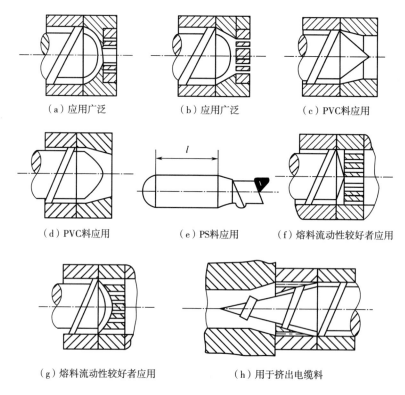

（a）应用广泛　　　　（b）应用广泛　　　　（c）PVC料应用

（d）PVC料应用　　　（e）PS料应用　　　　（f）熔料流动性较好者应用

（g）熔料流动性较好者应用　　　　（h）用于挤出电缆料

图 3-6　螺杆头部结构形状

攫取物料传送给熔融段，同时使物料受热，由于物料仍然是固态且密度低，因此此段螺槽比较深，为（0.10~0.15）D。另外，为使塑料有最好的输送条件，要求减少物料与螺杆的摩擦而增大物料与机筒的切向摩擦，为此，可在机筒与塑料接触的表面开设纵向沟槽，提高螺杆表面光洁程度，并在螺杆中心通水冷却。由于结晶型塑料在到达熔点前，难压缩，加料段长度 L_1 较长，而非结晶型塑料随着温度的升高，形变增大，有压缩，因此 L_1 较短。因为无压缩作用，螺杆是等深等距螺纹，加料段是深槽螺纹。

②熔融段。是螺杆中部的一段，又称塑化段。物料在此段继续吸热软化、熔融，直到最后完成塑化，塑料在该段内可以进行较大程度的压缩，并随螺杆的转动被推入均化段，同时还将夹带的空气向加料段排出。为适应这一变化，压缩段的螺槽深度逐渐减小，直至均化段的螺槽深度。这样，既有利于制品的质量，也有利于物料的升温和熔化。在该段螺槽容积逐渐减少，是等距变深螺纹。结晶型塑料的熔点范围很窄，达到熔点后，黏度下降比较厉害，因此压缩段长度 L_2 较短，非晶型塑料的黏流温度范围较宽，所以 L_2 较长。

③均化段。是螺杆的最后一段，其长度为（6~10）D。为等距等深浅槽螺纹，其作用是把压缩段送来的已塑化的物料在均化段的浅槽和机头的回压下搅拌均匀，成为质量均匀的熔体，并且为定量挤出成型创造必要条件，均化段要维持较高而且稳定的压力以保持料流稳定，因而均化段要有足够的长度，约占螺杆总长度的 20%~25%。这段螺槽深度较浅，其深度为（0.02~0.06）D。

（二）传动系统

传动系统是挤出机的主要组成部分之一。其主要作用是驱动螺杆，并使螺杆能在选定的工艺条件下（如压力、温度、转速等）获得必需的扭矩且能均匀地旋转，以完成对塑料的塑化和输送。

1. 挤出机的传动系统

通常由电动机、调速装置和减速装置组成。当然，这三者并非截然分开，如整流子电动机、直流电动机等其本身就可调速，也有调速装置与减速装置合在一起的。图3-7为目前国内外常见的塑料挤出传动系统的形式。

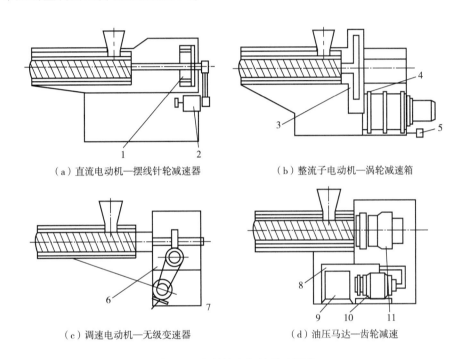

（a）直流电动机—摆线针轮减速器　　　　　（b）整流子电动机—涡轮减速箱

（c）调速电动机—无级变速器　　　　　（d）油压马达—齿轮减速

图3-7　常见挤出机的传动形式

1—摆线式针轮减速器　2—直流电动机　3—减速箱　4—齿轮式无级变速器　5—调速电动机
6—涡轮减速箱　7—整流子电动机　8—油箱　9—电动机　10—油泵　11—油压马达

2. 挤出机的转速范围

对挤出机的转速要求有两个，一是能无级调速，二是应有一定的调速范围。前者是为了控制挤出制品质量以及辅机的配合一致，后者是针对挤出机应具有适应加工各种物料的能力。

在实际生产中，由于挤出机所加工的原材料、制品及对生产能力的要求往往是变化的，要达到对产品产量和质量的控制，除可通过控制温度、压力等条件来实现外，还可通过控制螺杆的转速来实现。由于挤出机在启动时，其机头压力有时会超过正常值，因此在开机时，螺杆的转速宜由慢渐增至工作速度。

对大多数挤出机来说，其调速范围在1：6内，而小规格挤出机由于通用性大，调速范围可达1：10，专用挤出机的调速范围要小些。

(三) 供料系统

供料系统的作用是保证物料不断均匀地供给挤出机以实现连续生产。供料系统一般由原料上料装置和料斗组成。

1. 原料上料装置

小型挤出机靠人工上料，对于大型挤出机，因机器料斗高且挤出量大，一般需要配置自动上料装置。自动上料装置主要有真空上料装置、弹簧自动上料装置和鼓风上料装置。

(1) 真空上料装置。对于体积密度较小的物料，很容易夹带空气。如空气不能在进料斗排放，将会被带入挤出机，最终在口模处造成不良的挤出物表面。克服这一问题的方法之一是用真空上料装置。真空上料装置如图 3-8 所示，它是在真空泵的作用下，经过过滤器使小料斗形成真空而使物料被吸入小料斗，小料斗中物料储满时，真空消失，真空泵也停止工作。这时密封锥体打开，塑料进入大料斗中。小料斗中的物料卸完，在重力的作用下，又使密封锥体向上将小料斗底部封闭，同时触动微动开关，使真空泵再次工作。

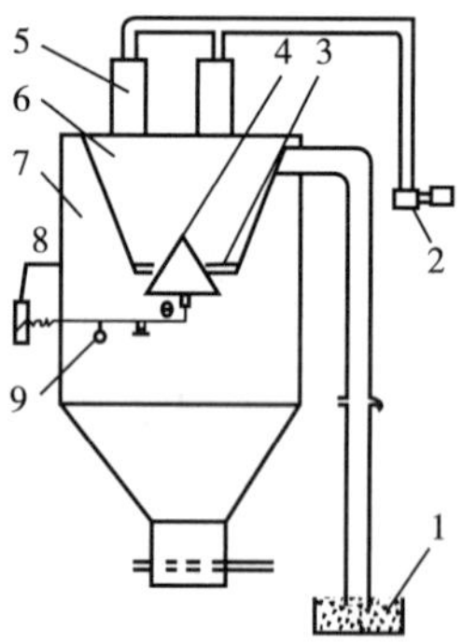

(2) 弹簧自动上料器装置。弹簧自动上料装置如图 3-9 所示。该装置工作时，由电动机带动一个螺旋弹簧高速运转，使弹簧各点产生向上的轴向力及离心力，物料在力的作用下被甩出而进入料斗。弹簧自动上料装置的能力取决于弹簧转速、弹簧外径及节距、弹簧外径与软管内壁的间隙。

图 3-8　真空上料装置

1—储料槽　2—真空泵　3—小料斗底板
4—密封锥体　5—过滤器　6—小料斗
7—大料斗　8—重锤　9—微动开关

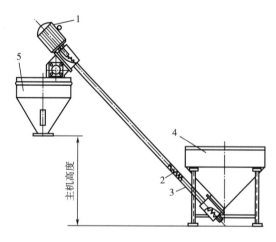

图 3-9　弹簧自动上料装置

1—电动机　2—弹簧　3—橡胶管　4—原料箱　5—料斗

(3) 鼓风上料装置。鼓风上料装置如图 3-10 所示。这种上料装置利用风力将物料吹入输送管道，再经料斗上的旋风分离器分离，固体物料落入加料斗中。它的输送能力为 60~300kg/h，用于输送粒料。

2. 料斗

物料通常有粉状、粒状和带状等形式。加料斗一般采用圆锥形、圆柱—圆锥形，常见挤出机料斗类型如图 3-11 所示。料斗底部可设有开合门，用来调节或切断料流停止加料。料斗的侧面开有视窗以观测料位，标定料量。料斗上方有盖，可防止灰尘、杂物落入，还可有卸除余料等装置。较好的料斗还可设有定时、定量供料及干燥或预热等装置。另外为了除去物料中的空气和湿气，还可以选用真空加料装置，这种装置特别适用于易吸湿的物料和粉状原料。料斗多用钢板或铝板材料，料斗容积一般为挤出机 1~1.5h 挤出量。

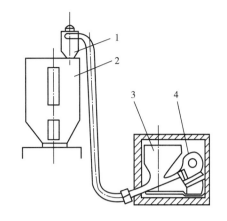

图 3-10　鼓风上料装置

1—旋风分离器　2—料斗　3—储料罐　4—鼓风机

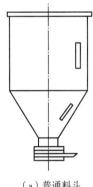

（a）普通料斗

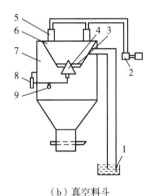

（b）真空料斗

1—贮料槽　2—真空泵　3—小料斗底板　4—密封锥体
5—过滤器　6—小料斗　7—大料斗　8—重锤　9—微动开关

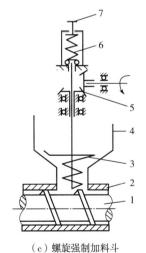

（c）螺旋强制加料斗

1—螺杆　2—机筒　3—加料螺旋
4—料斗　5—伞齿轮　6—弹簧　7—手轮

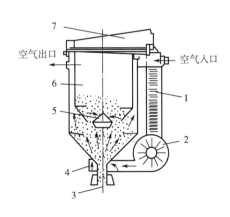

（d）带干燥装置料斗

1—电加热器　2—鼓风机　3—阀门　4—空气过滤器
5—原料分散器　6—内层料斗　7—盖子

图 3-11　常见挤出机料斗类型

（四）加热冷却系统

加热冷却系统主要由加热系统和冷却系统组成，其作用是保证加工过程在工艺要求的温度范围内完成。

1. 加热系统

挤出机的热量来源有两个：料筒外部加热器供给的热量和塑料与料筒内壁、塑料与螺杆、塑料之间相对运动产生的摩擦剪切热量。在塑料加工过程中需要的能量是不同的。挤出机的加热方法主要有三种：电阻加热、电感应加热和载体加热。

（1）电阻加热。电阻加热是应用最广泛的加热方法，其装置具有外形尺寸小、重量轻、装设方便等优点，在20世纪60年代我国挤出机大都采用电阻加热。由于电阻加热是采用电阻丝加热机筒后再把热传到塑料上，而机筒又有一定厚度，因此机筒径向方向上便形成较大的温度梯度。另外，电阻加热也需要较长的时间。

近年来，在许多挤出机上采用了铸铝加热器，其结构如图3-12所示。它是将电阻丝装在金属管中，并填进氧化镁粉等绝缘材料，然后将金属管铸于铝合金中，实际上它是改进了的一种电阻加热器。铸铝加热器既保持了电阻加热器体积小、装设方便以及加热温度较高等优点，又由于省去了云母片，降低了成本，延长了寿命，提高了传热效率。

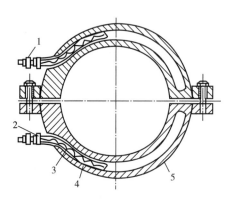

图3-12　铸铝加热器结构

1—接线柱　2—铜管　3—电阻丝　4—氧化镁粉　5—铸铝

（2）电感应加热。电感应加热是通过电磁感应在机筒内产生电的涡流而使机筒发热，从而达到加热机筒中物料的目的。图3-13为一种电感应加热装置的结构。电感应加热装置是在机筒的外壁上隔一定的距离装上若干组外面包着线圈的硅钢片。当交流电通入主线圈时，就产生了磁力线，并且在硅钢片和机筒之间形成了一个封闭的磁环。由于硅钢片具有很高的导磁率，因此磁力线能够以最小的阻力通过。而作为封闭回路一部分的机筒，其磁阻要大得多。磁力线在封闭回路中具有与交流电源相同的频率，当磁通量发生变化时，就会在封闭回路中产生感应电动势，从而引起二次感应电压及感应电流。其中环形电流也称为电涡流。电涡流在机筒中遇到阻力就会产生热量。

电感应加热与电阻加热相比具有

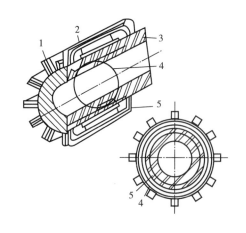

图3-13　电感应加热装置结构

1—硅钢片　2—冷却水　3—机筒　4—电流　5—线圈

许多优点。因为它是由机筒直接加热物料的，因此预热升温所需时间较短，机筒径向方向上温度梯度较小。采用电感应加热对温度调节灵敏，温度稳定性高，可提高塑料制品的质量。由于感应线圈的温度不会超过机筒温度，它比电阻加热装置节省电能。在通常情况下，电感应加热装置的寿命较长。电感应加热装置也存在不足之处，如温升低，体积大，不适用于机头体的加热，同时需要耗用大量硅钢片，拆装也不方便。

近年来发展起来远红外线加热新技术。它不需要加热介质，可以直接辐射到需要加热的物料上，因而能量损耗小。由于远红外线可透入被加热物料内部，保证物料表面和内部温度同时升高，一方面节约能源，另一方面物料受热均匀，提高产品质量。所以，挤出机中越来越多地应用远红外线加热装置。

（3）载体加热。利用热载体作为加热介质的加热方法称为热载体加热。用水蒸气或油作热载体加热机筒，水蒸气需要有锅炉设备和管路输送。油的热源是电阻加热器。两种加热方式所用设备都比较复杂、造价高、温度控制难度较大，所以，现在已经很少应用。但是，这种加热方式温度柔和均匀，非常适合于热敏性塑料的加热。

2. 冷却系统

挤出过程中，固体物料的熔融是由机筒外部加热和螺杆旋转导致聚合物摩擦生热和黏性生热的热量共同作用的。机械能提供的能量占总能量的 70%~80%，加热装置提供的能量占总能量的 20%~30%。当挤出机工作一段时间后，由于机筒内物料被挤压、剪切和摩擦产生热量，这时机筒的外部热源就应降低一些。为了提高产量需提高螺杆转速时，则物料被挤出产生的剪切、摩擦热量使机筒内升温。当温度超过工艺限定的温度后，即便停止外部加热装置的工作，摩擦和黏性生热还会使料温继续升高，发生过热分解或黏度下降明显。因此，此时不仅要切断料筒外部供热电源，而且还要用导热介质带走一部分热量，即冷却，才能控制工艺温度的稳定，保证生产正常进行。

（1）机筒的冷却。机筒的冷却是在机筒的进料段、熔融段和均化段进行。冷却形式为空气冷却和水冷却。

①空气冷却。空气冷却就是用鼓风机吹机筒需冷却的部位，通过空气带走这段机筒热量。图 3-14 所示为风冷系统，对每一冷却段配置一个单独的鼓风机。空气冷却比较柔和、均匀、干净，但易受外界气温的影响，冷却速度较慢；鼓风机占的空间体积大，成本较高，易产生噪声。

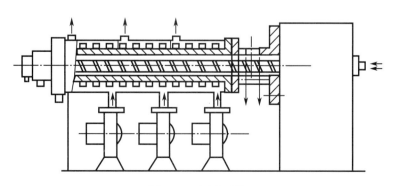

图 3-14 风冷系统

②水冷却。机筒用水冷却时，一般是在机筒的外圆缠绕铜管或是在机筒外圆上附有水套，然后通水冷却，如图3-15所示，当水温超过沸点时，发生蒸发，导致冷却速度的突然增大。水的冷却速度快，体积小，成本低；但易造成急冷，从而扰乱塑料的稳定流动，如果密封不好，会有跑、冒、滴、漏现象。用铜管绕在料筒上的冷却系统，容易生成水垢而堵塞管道，也易腐蚀；水冷系统所用的水不是自来水，而是经过化学处理的去离子水。不能用蒸馏水，因为它含有大量氧，易加速腐蚀。一般认为水冷却用于大型挤出机为好。

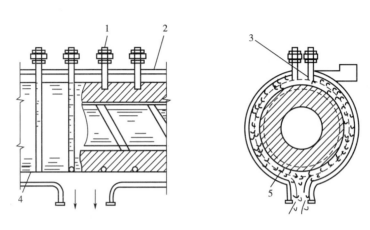

图3-15　水冷系统

1—电阻加热器　2—冷却夹套　3—喷水口　4—料筒　5—水环

（2）料斗座的冷却。料斗座冷却的目的如下。

①为了防止加料段的物料温度太高，造成加料口产生所谓的"架桥"现象，使物料不易加入。

②为了阻止挤压系统的热量传往止推轴承和减速箱，从而影响其正常工作条件。料斗座多用水作为冷却介质。

3. 螺杆的加热与冷却

由于聚合物在挤出过程中与金属的总接触面积中有一半在螺杆一方，因此，为保证物料塑化均匀，大挤出机和追求较高的塑化质量和生产效率的挤出机，螺杆应单独设置加热装置和冷却装置。

通入螺杆中的冷却介质可以是水和空气两种。可调节水温，根据加工物料的不同，冷却长度也可以不同，如有的全长冷却，有的只冷却加料段。螺杆的加热、冷却在螺杆的芯部进行。该方法是在螺杆芯部装入一根金属管，这根直管外壁与螺杆芯孔之间有一环形空间，如图3-16所示。水通过金属管流向螺杆端部，然后流回铜管与螺杆芯孔间的环形空间，当水到达尾部时，从出口排出。

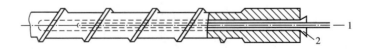

图3-16　单螺杆冷却系统

1—进口　2—出口

螺杆冷却目的如下。

（1）控制螺杆和物料的摩擦系数使其与料筒和物料之间的摩擦系数差值最大，以利于固体物料的输送。

（2）控制制品质量，实现低温挤出成型。通常在挤出过程中螺杆冷却程度可根据出水温度来判断，出水温度越低，冷却程度越大。冷却速度可用冷却水的流量来控制，冷却水的流量越大，冷却越快。

（五）控制系统

控制系统由各种电器、仪表和执行机构组成。根据自动化水平的高低，可控制挤出机的主机、辅机的拖动电机、驱动油泵、油（汽）缸和其他各种执行机构按所需的功率、速度和轨迹运行，以及检测、控制主辅机的温度、压力、流量，最终实现对整个挤出机组的自动控制和对产品质量的控制。

（六）其他部件

1. 机头

机头是口模与机筒之间的过渡部分，是挤出机的成型部件。主要包括机头体、分流器、分流器支架、芯棒、口模、调节螺丝等，其作用使熔料由螺旋运动变为直线运动；剪切塑化均匀；产生必要机头阻力，保证密实，得到一定截面形状的连续型材。

按产品截面形状，机头分为管机头、棒机头、板片机头、膜机头；按挤出物出口方向，机头分为直向机头、横向机头（角式机头）；按机头阻力大小，机头分为低压机头、中压机头、高压机头。

2. 口模

口模是成型制品横截面的部件。用螺栓或其他方法固定在机头上。如果口模和机头是一个整体，一般通称为机头。

（七）螺杆挤出机规格

按 GB/T 12783—2000 规定，挤出机的型号标注如图 3-17 所示。

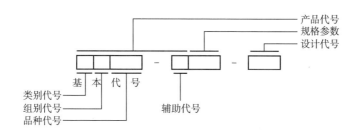

图 3-17 挤出机的型号标注

从左向右顺序：第一格塑料机械代号为 S；第二格挤出机代号为 J；第三格是指挤出机不同的结构形式代号，塑料排气挤出机为 P，塑料喂料挤出机为 W，塑料鞋用挤出机为 E，双螺杆塑料挤出机为 S，锥形双螺杆塑料挤出机为 SZ，双螺杆混炼挤出机为 SH。三个格组合在一起就是：塑料挤出机为 SJ；塑料排气式挤出机为 SJP；塑料喂料挤出机为 SJW；塑料鞋用挤出机为 SJE；双螺杆塑料挤出机为 SJS；锥形双螺杆塑料挤出机为 SJSZ；双螺杆混炼挤出机为 SJSH。第四格表示辅机，代号为 F。第五格参数是指螺杆直径和长径比。第六格是指产品的设计代号，在必要时使用，可以用于表示制造单位的代号或产品设计的顺序代号。

例如：SJ-45×25。表示塑料挤出机、螺杆直径为 45mm，螺杆长径比为 25∶1。螺杆长径比为 20∶1 时不标注。

（八）挤出机的主要技术参数

挤出成型中使用最广泛的主机是单螺杆挤出机。标志挤出机工作特性的主要参数如下。

（1）螺杆直径。指螺杆的螺纹外圆直径，用 D 表示，单位为 mm。

（2）螺杆的长径比。指螺杆的螺纹部分长度 L 与螺杆直径 D 的比值，用 L/D 表示。

（3）螺杆的转速范围。指螺杆工作时的最高转速值和最低转速数值，用 $n_{max} \sim n_{min}$ 表示，单位为 r/min。

（4）电动机的功率。指驱动螺杆转动的电动机的功率，用 P 表示，单位为 kW。

（5）机器的生产能力。指挤出机每小时生产的塑料制品的质量，用 Q 表示，单位为 kg/h。

（6）机筒的加热功率和加热段。指用电阻加热机筒时的电功率，用 P 表示，单位为 kW。加热段是指机筒被分段加热或温度控制段。

（7）机器中心高和外型尺寸（长、宽、高）等。

部分国产挤出机的主要技术参数见表 3-4。

表 3-4　部分国产挤出机的主要技术参数

序号	挤出机名称	型号	主要技术规格					制造单位
			螺杆直径/mm	螺杆长度/mm	螺杆长径比	螺杆转速/（r/min）	生产能力/（kg/h）	
1	塑料挤出机	SJ-30×25B	30	750	25	15~200	1.5~22	①
2	塑料挤出机	SJ-30×25B	30	750	25	15~200	1.5~22	①
3	塑料挤出机	（S）	30	600	20	11~100	0.7~6.3	①
4	塑料挤出机	SJ-30	45	810	18	27~80	6~20	①
5	塑料挤出机	SJ-45	45	900	20	10~90	2.5~22.5	①
6	塑料挤出机	SJ-45B	45	1125	25	15~225	最大70	①
7	塑料挤出机	SJ-45C×25	45	1125	25	15~225	最大70	①
8	塑料挤出机	SJ-45D×25	45	1125	25	24~100	最大70	①
9	塑料挤出机	SJ-45E×25	45	1125	25	10~90	5~28	③
10	塑料挤出机	SJ-45×25	65	1300	20	10~90	6.7~60	①
11	塑料挤出机	SJ-65A	65	1300	20	10~90	6.7~60	①
12	塑料挤出机	SJ-65B	65	1625	25	11~180	9~150	①

续表

序号	挤出机名称	型号	主要技术规格					制造单位
			螺杆直径/ mm	螺杆长度/ mm	螺杆长径比	螺杆转速/ (r/min)	生产能力/ (kg/h)	
13	塑料挤出机	SJ-65C×25	65	1625	25	18~180	15~150	①
14	塑料挤出机	SJ-65D×25	90	1800	20	1~36	HPVC12~36	②
15	塑料挤出机	SJ-90A	90	2250	25	33.3~100	33.3~100	②
16	塑料挤出机	SJ-90×25	90	1845	20	12~72	12~72	③
17	塑料挤出机	SJ-90	90	2700	30	6~100	20~200	①
18	塑料挤出机	SJ-90×30	120	2400	20	8~48	25~150	①
19	塑料挤出机	SJ-120	150	3000	20	7~42	120~200	②
20	塑料挤出机	SJ-150A	150	3750	25	7~42	50~300	①
21	塑料挤出机	SJ-150×25	200	4000	20	5~15	200~400	②
22	双螺杆挤出机	SJ-200A	65	1430	22	7~48	40~140	①
23	双螺杆挤出机	SJB-65×22	83	1992	24	30~300	150~400	②
24	排气挤出机	SJS-83×24	150	4050	27	10~65	54~350	②
25	喂料挤出机	SJC-150×27	250	2500	10	12~36	900~2200	②

注　①上海挤出机械厂。

②大连橡塑机械厂。

③哈尔滨塑料机械模具厂。

二、双螺杆挤出机

在挤出机的机筒内有两根螺杆（啮合或非啮合）工作，共同完成对塑料的强制向前推进输送和塑化工作，这种挤出机叫作双螺杆挤出机。

（一）双螺杆挤出机与单螺杆挤出机的区别

单螺杆挤出机中的输送主要是依靠物料与机筒和螺杆之间所产生的摩擦力。与单螺杆挤出机完全不同，双螺杆挤出机则为正向位移输送，有强制将物料推向前进的作用。另外，双螺杆挤出机在两根螺杆的啮合处还对物料产生剪切作用。双螺杆挤出机与单螺杆挤出机比较具有以下特点。

（1）原料在被挤出过程中产生的摩擦热量少。

（2）原料在机筒内所受双螺杆啮合剪切作用稳定均匀，原料混合和塑化质量比较好。

（3）原料在机筒内停留时间较短，挤出成型制品产量高。

（4）粉状树脂在双螺杆挤出机中挤出塑化、混合塑化的质量比较稳定。

（5）双螺杆啮合旋转工作，机筒内残料可以自动清理。

双螺杆挤出机与单螺杆挤出机的区别见表3-5。

表 3-5 双螺杆挤出机与单螺杆挤出机的区别

性能		单螺杆挤出机	同向双螺杆挤出机		异向双螺杆挤出机
			低转速	高转速	
输送物料工作原理		物料与机筒、螺杆间的摩擦	物料与机筒、螺杆间的摩擦，螺杆啮合部分可防止物料打滑		和齿轮泵原理相同，有强制输送物料的作用
输送效率		低	中		高
混合能力		低	中	高	高
剪切作用		高	中	高	低
能量利用率		低	中	高	高
自洁效果		低	中	高	中
热效应螺杆	发热	大	中	大	小
	温度分布	宽	中	窄	窄
	停留时间	长	中	短	短
	长径比	30~32	7~18	30~40	10~21
	最高转速/(r/min)	100~300	25~35	250~300	35~45

双螺杆挤出机主要用于生产管材、板材和异型材。特别适宜加工硬聚氯乙烯制品、粉料等。双螺杆挤出机也常用于给压延机、造粒机等设备供料，目前，有用混双螺杆挤出机替代捏合机—塑炼机系统的趋势。此外，双螺杆挤出机可用于反应加工。

（二）双螺杆挤出机的结构和分类

1. 双螺杆挤出机的基本结构

双螺杆挤出机的结构如图 3-18 所示，主机由传动部分（包括电动机、减速箱、扭矩分配器和轴承包等）、挤压部分（包括螺杆、机筒和排气装置等）、加热冷却系统、定量加料系统和控制系统组成。双螺杆挤出机与单螺杆挤出机的结构、各部件的作用基本一致，不同之处是双螺杆挤出机中有两根螺杆，平行的螺杆置于"∞"形截面的机筒中。

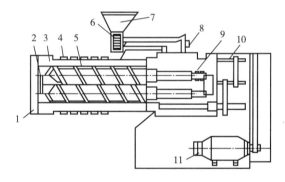

图 3-18 双螺杆挤出机的结构
1—机头连接器 2—多孔板 3—机筒 4—加热器
5—螺杆 6—加料器 7—料斗 8—加料器传动机构
9—止推轴承 10—减速箱 11—电动机

2. 双螺杆挤出机的分类

（1）按双螺杆的旋转方向分类。该分类方式可把双螺杆挤出机分为同向旋转双螺杆挤出机和异向旋转双螺杆挤出机。同向旋转双螺杆挤出机的两根螺杆啮合工作，旋转方向一致，如图 3-19 所示。同向旋转双螺杆挤出机中，两根螺杆外形和螺杆各段的几何形状以及螺纹的旋转方向相同。根据两根螺杆上的螺纹啮合情况，又分为全啮合型、部分啮合型和非啮合型，如图 3-20 所示。非啮合型同向旋转双螺杆挤出机的工作原理与单螺杆挤出机基本相同，所以实际应用较少。同向旋转双螺杆挤出机的螺杆螺纹又分为：单头螺纹，螺纹槽比较深，主要用于挤出硬聚氯乙烯管材；双头螺纹，螺纹槽深度中等，可高速挤出物料，受热时间短且受热均匀，自洁性能好，适于挤出混料；三头螺纹，螺纹槽比较浅，螺杆是组合式，能够灵活选择物料在机筒内的压力和温度分布，加料稳定，排气段表面更新效果好。

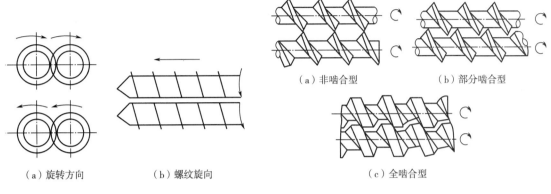

图 3-19　双螺杆同向旋转示意图　　　　图 3-20　同向旋转双螺杆啮合状态

异向旋转双螺杆挤出机的两根螺杆工作时的旋转方向相反。螺纹旋向一根是右旋，另一根是左旋，如图 3-21 所示。异向旋转双螺杆挤出机中，根据两根螺杆上的螺纹啮合情况，又分为全啮合型、部分啮合型和非啮合型，如图 3-22 所示。其中全啮合型异向旋转双螺杆挤出机在挤出物料时，剪切塑化好。

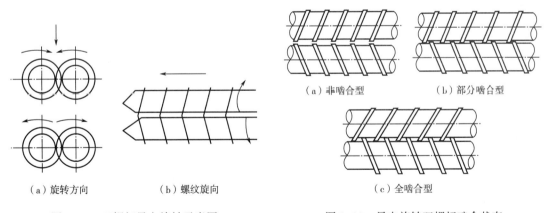

图 3-21　双螺杆异向旋转示意图　　　　图 3-22　异向旋转双螺杆啮合状态

（2）按双螺杆的轴心线平行与否分类。该分类方式可把双螺杆挤出机分为轴心线平行的啮合异向旋转双螺杆挤出机（异向旋转平行双螺杆挤出机）和轴心线相交的啮合异向旋转锥形双螺杆挤出机（异向旋转锥形双螺杆挤出机），如图 3-23 所示。

异向旋转平行双螺杆挤出机的两根螺杆的轴线互相平行，在啮合区纵向、横向都封闭。

异向旋转锥形双螺杆挤出机的两根螺杆的轴线相交，呈一角度。有三种形式：普通型、双锥形、高效双锥形。普通型是锥形双螺杆的初级结构形式，螺杆大端与小端直径之比小于2，螺槽深度沿全长不变；双锥形是在普通型结构的基础上发展起来的，螺杆大端与小端直

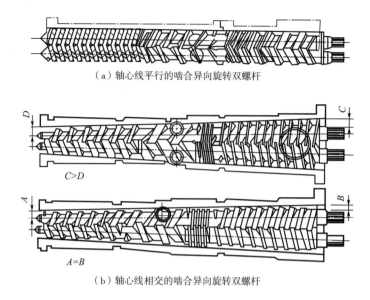

（a）轴心线平行的啮合异向旋转双螺杆

（b）轴心线相交的啮合异向旋转双螺杆

图 3-23　轴心线平行及相交的啮合异向旋转双螺杆

径之比大于 2，大端螺槽深，小端螺槽浅，螺槽深度沿螺杆全长渐变，由于加料段螺槽深度较普通型深，故加料量大；高效双锥形是在双锥形结构的基础上发展起来的，基本结构相似，只是螺杆长度比双锥形适当加长，使物料在加料段置于外加热作用下的时间延长，能充分地吸收热量，加快升温，促进混合、塑化，而且挤出量明显提高。

（三）双螺杆挤出机的工作特征

（1）强制输送。双螺杆挤出机的两根螺杆互相啮合，啮合螺杆之间形成了间隙，物料在间隙里受螺纹的推力将物料推向前移。双螺杆挤出机就是借助于螺杆的啮合达到强制输送物料的目的。由于物料被强制输送，不论螺槽是否填满，输送速度基本保持不变。同时，螺杆啮合处对物料的剪切过程使物料的表层得到不断的更新，增强了排气效果。

（2）剪切力大，混合塑化效果好。物料在双螺杆挤出机的啮合间隙中，受到的剪切力大。这是因为，异向旋转的双螺杆在啮合处螺棱和螺槽的速度方向相同，但存在速度差；同向旋转的双螺杆在啮合处螺棱和螺槽的速度方向相反，使物料受到的剪切力大，产生的热量大，混炼塑化效果好。

（3）自清洁作用。由于两根螺杆的螺棱和螺槽的速度方向相反或速度方向相同但存在速度差，所以能够互相剥离或刮去黏附在螺杆上的积料，使物料在机筒内的停留时间均匀。

（4）辊压作用。将物料加入异向旋转的双螺杆时，由于物料的重力和物料与螺杆表面的摩擦力，加入的物料很快被螺杆拉入啮合间隙，物料在间隙中受到螺棱和螺槽间的研磨和辊压作用。

（四）双螺杆挤出机的主要技术参数

（1）螺杆直径。指螺杆上螺纹的外径，用 D 表示，单位为 mm。对于变直径螺杆它就是一个变值，锥形双螺杆的外径分大端直径和小端直径，一般用小端直径表示锥形螺杆直径的规格。

（2）螺杆的长径比。指螺杆的螺纹部分长度 L 与螺杆直径 D 的比值，用 L/D 表示。

（3）螺杆的转速范围。指螺杆工作时的最高转速值和最低转速值，用 $n_{max} \sim n_{min}$ 表示，单位为 r/min。

（4）电动机的功率。指驱动螺杆转动用的电动机的功率，用 P 表示，单位为 kW。

（5）生产率。指挤出机每小时生产的塑料制品的质量。用 Q 表示，单位为 kg/h。

（6）机筒的加热功率和加热段。指用电阻加热机筒时所用的电功率。用 p 表示，单位为 kW。加热段是指机筒被分段加热或温度控制段。

（7）螺杆旋向。指两根螺杆的工作旋向，有同向旋转和异向旋转之分。同向旋转的双螺杆挤出机多用于原料混合；异向旋转的双螺杆挤出机多用于塑料制品的挤出。

（8）螺杆承受的扭矩。指螺杆能承受的最大扭矩，单位为 N·m。

（9）螺杆中心距。指两根螺杆装配后的中心线的距离，单位为 mm。

（10）推力轴承的承载能力。指支撑螺杆传动轴所用轴承能承受的最大轴向力，单位为 N。
部分国产双螺杆挤出机基本参数见表3-6。

表 3-6　部分国产双螺杆挤出机基本参数

型号	基本参数				备注
	长径比	螺杆转速/(r/min)	生产能力/(kg/h)	总功率/kW	
SJSZ-60（锥形）	长 1320mm	3.8~38	200	65.3	①
SJS-80×21	21:1	4.1~41	240~280	85.1	
SJS-90×20	20:1	30~300	400~500	180	
SJS-110×21	21:1	5~48/7.8~78	300~500	130.3	
SJS-130×21	21:1	3.2~32	650	90	
SJSH-92×32	32:1	50~500	1500	450	
SJZ-45（锥形）		1~45.5	80	15	②
SJZ-55（锥形）		1~34.8	150	25	
SJZ-65（锥形）		1~34.7	250	37	
SJZ-80（锥形）		1~37.1	360	55	
SJZ-92（锥形）		7~34	720	90	
SJZB-35（锥形）		1~48.7	80	9	
SJZB-45（锥形）		1~44.9	180	16	
SJZB-58（锥形）		1~42.7	320	37	
SJZB-68（锥形）		1~39.9	500	55	
SJZB-80（锥形）		1~38.04	750	80	
SJS-90×22	22:1	4.4~41	300	55	③
SJS-145	20:1	34	600	132	

注　①大连冰山橡塑股份有限公司生产。

　　②上海申威达机械有限公司生产。

　　③山东塑料橡胶机械总厂生产。

第四节　挤出成型工艺及质量控制

一、管材的挤出

管材生产是挤出成型最重要的形式之一。塑料管材广泛应用于工业、建筑业和农业中，如在工业中用作化工液体的输送管、气体的输送管；在建筑中用作输电线路的保护管、供水管；在农业中用作灌溉输水管及各种排污水管等。挤出管材的主要聚合物有：聚氯乙烯（硬质与软质）、聚乙烯、聚丙烯、ABS、聚酰胺、聚碳酸酯、聚四氯乙烯等。

塑料管材的突出优点是：相对密度小，相当于金属的1/4~1/7；电绝缘性、化学稳定性优良；安装、施工方便，维修容易；单位能耗低，成本低廉。

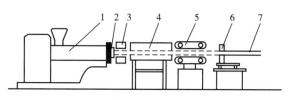

图3-24　挤出塑料硬管工艺流程
1—挤出机　2—机头　3—定径套　4—冷却水槽
5—牵引装置　6—切割装置　7—塑料管材

（一）挤出管材设备

1. 挤出管材工艺流程

挤出塑料硬管工艺流程如图3-24所示。软管的挤出生产线与硬管基本相同，但不设定径装置，而是靠通入压缩空气维持一定形状，最后由收卷盘卷绕至一定壁厚和长度的塑料管材。

将成型原材料通过料斗送入加热的机筒中，物料在机筒内熔融塑化均匀后，熔融料流在螺杆推力作用下，由挤出机均化段经过滤网、粗滤器到达分流器，并被分流器支架分为若干支流，离开分流器支架后，熔料又重新汇合在一起，进入管芯口模间的环形通道，形成管状物，接着经定径装置定径和初步冷却，随后进入冷却装置进一步冷却而成为具有一定口径的管材，最后经由牵引装置引出并根据规定的长度要求切割得到所需要的制品。

2. 挤出机

挤出机型号的选择应考虑原材料及管材直径。对于单螺杆挤出机，选用PVC粒料时，管材横截面积与挤出机螺杆截面积之比为0.25~0.40，选用PE、PP等流动性好的塑料时，管材横截面积与挤出机螺杆截面积之比为0.35~0.4，单螺杆挤出机螺杆直径与管材规格关系见表3-7。双螺杆挤出机用于生产管材时，其直径可控制在45~450mm，双螺杆挤出机螺杆直径与管材规格关系见表3-8。

表3-7　单螺杆挤出机螺杆直径与管材规格关系

螺杆直径/mm	30	45	65	90	120	150	200
管材直径/mm	3~30	10~55	40~85	63~125	110~180	125~250	20~400

表3-8　双螺杆挤出机螺杆直径与管材规格关系

螺杆直径（小头）/mm	45	55	65	80
管材直径/mm	12~110	20~250	32~300	60~400

3. 机头

机头和口模常连为一体，通称机头。机头的作用有：一是使物料由螺旋运动变为直线运动。流道应呈流线型，不能急剧扩大和缩小，避免死角和滞留，表面光滑。二是产生必要的成型压力，确保产品密实，消除因分流器支架造成的拼接缝。三是使物料通过机头进一步塑化。四是成型制品。因此，机头要有一定的压缩比。由于机头和制品断面形状有差异，所以机头应当有一定的成型长度。

（1）机头结构类型。按照物料在挤出机和机头流动方向的相互关系划分，可分为三种。

①直通式（平式）机头。如图3-25所示，物料在挤出机和机头中流动方向一致，挤出机螺杆、机头、挤出方向三者同心。直通式机头结构简单、制造容易、成本低，料流阻力小，但在生产外径定径大的管材时芯模加热困难、分流器支架造成的接缝线处管材强度低。这种机头多用于软聚氯乙烯（SPVC）、硬聚氯乙烯（UPVC）、聚乙烯、聚酰胺、聚碳酸酯等管材的挤出，也适用于生产小口径管材。

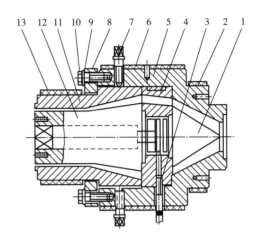

图3-25 直通式机头

1—分流器 2，6，13—电热圈 3—气嘴
4—分流栅板 5—机头过滤体 7—调节螺钉
8—压环 9—垫圈 10—螺栓 11—口模 12—芯棒

②直角式（十字）机头。如图3-26所示，挤出管材方向与挤出机供料方向垂直。这种机头结构特点是内部不设分流器支架，熔体在机头中包围芯棒流动成型，因此只产生一条分流痕迹。这种机头最突出的优点是挤出机机筒容易接近芯棒上端，芯棒容易被加热；与它配合的冷却装置可以同时对管材的内外径进行冷却定型，所以定型精度较高，流动阻力较小，料流稳定，出料均匀，生产率高，产品质量好。但这种机头结构复杂，制造困难，生产占地面积较大。这种机头适用于生产聚乙烯、聚丙烯、聚酰胺等大、小口径管材，电线电缆类制品。

③偏心式（支管式）机头。如图3-27所示，来自挤出机的料流先流过一个弯形流道再进入机头一侧，料流包芯棒后沿机头轴线方向流出，其综合了直通式机头和直角式机头的优点。物

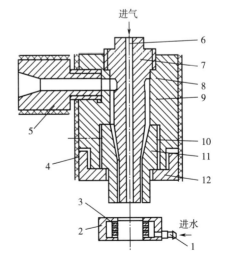

图3-26 直角式机头

1—进水嘴 2—冷却套 3—喷淋孔 4—加热圈
5—挤出机 6—通气孔 7—芯模 8—模体
9—电热偶 10—调节螺钉 11—口模 12—压盖

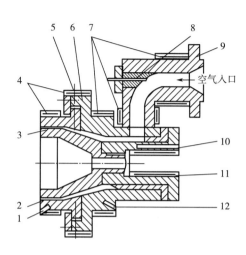

图 3-27 偏心式机头

1，10，12—温度计插孔 2—口模 3—芯棒
4，7—电热器 5—调节螺钉 6—机头体
8—熔融塑料测温插孔 9—机颈 11—芯棒加热器

料经改变方向消除了直通式机头一次变向所造成的不均匀现象。这种机头占地面积小，没有分流器支架，芯模可以加热，定型长度也不长。这种机头适用于挤出大小口径管材，但结构复杂，挤出阻力大。

（2）机头结构。

①分流器结构及其分流器支架结构。分流器又叫鱼雷头，分流器结构如图 3-28 所示。塑料通过分流器变成薄环状，便于进一步加热和塑化。大型挤出机的分流器内部还装有加热装置。分流器与多孔板间的距离为 10~20mm，过小形成不稳定料流，过大会造成物料停留时间过长而使料流分解。分流器扩张角 α 一般为 $60° \sim 90°$，α 过大，料流阻力大，物料停留时间长，引起物料分解；α 过小，分流器长度增加，机头体积增大，另一方面也会造成物料停留时间长。分流器锥形部分长度 $L = (0.6 \sim 1.5)D$，D 为螺杆直径，一般小管取大值，大管取小值。

分流器支架结构如图 3-29 所示，分流器支架主要用来支撑分流器和芯棒，同时也使料流分束以加强搅拌作用。小型机头的分流器支架可与分流器设计成整体。分流器支架与分流器之间靠筋连接。筋数目最好为 3~8 根，在满足强度及打通气孔壁厚要求的情况下，筋的数目尽量少，宽度尽量小。这样料流熔接线少且易消除。

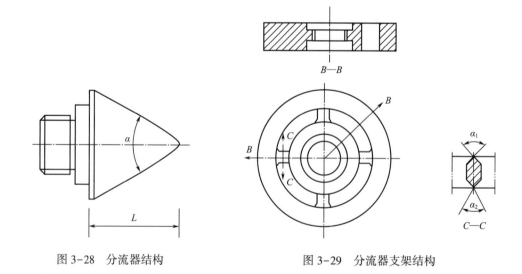

图 3-28 分流器结构　　　　图 3-29 分流器支架结构

②口模。口模与芯棒的平直部分是管材成型部分。口模负责成型管材外表面，如图 3-30 所示，熔融物料在口模与芯模平直部分受压缩成管状。口模平直部分长度 $L = (1.5 \sim$

3.5D），D 为管材直径，或为管材壁厚的 20~40 倍，适当的 L 有利于料流均匀稳定，制品密实，并防止管子旋转；过长的 L 会造成料流阻力太大，管材产量降低；过短的 L 对分流器支架形成的接缝线强度不利，使管材抗冲击强度和抗圆周应力能力降低。确定口模内径 d_1 要考虑到物料离模膨胀和冷却定型后收缩等因素，口模内径只要用管材的外径除以经验系数即可（经验系数取 1.01~1.06）。

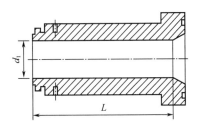

图 3-30　口模结构示意图

③芯棒。芯棒与口模配合，成型管材的内表面，如图 3-31 所示。芯棒要与分流器同心，以保证料流均匀分布，可采用螺纹结构与分流器对中连接。芯模收缩角 β 比分流器扩张角 α 小，β 的大小直接影响管材表面光洁度，β 过大，管材表面粗糙。β 随物料熔融黏度增大而减小。硬管一般取 10°~30°；软管一般取 20°~50°。通常芯模外径比管材内径大 0.5~1mm。

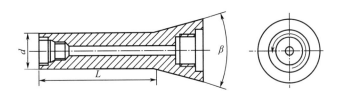

图 3-31　芯模结构示意图

④机头的压缩比。机头的压缩比是指分流器支架出口处截面积与口模、芯模间环形截面积之比。压缩比一般为 4~10，它随管径的增加而取小值。压缩比太大，机头尺寸大，料流阻力大，易过热分解；压缩比太小，接缝线不易消失，管壁不密实，强度低。

4. 定型装置

将机头挤出材料的形状稳定下来，得到更为精确的截面形状、尺寸和表面粗糙度。管材的定型有外径定型法和内径定型法。我国塑料管材尺寸规定为外径公差，故多采用外径定型法。外径定型法有内压定径法和真空定径法之分。

（1）内压定径法。管内加压缩空气，管外加冷却定径套，使管材外表面贴附在定径套内表面而冷却定型的方法，内压法外径定型装置如图 3-32 所示。这种定径套结构简单，但冷却不够均匀，适用于中小管材生产。压缩空气由芯模中的孔道进入管内，压缩空气压力大于大气压力。为保持管内压力不变，在离定径套一定位置（牵引装置与切割装置间）的管内，用气塞阻挡压缩空气，使之不产生泄漏。气塞用相应长度的细钢筋钩挂在机头的芯模上。

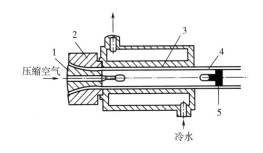

图 3-32　内压法外径定型装置
1—芯棒　2—口模　3—定径套
4—管子　5—塞子

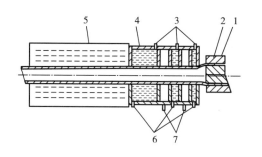

图 3-33　真空法外径定型装置

1—芯棒　2—口模　3—排水管　4—真空定径套
5—水槽　6—进水孔　7—抽真空孔

（2）真空定径法。管外抽真空，使管材外表面吸附在定径套内壁冷却定外径尺寸的方法，真空法外径定型装置如图 3-33 所示。真空定径套与机头相距 20～50mm，套内分为三段，第一段冷却，第二段抽真空（真空度为 300～500mmHg），第三段继续冷却。真空段上真空眼直径为 0.5～1.0mm，均匀布置。真空定径法的优点如下。

①引管简单快速，废料少；

②内压定径方法中，压缩空气存留在管内，随着生产的连续进行，气体温度不断升高，而真空定径法中空气在管材内部自由流动，管材内壁冷却效果好；

③能较好控制尺寸公差；

④管坯在机头出口处于塑化状态几乎没有变形；

⑤管材的内应力小；

⑥没有被螺塞撕裂的危险；

⑦不会因螺塞磨损而停产；

⑧机头口模与真空定径套二者分离，因而温度能单独控制。真空定径套的长度通常比其他类型的定径套要长些，尤其适用于厚壁管材，但对直径较大的管材不适用。

5. 冷却装置

管材由冷却装置出来时，并没有完全冷却到室温，如果不继续冷却，在其壁厚径向方向存在的温度梯度会使原来冷却的表层温度上升，引起变形，因此必须继续冷却，排除余热。冷却装置就承担了此项任务，使管材尽可能冷却到室温。冷却装置一般有浸没式水槽和喷淋式水槽两种，对于薄壁管材有的用冷空气冷却。

（1）浸没式水槽。冷却水槽一般分 2～4 段，长 2～3m。一般通入自来水或经过热交换器的循环水作为冷却介质。水多从最后一段水箱通入，使水流方向与管材运动方向相反，以使冷却缓和，减少管材的内应力。水槽中水位应将管材完全浸没，其结构如图 3-34 所示。冷却水槽因上下层水温不同，管材有可能弯曲；大管受浮力大，也易弯曲。冷却长度与冷却水温、管材给定的温度、管材的壁厚，牵引速度和塑料的种类有关，几乎完全凭经验确定。一般要求冷却后管材的平均温度为 30℃。该法适用于中小型口径的塑料管材。结晶型聚合物冷却水槽的长度一般为 PVC 的两倍。

（2）喷淋式水槽。喷淋式水槽是全封闭的箱体，其结构如图 3-35 所示。喷淋水管可有 3～6 根，均布管材周围。靠近定径套一端喷水头较密。喷淋冷却能提供强烈的冷却效果，由于水喷到四周的管壁上，故克服了水槽冷却因粘到管壁上的水层大大减少热交换的缺点。该法适用于大直径管材的冷却。

6. 牵引装置

牵引装置的作用是给由机头出来的已获得初步形状和尺寸的管材提供一定的牵引力和牵引速度，均匀地引出管材，并通过牵引速度调节管材的壁厚。牵引速度必须能在一定的范围

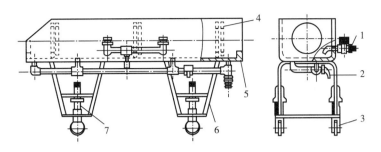

图 3-34 浸没式水槽结构示意图

1—进水管 2—排水管 3—轮子 4—隔板 5—槽体 6—支架 7—螺杆撑杆

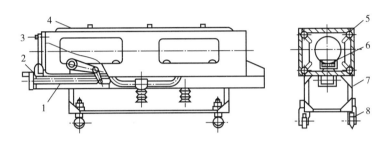

图 3-35 喷淋式水槽结构示意图

1—喷水头 2—导轮 3—支架 4—轮子 5—导轮调整机构 6—手轮 7—箱体 8—箱盖

内进行无级平滑的变化。由于同一台挤出机要挤出不同直径的管材，故其速比范围要宽一些，通常为 1：10。牵引力也必须保持恒定，不能有一推一拉的现象，否则也会在管材表面形成波纹。牵引装置对管材的夹持力必须能调节，以使薄壁管材不产生永久变形，同时也能适应挤出大直径管材时需要的大的牵引力。牵引装置一般有履带式、滚轮式、橡胶带式。

（1）履带式牵引装置。这种装置由两条或多条单独可调的履带组成，均匀地安装在管材的周围，如图 3-36 所示。履带上有一定数量的夹紧块，它们都做成凹形或带有一定角度，以增加施加径向力的面积，减少管材局部被压坏的危险。夹紧块的夹紧力由压缩空气或液压系统产生，或用丝杠螺母产生。这种牵引装置的牵引力大，速度调节范围宽，与管材接触面积大，管材不易变形，不易打滑，这对薄壁管材很重要。但这种牵引装置结构比较复杂，维修困难，主要用于大直径和薄壁管材的牵引。

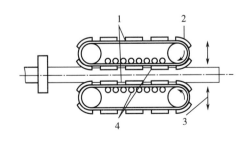

图 3-36 履带式牵引装置

1—输送带 2—弹簧软垫

3—管径调节 4—钢支撑辊

（2）滚轮式牵引装置。这种装置由 2~5 对上下牵引滚轮组成，如图 3-37 所示。下面的轮子为主动轮，上面的轮子为从动轮，可以上下调节。由于滚轮和管材之间是点或线接触，往往牵引力不足，一般用来牵引管径为100mm以下的管材。这种装置的主动轮多为钢轮，从动轮外面包一层橡胶。

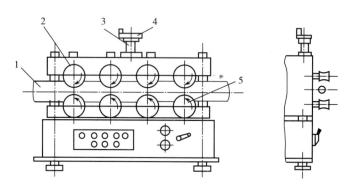

图3-37 滚轮式牵引装置

1—管材 2—从动轮 3—调节螺栓 4—手枪 5—主动轮

（3）橡胶带式牵引装置。这种装置由一条橡胶传送带和压紧辊组成，如图3-38所示。用压紧辊将管材压到橡胶传送带上，靠二者之间的压紧力所产生的摩擦力来牵引管材。压紧力可以调节。这种形式的牵引装置对直径较大的管材的牵引力显得不足，一般用来牵引小直径的管材和容易蹭破的以及容易压塌的薄壁管材。由于其皮带容易安装和撤离，维护方便。

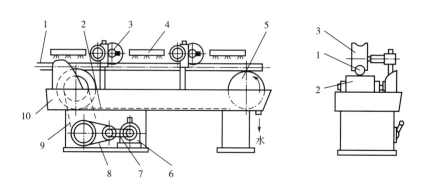

图3-38 橡胶带式牵引装置

1—管材 2—橡胶带 3—压紧辊 4—冷却水喷管 5—滚轮 6—直流马达 7，8，9—三角皮带 10—水槽

7. 切割装置

切割装置是将连续挤出的管材根据需要长度自动或半自动切断的设备，有手动和自动两种方式。口径小于30mm的管材用剪刀手动切断；中等口径及大口径管材使用自动切割装置，目前使用较多的是圆盘锯切割和自动行星锯切割。

圆盘锯切割是锯片从管材一侧切入，沿径向向前推进，直到完全切开。由于受到锯片直径的限制，这种方式只能切割直径小于250mm的管材。

自动行星锯切割适用于切割大直径管材。圆锯片自转进行切削，绕管材公转，均匀在管材圆周上切割，直至管壁完全切断。

（二）影响挤出管材成型质量的因素

1. 聚合物原料

（1）聚合度。聚合度是树脂的平均分子量。一般聚合度越大，平均分子量越高，拉伸强度、冲击韧性和刚度提高，制品的力学性能好，耐低温、耐热及耐老化性能越高。同时熔体的流动性差，黏度高，成型加工困难。因此聚合度是选择树脂的重要依据。

（2）表观密度。表观密度指单位容积树脂的质量。表现密度的大小与树脂颗粒的孔隙率的高低有关。孔隙率高，则表现密度低，在加工中吸收助剂的量多，反之，则不易吸收热稳定剂或润滑剂，难以增密或熔化。

（3）挥发物。挥发物主要指水分。水分含量高，树脂在成型加工过程中容易引起气泡，导致制品在气泡处应力集中而造成力学性能下降；水分含量少，树脂在成型加工过程中易产生静电，同时水分含量的高低会影响加工时原料混合的均匀度。

（4）杂质。指外来杂质及其本身产生的黄点。杂质对制品的外观影响较大，加工后在制品表面上形成疵点，疵点周围容易应力集中，最终可能引起制品开裂。

（5）筛余物。筛余物是反映树脂粒度大小的一项指标。树脂粒径分布应尽可能窄。颗粒太细，聚合物及其干混粉料的自由流动受阻；颗粒太粗，造成树脂难以分散和难以凝胶化。颗粒大小不均匀也影响加工时添加剂的分布，而添加剂的分布不均匀容易导致制品表面缺陷。

（6）增塑剂的吸收量。其大小取决于树脂的粒度大小与粒度分布、颗粒的表面特性及颗粒的孔隙率，这一指标影响加工时润滑剂或热稳定剂的吸收程度，吸收得太多或太少都有不良影响，在最终制品中产生外观缺陷，如"鱼眼""粒子疙瘩""晶点"等。

（7）热分解温度。树脂的热分解温度高于熔点时，树脂在加工制品时不易变色、焦化，其加工工艺参数容易控制；树脂的热分解温度接近或低于熔点时，树脂在加工制品时容易分解、降解、变色等，这时需要加入热稳定剂，提高树脂的热稳定性。

2. 挤管配方

多数塑料品种，如 PE、PP、PS、PVA、ABS、PET 等，均由树脂厂直接提供已加有助剂的粒料，这些粒料可直接用于挤出成型；塑料制品厂需要自己进行配方和制备粉料或粒料的主要是 PVC 塑料，这类塑料在树脂中要添加适当的稳定剂、润滑剂、增塑剂、偶联剂，以及抗氧剂、着色剂、填充料等助剂，需要使用捏合机、开炼机、密炼机或挤出机来完成高速混合、造粒等。配方设计的目的是改善树脂的加工性能、内在质量并降低成本。配方设计要依据制品的性能、用途、使用寿命，助剂与树脂的相容性，各类助剂间的相互影响和协同效应，以及加工设备的特点。PVC 硬管的典型配方见表 3-9，PVC 软管的典型配方见表 3-10。

表 3-9　PVC 硬管的典型配方（质量比）

组分	给水管		排水管		电线导管	
	配方 1	配方 2	配方 3	配方 4	配方 5	配方 6
PVC 树脂（SG4、SG5）	100	100	100	100	100	100

续表

组分	给水管		排水管		电线导管	
	配方 1	配方 2	配方 3	配方 4	配方 5	配方 6
三碱式硫酸铅			2.5~3.0	0.9		
硫醇锡	0.5~0.7	0.6~2.2			1.1~1.2	0.2~0.4
二碱式亚磷酸铅			0.5~1.0	0.7		
硬脂酸钙	0.6~0.8		0.6	0.3	1.5	0.8
润滑剂		0.5~2.0				
硬脂酸			0.3~0.6	0.6		
液体钙/锌复合稳定剂			0.3~0.5			
石蜡	1.0~1.2		0.7~1.0	0.5	0.8	1.2
聚乙烯蜡			0~0.15	0.2		
氯化聚乙烯蜡	0.1~0.2					
冲击改性剂		8.0~15.0			4.0	4.0
加工助剂		2.0~5.0			1.0	0.75
钛白粉	1.0~1.5		2.0~3.0		1.0	1.0
荧光增白剂			0.01~0.05			
轻质碳酸钙	2.0~4.3		15.0~30.0	30.0	10.0	10.0
硬脂酸铅				0.4		
炭黑				0.012		

表 3-10 PVC软管的典型配方（质量比）

组分	配方 1	配方 2	配方 3	配方 4	配方 5
PVC 树脂 (SG3)	100	100	100	100	100
磷酸三甲酚酯					20.0
邻苯二甲酸二辛酯	22.0	48.0	42	10.0	10.0
高分子量聚酯增塑剂				38.0	
M-50	21.0				
单油酸甘油酯				0~0.6	
癸二酸二辛酯	5.0				
丁腈橡胶					10.0
有机锡	1.3				2.0
硬脂酸铅		2.0			

组分	配方 1	配方 2	配方 3	配方 4	配方 5
硬脂酸钡	0.4	1.0	1.5		
三碱式硫酸铅			3.5		
硬脂酸镉	0.5				
石蜡			0~0.5		
环氧大豆油					5.0

表 3-10 中，配方 1 和配方 2 为输送液体中 PVC 软管配方，配方 3 为电线绝缘套用 PVC 软管配方，配方 4 为医用 PVC 软管配方，配方 5 为耐油 PVC 软管配方。

3. 挤管设备

挤管设备对挤出制品的内在质量和外观质量有重要的影响。

（1）挤出机。作为熔融、塑化、定量输送物料和提供成型压力的挤出机决定着物料的塑化效果、混合程度和温度的均匀性、挤出压力的稳定性等。塑化效果影响制品的内在质量和外观光泽；混合不均匀，使制品性能不均匀而降低等级；挤出物温度不均匀，导致制品尺寸不均匀、制品翘曲变形，甚至造成局部过热分解，降低制品使用寿命；挤出压力的波动会引起制品的尺寸大小不均匀及质量波动，甚至出现制品被卡死或被拉断的现象。

（2）辅机。主要完成对制品的冷却定型、牵引、切割、卷取等功能，对制品的外形定型、尺寸稳定性、冷却效率、冷却的均匀性、制品的内应力及变形、成品规格有着重要影响。

（3）机头或模具。主要使熔融塑化的树脂在一定的压力下成型为所需要的截面形状，它决定着制品的外形尺寸、公差和表观质量，影响制品的力学性能、生产效率和操作的稳定性。如机头分流支架设计不合理会造成熔接痕，并影响熔接处的强度；机头芯模和口模的同心度有偏差会使制品出现一边厚一边薄的情况；机头压缩比过大，机头尺寸大，料流阻力大，易过热分解；压缩比过小，熔接痕不易消失，管壁不密实，制品强度低；机头内流道不平滑，产生死角，易造成物料停留时间过长而分解。

4. 挤管工艺条件

（1）温度。温度是影响塑化及产品质量的主要因素。挤出成型所需控制的温度有机身温度、机颈温度、口模温度。温度过低，塑化不好，管材外观不光滑，力学性能差；温度过高，物料易分解，产生变色。温度的控制应根据原料、配方、挤出机及机头结构、螺杆转速等因素确定。通常情况下，机颈温度、机身温度低于口模温度，粉料的成型温度比粒料的成型温度低 5~10℃。各种常见塑料管材的挤出成型温度见表 3-11。

表 3-11 各种常见塑料管材的挤出成型温度

物料	机身温度/℃			机颈温度/℃	口模温度/℃
	后部	中部	前部		
硬 PVC	80~120	130~150	160~180	160~170	170~190

物料	机身温度/℃			机颈温度/℃	口模温度/℃
	后部	中部	前部		
软PVC	100~120	120~140	140~160	140~160	160~180
LDPE	90~110	100~145	145~160	140~160	140~160
HDPE	100~120	120~145	160~180	160~180	160~180
ABS	160~170	170~175	175~180	175~180	190~195
PA1010	250~265	260~270	270~280	220~240	200~210
PC	200~240	240~250	235~255	200~220	200~210

（2）螺杆冷却。挤出软PVC管和PE管时，因物料流动性能较好，螺杆产生摩擦热少，螺杆无须冷却。对硬PVC管，由于熔体黏度高，挤出时产生的热量较大，容易引起螺杆黏料分解或管材内壁粗糙，需对螺杆进行通水冷却。但螺杆通冷却水后，会减少挤出量和影响塑化效果。如果螺杆温度下降太多，物料反压力增大，导致产量明显下降，甚至会造成物料挤不出来而损坏螺杆或轴承等事故。因此需严格控制冷却水温度，一般出水温度应在70~80℃。

（3）螺杆转速与挤出速度。螺杆转速既取决于挤出机大小，又取决于管径大小。螺杆转速增加，机筒内物料的压力增加，挤出速率增加，挤出量提高，同时还能使物料受到较强的剪切作用而产生更多的内摩擦热，有利于物料的充分混合与均匀塑化，从而提高塑料制品的力学性能；但螺杆转速过高、挤出速率过快会使塑料受到过强的剪切作用，产生过多的内摩擦热，使机筒中心部分的塑料温度"跑高"，型坯产生"开花"现象和过大的离模膨胀，制品质量下降，并且可能会出现因冷却时间过短造成制品变形、弯曲。此外，螺杆转速过高会使机筒内的熔体流动产生过多的漏流和逆流，增加挤出能耗，加快螺杆磨损；螺杆转速过低，挤出速率过慢，物料在机筒内受热时间过长，会造成物料降解，制品的力学性能下降。此外，螺杆转速过低会使生产率下降，塑料得不到均匀充分的塑化。因此螺杆转速的调节可根据螺杆结构和所加工的物料、产品形状和辅机的冷却速度而定，一般控制在10~35r/min。螺杆直径增大，则螺杆转速下降；同一台挤出机，加工管材直径增大，则螺杆转速下降。

（4）牵引速度。牵引速度直接影响管材的壁厚，牵引速度不稳定会使管径发生忽大忽小的变化，因此在牵引过程中牵引速度必须稳定。牵引速度与管材挤出速度应密切配合。正常生产时，牵引速度应比管材的挤出速度快1%~10%。若牵引速度过快，管壁就太薄，管壁的爆破强度明显下降，同时，制品残余内应力较大，管材弯曲变形，甚至会将管材拉断；若牵引速度过慢，管壁就太厚，容易导致口模与定型模之间积料。牵引作用对制品还有纵向的拉伸，影响制品的力学性能和纵向尺寸的稳定性。

（5）压缩空气压力。压缩空气使管材定型并保持一定的圆整度，其压力大于大气压。压缩空气压力的大小取决于管材的直径、壁厚以及物料的黏度，一般取0.02~0.05MPa。在满足管材圆整度要求的前提下，尽量控制压缩空气压力偏小些。压缩空气压力过大，芯棒被冷却，管材内壁裂口，管材质量下降；压缩空气压力过小，管材不圆，制品外圆的几何尺寸误差大，表观质量不合格。同时压缩空气压力要求要稳定，否则，管材易出现竹节状。生产软管不需压缩空气压力，但机头上的进气孔要与大气相通，否则管材不圆，会吸扁黏在一起。

（6）真空度。反映定型套内吸附型坯能力的真空度控制在 0.035~0.07MPa。真空度太高，吸附力过大，对管坯的定型没有必要，而且还使牵引机负荷过大，有时还会造成牵引时发生颤抖使牵引速度不均匀而产生"堵料"。同时会增加制品的运行阻力，使制品表面粗糙。真空度过低，管坯不能完全被吸附在定型套内腔表面上，造成管材圆整度不够。

（7）冷却水温。冷却水温应控制在 10~20℃，水温太高，管材不能充分冷却，会使管材成型不足，造成管材变形、弯曲。水温太低会使管坯骤冷，产生过大的内应力，导致管材脆化，抗冲击性降低。实际生产中保持水温恒定是不太可能的。水温变化与供水系统的状况有很大关系。为了节约用水应使用循环水冷却。

（三）挤出管材不正常现象

挤出管材成型过程中，由于工艺条件掌握不当，设备故障以及原料质量等原因，制品往往会存在一些问题，甚至变为废品。挤出管材不正常现象、产生原因及解决方法见表3-12。

表3-12　挤出管材不正常现象、产生原因及解决方法

不正常现象	产生原因	解决方法
管材内外表面毛糙	1. 塑料含水量和挥发物含量过大 2. 料温太低 3. 机头与口模内部不干净 4. 挤出速度太快	1. 干燥塑料 2. 提高料温 3. 清理机头和口模 4. 降低螺杆转速
管壁厚度不均匀	1. 口模、芯模未对中 2. 口模各点温度不均匀 3. 牵引位置偏离挤出机轴线 4. 压缩空气不稳定 5. 挤出速度与牵引速度不匹配 6. 模唇间隙时大时小 7. 模唇变形 8. 出料不均匀	1. 校正相对位置 2. 校正温度 3. 校止牵引位置 4. 调节压缩空气 5. 调节挤出速度与牵引速度，使之匹配 6. 上紧调节螺丝 7. 修理或更换模唇 8. 检查加热圈是否有损坏
管径不圆	1. 定径套口径不圆 2. 牵引前部冷却不足 3. 挤出温度过高 4. 冷却水供给太猛	1. 更换定径套 2. 校正冷却系统或放慢挤出速度 3. 降低挤出温度 4. 降低冷却水流量
管材口径大小不同	1. 挤出温度波动 2. 牵引速度不均匀	1. 控制挤出温度恒定 2. 检查牵引装置，使牵引速度达到平衡
制品带有杂质	1. 滤网破损或滤网不够细 2. 塑料降解 3. 加入填料太多	1. 更换滤网 2. 降低机筒、口模温度 3. 降低填料比例

不正常现象	产生原因	解决方法
制品带有焦粒或变色	1. 机身温度和机头温度过高 2. 机头与口模内部不干净或有死角 3. 分流器设计不合理 4. 原料内有焦粒 5. 控温系统失灵	1. 降低机身温度和机头温度 2. 清理机头与口模，改进机头与口模流线型 3. 改进分流器设计 4. 更换原料 5. 检修控温仪表
管材表面凹凸不平及波纹	1. 口模温度不合适 2. 配方不合理 3. 原料潮湿 4. 挤出量过大	1. 调整口模温度 2. 调整原料、更换配方 3. 干燥原料 4. 降低挤出速度
管材被拉断或拉破	1. 牵引速度太快 2. 压缩空气供气量太大	1. 降低牵引速度 2. 降低压缩空气供气量
表面冷斑	1. 口模温度太低 2. 冷却固化太快	1. 提高口模温度 2. 减少冷却水量
管材外表面光亮凸块	1. 口模温度太高 2. 冷却不足	1. 降低口模温度 2. 增加冷却水量
履带式牵引装置运行不平稳	1. 传动链条磨损，链节距拉伸增大 2. 履带用传动辊中心距过小 3. 橡胶块破损 4. 减磨托条变形	1. 更换传动链条 2. 调整传动辊中心距 3. 更换橡胶块 4. 更换减磨托条
管壁厚忽薄忽厚	1. 牵引速度不稳 2. 真空度不稳定	1. 检查牵引辊是否打滑，调整对管材的夹持力 2. 检查清洗真空系统
内壁有明显拼缝线	1. 机头温度或芯模温度偏低 2. 挤出速度太快，熔料塑化不良 3. 机头结构设计不合理 4. 分流梭结构设计不合理	1. 适当提高机头温度或芯模温度 2. 适当降低螺杆转速 3. 修改机头结构 4. 修改分流梭设计
断面内有气孔	1. 料筒温度太高 2. 螺杆摩擦热太高 3. 原料配方内易挥发物含量偏高 4. 螺杆磨损严重 5. 螺杆的头部结构设计不合理	1. 适当降低料筒温度 2. 向螺杆内通冷水或冷风，适当降低螺杆温度 3. 调整配方 4. 修复或更换螺杆 5. 修改螺杆头部结构
管壁脆弱	1. 螺杆温度偏低 2. 螺杆转速太快，熔料塑化不良 3. 熔料塑化不良 4. 料筒温度太高，熔料容易分解 5. 机头温度太低，塑化不良 6. 树脂黏度太低	1. 减少冷却，提高螺杆温度 2. 降低螺杆转速 3. 改善塑化条件 4. 降低料筒温度 5. 提高机头温度 6. 采用黏度较高的树脂

续表

不正常现象	产生原因	解决方法
表面无光泽	1. 口模内表面粗糙，精度太低 2. 口模温度太高或太低 3. 挤出速度太快 4. 原料未充分干燥，含水量过高	1. 提高口模内表面光洁度 2. 调整口模温度 3. 降低螺杆转速 4. 充分干燥原料

二、异型材的挤出

除了圆管、薄膜、板材及棒材等这些有固定形状的塑料制品外，其他复杂截面形状的塑料挤出制品称为异型材。塑料异型材具有质轻、耐腐蚀、承载性能好、装饰性强、安装方便等优良的使用性能。广泛应用于建筑、电器、家具、交通运输、土木、水利、日用品等领域。软质异型材主要用作衬垫和密封材料，硬质异型材主要用作结构材料。随着复合共挤出技术的进步和发展，塑料异型材的应用领域不断扩大。图 3-39 是常见的不同截面异型材。目前，生产塑料异型材的原料有 PVC、ABS、PE、PP 等，其中 PVC 应用最普遍，尤其是门窗用塑料异型材，PVC 占有率高达 99% 以上。异型材的挤出可沿用管材的挤出工艺，因此，本部分内容只涉及异型材与管材成型的不同之处。

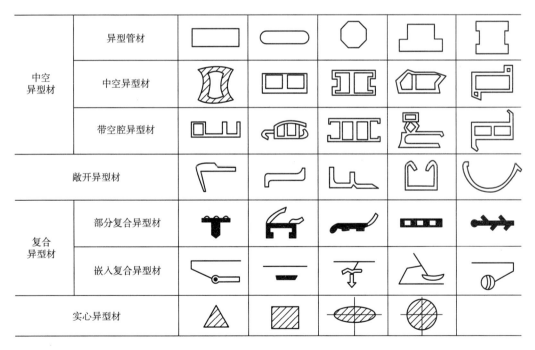

图 3-39 常见的不同截面异型材

（一）挤出异型材设备

挤出异型材设备与管材挤出成型设备基本相同，由挤出机、机头及口模、定型装置、冷却装置、牵引装置、切割装置或卷取装置组成。不同之处主要是机头、定型装置和冷却装置有区别。

1. 挤出机

用于成型异型材的挤出机不需要特殊的结构，只需正确地选用现在通用的挤出机即可，如单螺杆挤出机、双螺杆挤出机、排气式挤出机等。单螺杆挤出机主要用于粒料生产异型材，产品为截面积较小的制品，一般选用直径为 45mm、65mm 和 90mm 的单螺杆挤出机。双螺杆挤出机则主要用于粉料生产异型材，产品为截面积较大的制品，一般选用双螺杆排气式挤出机。

2. 异型材机头

异型材机头是异型材制品成型设备的主要部件，其作用是将挤出机提供的圆柱形熔体连续、均匀地转化为塑化良好的、与通道截面及几何尺寸相似的型坯，再经过冷却定型等其他工艺过程，得到性能良好的异型材制品。异型材机头主要有以下两种形式。

（1）多级式异型材机头。多级式异型材机头结构如图 3-40 所示，该类机头流道的变化是由多块孔板经串联组成。此种机头的流道加工简单方便，但不适合加工热敏性塑料。

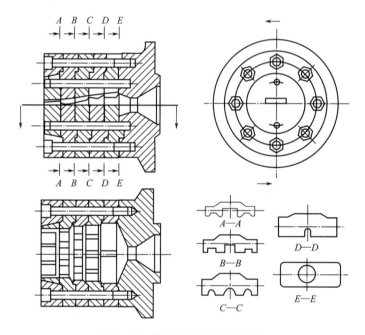

图 3-40　多级式异型材机头结构

（2）流线型异型材机头。流线型异型材机头结构如图 3-41 所示，整个流道无任何"死点"，截面连续逐渐减小，直至成型区达恒定截面。机头中的流线型流道设在一个整体式的机头内，只要加工精度能够得以保证，则整个机头流道内均不会出现急剧过渡的截面尺寸或死角，但加工困难。

3. 冷却定型装置

异型材的定型方法有多种，如滑动式定型、真空定型、多板式定型、加压定型、内芯定型、辊筒定型等，其中滑动式定型和真空定型最为典型。

（1）滑动式定型装置。滑动式定型装置适用于开放式异型材的制造。滑动式定型装置一般由上下两块对合的扁平金属模组成，如图 3-42 所示。定型模的形状与制品形状一样，

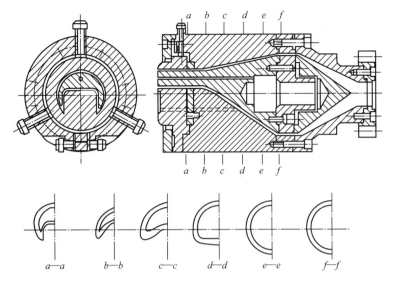

图 3-41 流线型异型材机头结构

上下模里通冷却水。上模靠弹簧或平衡锤调节给制品施加一定的压力，既要使制品与定型模接触，又要控制定型模对制品的摩擦力不要过大，制品沿牵引方向保持笔直迁出。

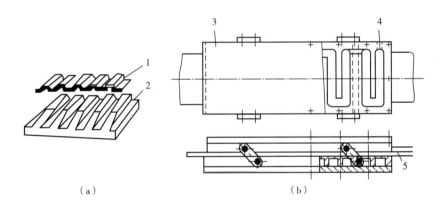

（a） （b）

图 3-42 滑动式定型装置

1—制品 2—定型模 3—冷却水入口 4—冷却水出口 5—型材

（2）真空定型装置。真空定型装置是用冷却水间接冷却的方法使机头口模挤出的高温熔融异型材冷却定型。真空定型装置由内壁有吸附缝的真空区和冷却区两部分组成，两区域是交替的。真空区周围产生负压，使型材外壁与真空定型装置内壁紧密接触，确保型材冷却定型。

如图 3-43 所示，异型材四周在真空定型装置中自始至终都处于真空区，有许多

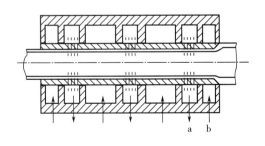

图 3-43 真空定型装置

a—真空 b—冷却水

0.5~0.8mm 的狭缝或小眼与真空腔相通，由于真空负压作用，异型材内的大气压就迫使异型材外壁与冷却定型模壁接触，使异型材的外形几何形状及尺寸得到修整，再由于降温作用，使异型坯固化成型。然后，异型坯被牵引进入通水冷却段，进一步降温定型，达到定型效果。

（3）多板式定型装置。多板式定型装置多用于实心异型材或形状简单的厚壁中空异型材的定型。它的结构是在一水槽中固定排列数块定型板，异型材从一排顺次缩小一些的定型孔中通过而定型，如图 3-44 所示。采用该定型方法，虽然定型结构较简单，但要把握各种材料收缩和膨胀的关系，才能保证最终制品尺寸的精度。

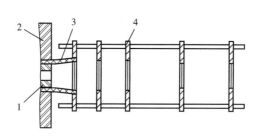

图 3-44　多板式定型装置

1—芯棒　2—口模　3—型坯　4—定型板

（二）挤出异型材成型工艺条件

1. 原料及配方

异型材制品较多用于窗框、门板、地板条、楼梯扶手、走线槽、壁脚板、异型管等。原材料主要是硬 PVC，少数是半硬 PVC、软质 PVC、PU 低发泡等材料。

生产 PVC 塑料异型材，应根据产品的使用要求选择树脂型号，通常选用悬浮法疏松型树脂，要求其粒度均匀、分子量分布窄、杂质少、热稳定性高、流动性好。硬 PVC 异型材主要选用 SG4、SG5、SG6 型树脂；软 PVC 异型材主要选用 SG2、SG3 型树脂。

对于硬 PVC 异型材来说，存在着抗冲性能差、脆性大、紫外线照射老化变脆的缺点，往往采用添加 ACR、CPE、EVA、MBS 等进行改性，以提高制品热稳定性和抗冲击强度。根据使用性能要求，制品一般含有 6%～10%的抗冲击改性剂，如 CPE（氯化聚乙烯）、EVA（乙烯—醋酸乙烯共聚物）、ACR（丙烯酸酯）、MBS（甲基丙烯酸甲酯—丁二烯—苯乙烯接枝共聚物）。MBS 主要用于生产透明制品。ACR、CPE、EVA 分子中不含双键，耐气候性好，适宜作户外产品，主要用于生产不透明制品。EVA 最好不与铅稳定剂共用，共用时成型加工性较差，又易起粉斑，CPE 最好不与锌稳定剂共同，且 CPE 的低温性不太好。塑料窗原料及典型配方见表 3-13。

表 3-13　塑料窗原料及典型配方

原料	配比（质量比）		原料	配比（质量比）	
	普通型	抗冲型		普通型	抗冲型
聚氯乙烯（SG4）	100	100	氯化聚乙烯		8

原料	配比（质量比）		原料	配比（质量比）	
	普通型	抗冲型		普通型	抗冲型
三碱式硫酸铅	3		碳酸钙	10	3
二碱式亚磷酸铅	1	1.5	二氧化钛	2	4
钡—镉稳定剂		2	加工助剂		0.5
硬脂酸铅	1	1.7	硬脂酸	0.8	0.5
硬脂酸钙	1	1	ACR 或 CPE	2	6

2. 工艺控制

生产异型材制品时，工艺条件控制如温度、螺杆转速、定型条件、牵引速度等，可参照挤出管材生产的工艺条件。

3. 异型材形状设计

异型材形状设计时须注意壁厚的均匀性、圆角及加强筋等问题，要求截面形状简单，壁厚尽可能均匀一致。图 3-45 为常见异型材形状设计参考方案。异型材壁厚相差过大，易出现料流快慢不均、冷却快慢不均、制品内应力过大、制品易变形破裂等问题。另外，异型材的壁厚不能过大，否则很难顺利成型，即使成型出来，制品的内应力也很大。中空异型材内部要尽量避免设置加强筋及凸起部分。因为异型材的冷却是从外向内的，所以这些凸起部分比其他部位要难冷却。如果要增设凸起部分或加强筋的话，其尺寸应尽量小，凸起部分的高度应不超过壁厚，加强筋的厚度一般要比壁厚减薄 20% 左右，形状尽可能对称。异型材的拐角处最好平滑过渡，要避免尖角产生应力集中而导致制品使用过程中的开裂，实际应用中，拐角处的最小半径内侧为 0.25mm，外侧为 0.5mm，一般随壁厚增加而增大。

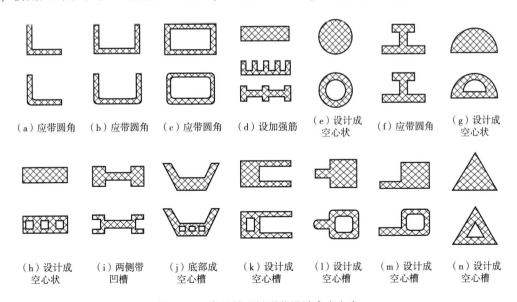

（a）应带圆角　（b）应带圆角　（c）应带圆角　（d）设加强筋　（e）设计成空心状　（f）应带圆角　（g）设计成空心状

（h）设计成空心状　（i）两侧带凹槽　（j）底部成空心槽　（k）设计成空心槽　（l）设计成空心槽　（m）设计成空心槽　（n）设计成空心槽

图 3-45　常见异型材形状设计参考方案

（三）挤出异型材不正常现象、产生原因及解决方法

挤出异型材成型过程中，由于工艺条件掌握不当，设备故障以及原料质量等原因，制品往往会存在一些问题，甚至变为废品。挤出异型材不正常现象、产生原因及解决方法见表3-14。

表3-14　挤出异型材不正常现象、产生原因及解决方法

不正常现象	产生原因	解决方法
异型材弯曲变形	1. 口模出料不均 2. 断面形状设计不合理 3. 冷却方法不当 4. 挤出、冷却定型、牵引的中心位置不正 5. 原料分子量太低 6. 改性剂用量太少 7. 增塑剂用量太多	1. 修正口模，使口模处熔料的挤出速度一致 2. 型材壁厚均匀对称 3. 冷却水保持一定温度，定型模和牵引辊的中心位置应对正 4. 调整挤出、冷却定型、牵引的中心位置 5. 更换原料 6. 增加改性剂用量 7. 减少增塑剂用量
端部有裂纹或锯齿形	1. 口模端部流速太慢 2. 口模温度控制不当	1. 减少端部平直段长度或加大端部缝隙 2. 提高模唇温度，降低料筒温度
制品内筋变形或断裂	1. 牵引速度不适 2. 口模温度不适	1. 筋收缩或变薄时，降低牵引速度；筋弯曲或波纹时，提高牵引速度 2. 筋收缩或变薄时，提高口模温度；筋弯曲或波纹时，降低口模温度
异型材整体收缩大	1. 牵引收缩率大 2. 冷却不充分	1. 减小口模的牵引收缩率，或提高熔料温度 2. 降低冷却水温度、增加冷却长度、降低挤出速度及牵引速度
制品牵引断裂	1. 牵引速度过大 2. 定型模内阻力过大	1. 降低牵引速度 2. 修整定型模或降低真空度
尺寸不稳定	1. 牵引机打滑 2. 牵引颤动 3. 口模尺寸或定径尺寸设计不当或调整不当 4. 进料不稳	1. 修理牵引机 2. 修理牵引机 3. 重新设计或调整尺寸 4. 调整挤出机进料段和料斗部位的工艺条件
制品壁厚波动	1. 机头温度与口模温度不适 2. 牵引速度不适	1. 壁厚时提高温度，壁薄时降低温度 2. 壁厚时提高牵引速度，壁薄时降低牵引速度
型坯在定型模中滑移不良	1. 模唇出料速度不稳 2. 定型模冷却不良 3. 熔料温度太高	1. 稳定模唇出料速度 2. 降低冷却水温 3. 降低机筒温度、螺杆温度
制品有分解线	1. 物料在机头内分解 2. 稳定剂或润滑剂不足 3. 机头结构不合理	1. 降低机头温度或清理机头 2. 增加稳定剂或润滑剂用量 3. 修改机头内型腔或型芯

续表

不正常现象	产生原因	解决方法
制品表面光洁程度差	1. 塑化不良 2. 挤出机温度偏低 3. 挤出速度过快 4. 定型模光洁度差	1. 调整配方,增加 ACR,减少填料用量 2. 提高机身温度与机头温度 3. 降低挤出速度与牵引速度 4. 表面上光或电镀抛光
型坯在定型模前堆料	1. 定型模与机头口模不配套 2. 真空度或加压压力太大 3. 牵引力不足 4. 定型模与模唇距离太大	1. 减小口模间隙或加大定型模间隙,使之配套 2. 降低真空度、降低加压压力 3. 增大牵引力 4. 缩短定型模与模唇距离
异型材纵向形状波动	1. 进料波动 2. 机筒加热温度控制不稳定 3. 牵引速度忽快忽慢	1. 控制供料螺杆转动平稳或料斗平稳供料 2. 稳定机筒加热温度 3. 稳定牵引速度
制品翘曲	1. 生产线上的各设备工作中心线不在同一条直线上 2. 型坯冷却速度不一致 3. 定型冷却装置真空度和冷却水温控制不合理 4. 螺杆转速偏快	1. 将生产线上的各设备工作中心线调整在同一条直线上 2. 稳定冷却工艺 3. 调整定型冷却装置真空度和冷却水温,使之合理配置 4. 降低螺杆转速,使型坯充分冷却定型

三、板材和片材的挤出

挤出机将物料熔融塑化,而后熔融物料在狭缝机头中成型为所需规格的板坯,经三辊压光机压光,冷却定型,再经导辊进一步冷却,然后由切边机切边,经二辊牵引机牵引后切割成所需规格的板(片)材。挤出成型板(片)材具有设备简单、生产成本低、制品抗冲击强度高等特点。目前挤出板(片)材的宽度一般为 1~1.5m,最大可达 4m。

目前可生产板(片)材的方法有很多,如挤出、压延、浇铸、层压、流延等,几种板(片)材成型方法比较见表 3-15。可用塑料品种有 PVC、PE、PP、ABS、高抗冲击聚苯乙烯(HIPS)、PC、PA、聚甲醛(POM)、醋酸纤维素(CA)等,其中前四种多见。

表 3-15 几种板(片)材成型方法比较

成型方法	原材料	产品厚度/mm	特点
挤出成型法	热塑性塑料	0.02~20	设备简单,生产成本低,板材的抗冲击强度高,制品均匀性差
压延成型法	PVC	0.09~0.8	产量大,制品均匀性好,设备庞大,板材的抗冲击强度低
层压成型法	HPVC 与热固性塑料	1.0~50	板材光洁度好,表面平整,设备庞大,板材易分层
浇铸成型法	PMMA	1.0~200	板材光滑平整,透明度高,抗冲击强度高,间歇操作
流延成型法	醋酸纤维素	0.02~0.3	片材光学性能好,厚度均匀,产量低,设备庞大

挤出成型的板材与片材可以作为结构材料和包装材料。一些塑料板材用于化工容器的制

造，也可用作电绝缘材料，建筑或交通工具中的壁板、隔板、地板、防水用瓦棱顶板等。这些塑料板材在许多地方可替代钢板、铝板、铜板、木材板等材料。片材是热成型包装材料的原料，无毒透明片材在食品和医药包装方面使用非常广泛。

挤出法成型板（片）材设备简单，生产成本低，工程项目投资小，板材的抗冲击强度高，生产效率高，生产线占地面积小，但制品厚度均匀性差。

（一）板材和片材的挤出设备

1. 板材和片材的挤出工艺流程

挤出板材生产线主要由挤出机、狭缝机头、三辊压光机、切边装置、冷却输送辊、二辊牵引机、切割装置或卷取装置等组成，如图 3-46 所示。如果是生产波纹板，在三辊压光机后面需加波纹成型辊；如果是生产贴面板，需加面膜的放卷装置；如果是生产软质片材，需加片材卷取装置。

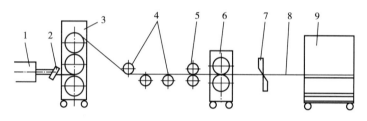

图 3-46　板材和片材的挤出工艺流程

1—挤出机　2—狭缝机头　3—三辊压光机　4—导辊　5—切边装置

6—二辊牵引机　7—切割装置　8—塑料板　9—卸料装置

2. 成型设备

（1）挤出机。挤出机结构形式通常采用单螺杆挤出机、啮合异向旋转双螺杆挤出机和锥形双螺杆挤出机。螺杆的长径比大于或等于 20。螺杆直径与挤出板材宽度的关系见表 3-16。

表 3-16　螺杆直径与挤出板材宽度的关系

螺杆直径/mm	65	90	120	150
挤出板材宽度/mm	400~800	700~1200	1000~1400	1200~2500

（2）机头。机筒应加过滤网和分流板。机头与机筒之间用连接器连接。连接器的内孔进料端呈圆锥形，出料端由圆锥形过渡成矩形，两端用法兰与机筒和机头模具连接。机头为扁平机头，出料口宽而薄，熔体从料筒挤到机头内，流道由圆形变成狭缝型，物料沿着机头宽度方向均匀分布，经模唇挤出板材。目前扁平机头主要有支管式、鱼尾式、衣架式和分配螺杆式。

①支管式机头。也称 T 型机头，结构如图 3-47 所示。其特点是机头内有一个与模唇口平行的圆筒形槽，可贮存一定量的物料，起分配物料和稳压作用，使料流稳定，以便均匀地将物料挤出。支管式机头的优点是结构简单，型腔内无死角，能生产宽幅产品。支管形状分

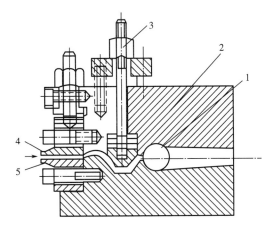

图 3-47　支管式机头结构

1—支管　2—阻力调节块　3—调节螺栓

4—上模唇　5—下模唇

为直型和弯型两种，直型适于生产聚乙烯、聚丙烯塑料，弯型不仅适于生产聚乙烯、聚丙烯塑料，也适于生产聚氯乙烯类热敏性塑料。

支管直径 d 一般为 $30\sim80mm$，d 越大，贮料越多，料流越稳定，板（片）材厚度较均匀。但机头尺寸大，笨重，同时，支管内存料时间过长易使物料分解。对热稳定、流动性好的聚乙烯可取 $d>30mm$，聚氯乙烯一般取 $d=30\sim35mm$。

模唇长度 L（口模平直部分长度）越大，物料压力分布越均匀，板（片）材厚度也越均匀，板材表面光滑。对同一原料来说，板（片）材越厚，L 越大。但 L 过大，机头内物料压力过高使模唇开口变大，一方面影响板（片）材厚度，另一方面大的变形量会使模唇受损。一般 L 取 $20\sim30$ 倍的板（片）材厚度，选在 $10\sim75mm$。

②鱼尾式机头。结构如图 3-48 所示，其流道形状像鱼尾，它是为了克服支管式机头流道支管带来的弊端，扩大使用范围，经改进的一种平缝形机头。熔融物料由机头中部进入后流向两侧。机头内放置固定的阻流器，增大鱼尾部分中部的阻力，使机头中间和两端的物料流速趋于一致，压力均匀，口模处设置口模调节装置，以进一步调节制品的厚薄度，从而制得厚度均匀的板（片）材。该机头的优点是流道平滑无死角，物料容易流动，无停料部分，机头结构简单，制造容易；缺点是机头体积较大，笨重，不适合宽幅板（片）材的生产。这种机头适应范围较广，既适于成型聚乙烯、熔体黏度低的聚烯烃类树脂，又适于加工熔体黏度高、热稳定性差的物料。如可用于加工聚氯乙烯、聚甲醛等硬板。

③衣架式机头。结构如图 3-49 所示，衣架式机头吸取了支管式机头和鱼尾式机头的优点。它有支管但不大；有鱼尾式的扇形但扩张

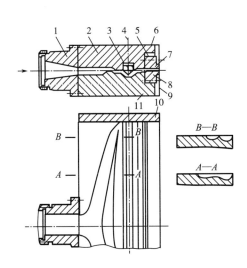

图 3-48　鱼尾式机头结构

1—进料口　2—机头上体　3—阻力棒

4—阻力棒调节螺钉　5—上口模　6—调节螺钉

7—固定螺钉　8—下口模　9—螺钉

10—侧挡料板　11—机头下体

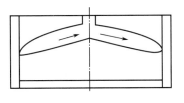

图 3-49　衣架式机头结构

角很大，160°～170°。由于支管小，缩短了塑料熔体在机头内的停留时间；由于有扇形部分，提高了制品厚薄的均匀性，所以衣架式机头越来越广泛地得到应用。生产幅宽1～2m，最宽可达4～5m。可以在支管的两端插入幅宽调节棒，以调节塑料的流动宽度，即可用一个机头生产各种宽度的制品。适用于挤出PE、PS和ABS等塑料。该机头结构复杂，加工费用高。

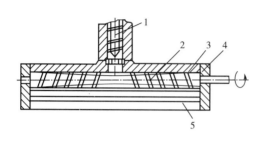

图3-50　分配螺杆式机头
1—挤出机螺杆　2—分配螺杆
3—模具体　4—端板　5—模唇

④分配螺杆式机头。结构如图3-50所示。相当于在支管机头的支管内放入一根螺杆的扁平机头。螺杆由电动机驱动，使物料不能停滞在支管中，并均匀地将物料分配在机头整个宽度上，使厚度均匀。该机头的优点是能强力输送熔融物料，生产能力大，横向截面上各点所受的压力均匀，挤出板（片）材厚度均匀；缺点是螺杆结构复杂，制造困难，物料随螺杆从做圆周运动突然变成直线运动，在制品表面容易出现波纹形痕迹。分配螺杆式机头中的螺杆单独传动，速度可调，生产效率高，尤其适合宽幅、厚板的生产，板厚可达40mm，幅宽可达4m。由于分配螺杆的作用，该机头可以挤出热稳定性差、熔体黏度高、流动性差和加有各种填料的板（片）材。

（3）三辊压光机。熔融物料由机头挤出后立即进入三辊压光机进行压光、热处理及冷却定型，同时三辊压光机还起一定的牵引作用，调整板（片）材各点速度一致，以保证板（片）材平直。三辊压光机的作用如下。

①定型装置作用。因挤出的板坯温度较高，应立即降温。

②牵引作用。在板坯引进三辊压光机辊隙的过程中，应将宽度方向上各点速度调整到大致相同，这是保证板（片）材平直的重要条件之一。

三辊压光机通常由直径200～400mm的上、中、下三个中空辊组成，辊中带有夹套，可通入蒸汽、水、油等介质调节辊温。中间辊固定，上、下辊可调，以调整辊隙适应成型不同厚度板（片）材的需要。一般等于或稍大于板（片）材制品厚度。两辊间隙处保证有一定的存料。略小于模唇间隙。三辊辊筒的温度取决于所加工的物料，一般为35～100℃。

压光机和机头的距离一般为50～100mm。间距过大，不仅挤出的板（片）材易在重力作用下下垂，产生皱褶，影响表面质量，而且还会由于进入辊隙前散热过多降温而对压光不利。压光机各辊的温度，由于板（片）坯厚度大，应尽量控制上下表面温度一致，以便保证板（片）坯上下面层之间和内外层之间的凝固收缩速率与结晶速率尽量接近，从而降低板（片）材的内应力和减少翘曲变形。材料不同，所用温度不同。一般控制在100℃以下。压光机的线速度一般应与挤出速度相适应，或比挤出速度快10%～25%，且各辊速度应同步，以免产生过大的牵伸和定向作用，造成板（片）材纵横向性能不一致。

三辊压光机辊筒排列方式如图3-51所示，（a）（b）两种排列方式最常用，这种结构形式，固定三根辊筒的两侧机架结构简单、辊筒对制品的压光修整效果较好，但对板（片）

材成型产生的弯曲应力较大。为了增大操作空间，生产较宽幅板（片）材时，多采用图 3-51（b）所示排列方式。图 3-51 中的（c）~（e）排列方式，设备布置紧凑，工作稳定性好，但三辊筒固定侧板机架结构较复杂，机械加工难度大。

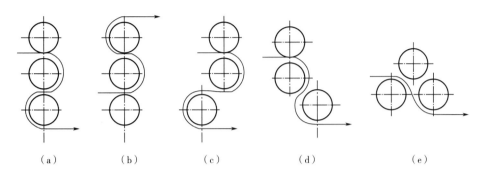

图 3-51 三辊压光机辊筒排列方式

国产三辊压光机规格型号见表 3-17。

表 3-17 国产三辊压光机规格型号

项目	SJ-B（W）-F1.2A	SJ-B-1.2F	SJ-2.0A
板厚/mm	0.8~5	0.5~5	0.8~5
板宽/mm	≤1200	≤1200	≤2000
牵引速度/（m/min）	0.4~3	0.4~0.6	0.4~2.5
辊直径/mm	260	315	315
辊面宽/mm	1400	1400	2200
辊升降距离/mm	40	50	40
辊横向压力/t	4.4~5.8	9~11	9~11
辊体加热方式	蒸汽、导热油、热水	蒸汽、导热油、热水	蒸汽、导热油、热水
进板高度/mm	1100	1098	110
出板高度/mm	800	1570	1740
电机功率/kW	2.2	4	4
水加热功率/kW	3×3	3×6	3×7
压缩空气压力/MPa	0.3~0.4	0.6~1	0.8~1

（4）冷却输送辊。通过压光机后，板（片）材温度还较高，要用冷却输送辊继续冷却。冷却输送辊又叫导辊，是由多个 50mm 左右的圆辊组成，它的排列长度取决于板（片）材的厚度和塑料的导热性。在压光机与牵引装置之间设置 10~20 个冷却输送辊，其作用是支撑尚未完全冷却的板（片）材，防止板（片）材弯曲变形，并把从压光机出来的板（片）材充分冷却使其完全固化，输送到牵引装置。

通常挤出 PVC、ABS 板（片）材时，冷却输送长度为 3~6m，挤出聚烯烃板（片）材时，冷却输送长度为 5~10m。

冷却过程中要注意：板（片）材的两侧与空气接触面积大而降温较快，厚度较小的板（片）材降温快，降温快的部分会产生较大的内应力，带有内应力的板（片）材在二次成型时，往往会翘曲不平而无法成型，所以必须使板（片）材各部分降温速度尽量一致，冷却过程中不应受到强制牵引。

（5）牵引装置。从压光辊出来的板（片）材在导辊的引导下进入牵引装置。牵引装置的作用是将板（片）材均匀地牵引至切割装置，防止在压辊处积料，而造成板（片）材弯曲变形，并且将板（片）材压光、压平。牵引装置通常由一对或两对牵引辊组成，每对牵引辊由一个工作面镀硬铬层的钢辊（在下方）和一个是钢辊表面包一层橡胶的橡胶辊（在上方）组成。

钢辊是主动辊，由直流电动机经过减速箱等齿轮或链条传动带动旋转。钢辊的转速要随三辊压光机的辊速变化而调整，其牵引速度与压光辊基本同步，所以，要求钢辊能够无级调速。

橡胶辊是被动辊，橡胶辊和钢辊靠弹簧压紧，把板（片）材压紧在钢辊上、牵引板（片）材向前运行。橡胶辊与钢辊间的间隙可调，由工作时板（片）材的厚度决定。调整两辊间距离时，要注意辊两端的间隙均匀一致；板（片）材被牵引的压紧力两端要相同，以避免被牵引的板（片）材运行时出现"跑偏"现象。

（6）切割装置。板（片）材的切割包括切边与切断。切边多用圆盘切刀，切断多用电热切、锯切和剪切。使用较多的是后两种，硬板或较厚的板（片）材用旋转圆盘锯锯切，旋转圆盘锯由单独的电动机带动，圆盘锯和电动机装在能和板（片）材等速向前移动的工作台上，锯片切割时，工作台向前移动，切割完毕，退回到原来位置。软板（片）材多用剪刀式裁剪机，要求裁剪机与牵引辊之间留出足够大的距离，以防止剪切时板（片）材弯曲。

（7）自动测厚仪。采用射线自动测厚，测试时不直接与板（片）材接触，不损伤板（片）材；可沿板（片）材横向移动，并自动记录数据；精度可达 0.002mm，快而准。

（二）挤出板（片）材成型工艺条件

1. 挤出温度

挤出温度主要根据原料配方而定，与挤出管材差别不大，可参考挤出管材工艺控制，主要包括挤出机机身（机筒）温度、机头温度。机头温度控制很重要，因为机头较宽，熔融物料要在相当宽的机头范围内均匀分布，必须提高料温，才能保证熔料的流动性，故机头温度比机身温度高 5~10℃。机身温度过低影响物料塑化，机身温度过高使物料分解；机头温度过低影响板（片）材表面光泽以及板（片）材开裂，机头温度过高，物料易分解，导致板（片）材有气孔；机头温度分布的正确与否容易引起板（片）材厚度的均匀与否，机头温度沿横向［板（片）材幅宽方向］分多段控制，使中间低两边高，温度差在 10~20℃ 之间，这样可保证机头两边的物料容易流动。机头温度波动不能超过±5℃，最好控制在±2℃，从而保证板（片）材厚度均匀，但这样控制温度较为困难，因此，工业上通过模唇开度来控制挤出板（片）材厚度的均匀性。几种常见塑料板（片）材挤出温度见表 3-18。其中，挤出机机身温度分5段控制，机头温度沿横向分5段控制（1、5表示两边，3表示中心处）。

表3-18　几种常见塑料板（片）材挤出温度　　　　单位：℃

部位		UPVC	SPVC	HDPE	LDPE	PP	ABS	PC
挤出机机身	1	120~130	100~120	180~190	150~160	150~160	200~210	280~300
	2	130~140	135~145	200~210	160~170	170~180	210~220	290~310
	3	150~160	145~155	210~220	170~180	190~200	230~240	300~315
	4	160~175	150~160	220~230	180~190	210~220	250~260	280~300
	5	—	—	210~220	—	—	220~230	270~280
连接器		150~160	140~150	210~225	170~180	190~210	210~220	260~275
机头	1	175~180	165~170	220~230	190~200	200~210	200~210	250~275
	2	170~175	160~165	210~220	180~190	190~200	200~210	250~265
	3	155~165	145~155	200~210	170~180	180~190	200~210	250~265
	4	170~175	160~165	210~220	180~190	190~200	200~210	250~265
	5	175~180	165~170	220~230	190~200	200~210	210~220	265~275

2. 三辊压光机温度

从机头挤出的物料处于熔融状态，温度较高，为防止板（片）材产生内应力而翘曲变形，应使板（片）材缓慢冷却，故三辊压光机的三个辊加热，并分别连接调温装置，加热介质可以是蒸汽或油。辊筒表面温度应保证熔融物料与辊筒表面完全贴合，使板（片）材表面上光或轧花。辊筒温度过低，板（片）材不易贴合辊筒表面，使板（片）材表面无光泽或产生斑点，板（片）材容易产生内应力，发生翘曲变形，同时透明板（片）材的透明度降低；辊筒温度过高，会使板（片）材难以脱辊，表面拉成横向条纹，同时影响效率。

辊筒表面黏附水蒸气时，板（片）材表面无光泽。组分中的易挥发物凝聚辊筒表面时，会使板（片）材表面不光滑，有疤痕，如软质聚氯乙烯中含增塑剂，析出的增塑剂凝聚在辊筒表面，会产生这种现象。提高辊筒温度，防止增塑剂凝聚，可以改善制品外观质量。

各辊筒温度应分别控制，中辊温度最高，上辊温度稍低，下辊温度最低。

除考虑上面因素外，辊筒温度还与进料方式、板（片）材厚度有关。如挤出厚板时，为防止内应力，冷却应缓慢而均匀，若辊筒温度过低，板（片）材冷却过快而快速硬化，受辊筒的弯曲作用，会出现表面龟裂现象，导致板（片）材抗冲击性能下降。常见的塑料板材三辊压光机温度见表3-19。

表3-19　几种常见塑料板材三辊压光机温度　　　　单位：℃

部位		UPVC	SPVC	HDPE	LDPE	PP	ABS	PC
三辊压光机	上辊	70~80	60~70	95~110	95~105	70~90	85~100	160~180
	中辊	80~90	70~80	95~105	90~100	80~100	80~95	130~140
	下辊	60~70	50~60	70~80	85~90	70~80	60~70	110~120

3. 板（片）材厚度调节

模唇是决定板（片）材质量的重要因素，其中模唇开度（模唇开度由螺钉来调节上下模唇间的距离）是影响板（片）材厚度的关键。挤出板（片）材时，由于压力降低高聚物黏弹效应导致挤出物发生离模膨胀，因此，模唇开度一般等于或稍小于板（片）材厚度，通过牵引作用最终达到板（片）材要求的厚度。但生产较厚的板（片）材时，模唇开度一般等于或稍大于板（片）材的厚度。生产 ABS 单向拉伸薄片时，模唇开度远远大于薄片厚度。为得到均匀的板（片）材厚度，模唇开度中间的间隙较小，两边的间隙较大。厚度相差不大时，调节模唇间隙，以使板（片）材厚度均匀一致。阻力调节块可以改变机头宽度方向各处阻力的大小，从而改变物料流量及厚度。板（片）材厚度相差较大时，应调节阻力块的位置。

三辊压光机的第一辊筒和第二辊筒间隙的调节十分重要，一般调节到等于或稍大于板（片）材厚度，主要考虑热收缩，辊筒间隙沿板（片）材幅宽方向应调节一致，为了防止口模出料不均匀而出现缺料使制品产生大块斑，此辊筒间隙上方应有一定的存料，但存料量又不能过多，否则会使板（片）材出现"排骨"状的横向褶皱。

4. 牵引速度

理论上，牵引速度应等于挤出速度，这样板（片）材产生的内应力最小，板（片）材力学性能好。但操作中对物料产生拉伸作用是必然的，因此，牵引速度应大于挤出速度10%左右。若牵引速度过快，板（片）材会产生过大的内应力，在二次成型加热或使用过程中发生较大收缩、翘曲，甚至开裂。若牵引速度过慢，则板（片）材会变形。

（三）挤出板（片）材不正常现象

挤出板（片）材成型过程中，由于工艺条件掌握不当，设备故障以及原料质量等原因，制品往往会存在一些问题，甚至变为废品。挤出板（片）材不正常现象、产生原因及解决方法见表3-20。

表3-20 挤出板（片）材不正常现象、产生原因及解决方法

不正常现象	产生原因	解决方法
板（片）材断裂	1. 挤出温度偏低，熔料塑化不良 2. 模唇开度太小 3. 牵引速度太快	1. 升高机身温度和机头温度 2. 调节螺丝增加模唇开度 3. 降低牵引速度
板（片）材表面有气泡	1. 原料中含水分或易挥发物质 2. 机身温度或机头温度偏高	1. 干燥原料 2. 降低温度
表面有纵向线条	1. 模唇唇口受到损伤 2. 模唇内有杂质堵塞 3. 压光机辊筒表面有伤痕 4. 过滤网破裂	1. 研磨模唇表面，除去伤痕 2. 清理模唇 3. 修磨或更换辊筒 4. 更换过滤网

不正常现象	产生原因	解决方法
板（片）材翘曲不平	1. 冷却速度不均匀 2. 熔料挤出温度不均匀，塑化不良 3. 压光机温度控制不当 4. 板（片）材两端与空气接触面太大，冷却速度太快，板（片）材偏薄处冷却速度也较快，成型时，板（片）材向先冷却的部分弯曲，产生内应力	1. 增加冷却输送段长度 2. 检查加热器和温控仪表 3. 调节压光机各辊温度。若板材向上翘曲，可提高下辊温度；板材向下弯曲，可提高中辊温度 4. 为了减少成型内应力，应尽可能均匀冷却，减少牵伸
板（片）材纵向厚度偏差大	1. 机筒温度控制不稳定，熔体流速不稳定 2. 螺杆转速不稳定，导致挤出量不稳定 3. 三辊压光机中的辊筒转速不稳定 4. 牵引速度不平稳，忽快忽慢	1. 调整机筒温度，使熔体流速稳定 2. 调整挤出机工艺参数，使挤出量稳定 3. 调整三辊压光机辊筒转速 4. 调整牵引速度，使其平稳运行
板（片）材厚度不均匀	1. 机头温度分布不均匀 2. 熔料塑化不好 3. 阻力块调节不当 4. 模唇开度不均匀 5. 牵引速度不稳定 6. 成型模具设计不合理，横截面料流不均匀 7. 三辊压光机的三辊间隙偏差较大 8. 三辊中高度选择和加工不合理	1. 调节机头温度分布，使之均匀 2. 调节工艺条件，使之均匀塑化 3. 调节阻力块，改变沿机头宽度各处阻力 4. 调节模唇开度 5. 检修牵引设备 6. 修改模具使口模出料均匀 7. 使三辊间隙均匀 8. 适当变动辊面中高度
板（片）材表面有光斑	1. 机头和压光机辊筒表面有析出物 2. 压光机辊筒温度偏高，板（片）材与辊筒表面黏着	1. 清洗机头和辊筒表面 2. 降低辊筒温度
板（片）材表面凹凸不平或光泽较差	1. 机头温度过低 2. 压光机表面不光洁 3. 模唇表面不光洁 4. 原料中含有水分 5. 压光机辊筒温度偏低 6. 模唇平直部分太短 7. 压光机辊筒压力不够 8. 过滤网破裂	1. 提高机头温度 2. 更换辊筒或抛光 3. 研磨模唇表面 4. 干燥原料 5. 提高压光机辊筒温度 6. 增加模唇平直部分长度 7. 增加辊筒压力 8. 更换新的过滤网
板（片）材表面有冷斑	1. 压光机辊筒温度太低 2. 压光机辊筒表面有析出物	1. 提高压光机辊筒温度 2. 清洗辊筒表面
表面有横向线条	1. 螺杆转速不稳 2. 机筒温度控制不稳定 3. 三辊转速不平稳或辊面有划伤痕 4. 牵引速度不平稳 5. 物料混合不均匀，造成挤出量波动	1. 控制螺杆转速恒定 2. 控制机筒温度恒定 3. 控制辊转速恒定或抛光辊面 4. 控制牵引速度恒定 5. 换用混合均匀的物料，调整挤出机工艺参数，使物料塑化良好，挤出量均匀

四、挤出吹塑薄膜

一般情况下，厚度在 0.25～2mm 的称为片材，厚度在 2mm 以上的称为板材，厚度在 0.25mm 以下的称为薄膜。塑料薄膜可以用压延法、流涎法、挤出法生产。用挤出机生产薄膜，又分为吹塑法和用狭缝机头直接挤出法两种。用吹塑法生产的薄膜（片）其厚度在 0.01～0.3mm，展开宽度最大可达 20m。设备简单投资少；经吹胀牵伸，力学强度较高；无边料，成本低；膜成圆筒状，制作工艺简单；成型加工操作容易。可以用吹塑法生产薄膜的塑料有 PVC、PE、PP、PA、PS 等，此外还发展了乙烯—醋酸乙烯（EVA）薄膜。我国以 PVC 和聚烯烃薄膜居多。

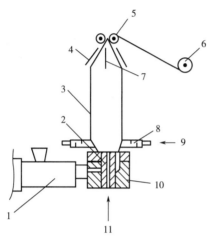

图 3-52 挤出吹塑薄膜装置
1—挤出机 2—芯棒 3—泡状物 4—人字板 5—牵引辊
6—卷取 7—折叠导棒 8—冷却环 9，11—空气入口 10—模头

（一）挤出吹塑薄膜生产设备

如图 3-52 所示，把物料加入挤出机的机筒后，经螺杆的转动、挤压和搅拌，物料在一定温度作用下熔融塑化，并在螺杆推动下，经过滤网、分流板后通过机头环形口模间隙挤出成薄壁管，然后在流动状态下趁热用压缩空气将其吹胀，再经风环冷却定型，进入人字板后夹平，由导辊压紧牵引入卷取辊，最后制得薄膜制品。

吹塑薄膜根据引膜方向可分为平挤上吹法、平挤平吹法和平挤下吹法，如图 3-53 所示。

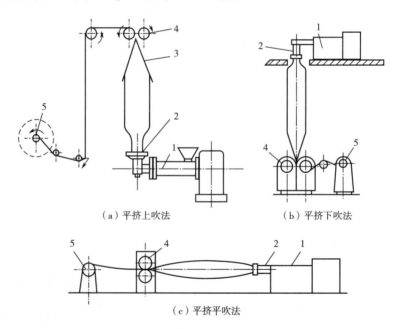

（a）平挤上吹法　　（b）平挤下吹法

（c）平挤平吹法

图 3-53 挤出吹塑薄膜三种方法
1—挤出机 2—机头 3—人字形导板 4—牵引装置 5—卷取装置

平挤上吹法使用直角机头，机头出料方向与挤出机方向垂直。该方法的特点是整个膜管挂在上部已冷却的坚韧段上，牵引稳定，可得到厚度范围和幅宽范围较大（$D=10m$）的薄膜；设备占地面积小，但厂房要高；热空气向上，影响冷却效果。适合生产黏度较高的塑料，如PVC、PE、PS等。

平挤下吹法使用直角机头，机头出料方向与挤出机方向垂直。该方法的特点是牵引方向与热气流方向相反，有利于薄膜的冷却，生产线速度较高，膜管靠自重下垂而进入牵引辊，引膜容易，整个膜管挂在未冷却定型的塑性段上，牵引不稳定，易将膜管拉断，设备安装位置高，不便维修。适合生产黏度小的塑料，如PP和PA；但不适合生产较薄的薄膜。

平挤平吹法使用水平机头，膜管与机头中心线在同一水平面上。该方法的特点是引膜容易、操作方便、辅机结构简单；但设备占地面积大，膜管靠自重下垂，薄膜厚度不均匀。适合生产折径不大的薄膜，黏度较高的塑料，如PVC、PE等。

三种吹塑薄膜工艺流程区别见表3-21。

表3-21 吹塑薄膜工艺流程区别

特点	平挤上吹法	平挤下吹法	平挤平吹法
优点	1. 膜管稳定 2. 设备占地面积小 3. 易生产折径大、厚度大的薄膜	1. 有利于薄膜冷却 2. 生产效率高 3. 适于黏度小的原料，薄膜透明度要求高	1. 水平机头，结构简单 2. 易引膜，操作方便 3. 吹胀比可较大
缺点	1. 对厂房要求高 2. 薄膜冷却不利 3. 不适于生产黏度小的物料	1. 挤出机架高，操作不方便 2. 不适于生产较薄的薄膜	1. 设备占地面积大 2. 不适于生产折径大的薄膜 3. 不适于生产黏度小的原料
适用原料	聚乙烯、聚氯乙烯、聚苯乙烯	聚苯乙烯、聚丙烯、聚酰胺、聚偏二氯乙烯	聚乙烯、聚氯乙烯
适用产品	1. 适于加工折径大的薄膜 2. 适于加工厚度范围宽的薄膜	1. 适于加工黏度小的原料 2. 适于加工透明度要求高的薄膜产品	1. 适于加工折径小的薄膜 2. 适于加工厚度适中的薄膜

1. 挤出机

吹塑薄膜一般采用单螺杆挤出机，挤出机规格的大小由薄膜的宽度和厚度而定，挤出机的生产率受冷却和牵引两种速度控制。薄而窄的薄膜，若使用大型挤出机，则在快速牵引下的冷却不易实现；反之，厚而宽的薄膜，若使用小型挤出机，势必使物料处于长时间高温的状态，物料分解而影响制品质量。同时供料不足，生产率低，所以一台挤出机能加工的薄膜规格是有限的。挤出机的规格与吹塑薄膜规格关系见表3-22。螺杆压缩比与原料种类之间的关系见表3-23。

表 3-22　挤出机规格与吹塑薄膜规格关系

螺杆直径/mm×长径比	吹膜直径/mm	膜厚度/mm	螺杆直径/mm×长径比	吹膜直径/mm	膜厚度/mm
30×20	30~300	0.01~0.06	120×28	1000~2500	0.04~0.18
45×25	100~500	0.015~0.08	150×30	1500~4000	0.06~0.20
65×25	400~800	0.088~0.12	200×30	2000~8000	0.08~0.24
90×28	700~1500	0.01~0.15			

表 3-23　螺杆压缩比与原料种类之间的关系

原料名称	螺杆压缩比	原料名称	螺杆压缩比
PVC（粒料）	3~4	PS	2~4
PVC（粉料）	3~5	PA	2~4
PE	3~4	PC	2.5~3
PP	3~5		

应根据所用原料来选择螺杆，如 PVC 薄膜，选用等距不等深渐变型螺杆；PE 薄膜和 PP 薄膜，选用等距不等深突变型螺杆。挤出吹塑薄膜，螺杆的前端要加分流板和过滤网，目的是清除熔料中的杂质。

2. 机头

熔融物料在机头内受到一定的压力后，物料更加密实，从机头挤出后成为有一定厚度的膜管。机头的结构型式有很多种，常见的有以下三种。

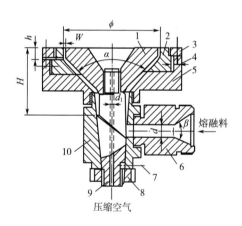

图 3-54　芯棒式机头
1—芯棒　2—口模　3—压紧圈　4—调节螺钉
5—上模体　6—机颈　7—定位销
8—螺母芯棒轴　9—芯棒轴　10—下模体

（1）芯棒式机头。物料由机颈到达芯棒后分割为两股，绕芯棒轴斜面流动至芯棒尖处重新融合，之后经分流锥扩展成管坯从口模均匀挤出，再由压缩空气吹胀成薄膜，如图 3-54 所示。芯棒式机头结构简单，机头内部通道空隙小，存料少，熔体不易过热分解，适用于加工 PVC 等热敏性塑料，仅有一条薄膜熔合线。但芯棒轴受侧向压力，会产生"偏中"现象，造成口模间隙偏移，出料不均匀，所以薄膜厚度不易控制均匀。

（2）十字型机头。十字型机头结构如图 3-55 所示，其结构类似于挤管机头。在设计这种中心进料式机头时，要注意分流器支架上的支承筋在不变形的前提下，数量尽可能少一些，宽度和长度也应小一些，以减少接合线。为了消除接合线，可在支架上方开一道环形缓冲槽，并适当加长支承肋到出口的距离。十字形机头的优点是出料均匀，薄膜厚度易于控制。由于中心进料，芯棒不受侧向力，因而没有"偏中"现象。其缺点是因为有几条支承筋，增加了薄膜的接合线；机头内部空腔大，存料多，不适于生产容易分解的塑料。

（3）螺旋式机头。螺旋式机头结构如图3-56所示。熔体从机头底部的进料口进入，通过螺旋芯棒上的由若干个径向分布孔所组成的星形分配器，分成2~8股料流，分别沿着各自的螺旋槽旋转上升，并从切向流动逐渐过渡为轴向流动。熔体流动至成型前的流道处汇合，然后经缓冲槽均匀地从定型段挤出。这种机头出料均匀、薄膜厚度易控制，无料流接缝线，适合生产PE、PP薄膜。但其缺点是结构复杂、拐角多。

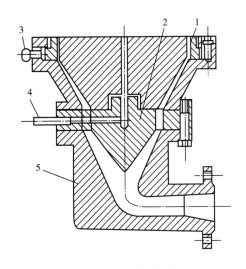

图3-55　十字型机头

1—口模　2—分流锥　3—调节螺钉

4—进气管　5—模体

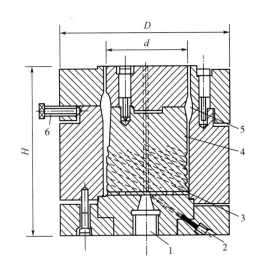

图3-56　螺旋式机头

1—熔体入口　2—进气孔　3—芯轴

4—流道　5—缓冲槽　6—调节螺钉

吹塑不同原料的薄膜，机头的选择见表3-24。

表3-24　机头选择

薄膜种类	芯棒式机头	十字型机头	螺旋式机头
PVC	适用	可用（平吹）	不可用
PE	适用	适用	适用
PP	适用	适用	适用
PS	适用	可用	可用
PA	适用	可用	可用
PC	适用	可用	可用

吹塑不同原料的薄膜，口模间隙不同，常用树脂的口模间隙选择见表3-25。

表 3-25　口模间隙选择

薄膜名称	PVC	LDPE	HDPE	线型低密度聚乙烯 （LLDPE）	PP	PA
口模间隙/mm	0.8~1.2	0.5~1.0	1.2~1.5	1.2~2.6	0.8~1.0	0.55~0.75

3. 冷却定型装置

为了使接近流动态的膜管固化定型、在牵引辊的压力作用下不相互黏结，并尽可能缩短机头与牵引辊之间的距离，必须对刚刚吹胀的膜管进行强制冷却，冷却介质为空气或水。

目前国内多采用风环冷却系统，风环冷却的特点是：在膜管的吹胀区域，也就是口模到冷凝线之间，通过风环来控制薄膜厚度的均匀性，而且一种风环可用于多种规格薄膜的加工成型。冷却定型装置主要有普通风环、双风口减压风环、冷却水环等。

（1）普通风环。风环由上、下两部分组成，风环上盖可改变出风口间隙；为保证风的均匀稳定，采用三个进风口及迷宫结构，其结构如图 3-57 所示。风环出风口与轴线呈 45°~60°。风环大小应与膜管直径相匹配，一般风环内径为机头直径的 1.5~2.5 倍。当牵引速度较快时，可用两个风环来冷却。

（2）双风口减压风环。风环中部设隔板和减压室，在上、下各有一个出风口，供风相互独立，并可分别调节，其结构如图 3-58 所示。上风口风速比下风口大，起强冷和携带下风口气流作用，调节风口可调整负压区真空度，以控制膜厚，该结构可提高薄膜产量和质量。

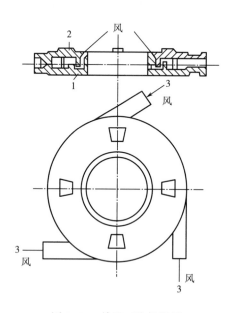

图 3-57　单风口冷却风环
1—风环体　2—风环上盖　3—进风口

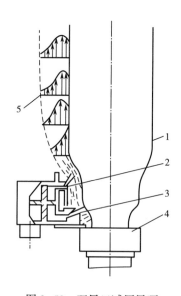

图 3-58　双风口减压风环
1—膜管　2—上风口　3—下风口　4—机头　5—气流分布示意

（3）冷却水环。生产低结晶度、高透明的 PP 薄膜或低黏度的 PA 薄膜需要采用骤冷，可采用冷却水环冷却，适用于下吹法。结构如图 3-59 所示。吹胀的泡管外径与冷却水环内径吻合，水环内通冷却水，冷却水从夹套内溢出，沿着泡管下流。这种冷却方式比较理想。薄膜上附着的水珠，在经过包布导辊时被吸收。

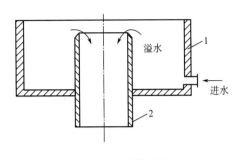

图 3-59 冷却水环
1—冷却水环 2—定型套

4. 人字板

人字板的作用是引导、稳定膜管向前运动，使其在不晃动的情况下逐渐夹扁而导入牵引辊。组成人字板的两块夹板可用铝板或木板。人字板的张开角度可根据膜管直径大小用支撑螺栓杆调节，一般在 $10° \sim 40°$（小角用于平吹膜，大角用于上、下吹膜）。角度过大，虽操作方便，但薄膜易发生皱褶、飞边；角度过小，开车引膜困难。

5. 牵引装置

挤出吹膜生产线上的牵引装置由电动机驱动，通过减速箱带动牵引主动辊运动。牵引辊有两根：一根是主动辊，为钢辊；另一根是被动辊，为橡胶辊，橡胶辊工作时紧压在钢辊上，夹紧薄膜。组成装置挤出吹塑薄膜生产线上的牵引装置由电动机驱动，通过减速箱减速后带动牵引钢辊运动。它们牵引由成型模具口挤出，经吹胀、冷却固化的薄膜，输送给卷取机。钢辊的牵引转动速度由挤出吹膜工艺条件来决定。在整个生产过程中，钢辊可按工艺条件要求无级调速，以满足生产工艺要求，保证正常生产。

牵引装置的作用是牵引薄膜、拉伸薄膜，使物料的挤出速度与牵引速度有一定的比例，即牵引比，从而达到塑料薄膜所应有的纵向强度。通过对牵引速度的调整来控制薄膜的厚度，使薄膜由管状成为折叠状，不引起褶皱。通过使牵引辊压紧薄膜，防止膜管漏气，以保证恒定的吹胀比，从而获得宽度一致的薄膜制品。

6. 导向辊与展平辊

折叠了的薄膜在进入卷取装置以前，首先要完全冷却避免粘连；其次应使薄膜松弛，防止其后收缩。因此，牵引装置和卷取装置之间应保持一定距离，并且应设置若干个金属导向辊或展平辊。

图 3-60 是几种展平辊示意图，它们都是利用了与薄膜接触时对薄膜表面存在横向分力的作用，使薄膜展平。

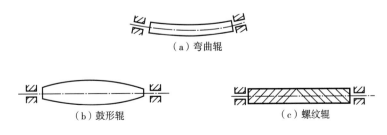

（a）弯曲辊

（b）鼓形辊 　　　　（c）螺纹辊

图 3-60 展平辊示意图

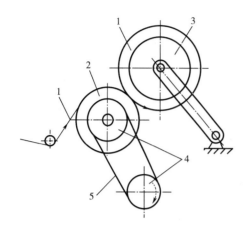

图 3-61　表面卷取工作示意图
1—薄膜　2—主动辊　3—卷取辊
4—皮带轮　5—皮带

7. 卷取装置

薄膜卷取装置是将薄膜整齐、松紧适度地卷绕到芯筒上。常用的卷取装置从原理上分为表面卷取装置和中心卷取装置。

表面卷取装置又称摩擦卷取装置，是主动辊与卷取辊相接触，通过主动辊的转动，依靠两者之间的摩擦力带动卷取辊将薄膜卷在卷取辊上，如图 3-61 所示。该卷取装置结构简单，维修方便。卷取辊支撑于主动辊上，卷取轴不易弯曲，卷取后的膜捆较平整，薄膜不易产生褶皱。但是，由于主动辊依靠与薄膜表面的摩擦传动卷取辊，薄膜表面容易被损坏。故表面卷取装置适用于卷取厚膜或宽幅薄膜制品。

中心卷取装置的卷取辊由驱动装置直接带动，薄膜卷到卷取辊上，随着膜卷直径增大，卷取辊的速度减小，薄膜的线速度和张力恒定，靠调节摩擦离合器达到。这种卷取方式可卷取多种厚度的薄膜制品。

(二) 挤出吹塑薄膜成型工艺

1. 成型温度

成型温度的选择根据树脂的熔点、熔体指数、密度等确定。挤出量一定的情况下，温度越高，机头压力越小，但温度过高会造成熔体黏附螺杆，影响排气，漏流加大，挤出压力不稳定。另外，薄膜制品发脆，纵向拉伸强度明显下降，还会使泡管沿横向出现周期性振动波；温度过低，延长熔融塑化时间，熔体黏度高，增加驱动功率，挤出量下降，机头反压大，容易顶坏连接器。另外，过低的温度使薄膜塑化不好而产生不规则料流，不能圆滑地膨胀拉伸，薄膜的拉伸强度降低，表面光泽差，透明度下降，还会使薄膜表面出现以晶点为中心，周围成年轮状纹样，晶点周围薄膜较薄，形成所谓的"鱼眼"现象。低温还会引起薄膜的熔接线明显，抗冲击强度下降。成型温度与薄膜拉伸强度的关系如图 3-62 所示，成型温度与薄膜断裂伸长率的关系如图 3-63 所示，成型温度与薄膜抗冲击强度的关系如图 3-64 所示，成型温度与薄膜透明度的关系如图 3-65 所示。

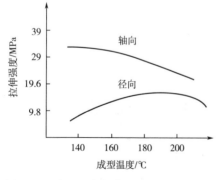

图 3-62　成型温度与薄膜拉伸强度的关系

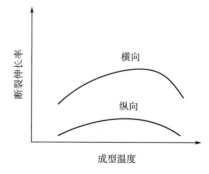

图 3-63　成型温度与薄膜断裂伸长率的关系

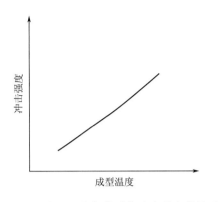

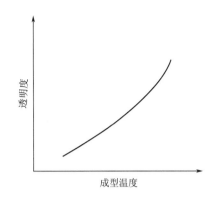

图 3-64 成型温度与薄膜抗冲击强度的关系　　图 3-65 成型温度与薄膜透明度的关系

为了避免进料口"搭桥"现象，机尾温度应偏低；口模的作用是使物料进一步塑化均匀，使产品密实，口模温度与机身最高温度一致或低 10~20℃。常用吹塑薄膜的挤出温度见表 3-26。

表 3-26　常用吹塑薄膜的挤出温度　　　　　　　　　　单位：℃

原料名称	机身温度			机颈温度	口模温度
	第一段	第二段	第三段		
PVC	155~160	160~170	170~185	170~180	185~190
PP	180~190	220~230	230~240	240~250	230~240
PE	140~150	165~175	185~195	180~190	175~185
LLDPE	160~180	180~190	190~210	200~210	200~210

2. 吹胀比

吹胀比是指吹胀后的膜泡直径与未吹胀的管坯直径（口模环形间隙直径）之比。横向拉伸强度和横向撕裂强度随吹胀比增加而上升，纵向拉伸强度和纵向撕裂强度却随吹胀比增加而下降，纵向和横向撕裂强度在吹胀比大 3 时趋于恒定。如果采用的吹胀比不同，随吹胀比增加，纵向伸长率下降，而横向变化不大。只有当机头环形间隙增大时，横向伸长率才开始上升。吹胀比的选择根据树脂的分子结构、分子量、结晶度、熔融张力及加工稳定性等确定，常用几种薄膜的吹胀比见表 3-27。

表 3-27　常用几种薄膜的吹胀比

薄膜种类	PVC	LDPE	HDPE	LLDPE	PA	PP
吹胀比	2.0~3.0	3.0~4.0	3.0~5.0	1.5~2.5	1.0~1.5	0.9~1.5

3. 拉伸比

吹塑薄膜的拉伸比是薄膜牵引速度与管坯挤出速度的比值，一般为 4~6，拉伸比是薄膜纵向牵伸倍数。当加快牵引速度时，从模口出来的熔融树脂的不规则料流，在冷却固化前，不能得到充分缓和，光学性能较差，即使加快挤出速度，也不能避免薄膜透明度的下降。在挤出速度一定时，若加快牵引速度，纵横两向强度不再均衡，而导致纵向强度上升，横向强度下降。显而易见，吹胀比和拉伸比分别为薄膜横向膨胀的倍数与纵向拉伸的倍数。若两者同时增大，薄膜厚度就会减小，折径却变宽，反之亦然。所以吹胀比和拉伸比是决定薄膜最终尺寸和性能的两个重要成型工艺参数。

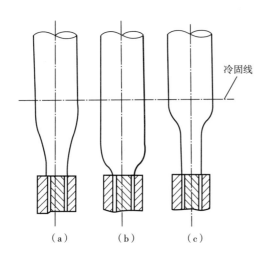

图 3-66　吹塑薄膜三种泡形

4. 冷却速度

吹塑薄膜的冷却很重要，冷却程度与制品质量的关系很大。管泡自口模到牵引的运行时间一般大于 1min（最长也不超过 2.5min），在这么短的时间内必须使管泡冷却定型，否则，管泡在牵引辊的压力作用下就会相互黏结，从而影响薄膜的质量。吹胀过程中冷却速度的快慢影响泡形，薄膜的定向性随泡形的不同亦有所不同。如图 3-66 所示，图 3-66（a）是冷却速度较为缓慢时所获得的管泡形状，当风环位置较低，但风量不大，环境温度也不特别低时可形成这种形状；图 3-66（b）是薄膜离开机头立刻冷却时形成的泡形；图 3-66

（c）是薄膜离开机头一定距离后再快速冷却后的管泡形状，此形状管泡说明风环位置较高、吹出风量较大，而且风的温度较低。图中这三种不同的泡形，其薄膜的定向性是不同的。图 3-66（b）的纵向定向性最大，适用于成型单向收缩薄膜或拉伸薄膜；图 3-66（c）的横向定向性最强，适用于成型高强度超薄薄膜、双向收缩薄膜或拉伸薄膜；图 3-66（a）介于图 3-66（b）与图 3-66（c）之间，适用于成型一般的吹塑薄膜。

几种塑料吹塑薄膜的挤出工艺条件见表 3-28。

表 3-28　几种塑料吹塑薄膜的挤出工艺条件

工艺参数	SPVC（粉料）	UPVC（粉料）	PE	PP
螺杆类型	渐变型	渐变型	渐变型	渐变型
螺杆直径/mm	65	25	65	45
长径比（L/D）	20	20	20	20
压缩比	3.6	3.5~4	3.1	3.5
均化段螺槽深度/mm	2.4	1	3	1.75
螺杆转速/（r/min）	200	40~50	10~90	10~90
过滤网/目数	60	60	80×100×80	80×100×100×80

工艺参数	SPVC（粉料）	UPVC（粉料）	PE	PP
牵引速度/（m/min）	—	10	10	20
机筒温度/℃	160~175	170~185	130~160	190~250
连接器温度/℃	170~180	180~190	160~170	240~250
机头温度/℃	185~190	190~195	150~160	230~240
薄膜厚度/mm	0.05~0.08	0.05~0.06	0.08	0.03

（三）生产中的异常现象及其处理

挤出吹塑薄膜成型过程中，由于工艺条件掌握不当，设备故障以及原料质量等原因，制品往往会存在一些问题，甚至变为废品。挤出吹塑薄膜生产中的异常现象、产生原因及解决方法见表3-29。

表3-29　吹塑薄膜生产中的异常现象、产生原因及解决方法

异常现象	产生原因	解决方法
引膜困难	1. 机头温度过高或过低 2. 口模出料不均匀 3. 挤出量和引膜速度不匹配 4. 熔料中含有焦粒杂质	1. 调节机头温度 2. 调节口模间隙均匀 3. 调节挤出量和引膜速度 4. 更换原料，拆机头，清理螺杆
膜泡摆动	1. 熔料温度过高 2. 吹胀比过大 3. 膜泡与人字板的摩擦力过大 4. 冷却风量和风压不足 5. 收卷速度不稳定 6. 收到外来气流的干扰	1. 降低机身温度和机头温度 2. 降低吹胀比 3. 加大人字板夹角 4. 加大风环的风量和风压 5. 检修收卷驱动装置，稳定卷取速度 6. 阻止和减少外界气流的干扰
膜泡中有气泡	1. 原料潮湿 2. 原料中含易挥发组分 3. 机筒或料斗部位冷却水渗漏	1. 干燥原料 2. 调整原料配方 3. 检修冷却管道及装置，排除渗漏
膜管不正	1. 机身温度、口模温度过高 2. 机颈温度过高 3. 机头间隙出料不均匀 4. 口模侧向力大 5. 风环冷风量不均匀	1. 降低机身温度、口模温度 2. 降低机颈温度 3. 调整定心环 4. 校正芯棒位置 5. 调节风环结构使各处风量均匀
膜泡成葫芦形	1. 牵引辊太松 2. 牵引速度不均匀 3. 风力不均或风力过大	1. 拧紧夹辊 2. 调节牵引速度与挤出速度匹配 3. 调节风环风量
膜泡中有焦粒	1. 原料中混有焦粒 2. 树脂分解 3. 加工温度过高，受热时间过长 4. 过滤网破裂	1. 原料过筛 2. 清理机头 3. 降低加工温度 4. 更换过滤网

异常现象	产生原因	解决方法
膜泡中有僵块	1. 过滤网破裂 2. 温度控制偏低塑化不良	1. 更换过滤网 2. 提高温度
薄膜厚薄不均匀	1. 口模间隙不均匀 2. 风环冷却风量不均匀 3. 保温间有冷风 4. 芯棒"偏中"变形 5. 机头四周温度不均匀 6. 挤出量不均匀 7. 吹胀比和牵引比不合适 8. 牵引速度不恒定	1. 调整口模间隙 2. 调节冷却风量，使其均匀 3. 调节保温间风量，使其均匀 4. 更换芯棒 5. 检修机头加热器 6. 检查驱动装置和下料口有无故障 7. 调整吹胀比和牵引比 8. 检查机器传动装置
薄膜透明度差	1. 塑化温度过低 2. 吹胀比过小 3. 膜泡的冷却速度不合适 4. 牵引速度太快 5. 树脂中含有水分	1. 提高加工温度 2. 加大吹胀比 3. 调整冷却速度 4. 适当降低牵引速度 5. 对原料进行烘干处理
薄膜开口性差	1. 机身温度和机头温度过高 2. 牵引辊太紧或牵引速度过快 3. 冷却不足 4. 开口剂调加量太少 5. 机头过滤网堵塞	1. 降低机身温度和机头温度 2. 调整牵引辊夹紧程度或降低牵引速度 3. 加强冷却 4. 增加开口剂用量 5. 更换过滤网
卷取不平	1. 薄膜厚度不均匀 2. 冷却不足 3. 人字板间隙不均匀 4. 牵引辊跑偏 5. 膜管内夹有空气，造成褶皱	1. 调整薄膜厚度 2. 加强冷却 3. 校正人字板间隙 4. 调整牵引辊的夹紧力，使两端均匀一致 5. 排除膜管内空气，消除褶皱
薄膜表面皱折	1. 口模与人字板中心偏离 2. 人字板张开角度不合适 3. 牵引辊的夹紧力不均匀 4. 薄膜厚度不均匀 5. 收卷张力不恒定 6. 冷却风环吹风量不均匀	1. 调整人字板对正口模 2. 调整人字板张开角度 3. 调整夹紧力，使之分布均匀 4. 调整薄膜厚度 5. 调整收卷张力，使之恒定 6. 调节冷却风环吹风量，使之均匀
熔合线明显	1. 机头温度或机颈温度过高 2. 芯棒尖处有分解料 3. 机头压缩比小	1. 降低机头温度或机颈温度 2. 顶出芯棒，进行清理 3. 改进口模结构
薄膜有雾状水纹	1. 挤出温度偏低，树脂塑化不良 2. 树脂受潮，水分含量过高	1. 调整挤出机温度设置，适当提高挤出温度 2. 将原料烘干，一般要求树脂水分含量不能超过0.3%

第五节　挤出机的操作规程

一、开机前的准备

（1）认真学习挤出机的操作规程，了解并熟悉设备结构中各部位零件的功能作用，并会熟练操作设备。

（2）清理挤出机生产线设备环境卫生，清洗挤出机及附属设备。

（3）检查生产用原料质量（有无杂质、原料是否均匀、原料是否干燥等）。

（4）根据产品的品种、尺寸，选好机头规格，并按顺序安装。

（5）适当调整口模与芯棒（如有）的间隙达到均匀。

（6）空运转点车试转，检查设备运转是否有异常，发现故障及时排除。

（7）设备升温，达到工艺要求后恒温至少30min，使机器内外温度一致。

二、生产操作

开动挤出机并进行加料，刚开始加料速度不宜快，先少量加料，待物料挤出口模时，方可正常加料。注意在物料被挤出之前，任何人不得处于口模的正前方，以免发生意外。

当物料被挤出之后，立即慢慢将其引上冷却设备和牵引设备，然后根据控制仪表的指示值和对挤出制品的要求，将各部分作相应的调整，以使整个挤出过程达到正常的状态。

切取试样，检查外观、尺寸及性能是否符合产品要求，然后根据质量的要求调整挤出工艺，使产品达到标准。

三、生产中异常故障的处理

生产过程中突然发生异常故障的原因有三种可能：一是有金属异物（如螺母）掉入机筒内；二是机筒控温仪表失灵，料温过低，物料塑化不良，而使螺杆的工作转动扭矩突然加大，造成螺杆、螺杆用止推轴承或传动齿轮因工作负荷严重超载而破坏；三是由于螺杆驱动电动机超载，工作时间过长而发热烧毁线圈等原因。此时处理方法如下。

（1）立即关闭各电动机、电加热和供料系统开关，各控制旋钮断开或调回零位。

（2）假如机筒内是聚氯乙烯原料，螺杆因机筒内有金属异物而不能转动，此种情况应立即启动机筒降温风机，给机筒降温；立即拆卸成型模具，退出螺杆；清除模具、机筒和螺杆上的黏料，待故障因素排除后再安装螺杆和成型模具；重新加热升温，准备继续生产。

因突然停电造成挤出机无法工作时，假如机筒内是聚氯乙烯原料，应立即排出机筒内的原料，退出螺杆；把机筒内、螺杆和模具上的黏残料清除干净。假如机筒内是聚乙烯或聚丙烯原料，遇到突然停电时，只要把各电动机、加热装置和供料系统开关切断，各转速控制旋钮调回零位，等待来电，来电后按开车程序：机筒成型模具加热升温，达到工艺温度时加热恒温至少30min；然后启动润滑油泵，再低速启动螺杆工作，接着按原开车生产顺序进行。

四、注意事项

（1）设备周围不许堆放与生产无关的物品。

（2）开车前检查挤出机各安全设置有无损坏，试验是否能有效进行；检查各连接螺栓有无松动，各安全防护装置是否牢固。

（3）机筒、螺杆和成型模具上的黏残料必须用竹质或铜质刀具清理，不许用钢质刀刮残料或用火烤零件。

（4）拆卸、安装螺杆和成型模具中各零件时，不许用重锤直接敲击零件，必要时应垫硬木再敲击、拆卸或安装零件。

（5）螺杆在机筒内，如果机筒内无生产原料，不许螺杆长时间空转。空运转试车时，螺杆旋转时间最长应不超过 2~3min。

（6）发现设备漏水、漏油现象时应及时维修排除故障，不许水、油流到机器周围。

（7）检查轴泵、电动机工作温度是否高时，应该用手指背轻轻接触检查部位。挤出机运转工作中不许用手触碰任何传动零件。

（8）挤出机开车运行中不许进行维修。

（9）螺杆拆卸清理后，如果暂时不使用，应涂防锈油，包扎好，垂直吊放在干燥通风处。

（10）长时间停产不用的挤出机成型模具和机筒内涂好防锈油后，要封好各出入料口。

五、设备的维护和保养

对设备进行维护保养，其目的是延长其使用年限，使其工作性能和生产效率在较长时间内保持在正常状态。正常情况下，挤出机的定期维护保养是一年一次，时间常安排在节假日休息的前几天或在节假日期间进行。对挤出机进行定期维护保养工作的主要内容如下。

（1）清扫、擦洗挤出机上各部位的油污、灰尘。

（2）经常检查使用原料，不许有金属、砂粒等异物混入原料中损坏螺杆和机筒。

（3）不许让原料低于工艺温度条件下开车生产。

（4）螺杆工作时，先低速启动运转，一切正常工作后再提高螺杆转速。

（5）检查机筒和螺杆的磨损情况，对于轻度的划伤和磨损粗糙面，要用油石或细砂布修磨平整光滑，记录机筒、螺杆工作面的实测尺寸。

（6）检查、校正机筒加热温度与仪表显示温度数值差。

（7）调整、试验各安全报警装置，验证其工作可靠性和准确性。

（8）试验、检查各种管路（水、气和润滑油）是否通畅，对渗漏和阻塞部位进行修理。

（9）检查、调整电加热装置、冷却风机及安全罩位置。

习题与思考题

1. 什么是挤出成型？挤出成型有哪些优点？

2. 单螺杆挤出机由哪些部分组成？

3. 挤出螺杆的主要参数有哪些？它们各起什么作用？

4. 什么是双螺杆挤出机？

5. 渐变型螺杆和突变型螺杆有哪些区别？它们各适用哪些塑料的挤出？

6. 聚氯乙烯硬管和软管的生产主要选择哪些原料？生产流程是什么？

7. 机筒加热和冷却的目的是什么？机筒加热方法有几种？各有何特点？机筒降温冷却的方法有几种？各有何特点？

8. 螺杆前端为什么要加过滤网和分流板？

9. 分流锥的结构、功能是什么？分流锥支架的结构、功能是什么？

10. 口模的结构、功能是什么？芯棒的结构、功能是什么？

11. 定径套的结构、功能是什么？

12. 怎样控制管材的生产工艺？

13. 三辊压光机的结构组成和作用是什么？

14. 挤出机由哪几个主要系统组成？

15. 挤出吹塑法成型薄膜与压延法成型薄膜相比较有哪些优点？

16. 薄膜挤出吹塑成型用挤出机生产线由哪些设备组成？

17. 挤出吹塑生产薄膜用的平挤上吹法、平挤下吹法、平挤平吹法各有何特点？

18. 薄膜挤出吹塑成型中的冷却方式有几种？它们的结构、功能和特点是什么？

19. 挤出吹塑薄膜制品的卷取方式有哪些？工作特点是什么？

20. 管材挤出成型常见机头有哪几种？

21. 什么是塑料异型材？有几种类型？

22. 单螺杆挤出机的工作原理是什么？

23. 各种挤出制品最容易出现的质量问题有哪些？如何解决？

24. 挤出机的操作过程及主要注意事项有哪些？

25. 塑料板材的生产方法及特点是什么？

26. 三辊压光机的三根辊筒怎样布置？

27. 塑料异型材挤出成型常见机头有哪几种？

28. 什么是螺杆的长径比？

29. 普通挤出机螺杆可分为哪三个不同的区段？这三段的主要功能是什么？

第四章　注射成型

第一节　概述

注射成型也叫注塑成型，适用于除 PTFE 外的几乎所有的热塑性塑料以及一些热固性塑料。注塑件从几克到几十千克不等，成型周期从几秒到几分钟不等，是一种极重要的塑料成型方法。

注射成型定义：高聚物的熔体（或黏性流体）在塑料注射机（图 4-1）的料筒中均匀塑化，而后由移动螺杆或柱塞（一般使用螺杆）推挤到闭合的模具型腔中成型。粉状或粒状的塑料通过螺杆的旋转和外部加热，受热熔融至流动状态，然后在螺杆的连续高压下，熔融状态的塑料被压缩并向前移动，通过喷嘴，注入一个温度较低的闭合模具中，充满模具的塑料经冷却硬化，即可保持模具型腔所赋予的形状，开启模具，即完成一个注射周期。

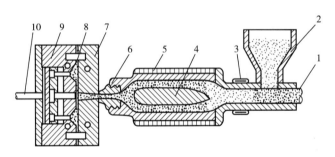

图 4-1　塑料注射机

1—柱塞　2—料斗　3—冷却套　4—分流梭　5—加热器
6—喷嘴　7—固定模板　8—制品　9—活动模板　10—顶出杆

注射成型是一个循环的过程，每一个周期主要包括：合模→注塑→保压→冷却（塑化）→开模→脱模。总体来说，注射成型工艺分为三部分：加热、注射、冷却。整体看来，注射成型工艺很简单：塑料放在料斗里，在料筒里加热，挤到模具里；需求也很简单：根据零件的特性选择材料，通过注塑机和模具加工，冷却后脱模得到需要的产品。对于大多数工艺，由于塑料材料的特性和工艺本身的复杂性，注射成型是绝对复杂的。只有从零件设计到最终零件的质量保证，全面理解整个注射成型工艺，成功的注射成型计划才能实现。目前，随着注射成型工艺、理论和设备的研究进展，注射成型已广泛应用于热塑性塑料、泡沫塑料、多色塑料、复合塑料及增强塑料的成型中。到目前为止，除氟塑料以外，几乎所有的热塑性塑料都可以用注射成型的方法成型。另外，一些流动性好的热固性塑料也可用注射成型。

注射成型的优点：成型周期短，生产效率高，易实现自动化；能成型形状复杂，尺寸精确，可生产带有金属或非金属嵌件的塑料制件（制品的大小由钟表齿轮到汽车保险杠）；产品质量稳定；适应范围广。注射成型的缺点：注塑设备价格较高；注塑模具结构复杂；生产成本高，不适用于单件小批量的塑件生产。

第二节　注射成型设备

一、注射机的基本结构及分类

注射成型机也称注塑机，是19世纪中期在金属压铸机的原理基础上逐渐形成的。1926年制造出用压缩空气推动的活塞式注塑机。1930年生产出用电力驱动的活塞式注塑机。1948年在注塑机上开始使用螺杆塑化装置，1956年诞生了世界上第一台往复螺杆式注塑机，这是注射成型技术的一大突破，有力地推动了注射成型加工的发展和应用。目前注射成型制品占塑料制品总量的20%~30%。

（一）注射机的组成

注射成型是通过注射机和模具实现的。注射机类型众多，但无论哪种注射机，一般主要由注射系统、合模系统、液压系统和电气控制系统四部分组成，其结构如图4-2所示。另外还有加热冷却系统、润滑系统、安全保护系统与监测系统等。

1. 注塑设备的作用

（1）塑化。能在规定的时间内将规定数量的物料均匀地熔融塑化，并达到流动状态。

（2）注射。在一定的压力和速度下，把已塑化好的物料注入模腔内。

（3）保压。为了保证制品外表平整，内部密实，在注射完毕后，在一段时间内仍需对模腔内的物料保持一定压力，称为保压，以防止物料倒流。保压

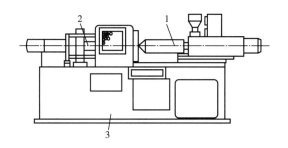

图4-2　塑料注射机的组成
1—注射系统　2—合模系统　3—机身

过程的压力一般在25~30MPa，有的可达实际注射压力的60%~80%。

2. 对注塑设备的要求

（1）塑化均匀，经注射装置塑化后的物料应有均匀的温度和组分；

（2）在许可范围内，尽量提高塑化能力与注射速度。

（二）注射机的分类

近年来注射机发展很快，类型不断增加，分类的方法也较多。至今尚未完全形成统一的分类方法，目前使用较多的分类方法有以下几种。

1. 按塑化方式分类

按塑化方式可分为柱塞式注射成型机和往复螺杆式注射成型机。

（1）柱塞式注射成型机。柱塞式注射成型机由定量加料装置、塑化部件、注射成型油缸、注射座移动油缸等组成。料斗中的颗粒料，经过定量加料装置，使每次注射所需的一定

数量的塑料落入加料室；当注射成型油缸推动柱塞前进时，将加料室中的塑料推向料筒前端熔融塑化。熔融塑料在柱塞向前移动时，经过喷嘴注入模具型腔，如图4-3所示。根据需要，注射座移动油缸可以驱动注射座做往复移动，使喷嘴与模具接触或分离。

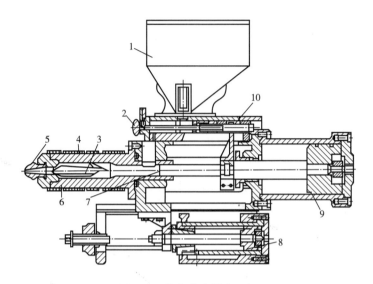

图4-3　柱塞式注射成型机

1—料斗　2—计量供料　3—分流梭　4—加热器　5—喷嘴　6—料筒

7—柱塞　8—移动油缸　9—注射成型油缸　10—控制活塞

（2）往复螺杆式注射成型机。往复螺杆式注射成型机对物料的熔融塑化和注射成型全部都由螺杆来完成。如图4-4所示，它是应用最广泛的注射成型机，由塑化部件、料斗、螺杆传动装置、注塑油缸、注塑座以及注塑座移动油缸等组成。同一根螺杆既起塑化物料的作用又具有注射物料的功能。当螺杆转动并后退时，其主要作用是将物料进一步塑化均匀并输送到螺杆端部；当螺杆前移时，就像柱塞一样，快速将熔料经过喷嘴注射入模腔中。螺杆旋转塑化，往复注射，塑化能力强，混合均匀，排气好，多用于中型和大型机台。

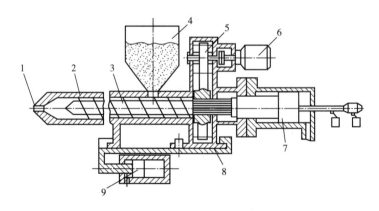

图4-4　往复螺杆式注射成型机结构示意图

1—喷嘴　2—料筒　3—螺杆　4—料斗　5—齿轮箱　6—螺杆传动装置

7—注射油缸　8—注射座　9—移动油缸

往复螺杆式注射成型机的结构特点是螺杆同时具有塑化和注射两个功能，即回转塑化、往复注射，设计时要加以特殊考虑。螺杆在塑化时伴随着轴向移动，使熔料温度形成较大轴向温差，且难以克服。

螺杆式注射装置与柱塞式注射装置比较有以下优点：

①塑化能力大，可应用于大型高速注射机。

②塑化速度快、均化好。可以扩大注射成型加工塑料的范围，目前绝大多数的热塑性塑料都可用来注射成型。

③可直接进行染色和粉状塑料的加工。

④注射时压力损失小，在工艺上可以用较低的塑化温度和注塑压力。

2. 按机器外形特征分类

按机器外形特征分为卧式、立式、角式和多模注射成型机。

（1）卧式注射成型机是最常见的型式。卧式注射成型机的合模装置和注射装置的轴线呈水平一线排列，如图 4-5（a）所示。卧式注射成型机的机身低，易于操作和维修，自动化程度高，安装较平稳。对大、中、小型注射机都适用。

（2）立式注射成型机的合模装置和注射装置处于同一垂直中心线上，且模具是沿垂直方向打开的，如图 4-5（b）所示。其占地面积较小，容易安放嵌件，装卸模具较方便，自料斗落入的物料能较均匀地进行塑化。但制品顶出后不易自动落下，必须用手取下，不易实现自动操作。立式注射成型机宜用于小型注射机，一般是在 60g 以下的注射机采用较多，大、中型注射机不宜采用。

（3）角式注射成型机的合模装置与注射装置的轴线互成垂直排列（L 型），如图 4-5（c）和图 4-5（d）所示。其结构形式的优缺点介于卧式注射成型和立式注射成型机之间，使用也较普通，大、中、小型注射机均有。

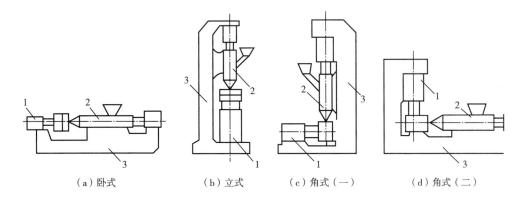

（a）卧式　　（b）立式　　（c）角式（一）　　（d）角式（二）

图 4-5　几种类型的注射机

1—合模系统　2—注射系统　3—机身

（4）多模注射成型机是一种多工位操作的特殊注射机，带有多个合模装置和多副模具，它们绕同一回转轴均匀排列，如图 4-6 所示。工作时，一副模具与注射装置的喷嘴接触，注射保压后随转台转动离开，在另一工位上冷却定型。然后转过一个工位，开模取出制品。

同时，另外的第二、第三副模具分别注射保压。适合于冷却时间长、辅助时间多的制品生产。

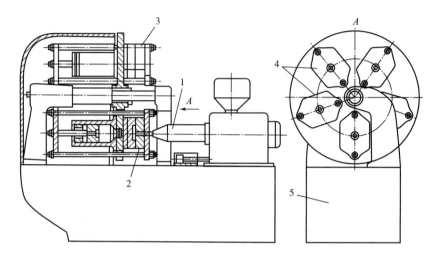

图 4-6　多模注射机结构示意图

1—注射部分　2—合模部分　3—另一组合模部分　4—组合模部分位置分配　5—机身

3. 按注射机的加工能力分类

注射机的加工能力主要由注射量和合模力这两个参数表示，国际上通用表示法是同时采用注射量和合模力来表示。注射量指注射螺杆（或柱塞）作一次最大注射行程时，注射装置所能达到的最大注射量。合模力是由合模机构所能产生的最大模具闭紧力。按其加工能力可分为超小型、小型、中型、大型和超大型注射机，相应的注射量和合模力见表 4-1。

表 4-1　按注射机加工能力分类

类型	合模力/kN	理论注射量/cm³	类型	合模力/kN	理论注射量/cm³
超小型	<160	<16	大型	5000~12500	4000~10000
小型	160~2000	16~630	超大型	>16000	>16000
中型	2500~4000	800~3150			

4. 其他分类方法

按锁模装置的传动方式分，有机械式、液压式和液压机械式；按机器操纵方式分，有全自动、半自动和手动等。

（三）注射机的规格及主要参数

国际上趋于用注射容量/锁模力来表示注射机的主要特征。这里的注射容量是指注射压力为 100MPa 时的理论注射容量。我国习惯上采用注射量来表示注射机的规格，如 YS-ZX500，即表示注射机在无模具对空注射时的最大注射容量不低于 500cm³ 的螺杆式（Y）塑料（S）注射（Z）成型（X）机。

我国制定的注射机国家标准草案规定，可以采用注射容量表示法和注射容量/锁模力表示法来表示注射机的型号。

（1）公称注射量。注射量是指在对空注射条件下，注射螺杆或柱塞作一次最大注射行程时，注塑装置所能推出的最大熔料量。该参数反映了注射机的加工能力，标志着该机器能一次注射成型塑料制品的最大质量。

注射量一般有两种表示方法，一种以聚苯乙烯为标准（密度 = 1.05g/cm^3），用注射出熔料的质量（g）表示；另一种是用注射出熔料的容积（cm^3）来表示。

应该指出的是，由于螺杆（柱塞）的外径与机筒的内径之间有一个相互运动装配的间隙，当螺杆或柱塞推动熔料前移时，受前面喷嘴口直径缩小和物料与机筒内壁摩擦等阻力影响，会有一小部分熔料从间隙中回流。所以，注射机的实际注射量要小于公称注射量。

（2）注射速率。注射速率是指单位时间内注射出熔料的容积，是单位时间内从喷嘴射出的熔料量，它等于柱塞或螺杆的截面积与其前进最高速度的乘积，单位为 cm^3/s。为了将熔料及时充满模腔，得到密度均匀和高精度的制品，必须在短时间内把熔料快速充满模腔。注射速率低，熔料充模慢，制品易产生密度不均、内应力大等缺陷。使用高速注射，可减少模腔内的熔料温差，容易充满复杂模腔，缩短成型周期，可避免注射成型缺陷，获得精密制品。

（3）合模力。注射机的合模力（也可称锁模力）是指注射机合模装置对模具所能施加的最大夹紧力。模具在熔料的模腔压力下，有分开的趋势，故必须提供足够的合模力。合模力在很大程度上反映了注射机加工制品能力的大小。

（4）注射压力。注塑机的注射压力是指螺杆或柱塞作用于熔料上单位面积的力。注射压力是注射熔料充模的首要条件，对成型制品的质量产生直接影响。注射压力过高，会在制品局部产生内应力，影响制品表观质量；注射压力过低，会出现注射充模不满，制品缺料等现象。注射压力的确定要根据机器和原料情况而定。注射压力的选择与应用见表4-2。

表4-2　注射压力的选择与应用

分类	压力范围/MPa	应用
低压	70~80	适用于加工流动性好，形状简单的厚壁制品，如低密度聚乙烯、聚酰胺等
常压	100~120	加工黏度较低，形状一般，对精度要求一般的制品，如聚碳酸酯等
中压	140~170	加工中等黏度，形状较为复杂，有一定精度要求制品，如聚乙烯等
高压	180~220	加工物料黏度较高，精度要求严格制品

二、注射机的注射系统

注射系统是注射机最主要的组成部分之一。注射装置的主要作用是使塑料塑化和均化成熔融状态，并以足够的压力和速度通过螺杆或柱塞注射到模腔中，注射完毕后对模腔中的熔料进行保压、补料。目前常用的形式有柱塞式和往复螺杆式两种。

（一）两种类型的注射系统

1. 柱塞式注射系统

主要由加料装置、塑化部件（机筒、柱塞、分流梭和喷嘴）、注射油缸、注射座移动油缸等组成,如图4-3所示。其工作原理是,物料自料斗落入定量加料装置中,当注射油缸活塞首次推动柱塞前进的同时,与注射油缸活塞连接的传动臂推动物料进入机筒的加料口;当柱塞后退时,在加料口处的物料因自重落入机筒中;柱塞再次前进时,一方面将落入机筒内的物料向前推进,另一方面与注塑油缸活塞连接的传动臂又一次推动物料进入机筒的加料口,如此往复,使机筒内的物料依次推至喷嘴处。在此过程中,机筒内的物料受到机筒外部加热器的以热传导方式传递的热量作用,使其由玻璃态的固体逐步转变为黏流态的熔体,熔体在经过分流梭时,进一步得到均化,最后,在柱塞的推动下,以一定的速度和压力注入模具的型腔中成型。

柱塞式注射系统结构简单,但有明显的不足。

(1)物料塑化不均匀。料筒内塑料加热熔化塑化的热量仅靠料筒外部的加热器提供,由于塑料导热性差,且物料在料筒内的运动处于"层流"状态,导致料筒内物料的温差较大,靠近料筒外壁的塑料温度高、塑化快。料筒中心的塑料温度低、塑化慢。有时甚至会出现内层塑料尚未塑化好,表层塑料已过热降解的现象。通常,热敏性塑料不采用柱塞式注射成型。

(2)注射压力损失大。注射压力不仅消耗在熔体通过喷嘴进入模腔所遇到的阻力上,而且消耗在压实物料、固态物料在料筒中前移以及通过分流梭所遇到的阻力上。因此,模腔压力只有注射压力的25%~50%。

(3)注射速度不均匀。柱塞在注射时,首先将加入料筒加料区的未塑化的物料压实,然后将压力传递给塑化好的熔料,并将头部的熔料注入模腔。由此可见,即使柱塞等速移动,但熔料的注射速度却是先慢后快,直接影响熔料在模腔内的流动状态,使工艺过程不稳定,制品质量不稳定。

尽管柱塞式注射系统存在很多缺点,但由于柱塞式注射系统的结构简单,因此,理论注射容量在100cm³以下的柱塞式注射系统仍具有使用价值。

2. 往复螺杆式注射系统

这是目前应用最为广泛的一种形式,其作用是,在注射机的一个循环中,能在规定的时间内将一定数量的塑料加热塑化后,在一定的压力和速度下,通过螺杆将熔融塑料注入模腔中。注射结束后,对注射到模腔中的熔料保持定型。注射系统由塑化装置和动力传递装置组成。螺杆式注射机的塑化装置主要由加料装置、料筒、螺杆、喷嘴部分组成。动力传递装置包括注射油缸、注射座移动油缸以及螺杆驱动装置(熔胶马达)等,如图4-4所示。

(1)往复螺杆式注射机螺杆的工作方式。

①螺杆在料筒内旋转时,将料斗加入的塑料卷入料筒,并逐步将其向前推送、压实、排气和塑化。

②熔融的塑料不断地在螺杆顶部与喷嘴之间积存,而螺杆本身受熔料的压力而缓慢后移,当积存的熔料达到一次注射量时,螺杆停止转动。

③注射时,螺杆将液压或机械力传给熔料使它注入模具。

(2)螺杆式注射系统的特点。

①同一根螺杆既起塑化物料的作用又具有注射物料的柱塞功能。当螺杆转动并后退时,其主要作用是将物料进一步塑化均匀并输送到螺杆端部;当螺杆前移时,就像柱塞一样,其

主要作用是快速将熔料经过喷嘴注入模腔中。

②对原料的混合均匀、塑化能力强，质量稳定，能注塑大型制件。

③塑化部件（料筒、螺杆、螺杆头、喷嘴）和螺杆传动装置等安装在注射座上，注射座借助于注射座移动油缸沿注射座上的导轨（或导柱）往复运动使喷嘴撤离或贴紧模具。这种形式的注射系统的优点是结构紧凑，布置合理，对设备维护、维修和清理都方便。

④由于存在剪切和外加热，因而塑化物料效率高，塑化均匀。

⑤由于螺杆式注射系统在注射时，螺杆前端的物料已塑化成熔融状态，而且料筒内无分流梭，因此，注射压力损失小。

⑥由于螺杆有刮料作用，可减少熔料的滞留和分解，从而保证了热敏性塑料的注射成型质量。

⑦注射压力均匀稳定，速度快，成型周期短，功率消耗较低。

（二）注射系统的主要零部件

1. 加料装置

加料装置由料斗、加料计量装置及其他辅助装置组成。注射机料斗呈倒圆锥形或锥形，其容量一般可供注射机用 1~2h。注射机的加料是间歇性的，每次从料斗加入料筒中的塑料量与每次从料筒注射入模具中的塑料量相等，为此，很多注射机的料斗上设置有计量装置，以便定量或定容地加料。对于有些吸湿性较强的物料，注射机的料斗应备有加热装置和干燥装置，大、中型注射机应备有自动上料装置。

2. 料筒

加热和加压的容器，类似挤出机的料筒。能耐压、耐热、耐疲劳、抗腐蚀，传热性能好。柱塞式的料筒容积为最大注射量的 3~5 倍；螺杆式的料筒容积为最大注射量的 2~3 倍。外部配有加热装置，可分段加热和控制，通过热电偶显示和恒温控制仪表来精确控制。

3. 分流梭与柱塞

对于柱塞式注射装置，为提高塑化能力，在料筒的加热室中，一般都设置分流梭。分流梭是装在料筒前端形状似鱼雷体的一种金属部件，分流梭与加热料筒的内壁形成均匀分布的薄浅流道。分流梭传递热量，使分流梭受热，薄层塑料两面受热，提高塑化能力和塑化质量。

柱塞与料筒配合在注射缸作用下将熔料以一定的速度注射入模腔。柱塞是表面硬度较高、表面粗糙度数值较小的圆柱体。其前端加工成内元弧或大锥角的凹面，以减少熔料挤入间隙形成反流。柱塞行程和直径根据注射量确定，柱塞行程与直径的比值为 3.5~6。

4. 螺杆

注射螺杆是螺杆式注射机料筒内的重要部件，它的主要作用是对物料进行输送、压实、塑化和注射。螺杆是塑化部件中的关键部件，和塑料直接接触，塑料通过螺槽的有效长度，经过很长的热历程，要经过三态（玻璃态、高弹态、黏流态）的转变，螺杆各功能段的长度、几何形状、几何参数将直接影响塑料的输送效率和塑化质量，将最终影响注射成型周期和制品质量。由于注射机螺杆在运动上（既作转动又作平移）和功能上（既起塑化作用又有注射功能）与挤出机螺杆不同，因而造成了这两种螺杆在结构与参数上具有一定的差异性。

（1）注射螺杆在旋转时有往复的轴向位移，因而螺杆的有效长度是变化的。

（2）因为注射螺杆仅起塑化作用，塑化时出料的稳定性对制品质量影响很小，并且塑化时间比挤出机长，加之喷嘴对物料还起到塑化作用，故注射螺杆长径比和压缩比比挤出用螺杆的小，一般为15~20。

（3）注射螺杆是间歇工作，对它的塑化能力、操作时的压力稳定性以及操作连续性等要求没有挤出螺杆严格。

（4）注射螺杆在旋转时只要求对物料进行塑化，不需要它提供稳定的注射压力，塑化中塑料承受的压力是通过背压调节的，所以注射螺杆的压缩比要比挤出螺杆的压缩比小，一般为2~2.5。

（5）注射螺杆因有轴向位移，其加料段较长，注射螺杆加料段、压缩段和均化段三段长度分别约为螺杆全长的50%、25%和25%。

（6）注射螺杆由于均化段较短，故该段的螺槽深度较大，以提高生产率。

（7）注射螺杆头部一般为尖头，目的是减少熔料的注射阻力、减少螺杆前面的熔料滞留，防止物料降解，同时以便能与喷嘴很好地吻合，其结构如图4-7（a）所示，用于黏度大的塑料。对于黏度较低的物料，则需要在螺杆头部装上一个止逆环，如图4-7（b）所示，当螺杆旋转塑化物料时，沿螺槽前移的熔融料将止逆环向前推，并从止逆环与螺杆头间的间隙进入料筒前端。注射时，料筒和螺杆头前端的熔料压力剧增，将止逆环压向后退，与环座贴合，防止物料回流，从而达到避免残余熔料分解、节约能源、提高注射制品工作效率的目的，一般用于中、低黏度的塑料。

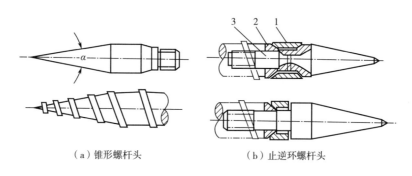

（a）锥形螺杆头　　　　　　　　（b）止逆环螺杆头

图4-7　注射用螺杆头结构
1—止逆环　2—环座　3—螺杆头

注塑螺杆按其对塑料的适应性，可分为通用螺杆和特殊螺杆。通用螺杆又称常规螺杆，可加工大部分具有中、低黏度的热塑性塑料，结晶型和非结晶型的民用塑料和工程塑料是螺杆最基本的形式。与其相应的还有特殊螺杆，是用来加工普通螺杆难以加工的塑料。按螺杆结构及其几何形状特征，可分为常规螺杆和新型螺杆。常规螺杆又称为三段式螺杆，是螺杆的基本形式。新型螺杆形式则有很多种，如分离型螺杆、分流型螺杆、波状螺杆、无计量段螺杆等。常规螺杆按其螺纹有效长度通常分为加料段（输送段）、压缩段（塑化段）、计量段（均化段），根据塑料性质不同，可分为渐变型螺杆、突变型螺杆和通用型螺杆。渐变型螺杆的压缩段较长，塑化时能量转换缓和，多用于PVC等热稳定性差的塑料；突变型螺杆的压缩段较短，塑化时能量转换较剧烈，多用于聚烯烃、PA 等结晶型塑料；通用型螺杆的适应性比较强，可适用多种塑料的加工，避免更换螺杆频繁，有利于提高生产效率。螺杆类型与各段长度见表 4-3。

表 4-3　常规螺杆各段的长度

螺杆类型	计量段	压缩段	加料段
渐变型	15%~20%	50%	25%~30%
突变型	20%~25%	5%~15%	65%~70%
通用型	20%~30%	20%~30%	45%~50%

5. 喷嘴

喷嘴是连接料筒和模具的重要部件，作为塑炼单元的一个组成部分，它在注射前被用力紧压在模具的浇口套上。注射时，料筒内的熔融物料在螺杆或柱塞作用下，以高压和快速流经喷嘴注入模具型腔而成型。

（1）喷嘴的作用。

①将熔料的压力能转变为速度能，使熔料获得高速远射程。

②具有补缩作用，在压力保持阶段，有少量的熔料经喷嘴向模腔补缩。

③使物料受到较大的剪切作用，因而获得进一步的塑化。

注射喷嘴球面半径和内径要小于浇口套球面半径和内径（小 0.5~1mm），这样既能防止漏流和死角，又易将注射时积存在喷嘴处的冷料同主流道的料柱一同拉出。

（2）喷嘴的种类。注射用喷嘴种类很多，按结构可分为直通式喷嘴、闭锁式喷嘴和特殊用途喷嘴三种。其中前两种应用广泛。

①直通式喷嘴。又称开式喷嘴，指料筒内的熔料经喷嘴出口的通道始终处于敞开状态的喷嘴，如图 4-8 所示。有通用式、延伸式和小孔径三种。

a. 通用式喷嘴。其结构如图 4-8（a）所示，这种喷嘴结构简单，容易制造，压力损失较小。缺点是脱开时易产生流涎现象，因喷嘴上无加热装置，易冷却堵塞。该喷嘴主要用于熔料黏度高的塑料。

b. 延伸式喷嘴。其结构如图 4-8（b）所示，它是通用式的改型，特点是结构简单，容易制造。增加了喷嘴体的长度和口径，并设有加热圈，不易冷却堵塞。补缩作用大，适用于厚壁制件的生产。

c. 小孔径喷嘴。其结构如图 4-8（c）所示，因储料多和喷嘴体外加热，不易形成冷料。这种喷嘴的口径小，射程远，"流涎"现象较轻。该喷嘴主要用于低黏度塑料，成型形状复杂的薄壁制品。

②锁闭式喷嘴。融料通道只有在注射、保压阶段才打开，其余时间都是关闭的，可克服熔料的"流涎"现象。主要有以下两种结构。

a. 弹簧针阀式喷嘴。如图 4-9 所示，它是依靠弹簧张力通过挡圈和导杆压合针阀芯实现喷嘴锁闭的，是目前应用较广的一种喷嘴。注射前，喷嘴内熔料压力较低，针阀在弹簧张力作用下将喷嘴顶死；注射时，熔料压力升高，针阀前端压力增大，克服弹簧张力而后退，

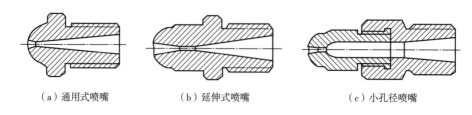

（a）通用式喷嘴　　　（b）延伸式喷嘴　　　（c）小孔径喷嘴

图4-8　直通式喷嘴

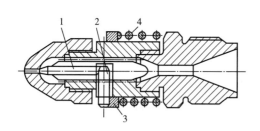

图4-9　弹簧针阀式喷嘴

1—顶针　2—导杆　3—挡圈　4—弹簧

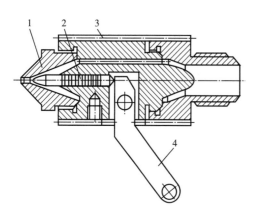

图4-10　液控锁闭式喷嘴

1—喷嘴头　2—针阀芯　3—加热器　4—操纵杆

使喷孔打开；注射结束时，螺杆后退，喷嘴内熔料压力降低，阀芯在弹簧张力作用下复位而自锁。这种喷嘴的优点是能有效地防止注射低黏度熔料时的"流涎"现象，使用方便，锁闭效果好；其缺点是结构比较复杂，制造困难，注射压力损失大，射程短，补缩作用小，对弹簧的要求高。该喷嘴适用于加工低黏度塑料。

b. 液控锁闭式喷嘴。如图4-10所示，原理与弹簧针阀式喷嘴类似，只是由弹簧张力改为液压缸压力。由于液压缸压力可调，使用更可靠。

三、注射机的合模系统

（一）合模系统的结构及分类

在注射机上实现锁合模具、启闭模具和顶出制件的机构总称为合模系统。主要由固定模板、移动模板、拉杆、液压缸、连杆、模具调整机构、顶出机构、安全保护结构等部件组成。其主要作用是：实现模具的可靠开合动作和必要的行程；在注射和保压时，提供足够的锁模力；在开模时，提供顶出制件的顶出力及相应的行程。工艺上要求，启闭模具时要有缓冲作用，模板的运行速度在闭模时应先快后慢，而在开模时应先慢后快再慢，以防止损坏模具及制件，避免机器受到强烈振动，平稳顶出制件，达到安全运行，延长机器和模具的使用寿命。常用的合模系统有如下三种。

1. 机械式合模系统

机械式合模系统是以电动机通过齿轮或蜗轮、蜗杆减速传动曲臂或以杠杆作动曲臂的机构来实现启闭模和锁模作用，如图4-11所示。这种装置结构简单，制造容易，操作快速，能量消耗低，设备成本低，使用和维修方便，但因传动电动机启动频繁，启动负荷大，频受冲击振动，噪声大，零部件易磨损，合模系统调整复杂，惯性冲击大等原因，只适用于小型注射机，目前已被其他合模系统取代。

2. 液压式合模系统

液压式合模系统是目前应用最广泛的合模系统。该装置采用油缸和柱塞并依靠液体压力推动柱塞作往复运动来实现启闭模和锁模作用，如图 4-12 所示。该装置的特点如下。

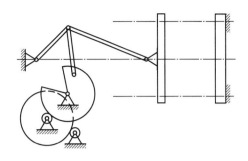

图 4-11　机械式合模系统

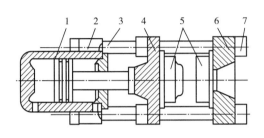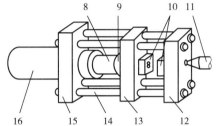

图 4-12　液压式合模系统

1，16—合模液压缸　2—后定模板　3，14—拉杆　4—动模板　5，10—模具　6—前定模板　7—紧固螺母
8—塞杆　9—可调衬套　11—喷嘴　12—固定模板　13—移动模板　15—浸压固定模板

（1）模板开距大。

（2）模板移动行程可方便地调节。

（3）模板移动速度和锁模力可方便地调节。

（4）易实现低压合模，避免模具损坏。

（5）系统元件及管道多，密封要求高。

（6）压力对动作准确性和工艺参数稳定性影响大。

这种合模装置在大、中型注塑机上使用较多。

3. 液压—机械组合式合模系统

液压—机械组合式合模系统以液压为动力源，利用连杆机构或曲肘撑杆机构，实现开、合模动作，锁模力由机械构件的弹性变形来产生，如图 4-13 所示。特点是：

（1）增力作用，单肘式合模装置的增力倍数可达十几倍；双肘式合模装置的增力倍数可达数十倍。

（2）自锁作用，合模液压缸油压的升高，迫使肘杆机构伸直作一线排列，整个合模系统发生弹性变形，拉杆受拉伸，肘杆受压，产生预应力锁紧模具。此时即便撤去液压缸油压，合模系统仍处于锁紧状态（即自锁）。

（3）运动特性好，从合模开始，速度由零很快到最高速度，以后又逐渐减慢，锁紧时速度为零，符合合模装置的要求。

（4）须设置专门的调模机构，模板间距、锁模力、合模速度的调节困难，因此不如液压式合模装置的适应性强和使用方便，此外，曲肘机构容易磨损，加工精度要求高。

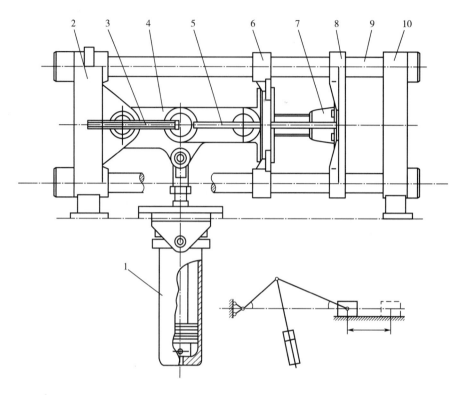

图 4-13　液压—机械组合式合模系统

1—合模液压缸　2—后固定模板　3—调节螺钉　4—单曲肘连杆机构　5—推出杆
6—后移动模板　7—调距螺母　8—移动模板　9—拉杆　10—前固定模板

液压式和液压—曲肘式合模装置特点比较见表4-4。

表 4-4　液压式和液压—曲肘式合模装置特点比较

项目	液压式	液压—曲肘式
移模速度	近似为常数，速度较慢	在移模行程中变化，速度较快
模板行程	较大，易调节	小而一定
调模	无须调模工具	需要专门的调模工具
合模力	调节容易，但不能自锁	调节困难，具有自锁性能
润滑	具有自润滑作用，磨损零件少	需设润滑系统，磨损零件多
模具安装	容易	比较困难
循环周期	长	短
噪声	很小	较大
动力费用	大	小

（二）调模装置

调模装置是为实规模具厚度的变化而设置的，此外该装置也可用来调节合模力的大小。尤其是液压—机械式合模装置，由于动模板行程不能调节，为适应不同厚度模具的要求，必须设置调模机构，使动模板和定模板之间的距离能调节。常用的调模装置有：螺纹肘杆式调模装置、油缸螺母式调模装置、拉杆螺母式调模装置和动模板间大螺母式调模装置等。

（三）顶出装置

注塑制品冷却定型后，需从模具中脱出，故在各类合模装置上均设有制品顶出装置。

顶出装置的结构类型主要有三种：机械式顶出装置、液压式顶出装置和气动式顶出装置，生产中主要应用的是前面两种。

1. 机械式顶出装置

后固定模板上装有顶杆。开模时，顶杆与后退的动模板之间有相对运动，顶杆就挡住模具推出机构，使推出机构不随动模板后退移动，从而推出制品，如图 4-14 所示。机械式顶出装置结构简单，顶出力大，工作可靠，但对制品冲击大。该装置主要用于小型注射机。

2. 液压式顶出装置

如图 4-15 所示，在动模板上设置专门的顶出液压缸来顶出制品。液压式顶出装置的顶出力、速度、行程、时间和顶出次数均可调节，并且顶出杆可自动复位，使用方便，适应性强。故许多注射机都同时设置机械式和液压式两种顶出装置。

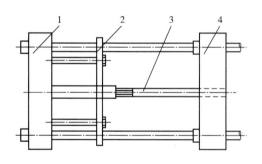

图 4-14　机械式顶出装置

1—后模板　2—撑板　3—顶杆　4—动模板

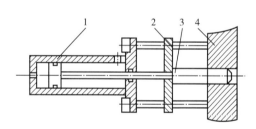

图 4-15　液压式顶出装置

1—顶出油缸　2—顶板　3—顶杆　4—动模板

3. 气动式顶出装置

利用压缩空气为动力，通过模具上设置的气道和微小的顶出气孔，直接把制件顶出。这种方法比较简单，在制件表面上不留痕迹，对盒、壳等制件顶出十分有利。但需增设气源和气路系统，使其使用范围受到限制，应用较少。

四、注射机的液压系统

注射机的液压系统的作用是实现注射机按工艺过程所要求的各种动作提供动力，并满足注射机各部分所需压力、速度、温度等的要求。它主要由各种液压元件和液压辅助元件组成，其中油泵和电动机是注射机的动力来源。各种阀控制油液压力和流量，从而满足注射成型工艺的各项要求。

注射机的液压系统严格地按液压程序进行工作，其工作质量如工作的稳定性、可靠性、灵敏性、节能性等都将直接影响注射制品的质量、尺寸精度、成型周期、生产成本等。在每一个注射周期中，液压系统的压力和流量是按工艺要求进行变化的；注射功率可在超载下使用，而螺杆的塑化功率、启闭模功率都应在接近或等于额定功率条件下使用。

五、注射机的电气控制系统

电气控制系统是注射机的"神经中枢"系统，控制各种程序动作，实现对时间、位置、压力、速度和转速等的控制与调节，由各种继电器组件、电子组件、检测组件及自动化仪表组成。电气控制系统与液压系统相结合，对注射机的工艺程序进行精确而稳定的控制与调节。电气控制系统通过精确控制影响注射工艺的注射速度、保压压力、螺杆转速及料筒温度等，直接影响产品的成型质量，例如对合模速度、低压模具保护、模具锁紧力的控制等。

注射工艺对电气控制系统的要求如下。

（1）抽、插芯动作必须按照一定的顺序平稳完成。

（2）动、定模板闭合时运动要平稳，不得有冲击，因此，其合模动作又分为：慢—快—慢合模、锁模。

（3）注射前，合模机构必须保持足够的合模压力，防止被注入模腔的塑料从模缝中逃出。

（4）注射后，注射器必须保持注射压力，避免充满模腔的塑料倒流。

（5）预塑螺杆转动，粒状塑料被推到螺杆前端，为使注射器中的塑料具有一定密度，要求螺杆后退时必须有一定的阻力。

（6）为实现粒状塑料的塑化，必须使料筒保持一定的温度。

（7）电气控制系统必须提供恰当的人机交互界面，保证生产人员能够调整和判断机器的参数和工作情况。

（8）为方便生产人员的操作和维护，系统必须有一定的诊断功能。

（9）为保证安全生产，系统必须设有安全保护装置。

第三节　注射成型工艺过程

完整的注射成型工艺过程，按其先后顺序包括：成型前的准备工作、注射成型过程、制件的后处理等，注射工艺过程如图4-16所示。

一、成型前的准备工作

为了保证注射成型生产顺利进行和制件的质量，成型前应进行一些必要的工作。包括原料预处理、料筒清洗、嵌件预热和选择脱模剂等。

（一）原料预处理

1. 原材料检验

原材料的检验内容为原材料的种类、外观及工艺性能等。

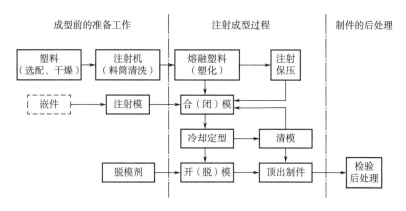

图 4-16 注射成型工艺过程

（1）原材料的种类。不同类型的塑料采用的加工工艺不同，即使是同种塑料，由于规格不同，适用的加工方法及加工工艺也不完全一样。

（2）原材料的外观。色泽、颗粒形状、粒子大小、有无杂质等。对外观的要求是色泽均匀、颗粒大小均匀、无杂质。

（3）原材料的工艺性能。熔融指数、流变性、热性能、结晶性及收缩率等。其中，MFR 是重要的工艺性能之一。

2. 着色

塑料的着色就是往塑料成型物料中添加一种称为色料或着色剂的物质，借助这种物质改变塑料原有的颜色或赋予塑料特殊光学性能的技术。着色剂按其在塑料中的分散能力，可分为染料和颜料两大类。染料具有着色力强、色彩鲜艳和色谱齐全的特点，但由于对热、光和化学药品的稳定性比较差，在塑料中较少应用。颜料是塑料的主要着色剂，按化学组成又分成无机颜料和有机颜料两种。无机颜料耐热性、耐化学药品的稳定性好，价格低，但色泽不鲜艳；有机颜料正相反。

塑料原料的着色常用两种方法，即干混法（也称浮染法）和色母料法着色。

（1）干混法着色。将热塑性塑料颗粒与分散剂、颜料均匀混合成着色颗粒后直接注射。

（2）色母料法着色。将热塑性塑料颗粒与色母料颗粒按一定比例混合均匀后用于注射。色母料法着色操作简单、方便，着色均匀，无污染，成本比干混法着色高一些。目前，该法已被广泛使用。

着色剂与树脂的配合十分重要，有两方面的因素要考虑。其一，着色剂的分解温度与树脂的成型温度的配合。例如，能用于 PVC 的着色剂就不一定能用于 PC，因为 PVC 的成型温度比较低，而 PC 的成型温度相当高。其二，即使某种着色剂对 PVC 和 PC 这两种塑料的成型温度都能适应，适用于 PC 的着色剂也不一定适用于 PVC，因为 PVC 在成型过程中会或多或少地分解释放出 HCl，而 HCl 就有可能对这种着色剂起着有害的化学作用。

塑料制品颜色难以控制的内容有两个方面：一方面是指颜色的调配，使制品有光泽；另一方面，是指颜色的均匀性。第一方面的问题是指颜色品种的选择和用量的多少，当然，也要注意色光方面的调配。第二方面的问题主要指设备问题，如果是柱塞式注射机，则颜色的均匀性要差些，螺杆采用螺杆式注射机，则颜料的均匀性就好得多。工艺参数的设置要适当，料筒温度不能过高，当然也不能太低。颜料的添加量要适当。

3. 干燥

有些塑料原料要干燥，如 PA、PC、PMMA、PET、ABS、PSU、PPO 等，由于其大分子结构中含有亲水性的极性基团，因而易吸湿，使原料中含有水分。当原料中水分超过一定量后，会使制品表面出现银纹、气泡、缩孔等缺陷，严重时会引起原料降解，影响制品的外观和内在质量。因此，成型前必须对这些塑料原料进行干燥处理。通常，小批量用料采用热风循环干燥和红外线加热干燥。大批量用料采用沸腾床干燥和气流干燥。高温下易氧化降解的塑料，如 PA，则宜采用真空干燥。

影响干燥效果的因素有以下三种。

（1）干燥温度。一般干燥温度应控制在塑料的软化温度以下、热变形温度以下或 T_g 以下；为了缩短干燥时间，可适当提高温度，以干燥时塑料颗粒不结成团为原则，一般不超过 100℃，干燥温度也不能太低，否则不易排除水分。

（2）干燥时间。干燥时间长有利于提高干燥效果，但干燥时间过长不经济，干燥时间太短，水分含量达不到要求。

（3）料层厚度。干燥时料层厚度不宜大，一般为 20~50mm。必须注意的是干燥后的原料要立即使用，如果暂时不用，要密封存放，以免再吸湿；长时间不用的已干燥的树脂，使用前应重新干燥。常见塑料干燥工艺参数见表 4-5。

表 4-5　常见塑料干燥工艺参数

塑料名称	干燥温度/℃	干燥时间/h	料层厚度/mm	含水量要求/%
ABS	80~85	2~4	30~40	<0.1
PA	90~100	8~12	<50	<0.1
PC	120~130	6~8	<30	<0.015
PMMA	70~80	4~6	30~40	<0.1
PET	130	5	20~30	<0.02
PSU	110~120	4~6	<30	<0.05
PPO	110~120	2~4	30~40	—

（二）料筒清洗

注射生产中，会经常改变塑料品种、更换物料、调换颜色或由于温度的升高造成原料热分解，所有这些情况发生时，都要对注射机的料筒进行清洗。

料筒清洗有多种方法：直接换料法和间接换料法，此外，还可用料筒清洗剂清洗料筒。

（1）直接换料法。若欲换原料和料筒内存留料有共同的熔融温度时，可采用直接换料法。若欲换原料的成型温度比料筒内存留料的温度高时，则应先将料筒温度和喷嘴温度升高到欲换原料的最低加工温度，然后加入欲换原料（也可用欲换原料的回料），进行连续的对空注射，直至料筒内存留料清洗完毕后，再调整温度进行正常生产。若欲换原料的成型温度比料筒内存留料的温度低时，则应先将料筒温度和喷嘴温度升高到使存留料处于最好的流动状态的加工温度，然后切断料筒和喷嘴的加热电源，用欲换原料在降温下进行清洗，待温度降至欲换原料加工温度时，即可转入生产。

（2）间接换料法。若欲换原料和料筒内存留料没有共同的熔融温度时，可采用间接换料法。若欲换原料的成型温度高，而料筒内的存留料又是热敏性的，如 PVC、POM 等，为防止塑料降解，应采用二步换料法清洗，即先用热稳定性好的 PP、PS 或 LDPE 或这类塑料的回料作为过渡清洗料，进行过渡换料清洗，然后用欲换料置换出过渡清洗料。在许多情况下，采用 PP、PE 等的回料作为过渡料。

（3）料筒清洗剂清理法。直接换料法清洗要浪费大量的清洗料。因此，目前已广泛采用料筒清洗剂来清洗料筒。料筒清洗剂的使用方法为：首先将料筒温度升高至比正常生产温度高 10~20℃，注净料筒内的存留料，然后加入清洗剂（用量为 50~200g），最后加入欲换原料，用预塑的方式连续挤一段时间即可。若一次清洗不理想，可重复清洗。目前研制成功了一种粒状元色高分子热弹性材料的料筒清洗剂，100℃时具有橡胶特性，但不熔融或黏结，将它通过机筒，可以像软塞一样把机筒内的残料带出，这种清洗剂主要适用于成型温度在 180~280℃ 的各种热塑性塑料以及中小型注射机。

柱塞式注射机料筒存料量大，柱塞又不能转动，导致物料不易移动，清洗时必须采用机筒拆卸清洗或采用专用料筒。螺杆式注射机的料筒清洗，通常采用换料清洗法。清洗前要掌握料筒内存留料和欲换原料的热稳定性、成型温度范围和各种塑料之间的相容性等技术资料，清洗时要掌握正确的操作步骤，以便节省时间和原料。

（三）嵌件预热

为了装配和使用强度的要求，在塑料制品内常常需嵌入金属嵌件。注射前，金属嵌件应先放入模具内的预定位置上，成型后与塑料成为一个整体。由于金属嵌件与塑料的热性能差异很大，导致两者的收缩率不同，因此，有嵌件的塑料制品，在嵌件周围易产生裂纹，既影响制品的表面质量，也使制品的强度降低。通过对金属嵌件的预热，可减少塑料熔体与嵌件间的温差，使嵌件周围的塑料熔体冷却变慢，收缩比较均匀，并产生一定的熔料补缩作用，以防止嵌件周围产生较大的内应力，有利于消除制品的开裂现象。

嵌件预热的条件可根据塑料的性质以及嵌件的种类、大小决定。对具有刚性分子链的塑料（如 PC、PS、聚砜和聚苯醚等），由于这些塑料本身就容易产生应力开裂，因此，当塑料制品中有嵌件时，嵌件必须预热；对具有柔性分子链的塑料（如 PE、PP 等）且嵌件又较小时，嵌件易被熔融塑料在模内加热，因此，嵌件可不预热。预热温度一般为 110~130℃，预热温度的选定以不损伤嵌件表面的镀层为限。对表面无镀层的铝合金或铜嵌件，预热温度可提高至 150℃ 左右。预热时间一般为几分钟即可。

（四）选择脱模剂

脱模剂是使塑料制品容易从模具中脱出而喷涂在模具表面上的一种助剂。可减少塑料制品表面与模具型腔表面间的黏接力，缩短成型周期，提高制品的表面质量。常见的脱模剂主要有三种，硬脂酸锌（除 PA 外，一般塑料都可使用）、白油（PA 可使用）及硅油（脱模效果好，需要配成甲苯溶液，涂在模具表面，干燥使用）。

脱模剂的使用方法有手涂法和喷涂法。手涂法成本低，但难以形成规则均匀的膜层，脱模后影响制品的表观质量，尤其是透明制品表面会产生混浊现象。喷涂法是将液体脱模剂雾化后喷洒均匀。涂层薄，脱模效果好、脱模次数多（喷涂一次可脱十几模）。实际生产尽量选用喷涂法。凡要使用电镀或表面涂层的塑料制品，尽量不用脱模剂。

二、注射成型过程

整个注射成型过程包括加料、塑化、注射充模与冷却和脱模等几个步骤。

（一）加料

注射成型是一个间歇过程，保持定量加料，以保证操作稳定，塑料塑化均匀，获得良好的制品。加料过多，受热时间过长，容易引起物料的热分解，注射机功率消耗增加；加料过少，料筒内缺少传压物质，模腔中塑料熔体压力降低，难于补塑，容易引起制品收缩、凹陷、空洞等缺陷。因此，为确保每一注射周期的加料量均匀一致，注射机一般都采用容积计量加料。柱塞式注射机的加料量可通过调节料斗下面定量装置的调节螺帽来控制；移动螺杆式注射机的加料量可通过调节行程开关与加料计量柱的距离来控制。

（二）塑化

塑化是粒状或粉状的塑料原料在料筒内经加热达到流动状态。塑化过程要求达到以下几点：保证物料在注射前达到规定的成型温度；保证塑料熔体的温度及组分均匀，并能在规定的时间内提供足够数量的熔融物料；保证物料不分解或极少分解。由于物料的塑化质量与制品的产量及质量有直接的关系，因此，加工时必须控制好物料的塑化。

总之，塑料熔体在进入模腔之前要充分塑化，既要达到规定的成型温度又要使塑化料各处的温度尽量均匀一致，使热分解物的含量达最小值。提供上述质量的足够的熔融塑料以保证生产连续而顺利地进行。

（三）注射充模与冷却

这一过程指用柱塞或螺杆的推动将具有流动性和温度分布均匀的塑料熔体注入模具开始，而后充满模腔，熔体在控制条件下冷却成型，直到制品从模腔中脱出为止的过程。

塑料熔体进入模腔内的流动可分为充模、保压补缩、倒流和浇口冻结后的冷却定型四个阶段。在连续的四个阶段中，塑料熔体的温度逐渐下降，模塑周期中塑料压力变化如图4-17所示。

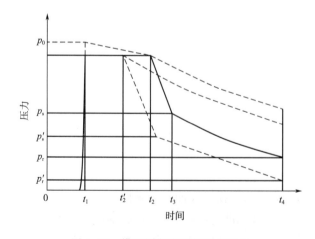

图 4-17　模塑周期中塑料压力变化

p_0—模塑最大压力　p_s—浇口冻结时的压力　p_r—脱模时的残余压力　$t_1 \sim t_4$—时间

（四）脱模

注射模具脱模是指在注射成型过程中，将已经注射成型的塑料制品从模具中脱出的过程。注射模具脱模主要依靠模具的结构设计、材料选择以及模具表面处理等因素来实现。当制品从模具上落下时，需一定的外力来克服制品和模具的附着力。脱模系统主要由脱模针、脱模板、顶出装置和顶出杆等组成。它们通过协同作用，在注射成型结束后，将模具中的制品推出。具体来说，脱模针是通过模板上的针孔将制品抽出腔体，并通过定位销来确保制品的定位。脱模板是模具上的一个可开闭的板状结构，一般与注射机的动模板相连。当注射机开启模板时，脱模板与其分离，从而推出制品。顶出装置可以更好地帮助脱模。它通过顶出杆的作用，将制品从脱模板上顶出，以避免因制品黏附而导致脱模困难或制品变形。

1. 充模阶段

塑化良好的聚合物熔体，在柱塞或螺杆的压力作用下，由料筒经过喷嘴和模具的浇注系统进入并充满模腔这一阶段称为充模阶段。这一阶段从柱塞或螺杆预塑后的位置开始向前移动起，直至塑料熔体充满模腔为止（时间 $0 \sim t_1$）。充模时间范围一般为几秒至十几秒。充模开始一段时间内模腔中没有压力，随着物料不断充满，压力逐渐建立起来，待模腔充满时，料流压力迅速上升而达到最大值 p_0。充模时间与模塑压力有关。

充模时间短（高速充模），高速充模时剪切速率较高，塑料由于剪切变稀的作用而存在黏度下降的情形，使整体流动阻力降低；局部的黏滞加热影响也会使固化层厚度变薄。因此在流动控制阶段，填充行为往往取决于待填充的体积大小。即在流动控制阶段，由于高速充模，熔体的剪切变稀效果往往很大，而薄壁的冷却作用并不明显，于是剪切速率的效用占了上风。

充模时间长（慢速充模），热传导控制低速充模时，剪切速率较低，局部黏度较高，流动阻力较大。由于热塑料补充速度较慢，流动较为缓慢，使热传导效应较为明显，热量迅速被冷模壁带走。加上较少量的黏滞加热现象，固化层厚度较厚，又进一步增加壁部较薄处的流动阻力。

2. 保压补缩阶段

这一阶段是从自熔体充满模腔时起至柱塞或螺杆撤回时（$t_1 \sim t_2$）为止。其中，保压是指注射压力对模腔内的熔体继续进行压实的过程，而补缩则是指保压过程中，注射机对模腔内逐渐开始冷却的熔体因成型收缩而出现的空隙进行补料动作。保压补缩阶段时间范围为几秒、几十秒甚至几分钟。如果柱塞或螺杆停在原位不动，压力曲线略有衰减，由 p_0 降至 p_s'；如果柱塞或螺杆保持压力不变，也就是随着熔料进入模腔的同时向前作少许移动，则在此段中模腔内压力维持不变，此时压力曲线即与时间轴平行。

保压阶段的作用是持续施加压力，压实粉体，增加塑料密度（增密），以补偿塑料的收缩行为。在保压过程中，由于模腔中已经填满塑料，背压较高。在保压压实过程中，注射机螺杆仅能慢慢地向前作微小移动，塑料的流动速度也较为缓慢，这时的流动称作保压流动。由于在保压阶段，塑料受模壁冷却固化加快，熔体黏度增加也很快，因此模腔内的阻力很大。在保压阶段的后期，材料密度持续增大，塑件也逐渐成型，保压阶段要一直持续到浇口固化封口为止，此时保压阶段的模腔压力达到最高值。

在保压阶段，由于压力相当高，塑料呈现部分可压缩特性。在压力较高区域，塑料较为密实，密度较高；在压力较低区域，塑料较为疏松，密度较低，因此造成密度分布随位置及时间发生变化。保压过程中塑料流动速度极低，流动速度不再起主导作用；压力为影响保压过程的主要因素。保压过程中塑料已经充满模腔，此时逐渐固化的熔体作为传递压力的介质。模腔中的压力借助塑料传递至模壁表面，有撑开模具的趋势，因此需要适当的锁模力进行锁模。胀模力在正常情形下会微微将模具撑开，对于模具的排气具有帮助作用；但若胀模力过大，易造成成型品毛边、溢料，甚至撑开模具。因此在选择注塑机时，应选择具有足够大锁模力的注塑机，以防止胀模现象并能有效进行保压。

3. 倒流阶段

这一阶段是从柱塞或螺杆后退时起至浇口处熔料冻结时为止（$t_2 \sim t_3$），在倒流阶段，模腔内熔体朝着浇口和流道进行反向流动。倒流阶段时间范围为零秒到几秒。引起倒流的原因主要是注射压力撤除后，模腔内的压力比流道内高，且熔体与大气相通，在压差作用下，熔体发生倒流，其结果使模腔内压力迅速下降，由 p_0 降至 p_s。如果柱塞或螺杆后撤时浇口处的熔料已冻结，或者在喷嘴中装有止逆阀，则倒流阶段就不存在，也就不会出现倒流阶段压力下降的曲线。

一般来讲，倒流阶段对注射成型不利，它将使制品内部产生真空泡或表面出现凹陷等成型缺陷，实际工业生产中不希望出现倒流阶段，正常生产中也不会出现倒流阶段。一般，保压时间长、凝封压力高，则倒流少、制品的收缩率低。

4. 浇口冻结后的冷却定型阶段

这一阶段是从浇口的塑料完全冻结时起至制品从模腔中顶出时（$t_3 \sim t_4$）为止。该阶段时间范围为几秒、几十秒甚至几分钟。模内塑料在这一阶段内主要是继续进行冷却，以便制品在脱模时具有足够的刚度而不致发生扭曲变形。在这一阶段内，虽无塑料从浇口流出或流进，但模内还可能有少量的流动，因此，依然能产生少量的分子定向移动。

模内冷却结束时间的客观标准如下。

（1）制品最厚部位断面中心层的温度冷却到该种塑料的热变形温度以下所需的时间。

（2）制品断面的平均温度冷却到所要求某一温度以下所需的时间。

（3）某些较厚的制品，虽然断面中心层部分尚未固化，但也有一定厚度的壳层已经固化，此时取出制品已可不产生过大的变形，这段时间也可以定为制品的冷却时间。

（4）结晶型塑料制品的最厚部位断面的中心层温度冷却到熔点以下所需要的时间，或结晶度达到某一指定值所需要的时间。

三、制品的后处理

注塑制品经脱模或机加工后，常常需要进行适当的后处理，以提高制品的性能和稳定性。制品的后处理主要有热处理（退火）和调湿处理两种方法。

（一）热处理（退火）

由于塑料在料筒内塑化不均匀，或者在模腔内冷却速度不均匀，因此常常会产生不均匀的结晶、定向和收缩，导致制品存在内应力，特别是在生产厚壁或带金属嵌件的制品时更突出。有内应力的制品在贮存和使用中会发生力学性能下降、光学性能变差、表面有银纹、变形开裂等问题。解决方法就是对制品进行退火处理。

退火处理的方法是将制品放置在恒温的加热液体介质（比如热的水、矿物油、甘油、乙二醇、液体石蜡等）或者热空气循环箱中一段时间。处理时间取决于塑料的品种、加热介质的温度、制品的形状和注塑条件。凡是所用塑料的分子链刚性较大、制品壁厚较大、带金属嵌件、使用温度范围较宽、尺寸精度要求较高、内应力较大且不易自消的制品都需要进行退火处理。对聚甲醛和氯化聚醚塑料制品来说，虽然存有内应力，但由于分子链柔性较大、玻璃化温度较低，内应力会缓慢消失，如果对制品要求不严格时，可以不用退火处理。

退火的实质如下。

（1）让强迫冻结的分子链得到松弛，凝固的大分子链段转向无规位置，从而消除这部分的内应力。

（2）提高结晶度，稳定结晶结构，从而提高结晶性塑料制品的弹性模量和硬度，降低断裂伸长率。

退火温度应该控制在制品使用温度以上 10~20℃ 或低于塑料的热变形温度 10~20℃，温度过高会使制品发生翘曲变形，温度过低又达不到效果。退火时间根据制品厚度来定，以达到能消除制品内应力为宜。处理时间到后，应将制品缓慢冷却至室温；冷却太快有可能重新引起制品内应力。

常用热塑性塑料的热处理条件见表 4-6。但应指出，并非所有塑料制品都要进行退火处理，通常，只是对于所用塑料的分子链刚性较大、壁厚较大、带有金属嵌件、使用温度范围变化较大、尺寸精度要求高、内应力较大又不易自行消失的塑料制品才有必要。

表 4-6　常用热塑性塑料的热处理条件

塑料名称	热处理温度/℃	时间/h	热处理方法
ABS	70	2~4	烘箱
PC	110~135	4~8	红外线、烘箱
POM	100~145	4	红外线、烘箱
PA66	100~110	4~8	油、盐水
PMMA	70	4~5	红外线、烘箱
PSU	110~130	4~8	红外线、烘箱、甘油
PMBA	110~130	1~2	烘箱
PS	70	2~4	烘箱

（二）调湿处理

将刚脱模的塑件放在热水中处理，既可以隔绝空气进行防止氧化的退火，还可以加快达到吸湿平衡，称为调湿处理。调湿处理的温度一般为 100~120℃。通常聚酰胺类塑件需要进行调湿处理，因为此类塑件在高温下与空气接触时常会发生氧化变色，在空气中使用或存放时又容易吸收水分而膨胀，需要较长时间才能得到稳定的尺寸。根据制品的壁厚及形状，决定浸泡处理时间，然后缓慢降至室温，取出制品。

第四节　注射成型工艺及质量控制

注射成型生产塑料制品时，当制品用原料、设备和模具的结构形式确定之后，影响制品成型质量的主要问题就是制品生产工艺参数的选择。在注射成型制品的整个生产过程中，只有合理控制工艺参数，才能保证生产出较理想的合格制品。在整个注射过程中，有三个重要的工艺参数，分别为温度、压力、时间。

一、温度

注射成型生产塑料制品时，需要对其进行温度调节控制的部位有注射机的塑化原料用机筒、注射用喷嘴和熔料成型制品时用的成型模具。在注射成型中，所需控制的温度包括料筒温度、喷嘴温度、模具温度。料筒温度又称塑化温度，喷嘴温度又称注射温度，料筒温度和喷嘴温度又称料温。料筒温度、喷嘴温度主要影响塑料的塑化和流动；模具温度则影响塑料的流动和冷却定型。

（一）料筒温度

注塑机的机筒是用来塑化、注射塑料制品用原料的地方，机筒的加热升温和进行温度调节控制，对塑料制品的用料塑化质量和制品成型质量都有较大影响，所以，温度这个参数是注射成型塑料制品生产中一个主要的参数条件。为了保证塑料制品的成型质量，使注射生产能长时间顺利进行，要求这里的温度变化值一定要控制在原料的熔点（呈熔融态流动温度）至原料的分解温度之间。在这个温度范围内，原料塑化温度选取取决于原料的性能、设备的工作条件和成型制品的结构特点等因素，生产时应酌情调节控制。

注射过程中塑料的温度变化如图 4-18 所示。

A~B：塑料从料斗进入高温的料筒，受热后温度迅速上升，开始熔化。

B~C：塑料在料筒内继续被加热，进而全部熔融塑化，此期间温度会保持一段时间。

C：塑料到达料筒的前端，准备注射，由于不再受螺杆的剪切和摩擦作用，温度会有所下降。

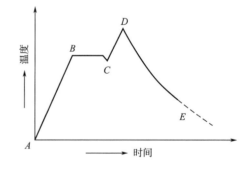

图 4-18　注射过程中塑料的温度变化

C~D：塑料在高压下高速注射入模，强烈的摩擦和剪切作用造成温度升高。

D~E：塑料注射完毕，在模具冷却系统的作用下冷却定型，温度逐渐下降。

E：塑料制品脱离模具。

很显然，料筒温度的配置要符合上述全过程，最理想的是根据料筒内熔体的实际情况随时进行无级调温，但这很难办到。现在所有的注射机都是分段调温，有两段、三段或更多段调温。配置料筒温度时应考虑以下几个方面。

（1）料筒温度高低原则。料筒温度不能过低，料筒温度越低，物料黏度越大，流动性就越差；流动性差可能出现两种情况，一种情况就是缺料，另一种情况就是制品表面光泽较差，制品表面比较粗糙。料筒温度也不能过高，料筒温度越高，物料黏度越低，熔体就越稀。在模具里有分型面，熔体越稀，容易在分型面上产生飞边、溢料或毛刺，如果温度过高，高于分解温度，就会出现起泡、黑点、条纹、银纹、斑纹等现象，影响制品性能。

（2）料筒温度分布原则。

①一般为前端高后端低，前端指靠近喷嘴一侧，后端指靠近料斗一侧，从料斗到喷嘴，温度升高，物料由固态随着温度的升高转变为黏流态。

②水分含量高的塑料，后端温度可适当提高，对于含水量较高或易吸水的塑料，如聚酰胺，聚酯类这一类缩聚聚合物，可以在料筒后端适当提高温度，让塑料里面的水可以蒸发出去，否则会产生气泡等缺陷，从而影响制品性能。

③料筒前端温度可低于中段温度，均化段温度可设置低一些，原因是塑料在料筒里的塑化过程中会产生剪切摩擦热，为了防止塑料过热分解，因此均化段温度可以适当降低。

（3）塑料原料特点。每种塑料都有不同的流动温度 T_f，料筒末端最高温度应高于塑料的流动温度 T_f（对无定形塑料）或熔点温度 T_m（对结晶塑料），而低于塑料的分解温度 T_d，故料筒最合适的温度应在 T_f（或 T_m）～T_d 之间。T_f（或 T_m）～T_d 区间较窄的塑料，料筒温度应偏低些（比 T_f 稍高）；T_f（或 T_m）～T_d 区间较宽的塑料，料筒温度可适当高些（比 T_f 高）。对于非结晶聚合物，其成型温度较宽，玻璃化温度 T_g 是非结晶聚合物一个非常重要的参数，非结晶聚合物的成型温度应比 T_g 高 $100 \sim 150℃$。对于结晶聚合物，其 T_g 一般不明显，用 T_m 来表示，结晶聚合物的料筒温度至少应比 T_m 高 $20 \sim 30℃$。不管是非结晶聚合物还是结晶聚合物，一定要注意温度不能过高，不能超过分解温度 T_d。如果是热敏性聚合物，料筒温度一定要特别注意，比如说聚碳酸酯，聚甲醛等刚性聚合物属于热敏性塑料，温度在非常小的范围内变化，黏度会发生非常大的变化。对于热敏性塑料，温度高几度，黏度就变得非常低，温度低几度，黏度就变得很大，成型困难，所有热敏性塑料，要特别注意料筒温度的设置。

（4）塑料分子量及其分布。对于同一种聚合物材料，分子量及其分布不同，料筒温度设置也有所区别。分子量高，分子量分布窄，物料流动性较差，分子间摩擦力大，熔体黏度高，料温应高一些；相反，分子量低，分子量分布宽，物料流动性较好，分子间摩擦力小，熔体黏度低，料温应低一些。在实际生产中，一般不会直接得到分子量或分子量分布，一般用熔融指数（MFR）来表示。MFR 指 10min 内，在标准条件下从高压毛细管流出的熔体质量，MFR 越大，熔体流动性就越好。对于塑料，如果 MFR 较大，料筒温度可以适当降低，反之，则料筒温度应适当提高。

（5）助剂。聚合物中往往要添加很多不同用途的添加剂和改性剂，这些也会对料筒温度设置有一些影响，如果添加增塑剂、润滑剂类，比如邻苯二甲酸二辛酯（DOP）常常添加到 PVC 中，用来提高 PVC 加工的流动性，如果是这一类物质，料筒温度可以适当降低。如果添加剂是填料或增强材料，如碳酸钙、玻璃纤维等无机物，这些物质在成型过程中永远处于固态，其黏度可以看作无穷大，这类物质会使物料流动性降低，为了提高物料流动性，料温一般应提高。

（6）注射机类型。塑料在不同类型的注射成型机（柱塞式或螺杆式）内的塑化过程是不同的，因而选择料筒温度也不相同。

柱塞式注射成型机，塑料仅靠料筒壁及分流梭表面传热，物料受的剪切作用极小，料层较厚，传热速率小且不均匀，因此，料筒温度应高些。但在实际生产中，柱塞式注射成型机因塑料停留时间长，容易出现局部过热分解的现象，所以也有采用较低料筒温度的。

螺杆式注射成型机，塑料在螺槽中受到较强的剪切作用，剪切摩擦热大，而且料筒内的料层薄，传热容易，因此，料筒温度应低些，一般比柱塞式注射成型机的料筒温度低10~20℃。但是，在实际生产中，为了提高成型效率，利用塑料在螺杆式注射成型机中停留时间短的特点，也可以采用较高的料筒温度。对螺杆式注射成型机，出料段的温度应略低于中段，这样可防止塑料的过热分解和制品颜色的变化。有时候，出料段的塑化会显得不足，影响制品质量，也需要将中段的料筒温度适当提高，甚至稍微高于出料段。

（7）制品壁厚和形状。形状复杂，流程曲折多，带嵌件制品，料筒温度应提高；厚壁和短流程制品流动阻力较小，应适当降低料筒温度；薄壁和长流程制品很容易随着模具冷却，黏度升高，流动性下降，流动阻力大，应适当提高料筒温度。

综上所述，料筒温度的选择对制品的性能有直接影响。随着料筒温度的升高，塑料熔体的黏度下降，料筒、喷嘴、模具浇注系统的压力降低，熔料在模具中的流程延长，可改善成型工艺性能，提高注射速度，缩短塑化时间和充模时间，提高生产效率和制件的表面质量。但料筒温度过高，容易引起塑料的热降解，降低制品的物理、力学性能；料筒温度过低，容易造成制品缺料，表面无光，有熔接痕等，且生产周期长，劳动生产率低。

因此，在保证制品质量的前提下，可适当提高料筒温度。部分塑料适用的料筒温度和喷嘴温度见表4-7。

表4-7　部分塑料适用的料筒温度和喷嘴温度

塑料	料筒温度/℃			喷嘴温度/℃
	进料段	压缩段	计量段	
聚乙烯（PE）	160~170	180~190	200~220	220~240
高密度聚乙烯（HDPE）	200~220	220~240	240~280	240~280
聚丙烯（PP）	160~195	165~220	195~250	240~245
聚苯乙烯（PS）	150~180	180~230	210~240	220~240
ABS	160~180	180~220	210~240	220~240
苯乙烯—丙烯腈共聚物（SAN）	150~180	180~230	210~240	220~240
悬浮聚氯乙烯（SPVC）	125~180	140~170	160~180	150~180
增强聚氯乙烯（RPVC）	140~165	165~180	185~200	180~200
聚三氟氯乙烯（PCTFE）	250~280	270~300	290~335	340~370

塑料	料筒温度/℃			喷嘴温度/℃
	进料段	压缩段	计量段	
聚甲基丙烯酸甲酯（PMMA）	150~180	170~200	190~220	200~220
聚甲醛（POM）	150~170	175~205	195~215	190~215
聚碳酸酯（PC）	220~235	240~255	260~270	260~270
尼龙6（PA6）	220	220	230	230
尼龙66（PA66）	220	240	250	240
聚氨酯（PUR）	175~205	180~215	205~240	205~240
乙酸—丁酸纤维素（C. A. B）	130~140	150~175	160~190	165~200
乙酸纤维素（CA）	130~140	145~155	160~165	165~180
丙酸纤维素（CP）	160~190	180~210	190~220	190~220
聚苯醚（PPO）	260~280	300~310	320~340	320~340
聚砜（PSU）	250~265	265~290	295~320	300~340
离子聚合物（IO）	90~170	130~215	140~215	140~215
聚四甲基—戊烯（TPX）	240~270	260~280	270~290	250~290
线型聚酯	70~100	70~100	70~100	70~100

（二）喷嘴温度

在料筒里塑化好的熔体要经过狭小的喷嘴到达模腔，喷嘴温度控制也很重要。喷嘴具有加速熔体流动、调整熔体温度和使物料均化的作用。在注射过程中，喷嘴与模具直接接触，由于喷嘴本身热惯性很小，与较低温度的模具接触后，会使喷嘴温度很快下降，导致熔料在喷嘴处冷凝而堵塞喷嘴孔或模具的浇注系统，而且冷凝料注入模具后也会影响制品的表面质量及性能，所以，需要控制喷嘴温度。

喷嘴温度不能过低，因为喷嘴非常狭小，温度过低，黏度增加，熔体很容易冷却凝结，把喷嘴堵死；喷嘴温度也不能过高，温度过高，黏度降低，容易出现流涎现象。对于喷嘴来说，最好能单独控温，喷嘴很狭小，摩擦热很大，温度设置一般要比料筒前端温度低5~10℃，防止温度过高产生流涎现象。

喷嘴温度通常是略低于料筒最高温度的，这是为了防止熔料在直通式喷嘴可能发生的流涎现象。喷嘴温度也不能过低，否则将会造成熔料的早凝而将喷嘴堵塞，或者由于早凝料注入模腔而影响制品的性能。

喷嘴温度的调节还应注意与注射压力大小的协调。注射压力较大，喷嘴温度可适当调低些；反之，则喷嘴温度略高些。喷嘴温度的高低验证可在检查熔料塑化质量对空注射时观察。当发现熔料中表面带有色条时，说明喷嘴温度或机筒温度有些偏高，应适当降低。

（三）模具温度

模具温度对制品的外观质量和性能影响很大。从喷嘴过来的熔体到达模腔成型并冷却。一般来说，模具温度越高，制品具有更好的光洁度和更低的内应力，但是模具温度高，制品生产周期长，产品制造成本提高。

控制模具温度有三个目的。其一可以使模具温度均匀，模腔内的塑料散热速度一致，避免或减少因内应力而导致的制品力学强度下降；其二在充模时，可将高温熔料传给模具的热量移走，有利于制品脱模；其三可缩短生产周期，提高生产率。模具温度常用的控制方法有两种：通入冷却介质（如水）和通入加热介质（如电加热），常用塑料的模具温度见表4-8。

表4-8　常用塑料的模具温度

塑料	模具温度/℃	塑料	模具温度/℃
ABS	60~70	LDPE	20~40
PC	90~100	HDPE	30~70
POM	90~120	POM	90~120
PSU	130~150	PSU	130~150
PCTFE	110~130	PS	30~50
PPO	110~130	PC	80~110
PP	20~50	PMMA	30~70
PVC	20~60	PA6	50~80

冷却速度用 ΔT 来表示，$\Delta T = T_{熔}（T_f）- T_{模}$，$\Delta T$ 越大，冷却速度就越大；ΔT 越小，冷却速度就越小。模具温度 $T_{模}$ 高，ΔT 就小，对于结晶聚合物，结晶度大，球晶大，取向度小，内应力小。这种现象的优点是制品刚度和硬度高，尺寸稳定性好，热性能好等；缺点是制品脆性大，抗冲击强度低，透明性差，生产效率低。$T_{模}$ 设置偏高仅适用于结晶能力很小的塑料，如PET等。同样，如果 $T_{模}$ 远低于 T_g，ΔT 大，冷却速度大，相当于制品急冷，此种情况会使结晶速度和结晶度小，球晶小，取向度较大，内应力大。这种现象的优点是制品透明性好，生产率会得到提高，缺点是制品强度降低，刚度下降，硬度降低，热性能较差。所以制品的冷却速度要中等，这样结晶度、球晶尺寸、取向度等均适中，结晶完善，结构稳定，制品综合性能好。

提高模具温度的优点如下。

（1）改善熔体在模具型腔内的流动性；

（2）增加塑件的密度和结晶度；

（3）减小充模压力和塑件中的应力。

提高模具温度的缺点如下。

（1）冷却时间会延长，冷却速度慢；

（2）产生黏模现象；

（3）收缩率大和脱模后塑件的翘曲变形会增加；

（4）降低生产率。

降低模具温度的优点是能缩短冷却时间，提高生产率。降低模具温度的缺点是熔体在模具型腔内的流动性会变差，使塑件产生较大的内应力和明显的熔接痕等缺陷。

对于非结晶塑料，模具温度对塑件力学性能影响较小，在保证顺利充模的前提下，采用较低模具温度可缩短冷却时间，提高生产效率。对于非结晶塑料，模具温度应比 T_g 低 20～30℃。如 PC，$T_g = 150℃$，模具温度可为 90～120℃。对于结晶型塑料，模具温度直接影响制品的结晶度和结晶构型。模具温度高，冷却速率小，结晶速率大，因为一般塑料最大结晶速率都在熔点以下的高温一边。另外，模具温度高还有利于分子的松弛过程，分子取向效应小。这种条件适用于 PET、PBT 等塑料，但聚烯烃类采用高模具温度会出现后期结晶，从而引起制品的后收缩，因此，要采用低模具温度，这类塑料有 PS、PVC、PE、PP、PA 等。

在生产过程中，模具温度的确定原则：一是需要根据塑料品种和塑件的复杂程度确定；二是满足注射过程要求的温度下，采用尽可能低的模具温度，以加快冷却速度，缩短冷却时间；三是模具温度保持在比热变形温度稍低的状态下，使塑件在比较高的温度下脱模，然后自然冷却，可以缩短塑件在模具内的冷却时间。

（四）油温

油温是指液压系统的压力油温度。油温的变化影响注射工艺参数，如注射压力、注射速度等的稳定性。

当油温升高时，液压油的黏度降低，液压系统产生气泡，增加了油的泄漏量，导致液压系统压力和流量发生波动，使注射压力和注射速度不稳定，造成注射过程不稳定，最终影响制品的质量。因此，应注意到油温的变化，正常的油温应保持在 30～50℃。

二、压力

具体来说，压力控制包括塑化压力、注射压力和保压压力的控制。

（一）塑化压力（背压）与螺杆转速

1. 塑化压力

螺杆旋转工作时，把塑化熔融料推向螺杆头部，同时螺杆头部的熔融料对螺杆头部有一个反推力，当这个反推力大于螺杆与机筒内壁间的摩擦力及与油缸活塞后退时的回油阻力之和时，螺杆开始后退移动，能够使螺杆后退的这个反推力就是螺杆旋转工作时对原料的塑化压力，也叫背压。塑化压力的大小可通过调节油缸（推动螺杆工作用油缸）内的回油压力调节，使螺杆产生不同的对原料的塑化压力。塑化压力有两个作用：一是提高塑化质量，螺杆后退并旋转，物料被推向料筒前端，同时进一步混合塑化；二是有利于排气，螺杆后退时，物料被推向料筒前端，前端物料越来越多，物料受到的压力也越来越大，此时有利于物料排气。

一般操作中，塑化压力的确定应在保证制品质量优良的前提下越低越好。增加塑化压力，有助于螺槽中物料的密实，排除物料中的气体，减少制品银纹或气泡的产生。塑化压力的增加使系统阻力增大，螺杆后退速度减慢，延长了物料在螺杆中的热历程，塑化质量得到改进；但塑化压力过高，螺杆后退受到极大的阻碍，在螺杆旋转不断地将塑料推向前方的情况下，机头压力剧增，从而增加了螺槽中的漏流和倒流，减少了塑化量。同时，过高的塑化压力会增加原料的塑化时间，使剪切热过高，物料温度升高，黏度下降，而且增加功率消耗，严重时使高分子物料发生降解而严重影响制品质量；如果塑化压力调得太低，螺杆后退速度过快，物料不密实，从料斗流入料筒的塑料颗粒相对较少，空气量大，在注射时要消耗一部分注射压力来排除空气。更重要的是，如果塑化压力低，加上螺杆转速又不高，螺杆的后退形同柱塞式注射机的柱塞那样，塑料的塑化效果就会更差。

不同物料有不同的塑化压力，应注意：熔体黏度较高的塑料塑化压力高，易引起动力过载；熔体黏度较低的塑料塑化压力较高，易流涎；熔体黏度适中且热稳定性的塑料塑化压力可选择稍高一些。在保证塑件质量的前提下，塑化压力应越低越好，一般为 2~20MPa。

不同性能塑料的塑化压力大小也要适当控制。对于热敏性塑料（如 PVC、POM），为防止在机筒内停留时间过长而分解，应取较小的塑化压力；对于熔体黏度较低的塑料（如 PET、PA），为了减少对其塑化和注射时的漏流，也应取较小的塑化压力；对于热稳定性较好的塑料（如 PE、PP、PS），可取较高的塑化压力，这对提高生产效率、改进原料的塑化、混炼质量有利。常用塑料的塑化压力和螺杆转速见表 4-9。

表 4-9　常用塑料的塑化压力和螺杆转速

塑料	塑化压力/MPa	螺杆转速/(r/min)	喷嘴类型
硬聚氯乙烯	尽量小	15~25	通用型
聚苯乙烯	3.4~10	50~200	通用型
聚丙烯	1.2~2.5	50~150	通用型
高密度聚乙烯	2.5~8.5	40~120	通用型
聚砜	0.3	30~55	通用型
聚碳酸酯	0.6~2.5	30~55	通用型
聚酰胺66	3.5	30~55	PA 型
改性聚苯醚	3.6	60~90	通用型
聚丙烯酸酯	10.3~20.6	25~75	通用型
丙烯酸类塑料	2.8~5.5	40~65	通用型
聚甲醛	0.35	40~55	通用型
ABS 通用级	1.4~3.5	75~120	ABS 型
热塑性聚酯	1.7	30~60	通用型
聚乙烯	1.5~2.5	30~50	通用型

2. 螺杆转速

螺杆转速指螺杆塑化成型物料时的旋转速度，它所产生的扭矩是塑化过程中向前输送物料发生剪切、混合与均化的原动力，所以它是影响注射机塑化能力、塑化效果以及注射成型的重要参数。

螺杆转速越高，熔料在螺杆中输出能力和剪切效应越好。调整螺杆转速即是调整塑化效果及加料进行时间。一般情况下，加料时间的长短是由螺杆转速与塑化压力所决定，螺杆转速越高，塑化压力越小，加料时间越短，反之加料时间越长。因此，螺杆转速是影响塑化能力、塑化质量和储料时间的主要参数。调整螺杆转速和塑化压力时要控制加料时间短于冷却时间。否则，即使冷却时间过了，也要等待加料时间完成，反而降低生产效率。

螺杆转速和塑化压力主要影响料筒内的热效应（高压熔融下的剪切热），不仅影响塑料的熔融黏度，而且影响料筒的受控温度，不利于塑件的高质量成型。为了达到料筒温度的准确控制，通常最佳的做法是调整螺杆转速使加料时间在许可范围内尽量长（相比冷却时间略短1~2s）。这样可减少因螺杆旋转摩擦而产生的热量，避免了熔料温度过高。因为塑化所需的热能绝大部分来自电热圈，当塑料在料筒内温度达到设定值时，电热圈的电源便被切断，实际温度超越设定值的情况极少发生，因而产品的成型质量将会得到提高。同样调校螺杆转速也要使塑料达到一定的混炼效果，如观察着色剂与塑料的混炼分散性程度能否达到其特定的色彩或色泽要求。当塑料混炼不好，塑件容易出现混色、偏色、黑点等外观常见缺陷。可适当减低螺杆转速，增加塑化压力，让塑料在料筒内滞留的时间及剪切的时间相对地延长，大多数可解决混炼不良的问题。否则就要检查着色剂质量或料筒部分的原因。对混炼程度没有高要求或采用原色料（不用添加着色剂）的塑件生产，可相应提高螺杆转速，减少塑化压力来缩短加料时间，提高生产效率。

在调校螺杆转速或塑化压力时，应注意塑件色泽或色彩的变化，对颜色有较高要求的产品，每次调整后必须与塑件样板或色板对比，确保颜色一致。对热敏性塑料如 PVC、POM 等，应采用低螺杆转速，以防物料分解。对熔体黏度较高的塑料如 PC 等，也应采用低螺杆转速。

（二）注射压力与注射速度

1. 注射压力

螺杆后退完成塑化后，接着螺杆向前运动，将物料推向喷嘴，注射压力指的是螺杆向前推动物料时，其头部对熔体施加的压力。注射压力与注射速度相辅相成，对塑料熔体的流动和充模起着决定性作用。

在设计注射机时，注射压力和工作油压力是额定的，由注射液压缸内径、油压系统压力来决定。唯一可以改变额定注射压力的只有换用不同直径的注射螺杆，螺杆直径越小，注射压力越大，反之注射压力越小。注射压力与机台的大小无关，而与以下公式中的参数有关。

$$注射压力 = \frac{注射液压缸内径 \times 油压系统压力}{注射螺杆直径}$$

虽然选用不同直径的注射螺杆会有不同的注射压力，但在注射动作时单位截面积上施加给塑料的压力都可以调整，以确保注射各类塑料所必需的压力。

在注射过程中为了克服熔料流经喷嘴、流道和模腔等处的流动阻力，注射螺杆将筒内的熔融塑料在设定的时间内完全并持续地充满温度较低的模腔，就需要有足够的推进力。当推进力达到某个峰值，就称为注射压力。注射压力不仅是熔料充模的必要条件，同时也直接影响到成型塑件的质量，主要是对塑件的成型尺寸精度和塑件应力和密度等有直接影响。因此，对注射压力的要求，不仅需要高于实际的充模压力，而且要稳定和可控。

（1）注射压力的作用。

①注射压力在注射成型中主要用来克服熔体在整个注射成型系统中的流动阻力，使料筒中的物料向前移动，同时使熔料混合和塑化。

②在充模阶段，注射压力克服浇注系统和模腔对塑料的流动阻力，并使熔料获得足够的充模速度及流动长度，使塑料冷却前能充满模腔。

③在保压阶段，注射压力对模腔中的塑料起一定的压实作用，并对塑料因冷却而产生的收缩进行补料，从而使制品保持精确的形状，获得所需的性能。

（2）注射压力的影响。注射压力的大小对成型品的质量有着直接的影响。如果注射压力过小，塑料无法充分填充模具，会导致成型品出现缺陷，如短射、气泡、翘曲等。如果注射压力过大，会导致模具变形、破裂，甚至会损坏注射机。因此，在注射成型中，需要根据模具的大小、形状和材料等因素，合理地设置注射压力，以保证成型品的质量。除了影响成型品的质量外，注射压力还会影响生产效率。通常情况下，注射压力越大，注射机的生产效率就越高。但是，过高的注射压力也会导致注射机的能耗增加，从而增加生产成本。因此，在注射成型中，需要根据生产需求和成本考虑，合理地设置注射压力，以达到最佳的生产效率和成本效益。注射压力是注射成型中非常重要的一个参数，它直接影响着成型品的质量和生产效率。在注射成型中，需要根据模具的大小、形状和材料等因素，合理地设置注射压力，以保证成型品的质量和生产效率的最佳平衡。

（3）注射压力大小的选择。选择注射压力时应注意下列问题。

①制品的结构和模具的结构。对于尺寸较大、形状复杂的制品或薄壁制件，充模阻力大，冷却的比表面积大，采用较大的注射压力有利于提高塑料流动性，在塑料凝固之前充满模腔；对于大面积、流程长的制件需要用高压，因为随着流程的延伸，熔料的温度越来越低，起始的通道变得越来越窄，模内空气受压缩的程度越来越大；注射成型制品的外形结构比较复杂、壁厚尺寸较小时，应采用较高的注射压力；对于厚壁制件采用低速高压注射为主。

②塑料品种。不同的塑料应有不同的调压侧重。不同的塑料，其熔融黏度对于温度敏感的塑料要以温度设置为主要手段，而对压力敏感的塑料以增加压力为主要手段。如 ABS，其熔融黏度对温度不敏感，应采用较高的注射压力。而聚乙烯、聚丙烯等，其熔融黏度对温度比较敏感，可采用较低的注射压力，增加料筒温度。

③注射压力与塑料温度的组合。注射过程中，注射压力与塑料温度实际上是相互制约的。料温高时，注射压力减小；反之，注射压力增大。

④注射机类型。对螺杆式注射机来说，通过螺杆的旋转，物料在被塑化的同时向前推进，由于料筒前端的温度较高，熔料与料筒的摩擦系数较小，因此压力降也较小；但柱塞式注射机则不同，它不仅要推动熔体前进，而且要推动未熔化和半熔化的物料前进，因此压力降很大，比螺杆式注射机要大得多，所以，柱塞式注射机所选用的注射压力要比螺杆式注射机大得多。

注射压力的大小与塑料品种、制件的复杂程度、制件的壁厚、喷嘴的结构形式、模具浇口的尺寸以及注射机类型等许多因素有关，通常取 40~200MPa，部分塑料的注射压力选择见表 4-10。

表 4-10　注射压力选择

制品形状要求	注射压力/MPa	使用塑料
熔体黏度较低、精度一般、流动性好、形状简单	70~100	PE、PS 等
中等黏度、精度有要求、形状复杂	100~140	PP、ABS、PC 等
黏度高、薄壁长流程、精度高且形状复杂	140~180	PSU、PPO 等
优质、精密、微型	180~250	工程塑料

2. 注射速度

注射速度指螺杆前进时，将熔融的物料充填到模腔的速度，一般用单位时间的注射质量（g/s）或螺杆前时的速度（cm/s）表示。注射速度和注射压力都是注射条件中的重要参数之一，注塑速度要能对物料的黏度进行控制和调节。注射速度对熔体的流动、充模及其制品质量有直接影响。注射速度可进行多级控制，通常可以根据产品结构不同而设定，在注射时使用低速注射，模腔充填时使用高速注射，充填接近终了时再使用低速注射的方法，通过注射速度的控制和调整可以防止和改善制品外观如毛边、喷射痕、银条或焦痕等各种不良现象。低速注射时料流速度慢，熔料从浇口开始的流束便以层流形态逐渐向模腔的远程铺展式流动，最先进入模腔的熔料先冷却而流速减慢，接近模壁的表层熔体冷却成高弹态的薄壳，而远离模壁的中心层熔体则为黏流态，并继续呈黏流态向前延伸至完全充满模腔后，冷却壳的厚度加大而变硬，进入定型状态。慢速注射由于熔料进入模腔时间长，冷却使料流黏度增大，流动阻力也增大，需配用较高的注射压力来配合充模。

高速注射时料流速度快，熔料从浇口进入开始，流束就以喷射的状态一直冲射到前面的模壁为止，后来的熔料瞬间接踵而至，最后相互交叠熔合压缩成为一个整体。高速注射有时可能转化为"自由喷射"，产生湍流或涡流，还会混入空气，使塑件发胀起泡，或者模腔内空气来不及排出，令塑料在急剧的空气压缩下产生高热，使塑件出现熔合性烧焦。过高的注射速度也会使塑件表面过于牢固地附着在模腔上，造成脱模困难。又或者高速注射令料流速度紊乱，使充模不均，增加了由内应力引起的翘曲，甚至会出现厚壁塑件沿融合线开裂的现象。高速注射顺利时，熔料很快充满模腔，料温下降小，黏度下降也小，可配用较低的注射压力。

综上所述，注射速度与注射压力一样，应选择得合理适当，既不宜过高，也不宜过低，常用的注射速度为 15~20cm/s。对于厚度和尺寸都很大的制品，注射速度为 8~12cm/s。通常情况下，熔体黏度高、热敏性强的塑料，成型冷却速度快的塑料，大型薄壁、精密、流程长的塑料，纤维增强的塑料，应尽量采用高速注射。除此之外，一般都不要采用过快的注射速度。

（三）保压压力

保压是指在模腔充满后，对模腔内熔体进行压实、补缩的过程，处于该阶段的注射压力称为保压压力。实际生产中，保压压力一般稍低于注射压力，也可与注射压力相等。保压压力持续的时间长短为保压时间。保压压力的作用是在防止毛边的发生和过度充填的基础上，把伴随着冷却固化中因收缩引起体积减小的部分，从喷嘴用熔融物料进行不断的补充，以防止制品因收缩而产生缩痕。保压压力必须一直保持到模腔中的物料完全固化，即各流道中的物料也发生固化时为止。

在保压初期阶段，制品重量随保压时间而上升，但达到一定时间之后则重量不再增加，保压压力近于等速下降。保压压力和保压时间对凝固点及制品收缩率有明显影响：提高保压压力，延长保压时间会使凝固点推迟，有助于减小制品收缩率。保压压力对制品体积（或密度）有很大的影响，但这种影响首先与熔体的温度有直接关系，熔体温度与保压压力及其切换时间对制品的比体积和密度起着严格的控制作用。在调试压力时需要注意的是注射压力到保压压力的切换点和保压时间的长短，因为它将影响成型制品的质量。

由注射压力转换到保压压力时，动作切换得太慢，充模时发生了过分充模现象。在这种情况下会出现模腔溢边，导致供料不足，使模腔内压力太低，制品不密实，发生凹陷，力学性能降低等不良现象。注射充模时间设定的太短，发生充填不足，模腔内缺料现象。保压时间设定不够，由于保压压力的过早切换，模腔内熔体在浇口冻封之前发生倒流，导致制品由于补缩不足出现孔穴，凹陷以及内部质量下降等缺陷。保压压力设定得太低，尽管有足够的时间，但由于压力不足以克服保压阶段流道中的强大阻力来建立保压流动进行有效的补缩，也会使模腔内压力不足，给制品带来各种缺陷。

三、时间（成型周期）

成型周期指完成一次注射成型工艺过程所需要的时间，包括图 4-19 所示几部分。

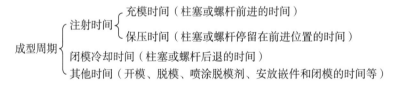

图 4-19　成型周期

注射成型是一项综合性的工艺，它与各段程序所进行的时间有关，因此也就直接影响聚合物熔体和制品所经过热历程和受力作用的时间，影响到制品质量和生产效率。在成型周期中，占主要部分的是充模时间、保压时间、冷却时间、开模时间和脱模取件时间。一个完整的循环周期，由闭门—闭模—注射保压—螺杆计量—冷却—开模—顶出制品—开门取件（全自动时无此部分）等组成。

（一）注射时间

注射时间指注射活塞在注射油缸内开始向前运动至保压补缩结束（活塞后退）为止所经历的全部时间，它的长短与塑料的流动性能、制品的几何形状和尺寸大小、模具浇注系统的形式、成型所用的注射方式和其他一些工艺条件等许多因素有关。注射时间由充模时间和保压时间两部分组成。对于普通制品，注射时间为 5~130s，特厚制品的注射时间可长达 10~15min，时间主要花费在保压方面，充模时间所占比例很小。部分塑料的注射时间见表 4-11。

表4-11　部分塑料的注射时间

塑料	注射时间/s	塑料	注射时间/s	塑料	注射时间/s
LDPE	15~60	PA1010	20~90	PC	30~90
PP	20~60	PA66（玻纤增强）	20~60	PSU	30~90
PS	15~45	ABS	20~90	PPO	30~90
SPVC	15~60	PMMA	20~60	PCTFE	20~60

充模时间通常为3~5s。充模时间越短，即高速注射，可以减少模腔内的熔体温差，改善压力传递效果，可得到密度均匀、内应力小的精密制品。过高的注射速度会使熔体流经喷嘴浇口等处时产生大量的摩擦热，导致物料烧焦以及吸入气体和排气不良等现象，影响到制品的表面质量，产生银纹、气泡，还易导致过度填充，使制品出现溢边。在采用低模具温度或成型薄壁制品、长流程制品、玻璃纤维增强制品以及低发泡制品时，可采用较低的充模时间。部分塑料的注射时间见表4-11。

（二）保压时间

保压时间指模腔充满后继续施加压力的时间（柱塞或螺杆停留在前进位置的时间），一般为20~25s，特厚塑件可高达5~10min，但高速注射一些形状简单的制品，保压时间也有很短的，如几秒。在浇口处熔料冻结之前，保压时间的长短对制品尺寸的准确性和外观都有影响，而在凝结之后则无影响。保压时间过短，塑件不紧密，易产生凹痕，塑件尺寸不稳定。保压时间过长，塑件的内应力增大，产生变形、开裂，脱模困难。保压时间的长短不仅与塑件的结构尺寸有关，而且与料温、模具温度以及主流道和浇口的大小有关。

（三）闭模冷却时间

闭模冷却时间是指塑件保压结束至开模以前所需的时间（柱塞后撤或螺杆转动后退的时间均在其中），它的大小主要取决于制品的厚度、塑料的热性能、结晶性质及模具温度。冷却时间的长短应以脱模时塑件不引起变形为原则，冷却时间一般在30~120s。冷却时间过长，不仅延长生产周期，降低生产效率，对复杂塑件还将造成脱模困难、易变形、结晶度高等现象。冷却时间过短，塑件易产生变形等缺陷。

（四）其他时间

其他时间包括开模、脱模、喷涂脱模剂、安放嵌件等的时间。成型周期中的其他时间与生产中是否连续化和自动化、操作者的熟练程度有关。

四、注射成型中的异常现象

在注射成型过程中，存在许多内在和外在因素影响制品的质量稳定。虽然其成因错综复杂，变化万千，彼此制约而又相互影响，但最终的结果都会反映在制品上，可在已知的成因范围（经验规则）内进行条件分析和排查，将问题解决。在工艺调整方法和手段上是多方面的，一个注射缺陷的成因很多，正确选择和调整往往一两个参数就可解决问题，关键在于判断和调整方法是否正确。注射成型中的异常现象、产生原因及解决方法见表4-12。

表 4-12　注射成型中的异常现象、产生原因及解决方法

异常现象	产生原因	解决方法
模腔未充满，制品缺料	1. 料筒、喷嘴及模具温度偏低 2. 注射机的注射量不足 3. 料筒剩料太多 4. 注射压力太低，注射速度太低，保压时间太短 5. 原料中含水量、挥发性物质过多 6. 流道或浇口太小，浇口数目不够，位置不当 7. 模腔排气结构欠佳 8. 原料中所含杂质（难熔杂质）过多 9. 浇注系统发生堵塞 10. 模具中无冷料穴或冷料穴设计不合理 11. 喷嘴太小 12. 止逆阀故障，熔体倒流	1. 提高料筒、喷嘴及模具温度 2. 调整注射量<85%的注射机最大塑化量 3. 排除料筒剩料 4. 增加注射压力、注射速度、保压时间 5. 干燥原料 6. 重新设计浇口 7. 检查排气系统或疏通被堵塞的通道 8. 更换原料 9. 疏通浇注系统 10. 重新设计冷料穴 11. 更换直径较大的喷嘴 12. 检修止逆阀
熔接痕	1. 料温太低，塑料流动性差 2. 注射压力太低、注射速度太低 3. 制品壁厚相差过大 4. 模具温度太低 5. 模腔排气不良 6. 原料受到污染 7. 模具冷却系统设计欠佳或浇口位置开设不当 8. 浇口数量太多 9. 模具中冷料穴不够大或位置不正确 10. 主流道进口部位或分流道截面积太小	1. 提高机筒温度 2. 提高注射压力和注射速度 3. 重新设计制品壁厚 4. 提高模具温度 5. 在熔接线位置增加排气孔 6. 更换原料 7. 重新设计模具冷却系统和浇口位置 8. 减少浇口数量 9. 重新设计冷料穴 10. 重新设计主流道和分流道
制品有气泡	1. 原料干燥不良 2. 原料颗粒直径相差太大 3. 注射速度太快 4. 注射压力太小 5. 模具温度太低或太高 6. 模具排气不良 7. 再生料加入量太大 8. 熔体温度过低，流动性差 9. 熔体冷却不均匀或冷却不足 10. 加料量过多或过少 11. 保压压力不够或保压时间不足 12. 制品厚薄差别过大	1. 重新干燥原料 2. 控制颗粒大小 3. 降低注射速度 4. 增加注射压力 5. 调节模具温度 6. 检查排气系统或疏通被堵塞的通道 7. 减少再生料加入量 8. 增加料筒温度 9. 增加冷却时间 10. 调节加料量 11. 增加保压压力或延长保压时间 12. 重新设计制品厚度
制品脱模不良	1. 注射压力太高，注射时间太长 2. 模具温度太高 3. 浇口尺寸太大或位置不当 4. 模腔光洁度不够 5. 脱模斜度太小 6. 顶出位置结构不合理 7. 模具排气不良 8. 熔体温度过高 9. 喷嘴温度太低，冷却时间太短 10. 原料中有异物	1. 降低注射压力、注射时间 2. 降低模具温度 3. 减小浇口尺寸或重新设计浇口位置 4. 抛光模腔内表面 5. 增加脱模斜度 6. 重新设计顶出位置结构 7. 检查排气系统或疏通被堵塞的通道 8. 降低料筒温度、喷嘴温度 9. 提高喷嘴温度、延长冷却时间 10. 筛选原料

续表

异常现象	产生原因	解决方法
主流道黏模	1. 料温太高 2. 冷却时间太短，主流道尚未凝固 3. 喷嘴温度太低 4. 主流道无冷料穴 5. 喷嘴孔径大于主流道直径 6. 主流道衬套弧度与喷嘴弧度不吻合 7. 主流道斜度不够	1. 降低料筒温度、喷嘴温度 2. 延长冷却时间 3. 提高喷嘴温度 4. 重新设计冷料穴 5. 更换喷嘴 6. 更换喷嘴 7. 增加主流道斜度
制品飞边	1. 料筒、喷嘴、模具温度太高 2. 注射压力太大，锁模力不足 3. 模具密封不严，有杂物或模板弯曲变形 4. 模具排气孔太深 5. 熔料注射速度太快 6. 加料量太多	1. 降低料筒、喷嘴、模具温度 2. 降低注射压力，增加锁模力 3. 检查合模面是否污染或受损 4. 改小排气孔 5. 降低注射速度和注射压力 6. 减少加料量
制品凹陷	1. 加料量不足 2. 料温太高，制件冷却不足 3. 制品壁厚或壁薄相差大 4. 注射时间及保压时间太短 5. 注射压力不够，保压压力太低 6. 注射速度太快 7. 模具浇口及流道截面积过小，浇口位置不对称 8. 模具排气不良 9. 模具冷却不均匀或冷却不足 10. 原料中含水分、挥发性物质过多	1. 增加加料量 2. 降低料筒温度、喷嘴温度 3. 重新设计制品壁厚 4. 增加注射时间及保压时间 5. 增加注射压力和保压压力 6. 降低注射速度 7. 重新设计模具浇口 8. 检查排气系统或疏通被堵塞的通道 9. 增加冷却时间 10. 干燥原料
制品表面有银纹	1. 原料含有水分及挥发物 2. 料温太高 3. 注射压力太低，注射速度太快 4. 流道、浇口尺寸太小 5. 嵌件未预热或温度太低 6. 制品内应力太大 7. 模具冷却水道发生渗漏，冷却水渗入模腔 8. 排气系统设计不合理 9. 保压时间太长	1. 干燥原料 2. 降低料筒温度、喷嘴温度 3. 提高注射压力，降低注射速度 4. 增加流道、浇口尺寸 5. 提高嵌件预热温度 6. 降低注射压力 7. 更换模具 8. 重新设计排气系统 9. 降低保压时间
制品表面有黑点及黑色条纹	1. 塑料分解 2. 螺杆转速太快 3. 料筒、喷嘴有积料、死角 4. 喷嘴与主流道吻合不好，产生积料 5. 注射速度过大 6. 原料污染或带进杂质 7. 塑料颗粒大小不均匀 8. 模具排气不良 9. 模腔光洁度不够 10. 原料中含有的粉料过多	1. 调整工艺参数 2. 降低螺杆转速 3. 清理积料 4. 重新设计喷嘴与主流道 5. 降低注射速度 6. 更换原料 7. 筛分塑料颗粒 8. 检查排气系统或疏通被堵塞的通道 9. 抛光模腔内表面 10. 筛分原料

异常现象	产生原因	解决方法
制品翘曲变形	1. 模具温度太高，冷却时间不够 2. 制品厚薄悬殊 3. 浇口位置不当，数量不够 4. 熔体温度过高 5. 塑料中大分子定向作用太大 6. 模具冷却系统不合理，塑件冷却不均匀 7. 模具的脱模斜度不够 8. 顶杆的顶出面积太小或顶杆分布不均匀 9. 注射压力过高，保压压力过高	1. 降低模具温度，延长冷却时间 2. 重新设计制品厚度 3. 重新设计浇口 4. 降低料筒温度、喷嘴温度 5. 降低保压时间 6. 重新设计模具冷却系统 7. 增加模具的脱模斜度 8. 更换顶杆 9. 降低注射压力和保压压力
制品内冷块	1. 塑化不均匀 2. 熔体温度、模具温度、喷嘴温度太低 3. 原料内混入杂质或不同牌号的原料 4. 无主流道或分流道冷料穴 5. 成型时间太短 6. 注射压力太低	1. 调整工艺参数 2. 增加熔体温度、模具温度、喷嘴温度 3. 更换原料 4. 重新设计冷料穴 5. 延长成型时间 6. 增加注射压力
制品分层脱皮	1. 不同塑料混杂 2. 同一种塑料不同级别相混 3. 塑化不均匀 4. 原料污染或混入异物	1. 更换原料 2. 更换原料 3. 调整工艺参数 4. 更换原料
制品褪色	1. 塑料污染或干燥不够 2. 螺杆转速太快 3. 注射压力太大 4. 注射速度太快 5. 注射保压时间太长 6. 料筒温度过高，使塑料、着色剂、添加剂分解 7. 流道、浇口尺寸不合适 8. 模具排气不良	1. 更换原料或干燥原料 2. 降低螺杆转速 3. 降低注射压力 4. 降低注射速度 5. 缩短注射保压时间 6. 降低料筒温度 7. 重新设计流道、浇口尺寸 8. 检查排气系统或疏通被堵塞的通道
制品强度下降	1. 塑料分解 2. 注射压力太低、保压压力太低 3. 熔体的流动性太差，导致熔接不良 4. 塑料潮湿 5. 塑料混入杂质 6. 浇口位置不当 7. 制品设计不当，有锐角缺口 8. 围绕金属嵌件周围的塑料厚度不够 9. 模具温度太低 10. 塑料回料次数太多 11. 制品壁厚相差太大	1. 降低料筒温度 2. 增加注射压力和保压压力 3. 提高料筒温度 4. 干燥塑料 5. 更换原料 6. 重新设计浇口位置 7. 重新设计制品，避免锐角缺口 8. 增加金属嵌件周围的塑料厚度 9. 提高模具温度 10. 降低塑料回料次数 11. 重新设计制品壁厚

异常现象	产生原因	解决方法
制品尺寸不稳定	1. 加料量不够 2. 原料颗粒不均匀，新旧料混合不当 3. 注射压力太低，注射速度偏低 4. 充模、保压时间不够 5. 浇口、流道尺寸不均匀 6. 模温不均匀 7. 模具尺寸不准确 8. 脱模杆变形或磨损 9. 注射机的电动机、液压系统不稳定 10. 模具刚性不够 11. 注射机加料系统供料不稳定	1. 增加加料量 2. 筛分原料 3. 提高注射压力和注射速度 4. 延长充模、保压时间 5. 重新设计浇口、流道尺寸 6. 重新设计模具冷却系统 7. 重新设计模具 8. 更换脱模杆 9. 稳定注射机的电动机、液压系统 10. 更换模具 11. 稳定注射机加料系统
制品内有白点	1. 螺杆塑化压力太低，原料塑化不好 2. 螺杆转速太快，原料塑化时间太短 3. 熔体温度太低 4. 螺杆压缩比、长径比太小 5. 原料中混有异料或不相容的杂质 6. 原料颗粒相差太大，难以充分塑化	1. 增加螺杆塑化压力 2. 降低螺杆转速 3. 提高料筒温度、喷嘴温度 4. 增加螺杆压缩比、长径比 5. 更换原料 6. 筛分原料
表面缩水、缩孔（真空泡）	1. 注射压力、保压压力不足、塑胶熔体补缩不足 2. 注射速度过慢，塑胶熔体补缩不足 3. 注射量不足 4. 料温、模具温度偏高，冷却速度慢 5. 流道、浇口尺寸偏小、压力损失增大 6. 浇口凝固太早，补缩不良 7. 注射机的残量不足或止逆阀动作不畅 8. 射胶转保压太快	1. 提高保压压力、延长保压时间 2. 提高填充速度 3. 增大注射量 4. 提高填充速度 5. 使用流道、浇口尺寸大的注射机 6. 料筒温度设定降低 7. 适当增加原料用量 8. 降低射胶转保压时间
表面流纹（流痕）、水波纹	1. 残留于注射机喷嘴前端的冷材料进入模腔 2. 模具温度低则夺走大量的塑胶熔体热量，使塑胶熔体温度下降 3. 注射速度过慢，填充过程塑胶熔体温度降低增多 4. 在模具填充过程中，模腔内的塑胶熔体温度下降，以高黏度状态充填，接触模面的塑胶熔体以半固化状压入 5. 塑胶熔体温度在下降时，填充不完全固化，造成充填不足	1. 将注射机喷嘴处理干净 2. 增大模具温度 3. 增大注射速度 4. 保持模腔温度 5. 增大填充速度

异常现象	产生原因	解决方法
表面顶白	1. 注射压力太大 2. 注射速度太快 3. 顶出速度太快 4. 保压时间太长 5. 冷却时间不够 6. 模具温度太高 7. 脱模斜度不够或有倒扣 8. 顶出结构不合理 9. 模具局部过热，冷却不足	1. 减小注射压力 2. 减小注射速度 3. 减小顶出速度 4. 减少保压时间 5. 延长冷却时间 6. 降低模具温度 7. 增大脱模斜度 8. 使用合理的顶出结构 9. 增大模具散热
表面色差、混色、光泽不良、透明度不足	1. 回收料混合不均匀 2. 模具表面抛光不良 3. 模具温度太低 4. 使用过多的脱模剂或油脂性脱模剂 5. 原料含杂物	1. 将回收料混合均匀 2. 抛光模具 3. 增大模具温度 4. 减少脱模剂或油脂性脱模剂的使用 5. 使用原料时注意检查

五、注射成型安全操作规程

（1）生产底壳，取制品时用手抓料把将制品从模具上取出。

（2）生产面壳，取制品时模具顶出完成后，先取制品（从制品上方），后取料爪。

（3）进入机床内清理卫生、擦洗模具、取黏模等，必须关闭油泵马达。

（4）生产过程，取黏模使用钳子时，钳子与模具不能直接接触，在钳子下方垫材料较软的（如木头或塑料），以防损伤模具。

（5）生产过程清理溢料时，先关闭电热开关，再进行。不允许用金属件清理溢料。

（6）模具推板或顶针未退回指定位置，不准强行合模。

（7）严禁用铁辊或顶杆敲击料把式水口，以免损伤模具浇道口。

（8）擦拭机床顶部时，必须先将风扇关闭，待叶轮完全停止转动后，方可进行。

（9）协助模具人员换模时，上模过程中注意压板掉下，模具工吊模时远离现场。

（10）操作工磨铜辊过程中，切记不要将手碰向砂轮，用后关闭电源。

（11）使用煤气罐时，火焰远离罐体，用完后关闭两个开关。脱模剂远离明火，不准摔砸脱模剂。

（12）从事小机生产时，不允许私自把机床调至高速启闭模状态，不准私自调小模间距。

（13）不允许私自动机床注座系统上方的高压氮气开关。

（14）临时安排调整机床时，由班长或组长示范上机操作全过程，并巡视中监控其操作方法是否规范并及时纠正。

（15）新上岗人员由班长或组长监控其操作时间不得低于2h，班长或组长离开时，指定人员监控。

六、注射机的维护保养

注射机维护保养重点工作要求如下。

（1）塑化机筒内螺杆不允许无故进行长时间空运转，如果需要检查螺杆工作运转情况，需要无料试运转时，螺杆空运转时间不允许超过 3min。

（2）如果注射机需进行大修或停机时间较长，生产完停机后，必须清理机筒、螺杆和喷嘴内残料。清理时不许用钢刀刮削零件表面上的残料、污物，更不允许用火烧烤螺杆进行除污，应使用铜质刀、铲和刷除料，避免划伤螺杆和机筒工作面。

（3）机筒、螺杆和模具清理干净后，如果停机时间较长，各零件表面要涂防锈油；螺杆涂油后包扎好，吊挂在安全通风处；机筒和模具的进出入口要封严；模具清理干净残料涂油后，要组装在一起存放。

（4）存放较长时间的模具和机筒上面不允许存放重物。

（5）设备易损件中要常备各种油封垫和密封胶圈，当油管路和轴承部位出现渗漏油现象时，要及时维修更换。保证工作环境清洁。

（6）注意保持液压油的工作温度，控制在 30～55℃。如果出现油温过高时（超过60℃），要加大循环冷却水流量。过高的液压油温，会降低液压油浓度，影响工作，加快各控制阀和密封胶圈的磨损。

（7）经常检查注射机中各润滑部位的工作状况和润滑情况，保持各润滑点的充分润滑。

（8）每周至少要检查一次各部位连接螺钉、螺母，看有无松动现象。每月应至少检查一次液压油的质量，出现含有水分或杂质时要及时处理；油量不足要及时加注补充液压油。

（9）每月应至少检查一次各电器线路有无松动现象，要清理一次电控箱通风防尘网。每月要清洗一次液压油过滤网。

（10）在每年的节假日长假中，要对各种电动机、液压油控制阀、滚动轴承和传动减速箱等部位进行清扫、清洗和补加润滑油（脂），检查各转动部位零件的磨损情况；清洁热电偶接触点，检查各电路连线的牢固性，更换老化的线路，校准各种仪表等。

第五节　注射成型模具

注射成型模具（简称注射模）是在成型中赋予塑料形状和尺寸的部件。注射模的分类方法很多。按照塑料品种不同可分为热塑性塑料注射模和热固性塑料注射模；按其在注射机上的安装方式可分为移动式和固定式注射模具；按所用注射机类型又可分为卧式、立式和角式注射模；按模具的成型数目可分为单型腔和多型腔注射模。但从模具设计、制造、使用的角度上看，按注射模的总体结构特征分类最为方便，一般可将注射模分为单分型面注射模、双分型面注射模、带活动嵌件的注射模、带侧向分型抽芯的注射模、自动卸螺纹的注射模、定模一侧设有脱模机构的注射模和无流道注射模等。其中单分型面注射模也叫两（双）板式注射模，是注射模中最简单而又最常用的，如图 4-20 所示，注射模由动模和定模两部分组成，动模安装在动模板上，并随动模板移动，达到与定模板分开或合拢的目的。定模安装在固定模板上，直接与喷嘴或浇口套接触。主流道设在定模一侧，分流道设在分型面上，开模后制品连同流道凝料一起留在动模一侧。动模上设置有顶出装置，用以顶出制品和流道凝料。

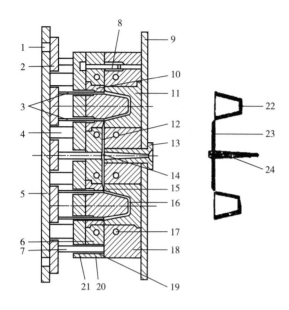

图 4-20 典型单分型面注射模

1—用作推顶脱模板的孔 2—脱模板 3—脱模杆

4—承压柱 5—后夹模板 6—后扣模板 7—回顶杆

8—导合钉 9—前夹模板 10—阳模 11—阴模

12—分流道 13—主流道衬套 14—冷料穴 15—浇口

16—型腔 17—冷却剂通道 18—前扣模板

19—塑模分界面 20—后扣模板 21—承压板

22—制品 23—分流道赘物 24—主流道赘物

注射模主要由浇注系统、成型零件和结构零件三部分组成。其中浇注系统和成型零件是与塑料直接接触，并随塑料和制品而变化，是塑模中最复杂，变化最大，要求加工光洁度和精度最高的部分。

一、浇注系统

浇注系统是塑料从喷嘴进入型腔前的流道部分，是将塑料熔体注射进闭合模腔的通道，对熔体充模时的流动特性以及注射成型质量有重要影响，其作用是将塑料熔体顺利地充满型腔的各个部位，并在充填保压过程中，将注射压力传递到型腔的各个部位，以获得外形清晰、内在质量优良的塑料制品。

对浇注系统的要求：一是浇注系统应防止制品出现充填不足、缩痕、飞边、熔接痕位置不理想、残余应力、翘曲变形、收缩不匀、蛇纹、抽丝、树脂降解等缺陷。二是浇注系统应能顺利地引导熔融塑料充满型腔各个角落，使型腔内气体能顺利排出，避免制品内形成气泡。三是浇注系统应能收集温度较低的冷料，防止其进入型腔，影响制品质量。四是尽可能采用平衡式布置，以便熔融塑料能平衡地充填各型腔，使各型腔收缩率均匀一致，提高塑件的尺寸精度，保证其装配的互换性。

浇注系统包括主流道、冷料井、分流道和浇口等，如图 4-21 所示。

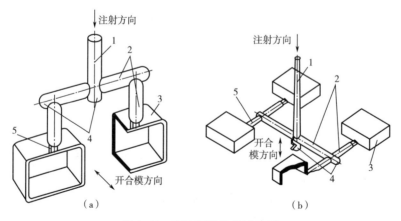

（a） （b）

图 4-21 浇注系统结构示意图

1—主流道 2—分流道 3—制品 4—冷料井 5—浇口

（一）主流道

主流道是注射成型模具中连接注射机喷嘴至分流道或型腔的一段通道，是熔体最先流经模具的部分，它与注射机喷嘴在同一轴心线上。主流道通常为圆锥形，顶部呈凹型，以便与喷嘴衔接。主流道进料口直径稍大于喷嘴直径（0.5~1mm），以免溢料，并防止两者因衔接不准而发生堵截。进料口直径根据制品大小而定，一般为4~8mm。主流道直径应向内扩大，呈3°~5°的角度，以便流道赘物脱模。

主流道是浇注系统最先接触塑料熔体的部位，熔体通过主流道时温度会降低，因此，主流道的形状和尺寸影响着塑料熔体的流动速度和充模时间。设计时，必须使熔体的温度和压力变化降到最小，即对熔体的影响降到最小。在卧式注射机或立式注射机用的模具中，主流道垂直于分型面。

主流道直径的大小与塑料熔体的流动速度及充模时间的长短有密切关系。直径太大时，则造成回收冷凝料过多，冷却时间增长，而主流道空气过多也易造成气泡和组织松散，极易产生涡流和冷却不足。另外，直径太大时，熔体的热量损失会增大，流动性降低，注射压力损失增大，成型困难。直径太小时，熔体的流动阻力会增大，同样不利于成型。

主流道要求如下。

（1）为了方便浇注系统冷凝料的取出，主流道设计成圆锥形，其锥角 $\alpha = 2°~6°$，主流道的表面粗糙度 $Ra \leqslant 0.8\mu m$。

（2）为防止主流道与喷嘴处溢料，主流道与注射机喷嘴对接处应制成半球形凹坑，其小端直径通常取3~6mm。

（3）为减小料流转向过渡时的阻力，主流道大端呈圆角过渡，其圆角半径 $r = 1~3mm$。

（4）在保证塑料良好成型的前提下，主流道长度 L 应尽量短，否则将增多流道冷凝料，且增加压力损失，使塑料降温过多而影响注射成型。通常主流道长度由模板厚度确定，一般取 $L \leqslant 60mm$。

（5）由于主流道与高温塑料和喷嘴反复接触碰撞，所以主流道部分常设计在可拆卸的主流道衬套内，即浇口套衬套。浇口套衬套一般选用碳素工具钢，如T8、T10A等。

（二）冷料井

冷料井（冷料穴）是为储存因熔体与低温模具接触而在料流前锋产生的冷凝料而设置的，这些冷凝料如果进入型腔将减慢熔体的填充速度，最终影响制品的成型质量。冷料井一般设置在主流道的末端，分流道较长时，分流道的末端也应设冷料井。冷料井位于主流道对面的动模上，或位于分流道的末端，其直径为8~10mm，深度为6mm，为了便于脱模，其底部由脱模杆承担。对于主流道冷料井，开模时应将流道中的冷凝料拉出，所以冷料井直径宜稍大于主流道大端直径。

（三）分流道

连接主流道与浇口的熔体通道叫分流道，分流道起分流和转向作用，使其以平稳的流态均匀地分配到各个型腔。多型腔的模具一定要设置分流道，若是单型腔成型大型塑件，如采用多浇口进料，也需要设置分流道。分流道应对称、等距离排列分布。在一模多腔的模具中，分流道的设计必须解决如何使塑料熔体对所有型腔同时填充的问题。如果所有型腔体积形状相同，分流道最好采用等截面和等距离。否则，必须在流速相等的条件下，采用不等截面来达到流量不等，使所有型腔差不多同时充满。有时还可以改变流道长度来调节阻力大小，保证型腔同时充满。熔融塑料沿分流道流动时，要求它尽快地充满型腔，流动中热量损失要尽可能小，流动阻力要尽可能低。同时，应能将塑料熔体均衡地分配到各个型腔。经常采用的是梯形或半圆形截面的分流道，且开设在带有脱模杆的一半模具上。流道表面必须抛光以减少流动阻力提供较快的充模速度。流道的尺寸决定于塑料的品种，制品的尺寸和厚度。对大多数热塑性塑料来说，分流道截面宽度均不超过 8mm，特大的可达 10~12mm，特小的只有 2~3mm。在满足需要的前提下应尽量减小截面积，以免增加分流道赘物和延长冷却时间。

设计分流道必须考虑的因素如下。

（1）塑料的流动性及制品的形状。对于流动性差的塑料，如 PC、HPVC、PPO 和 PSF，分流道应尽量短，分流道拐弯时尽量采用圆弧过渡，截面积宜取较大值，截面形状应采用圆形（侧浇口分流道）或"U"形（点浇口分流道）。分流道的走向和截面形状取决于浇口的位置和数量，而浇口的位置和数量又取决于制品形状。

（2）型腔的数量。它决定分流道的走向、长短和大小。

（3）壁厚及内在外观质量要求。这些因素决定了浇口的位置和形式，最终决定分流道的走向和大小。如果要采用自动化注射，则分流道必须确保在开模后留在后模，且容易脱落。

（4）注射机的注射压力及注射速度。

（5）主流道及分流道的拉料和脱落方式。

（四）浇口

浇口是连接分流道与型腔之间的一段细短通道，是浇注系统的最后部分，它能很快冷却封闭，防止型腔内还未冷却的熔体倒流。设计时须考虑产品尺寸、截面积尺寸、模具结构、成型条件及塑料性能。浇口的截面积可以与主流道（或分流道）相等，但通常都是缩小的，所以它是整个流道系统中截面积最小的部分。浇口应尽量短小，与产品分离容易，不造成明显痕迹。

1. 浇口的作用

（1）防止倒流。当注射压力消失后，封锁型腔，使尚未冷却固化的塑料不会倒流回分流道。

（2）升高熔体温度。熔体经过浇口时，会因剪切及挤压而升温，有利于熔体填充型腔。

（3）调节及控制进料量和进料速度。在多型腔注射模中，当分流道采用非平衡布置时，可以通过改变浇口的大小来控制进料量，使各型腔能在差不多相同的时间内同时充满，这叫作人工平衡进料。

（4）提高成型质量。浇口设计不合理时，易产生填充不足、收缩凹陷、蛇纹、震纹、熔接痕及翘曲缺陷。

2. 常见的浇口

常见的浇口有直接浇口、矩形侧浇口、扇形浇口、膜状浇口、轮辐浇口、点浇口、潜伏浇口、护耳浇口等。浇口的位置一般应选在制品最厚而又不影响外观的地方。

3. 浇口位置的选择

任何浇口都会在制品表面留下痕迹，从而影响其表面质量。为不影响产品外观，应尽量将浇口设置在制品的隐蔽部位，若无法做到，则应使浇口容易切除，切除后在制品上留下的痕迹最小。浇口位置的选择要注意以下几点。

（1）浇口位置应尽量设计在塑件截面最厚处；

（2）浇口位置要使塑料流程最短，料流变向最少；

（3）浇口位置要有利于型腔内气体的排出；

（4）浇口位置的选择应防止料流将型腔、型芯、嵌件等挤压变形；

（5）浇口位置应选择在不影响产品使用的部位，不影响装配、外观；

（6）浇口位置应尽量减少产品充填的熔接痕；

（7）浇口位置的选择应使产品不易产生变形。

二、成型零件

成型零件是构成模具的型腔、直接与塑料熔体相接触并成型制品的模具零部件。通常有凹模、型芯（凸模）、分型面、排气口等零部件。在模具的动模、定模部分合模后成型零件构成了模具的型腔，从而也决定了塑件的内、外轮廓尺寸。

型腔是模具中成型塑料制品的空间。构成型腔的组件统称为成型零件。构成制品外部形状的成型零件称为凹模，构成制品内部形状的成型零件称为型芯或凸模。

（一）凹模

凹模又叫阴模，是成型塑件外表面的部件。在注射成型中通常装在注射机的固定模板上，所以，习惯上又叫定模。成型塑件外螺纹的凹模称为螺纹型环。凹模按其结构不同，可分为整体式凹模、嵌入式凹模、镶嵌式凹模、拼合式凹模等。

（1）整体式凹模。这类凹模由一整块金属加工而成。其特点是结构简单、牢固，刚性好、不易变形、塑件无拼接缝痕迹，它适用于形状简单的中小型塑件成型。

（2）嵌入式凹模。这类凹模是由整体式凹模演变而来。它是将凹模直接嵌入固定模板，或嵌入模框中，模框再嵌入定模板中。其特点是型腔可单独加工，型腔形状与尺寸一致性好，适用于塑件尺寸不大的多型腔模具。

（3）镶嵌式凹模。对于形状比较复杂的凹模，可将其分成几块分别加工，再镶嵌在一起，从而组成镶嵌式凹模。其特点是便于加工，保证精度。

（4）拼合式凹模。对于形状复杂的凹模或大型凹模，可将其四壁和底板分别加工，经研磨后压入模套中，侧壁之间用扣锁连接，以确保连接的准确。这种拼合式凹模结构牢固，易于加工，承受力大，因此较为常用。

（二）型芯（凸模）

型芯又叫阳模，是成型塑件内表面的部件，在注射成型中通常装在注射机的动模板上，所以，习惯上又叫动模。由于注射成型中常让塑件留在动模上，所以，在动模上常装有顶出机构，以方便塑件的脱模。我们通常把径向尺寸较大的型芯称为凸模，径向尺寸较小的型芯称为成型杆，成型塑件内螺纹的型芯称为螺纹型芯。凸模按结构形式可分为整体式凸模、组合式凸模等。

（1）整体式凸模。将成型的凸模与动模板做成一体。具有结构简单、牢固，成型塑件质量好的特点，但加工不便且钢材消耗量大，只适用于形状简单且凸模高度较小的单型腔模具。

（2）组合式凸模。将成型的凸模和固定模板分别采用不同材料制造和热处理，然后组合在一起。组合式凸模适用于塑件内表面形状复杂而不便于机械加工，或形状虽不复杂，但为节省优质钢材、减少切削加工量的场合。

（三）分型面

为了将塑件和浇注系统冷凝料等从密闭的模具内取出，以及为了安放嵌件，将模具适当地分成两个或若干个主要部分，这些可以分离的接触表面，统称为分型面。分型面选择合理，则模具结构简单，塑件容易成型，并且塑件质量高。如果分型面选择不合理，模具结构变得复杂，塑件成型困难，并且塑件质量差。

分型面与模具的相对位置如图4-22所示，图4-22（a）为制件在动模内成型；图4-22（b）为制件在定模内成型；图4-22（c）为制件同时在动模、定模内成型；而图4-22（d）为制件在瓣合模中成型。图4-22中的单向箭头表示动模移开定模的运动方向，双向箭头表示瓣合模的分开。为了便于制件脱模，设置和制造结构简单的脱模机构，要尽量将塑件留在动模一侧，如图4-22（a）所示，便于设置在动模上的顶出脱模机构工作，顺利脱模。而当制件留在定模一侧时，就必须在定模上设置顶出脱模机构，它与注射机的推顶装置的连接将使模具结构大为复杂，非不得已则不用。为了兼具排气槽功能，分型面尽量与最后才能充填液体的型腔表面重合。

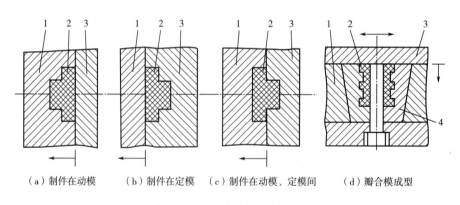

（a）制件在动模　　（b）制件在定模　　（c）制件在动模、定模间　　（d）瓣合模成型

图4-22　分型面的基本类型

1—动模　2—制件　3—定模　4—瓣合块

分流道在分型面上的布置形式与型腔排布密切相关，主要有平衡式和非平衡式两种。分型面的设计原则如下。

（1）分型面应选择在塑件外形最大轮廓处，保证塑件能正常取出；

（2）分型面的选择应方便塑件的脱模；

（3）分型面的选择应保证塑件的精度要求；

（4）分型面的选择应考虑塑件的外观质量；

（5）分型面的选择应有利于排气；

（6）分型面的选择应有利于防止溢料。

（四）排气口

排气口是在模具中开设的一种槽形出气口，用以排出原有的及熔料带入的气体。熔料注入型腔时，原存于型腔内的空气以及由熔料带入的气体必须在料流的尽头通过排气口向模外排出，否则将会使制品带有气孔、接触不良、充模不满，甚至积存空气因受压缩产生高温而将制品烧伤。一般情况下，排气口既可设在型腔内熔料流动的尽头，也可设在塑模的分型面上。后者是在凹模一侧开设深 0.03~0.2mm、宽 1.5~6mm 的浅槽。注射成型中，排气口不会有很多熔料渗出，因为熔料会在该处冷却固化将通道堵死。排气口的开设位置切勿对着操作人员，以防熔料意外喷出伤人。此外，亦可利用顶出杆与顶出孔的配合间隙，顶块和脱模板与型芯的配合间隙等来排气。

三、结构零件

结构零件指构成模具结构的各种零件，包括导向、脱模、抽芯及分型的各种零件，如前后夹模板、前后扣模板、承压板、承压柱、导向柱、脱模板、脱模杆及回程杆等。

（一）导向机构

为确保动模和定模闭合时能准确导向和定位对中，需要分别在动模和定模上设置导柱和导套。深腔注射模还应在主分型面上设有锥面定位装置。此外，为了保证脱模机构的运动与定位，通常在推板和动模板之间也设置导向机构。绝大多数导向机构采用导柱导向机构，由导柱、定模导向孔（带导套或不带导套）组成，如图 4-23 所示。此外也有锥面定位导向机构。

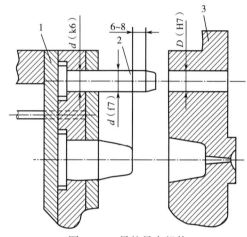

图 4-23　导柱导向机构

1—动模　2—导柱　3—定模导向孔

（二）脱模机构

在注射成型的每一循环中，都必须使塑件由模具型腔中或型芯上脱出，模具中使塑件脱出的机构称为脱模机构，或称推出机构。脱模机构的动作通常是由安装在注射机上的顶杆或液压缸完成的。实现塑件脱模的推杆脱模机构，如图 4-24 所示。脱模机构一般由推出、复位和导向三大部件组成。脱模部件主要由推杆 1 完成推出功能，它们由推杆固定板 2 和推板 5 固

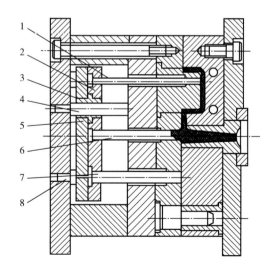

图 4-24　推杆脱模机构

1—推杆　2—推杆固定板　3—推板导套　4—推板导柱
5—推板　6—拉料杆　7—复位杆　8—限位钉

定,两板间由螺钉连接;注射机上的顶出力作用在推板上,用推板导柱 4 和推板导套 3 来确保推出板平行移动,推出零件不至于弯曲或卡死;脱模机构的推杆完成推出动作后,靠复位杆 7 复位;拉料杆 6 勾着浇注系统的冷凝料,使整个浇注系统随同塑件一起留在动模,是脱浇注系统的部件;限位钉 8 使推板与底板之间形成间隙,一旦落入废料屑,亦不致影响推杆复位,另外,在模具制造时可调节限位钉头部的厚度来控制推杆返回位置。

制品的模具内冷却定型后,需开模取出制品,所以模具上一般都设有顶出装置,以便在开模过程中(或开模后)将制品及其流道内的冷凝料顶出。脱模机构和形式很多,最常用的有推杆、推板。

脱模机构的设计原则如下。

(1) 开模时尽量使塑件留在动模一边,以便利用注射机推出装置推出塑件;

(2) 保证塑件脱模时不变形、不损坏,这是对推出机构的最基本要求;

(3) 保证塑件外观良好;

(4) 结构尽可能简单、可靠;

(5) 保证合模时正确复位;

(6) 尽量选在垂直壁厚的下方,可以获得较大的顶出力;

(7) 一副模具的推杆最好是加工成直径相同的,使加工容易;

(8) 圆推杆的顶部不是平面时要防转;

(9) 把塑件推出模具 10mm 左右,如果脱模斜度较大时可以顶出塑件深度的 2/3。

脱模力是指将塑件从型芯上脱出时所需克服的阻力。它是设计推出机构的主要依据之一。塑件在模具中冷却定型时,由于体积收缩,其尺寸逐渐缩小而将型芯包紧,在塑件脱模时必须克服因包紧力而产生的摩擦力。对于不带通孔的壳体类塑件,脱模推出时还要克服空气压力。型芯的成型端部一般均要设计脱模斜度。塑件刚开始脱模时,所需的脱模力最大,此时的脱模力称为初始脱模力;其后,所需的脱模力称为相继脱模力,相继脱模力的作用仅仅是为了克服脱模机构移动的摩擦力。所以计算脱模力的时候,总是计算初始脱模力。

四、加热或冷却装置

为了满足注射成型工艺对模具温度的要求,模具应设有冷却或加热的温度调节系统。模具的冷却主要采用循环水冷却方式,模具的加热方式有通入热水、蒸汽、热油和置入加热元件等,有的注射模还须配备模具温度自动调节装置。一般注射到模具内的塑料熔体的温度为 200℃左右,熔体固化成为塑件后,从 60℃左右的模具中脱模,温度的降低是依靠在模具内通入冷却水,将热量带走。对流动性好的塑料,如聚乙烯、聚丙烯、聚苯乙烯、有机玻璃、ABS 等,用常温水进行冷却;对流动性差的塑料,如聚碳酸酯、聚砜、聚苯醚、聚甲醛等,需要用热水、热油或电加热的方式对模具进行辅助加热;对黏流温度或熔点不太高的塑料,一般用温水或冷水对模具冷却;对黏流温度高或熔点高的塑料,一般用温水控制模具温度,有利于模具温度分布均匀;对形状特殊的模腔可采用局部加热、冷却措施。

习题与思考题

1. 什么是注射成型，它有何特点？请用框图表示一个完整的注射成型工艺过程。

2. 注射机主要由哪几部分组成？

3. 注射机喷嘴分为哪几种类型？各适用于何种聚合物材料的加工？

4. 注射螺杆结构有何特点？

5. 简述螺杆式注射装置的工作过程。

6. 注射模由哪几部分组成？各起何作用？

7. 注射模浇注系统由哪几部分构成？作用是什么？

8. 什么是凸模？它有哪几种结构形式？

9. 什么是凹模？它有哪几种结构形式？

10. 注射模为什么要设置排气系统？什么是间歇排气？其结构形式如何？什么是排气槽排气？其结构形式如何？

11. 怎样对原料进行预处理？

12. 怎样清洗料筒和预热嵌件？

13. 简述注射成型工艺影响因素。

14. 熔料在充模流动时要经历哪几个过程？

15. 在型腔中的熔料是怎样冷却定型的？

16. 简述模具温度对产品性能的影响。

17. 怎样进行制品的后处理？

18. 挤出机和注射机的螺杆有何异同？

19. 如何控制注射压力？

20. 各种注射制品最容易出现的质量问题有哪些？如何解决？

21. 塑化压力如何控制？

22. 简述料筒温度设置原则。

23. 简述保压的作用。

24. 成型周期如何控制？

25. 喷嘴的作用有哪些？

第五章　压延成型

第一节　概述

压延成型是生产塑料薄膜和片材的主要方法。它是将已经塑化好的接近黏流温度的热塑性塑料通过一系列相向旋转着的水平辊筒间隙，使物料承受挤压和延展作用，而使其成为规定尺寸的连续片状制品的成型方法。用作压延成型的塑料大多数是热塑性非晶态塑料，其中以聚氯乙烯用得最多，另外还有聚乙烯、ABS、聚乙烯醇、醋酸乙烯和丁二烯的共聚物等塑料。

压延是一种制造大体积和高质量产品的特殊的生产过程，主要用于生产聚氯乙烯薄膜和片材。薄膜厚度一般为 0.25mm 以下，而片材厚度则为 0.25~2mm 范围内的软质平面材料和厚度在 0.5mm 以下的硬质平面材料。

压延成型的主要优点如下。

（1）加工能力大。一台 $\phi700\text{mm} \times 1800\text{mm}$ 的四辊压延机的年生产能力达到 5000~10000t。

（2）生产速度快。生产薄膜的线速度为 60~100m/min，有时可达 250m/min 以上。

（3）产品质量好，厚度均匀。压延产品厚度公差可控制在 10% 以内，表面平整且可制得具有各种花纹和图案的制品，与不同的基材复合还可制得花样繁多的人造革及其他涂层制品。

（4）生产的自动化程度高。先进的压延成型联动装置 1~2 人可管理一条生产线。

压延成型的主要缺点是设备庞大、投资高，维修复杂、制品宽度受压延机辊筒长度的限制，生产流水线长，工序多等，因而在生产连续片材方面不如挤出成型技术发展快。

压延制品广泛地用作农业薄膜、工业包装薄膜、室内装饰品、地板、录音唱片基材以及热成型片材等。薄膜与片材之间的区别主要在于厚度，大抵以 0.25mm 为分界线，薄者为薄膜，厚者为片材。

其中聚氯乙烯制品占据了压延制品的主导地位，因此，本章仅对聚氯乙烯薄膜及片材的压延生产进行论述。

聚氯乙烯薄膜与片材又有硬质、半硬质与软质之分，由所含增塑剂的量而定。含增塑剂 0~5 份者为硬制品，25 份以上者为软制品。压延成型适用于生产厚度在 0.05~0.5mm 范围内的软质聚氯乙烯薄膜和片材，以及 0.3~0.7mm 范围内的硬质聚氯乙烯片材。制品厚度大于或低于这个范围内的制品一般均不采用压延成型，而是采用挤出成型来生产。聚氯乙烯压延薄膜主要用于工业包装、人造革表面贴膜等。压延薄膜厚度范围为 0.3~1mm，经拉伸后可降到 0.05mm。压延产品除薄膜外，还有人造革和其他涂层制品。薄膜与片材之间主要的区别在于厚度，但与其柔软性也有关。改性聚乙烯、聚丙烯、ABS 树脂及其他热塑性塑料也可采用压延成型。

第二节　压延工艺过程

压延成型工艺过程可分为前后两个阶段，每一阶段又分别包括若干工序。前阶段是压延成型前的备料阶段，主要包括配料、捏合、塑化和向压延机供料等。后阶段是压延成型的主要阶段，包括压延、引离、轧花、冷却、输送、卷取、切割等。图 5-1 为压延成型工艺过程。

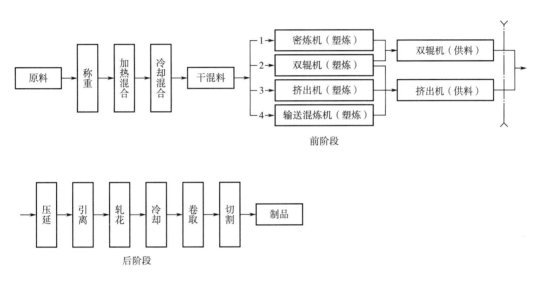

图 5-1　压延成型工艺过程

一、前阶段

（1）配料。根据设计要求将热塑性树脂及各种助剂经必要的预处理后混配在一起。配料的关键是树脂、各种助剂要准确计量，便于捏合时加料和物料均匀分散。为了达到这一目的，在捏合前先进行过筛、研磨、混配等工作。过筛是为了去除树脂中的杂质或粒径粗大的粒子，避免杂质损伤设备，影响产品质量。研磨是将助剂中粗大的颗粒或不易分散的颗粒（如颜料等）在捏合前磨细，以利于分散均匀。混配是将几种助剂在投料前预先配制混合好，投料时一次称量即可，既便于操作又可减小操作误差。必须注意的是，混配好的增塑剂、稳定剂在投料前要进行搅拌，避免沉淀、分层等造成分配不均。

（2）捏合。按比例将准确称量配好的物料在捏合机或高速搅拌机上进行充分混合，以使各组分均匀分散。并在混合器夹套中通入蒸汽或热油进行加热。对于软质制品通过捏合可促使树脂加快吸收增塑剂而溶胀成为松软而有弹性的混合料，为进一步塑化做准备。对硬质制品，除不加增塑剂外，其他都一样。

（3）塑化。经过捏合的干混料，在经塑化后进一步被加热熔化和受剪切混合，可以驱出物料中的挥发物并进一步使物料分散。塑化后的塑料更有利于制得性能一致的制品。使用的设备有密炼机、开炼机、挤出机。

（4）供料。将塑化好的物料供给压延机的过程即为供料。供料所用的设备有辊压机和挤出机两种。辊压机提供给压延机的物料呈带状，而挤出机提供的物料有条状及带状两种形式。供料过程实际上是对物料进一步塑化的过程。在将物料供给压延机前，应设置金属检测器，检查并去除物料中可能混有的金属杂质，以免进入压延机后划伤辊筒表面，影响产品质量。

二、后阶段

（1）压延。将受热塑化好的物料，连续通过压延机的辊隙，使物料被挤压，发生塑性形变，成为具有一定厚度和宽度的薄膜或片材。若在压延的同时，引入布基或其他材料作压延塑料制品的衬基，这时压延的成品就不再称为薄膜或片材，而称为压延人造革或有衬基的压延塑料制品。

（2）引离。要把压延成型的制品从转动的热辊筒上均匀、无褶皱并连续地引离下来，则要求引离速度大于辊筒的速度 25%~35%，视薄膜厚度而定。

引离辊筒通常需要加热，增加与压延制品间的黏附力。同时，加热引离辊也可起到防止冷拉伸产生，促进压延制品中的增塑剂挥发及避免压延制品起皱的作用。引离辊筒用蒸汽加热，加热蒸汽压力为 686~784kPa。

引离辊筒距离压延琨筒为 75~150mm，一般在引离辊筒上包上布或纸张，用来吸收凝聚的增塑剂。三辊压延机一般没有引离辊筒。薄膜的引出主要依靠压花装置实现。

（3）轧花。轧花是为增加薄膜或片材的美观及改善手感，在冷却以前将其通过带有花纹的钢辊与橡胶辊，使薄膜或片材上压有花纹，同时也可以对某种薄膜或人造革用粗糙度极低的平光辊压一下，提高塑料的表面光亮度。轧花装置由轧花辊和橡皮辊组成，在工作时两者均需通水冷却，以稳定和保持压延制品表面的花纹。

（4）冷却。起到使制品冷却定型的作用。一般是采取逐级冷却的方式对制品进行冷却，使制品冷却到 20~25℃。装置主要由 4~8 只冷却辊筒组成。为了避免与薄膜粘连，冷却辊筒不宜镀铬，最好采用铝质磨砂辊筒。

（5）输送。使冷却定型后的压延制品放松且平坦地通过输送带供给下一工序的过程称为输送。其作用是部分减小或消除制品在前面的成型过程中产生的各种内应力。在输送过程中应注意合理调节压延速度和输送速度的比值，避免发生材料堆积或冷拉伸。另外，在输送开始部位通常还需设置 β 射线测厚仪，对压延制品的厚度及公差进行控制。

（6）卷取和切割。用于卷取成品。为了保证压延薄膜在存放和使用时不致收缩和发皱，应该控制卷取张力。张力过大，薄膜在存放过程中会产生应力松弛，以致摊不平或严重收缩；张力过小，卷取太松，则堆放时容易把薄膜压皱。因此，卷取薄膜时应保持卷取张力一致。

（7）金属检测器。用于检测送往压延机的卷料是否带有金属，保护辊筒不受损伤。

第三节　压延设备

压延工艺流程所用的设备中主机是压延机，此外还有一些附属设备，共同组成联动生产线。

一、压延机

压延机是压延成型工艺的核心设备，它的作用是将已经塑化好的物料压延成具有一定规格尺寸和符合要求的连续片材制品。压延机体积庞大，投资大，维修复杂，制造技术要求高。

(一) 压延机分类

压延机的类型很多，通常以辊筒数目及辊筒排列方式分类。

1. 按照辊筒数目分类

压延机可分成双辊、三辊、四辊、五辊甚至六辊。压延机的辊筒数目越多，压延效果越好。但是，辊筒数目多，机器庞大，结构复杂，造价也高。通常压延成型以三辊压延机或四辊压延机为主。由于四辊压延机对塑料的压延较三辊压延机多了一次，它可以使薄膜厚度更薄，更均匀一些，而且表面也较光滑。同时，辊筒转速也可大大提高。例如三辊压延机的辊筒转速一般只有 30m/min，而四辊压延机能达到它的 $2 \sim 6$ 倍。此外，四辊压延机还可以一次完成双面贴胶工艺。因此它正逐步取代三辊压延机。至于五辊压延机、六辊压延机的压延效果就更好了，可是设备的复杂程度同时增加，而且设备庞大，设备投资费用较高，目前使用尚不普遍。

2. 按照辊筒的排列方式

压延机可分为 I 型、三角型、L 型、正 Z 型、斜 Z 型等，如图 5-2 所示。辊筒排列的主要原则是尽量避免各辊筒在受力时彼此发生干扰，并应充分考虑操作的要求和方便以及自动供料的需要等。实际上没有一种排列方式是尽善尽美的，往往顾此失彼。

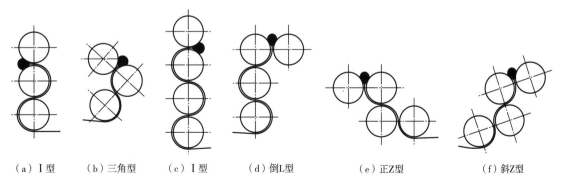

| （a）I 型 | （b）三角型 | （c）I 型 | （d）倒 L 型 | （e）正 Z 型 | （f）斜 Z 型 |

图 5-2　常见的压延机辊筒排列方式

3. 压延机辊筒数目及排列方式比较

三辊压延机与四辊压延机对比见表 5-1。

表 5-1　三辊压延机与四辊压延机对比

辊筒	优缺点
三辊压延机	设备简单，投资小，便于维修，产品质量差，生产速度 5~30m/min
四辊压延机	设备复杂，投资大，维修困难，产品质量好，生产速度 10~100m/min

不同排列方式四辊压延机对比见表 5-2。

表 5-2　不同排列方式的四辊压延机对比

排列方式	特征对比
倒 L 型	1. 垂直供料，上料容易 2. 3#辊受力上下相抵消，制品厚度均匀 3. 塑化均匀 4. 辊筒装卸困难，操作受限
Z 型	1. 供料方便，易于观察压延情况 2. 各辊筒互相独立，受力时不互相干扰，传动平稳，操作稳定 3. 辊筒装卸方便 4. 3#辊筒、4#辊筒变形大 5. 物料包辊时间长，制品外观质量好
S 型（斜 Z 型）	1. 上料方便，便于观察存料 2. 各辊筒间有分离力，相互不干扰 3. 各辊筒安装拆卸比较方便，检修容易 4. 3#辊筒、4#辊筒变形稍大 5. 物料和辊筒的接触时间短，不易分解 6. 占地面积小，厂房高度较矮 7. 便于双面贴胶 8. 物料包住辊筒的面积小，产品表面光洁程度受影响，杂物容易掉入
I 型	1. 供料不方便 2. 各辊筒互相干扰严重 3. 制品外观质量较差 4. 各辊筒安装拆卸不方便，检修困难

4. 常用压延机规格

常见的塑料压延机规格见表 5-3。

表 5-3　常见的塑料压延机规格

用途	辊筒长度/mm	辊筒直径/mm	辊筒长径比	制品最大宽度/mm
软质塑料制品	1200	450	2.67	950
	1250	500	2.5	1000
	1500	550	2.75	1250
	1700	650	2.62	1400

用途	辊筒长度/mm	辊筒直径/mm	辊筒长径比	制品最大宽度/mm
软质塑料制品	1800	700	2.58	1450
	2000	750	2.67	1700
	2100	800	2.63	1800
	2500	915	2.73	2200
	2700	800	3.37	2300
硬质塑料制品	800	400	2	600
	1000	500	2	800
	1200	550	2.18	1000
	1800	700	2.58	1450

（二）压延机构造

压延机主要由机体、辊筒、辊筒轴承、辊距调节装置、加热装置、轴交叉装置和预应力装置、润滑装置、传动与减速装置等组成，如图 5-3 所示。

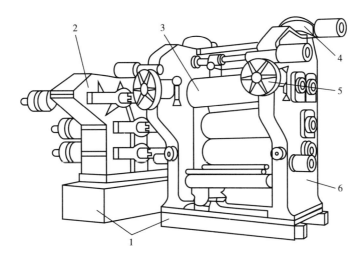

图 5-3　压延机的构造

1—机座　2—传动装置　3—辊筒　4—辊距调节装置　5—轴交叉调节装置　6—机架

1. 机体

机体主要起支撑作用，包括机座和机架。机座固定在混凝土基础上，由铸铁制成，用于固定机架；机架支承辊筒轴承、调节装置和其他附件，承受全部机械作用力，要求具有足够的强度、刚度和抗冲击振动能力。

2. 辊筒

（1）辊筒起压延作用，是压延机中最主要的部件。压延时，物料就是在辊筒的旋转摩擦和挤压力作用下发生塑性流动变形，达到压延目的。压延机的辊筒可以是表面光滑或带花纹的圆柱形，也可以是具有一定中高度的腰鼓形。辊筒的排列方式可以呈平行排列或呈具有一定交叉角度的排列，这些都必须根据工艺上的要求而定。

压延机的规格通常用辊筒直径（mm）×辊筒工作部分长度（mm）来表示。如 φ700×1800 的四辊压延机，其中 φ700 为辊筒外直径，1800 为辊筒工作部分长度。

（2）压延辊筒的要求。

①辊筒必须具有足够的强度和刚度，以保证在高强工作负荷下，辊筒变形小；

②辊筒表面有足够的硬度和耐腐蚀能力及抗剥落能力，以抵抗磨损；

③辊筒表面有高精度和表面粗糙度，不得有气孔与沟纹，以保证制品表面质量。

（3）辊筒长径比。辊筒长径比是辊筒的长度与直径之比。生产软质塑料制品（如薄膜）时，由于分离小，长径比可以取大一些，一般比值为（2.5~3）：1；生产硬质塑料制品（如硬片）时，由于分离大，长径比可以取小一些，一般比值为（2.0~2.2）：1；长径比大小还与辊筒材料有关。制造材料为合金钢或铸钢时，长径比可以取大一些；制造材料是冷硬铸铁时，长径比要取小一些。长径比取得小，对提高制品精度有利，但会增加单位产量的功率消耗。由于对压延制品的精度要求越来越高，为减小变形，长径比适当小些为佳。

（4）辊筒结构。有中空式辊筒和钻孔式辊筒两种，如图 5-4 所示。

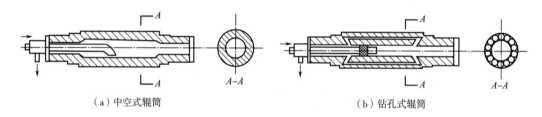

（a）中空式辊筒　　　　　（b）钻孔式辊筒

图 5-4　辊筒结构

①中空式辊筒。辊筒的结构为空腔式，空腔的内径是辊筒作用面外径的 0.55~0.62 倍，空腔式辊筒常用蒸汽加热，辊筒壁厚约 10cm，过大的壁厚导致传热较慢，不利于及时控制操作温度。同时，还有冷凝水、蒸汽排出管；辊筒的另一端通孔用盲板封住。由于蒸汽是从辊筒的一端输入和排出，导致辊筒工作面温度不均匀，辊筒中部温度要比两端温度高，有时温度差达 10~15℃，使辊筒各部分的热变形不一致，从而导致制品厚薄不均；由于受蒸汽压力的限制，辊筒的加热温度不超过 200℃。

②钻孔式辊筒。辊筒的工作面圆周，灰口铁部位均匀等分排列钻孔，孔的直径 30mm 左右，载热体流道与表面较为接近（约为 2.5cm）。这种结构形式的辊筒增加传热面积，而导热介质流经的孔径截面小、流速快、热损失小，使传热效率提高，辊筒的工作面升温快。由于导热孔分布均匀，使辊筒受热升温均匀，各部位温度差较小（温度差可小于 1℃），保证了产品质量的稳定性。因此精密压延机多采用钻孔式辊筒。

但是这种辊筒制造费用高，辊筒的刚性有所削弱，设计不良时，会使产品出现棒状横痕。

钻孔式辊筒的加热介质为导热油或过热水，辊筒的加热温度可达 220℃。

两种不同内腔辊筒的比较见表5-4。

表5-4　两种不同内腔辊筒的比较

辊筒结构形式	比较
中空式	1. 辊筒壁厚大，温度分布不均匀。影响加工制品精度，需要借助辅助加热来减小误差 2. 由于壁厚大，不易排除辊筒与物料在压延时的摩擦热 3. 辊筒内径大（为外径的55%~62%），使辊筒强度和刚度削弱 4. 结构简单，加工制造方便，维修容易，造价低，加热方式多数为蒸汽
钻孔式	1. 传热壁厚小，加热介质接近辊面，温差小，无死角，传热面积大，流速快，传热效率高 2. 可实现自动控制温度，辊筒工作面的温度改变快 3. 内径小（只有外径的20%），刚性增大，有利于制品精度的提高 4. 辊筒结构复杂，加工制造困难，造价高

3. 辊筒轴承

轴承不但支承辊筒，而且承受压延加工时产生的压力。辊筒轴承与辊筒两端轴颈采用滑动轴承配合或用滚动轴承配合。

（1）滑动轴承。结构简单，制造容易，所用材料价格便宜，维修时拆卸方便。

（2）滚动轴承。用于高速运转时要求精密度较高的压延机。辊颈与轴承之间的间歇小，轴颈处没有磨损，轴颈转动的摩擦阻力小，动力消耗低，轴承的工作寿命长，维修次数少，维修成本低。产品厚度均匀性提高，润滑油带走的热量减少，辊筒温度容易控制。

4. 辊距调节装置

当物料性质及制品工艺要求发生变化时，压延机的辊筒间隙必须能够调节。辊距调节装置的作用就是调节辊筒之间间隙的大小。它通常设置在辊筒两端的轴承上。

为了能够生产厚度不同的制品，压延机辊筒需借助调节装置作上下移动。三辊压延机、四辊压延机在塑料运行方向倒数第二辊筒的轴承位置固定不动，其他辊筒的位置可调节。一般有粗、细两套调节器，空车时用粗调节器，开车后用细调节器。粗与细的比例为5:1的倍率。

辊距调节装置的基本结构为：在传动系统带动下，螺旋与螺母发生相对转动而产生位移，从而推动辊筒轴承在机构的沟槽内移动，实现辊距调节。按其操作方式分为统调和单独调节两种，统调是按照设计的间隙比例，对整台压延机统一调节，这种方式灵活性差，联动结构复杂；单独调节是对每对辊筒之间的间隙独立进行调节，单独调节灵活性大，变换方便，因而得到广泛应用。

5. 加热装置

辊筒的加热方式主要有蒸汽加热、电加热、导热介质加热三种。前两种方式用于中空式辊筒；后一种方式多用于钻孔式辊筒，它是中空式辊筒加热面积的2倍，具有辊筒表面温度均匀、稳定、易于控制等优点。

（1）蒸汽加热。适合辊筒结构为中空式辊筒的加热。蒸汽加热方式缺点：需要庞大的蒸汽锅炉，投资费用大，占地面积大；污染环境；升温速度比较慢，辊筒的表面温度差较大，工艺温度控制不准确。

此方式只适合于中、小型压延机而且对于辊筒转速和工艺温度要求不高的场合。一般用于中空式辊筒的加热。

（2）电加热。在辊筒内插入两根电极将水加热，同时在辊筒的端部装有辅助电加热。采用此法是对工厂无蒸汽锅炉的补偿方法，适用于中空式辊筒的加热。

（3）导热介质加热。导热介质与辊面非常接近，导热介质采用过热水或导热油。此方式适合于钻孔式辊筒的加热。

6. 轴交叉装置和预应力装置

这两种装置都是为了克服操作中辊筒出现弯曲而设的。辊筒的弯曲变形对制品的精度有直接的影响，后面将详细介绍辊筒弯曲变形的补偿。

7. 润滑装置

润滑装置是由输油泵、油管、加热器、冷却器、油分配器、过滤器、油槽等组成。润滑油由加热器加热到 $80 \sim 100 ℃$，再由输油泵输送到各个需要润滑油的部位。润滑后的润滑油通过回油管回到油槽，经过滤和冷却后，即可再用。压延机的主要润滑部分是辊筒的轴承，耗油量占整个润滑装置的 90%。

8. 传动与减速装置

旧式的传动与减速装置主要由交流电动机或整流子电动机、齿轮减速器、万向联轴节、传动齿轮、速比齿轮等组成。一台电动机带动所有辊筒，速比齿轮直接安装在辊筒轴端，因此传动系统的振动、传动齿轮和速比齿轮的受力对制品精度都有直接影响，并给轴交叉装置的设置带来困难。

新的传动与减速装置采用直流电动机通过单独齿轮箱和万向联轴节的传动形式，分别由一个电动机带动四个辊筒，或两个辊筒，或一个辊筒。由于电动机转速很快，一般都要经过齿轮减速器。传动齿轮与辊筒间用万向联轴节连接，传动系统的误差对制品精度不会带来影响。直流电动机调速范围宽，能够满足压延成型工艺要求，先进的压延机都采用这种传动与减速装置。

（三）压延机的一般操作方法

1. 压延机开车前的准备工作

（1）启动压延机之前，检查压延机的辊隙和加热油箱的润滑油，当油温升到 $50 \sim 60 ℃$ 时停止加热，开启油阀对压延机轴承润滑。

（2）辊筒升温是在辊筒转动情况下，升温速度为 $1 ℃/min$，从辊筒升温到要求温度（假设 $165 ℃$），大约需要 4h。

（3）在辊筒升温过程中，同时做以下工作。

①投料前半小时对引离辊筒加热（蒸汽压力 $0.7 \sim 0.8MPa$）；

②检查冷却辊筒和轧花装置的冷却水是否达到预定要求；

③按照产品宽度要求装好切刀；

④调节投料挡板的距离。

2. 压延机开车

在上述工作完成后，即可通知前工序投料。压延机辊距的调整，按规定必须在投料后才能进行，但有经验的操作人员可以先把辊隙收紧到 $1.25 \sim 1.50mm$ 后再投料。

以斜 Z 型四辊压延机为例，说明投料后对辊隙进行调整的过程。

（1）在 1#、2# 辊之间投入物料以后，先让物料包覆在 1# 辊上，然后使 1# 辊向 2# 辊靠拢。这时可用竹刀来回切割物料，观察包覆在 1# 辊上的物料厚度是否均匀。当包覆在 1# 辊上的物料成为起脱壳的条状时，即可停止收紧辊隙。

（2）1#、2# 辊的辊隙调妥后，用竹刀把物料切下并包覆在 3# 辊上。这时即调节 2# 辊向 3# 辊靠拢，直至包覆在 3# 辊上的薄膜两端厚薄均匀。

（3）最后使 4# 辊向 3# 辊靠拢。不断地观察辊筒两端存料是否均匀，用竹刀来回划动，必要时可割下两边薄膜，测量其厚度是否接近制品要求。调整最后辊隙存料至手指般粗细的铅笔状。物料从压延机引出后，再进一步调节辊隙和存料，使薄膜达到指定的厚度要求。

（4）在薄膜厚度达到要求后，再按要求调整压延速度。

3. 压延机停车

压延机停车时，应在辊隙还有少量物料的情况下逐步松开每一对辊隙。辊隙调至 0.75mm 左右，清除存料。这样可以确保压延机的安全。

二、辅机

压延机辅机的主要结构包括引离辊、轧花装置、冷却装置、橡皮运输带、卷取装置、金属检测器、β 射线测厚仪、切边装置、卷取装置等。

（一）引离辊

引离辊又称解脱辊或牵引辊，如图 5-5 所示。引离辊借助于引离辊筒的转速比压延辊筒的转速快，把薄膜从热的压延辊筒上无皱褶地引离出来，同时对薄膜进行一定程度的拉伸。四辊压延机一般都装有这种装置，而小型三辊压延机一般都没有这种装置，薄膜就是靠轧花辊筒或冷却辊筒直接牵引出来。

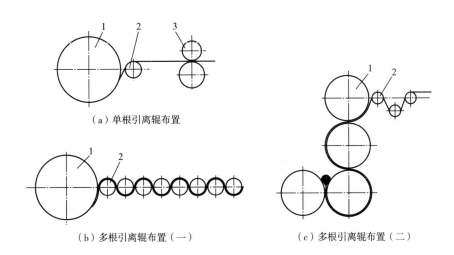

（a）单根引离辊布置

（b）多根引离辊布置（一）　　　　（c）多根引离辊布置（二）

图 5-5　引离辊示意图

1—压延辊筒　2—引离辊　3—压花辊筒

引离辊设置于压延机辊筒出料的前方，距离最后一个压延辊筒 75～150mm。一般为中空式辊筒，内部可通过蒸汽加热，以防止出现冷拉伸现象和增塑剂等挥发物质凝结在引离辊表面。辊温和速比是影响引离的主要因素，生产薄膜时，引离辊的线速度通常比主辊高30%左右。

引离辊生产操作注意事项如下。

（1）引离辊在压花辊筒和压延辊筒之间，操作时要注意安全；

（2）开车前要试验引离辊的紧急停车按钮，剥离辊转动和升降移动是否灵活，辊组是否安全可靠，传动零件安全罩是否安装牢固；

（3）为防止烫伤，操作人员要穿好紧袖口工作服；女同志应戴好工作帽，头发、辫子不许外露；

（4）为防止意外事故发生，一人操作时，外围要有人监护，以配合操作者紧急处理，生产时若遇到薄膜缠绕辊，要立即停车，检查辊是否变形弯曲；

（5）检查、清理辊面上润滑剂污垢。

（二）轧花装置

轧花的意义不限于使制品表面轧上美丽的花纹，还包括使用表面镀铬和高度磨光的平光辊轧光，以增加制品表面的光亮度。

轧花装置由刻有花纹的钢辊（轧花辊）和橡胶辊组成，如图5-6所示。辊筒中可以通水冷却，轧花压力通过液压油泵调节或手工调节。轧花辊由直流电动机驱动或用可控硅整流代替直流电动机，轧花辊结构如图5-7所示，橡胶辊由轧花辊拖动。另外轧花辊花纹的深浅直接影响到花纹的质量与花纹的清晰度，以及薄膜的撕裂强度。所以对轧花辊花纹要求不宜太深或带锐角，一般轧花辊上花纹深度<0.1mm，橡胶辊上的橡胶硬度为肖氏75~80度。轧花辊的压力通常控制在0.5~5MPa。在较高温度下轧花，可使花纹鲜明牢固，但须防止黏辊现象。此外，橡胶辊上常会带上薄膜的析出物，以致薄膜表面黏有毛粒，影响质量。用硬脂酸擦橡胶辊，可克服这一弊病，橡胶辊结构如图5-8所示。

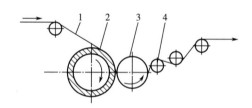

图5-6　轧花装置示意图

1—PVC薄膜　2—橡胶辊　3—轧花辊　4—导辊

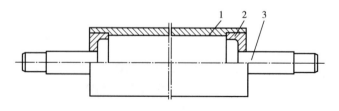

图5-7　轧花辊结构

1—辊体　2—端板　3—轴

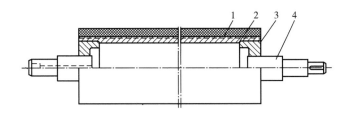

图 5-8　橡胶辊结构

1—橡胶层　2—辊体　3—端板　4—轴

轧花装置生产操作注意事项如下。

（1）带动橡胶辊转动的链条部位用安全罩保护；

（2）引膜时需要抬高轧花辊，轧花辊与橡胶辊有一定距离，防止压手；

（3）引膜正常后，轧花辊落下，调整轧花辊压力使制品表面花纹图案清晰；

（4）调整牵引辊温度，使制品表面光泽良好；

（5）如果制品表面花纹局部不清晰或深浅不均，应检查轧花辊表面是否有局部受压伤痕或表面局部脱掉镀层现象，应及时修理；

（6）如果制品表面出现横向纹，可能是传动链条磨损严重，传动工作时不平稳、抖动，应对链条传动部分进行更换、维修；

（7）推动轧花辊移动的气缸活塞，如果压缩空气压力不稳定，也容易使制品表面出现横纹，这时应该调整并稳定压缩空气压力；

（8）修磨橡胶辊表面老化硬层。

（三）冷却装置

压延出来的薄膜温度是很高的，需要通过冷却才能定型，否则薄膜会发黏，花纹消失以及难于卷取等。制品卷取前的冷却定型在专门的冷却装置中进行，通常采用冷却辊直接与制品接触的方式。冷却辊做成夹套螺旋式，以提高冷却效果。冷却水从辊轴一端进入，沿着紧贴辊表面的夹套螺旋槽前进，到另一端引出。冷却主要由 4~8 只冷却辊筒组成，为了避免与薄膜黏结，冷却辊不宜镀铬，最好采用铝质磨砂辊筒冷却辊的工作排列传动如图 5-9 所示，冷却辊内腔结构如图 5-10 所示。

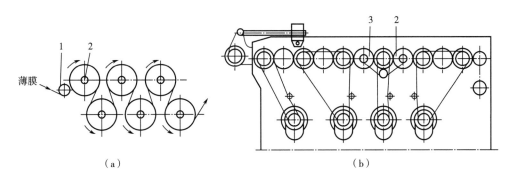

（a）　　　　　　　　　　　　（b）

图 5-9　冷却辊的工作排列传动示意图

1—导辊　2—冷却辊　3—传动带

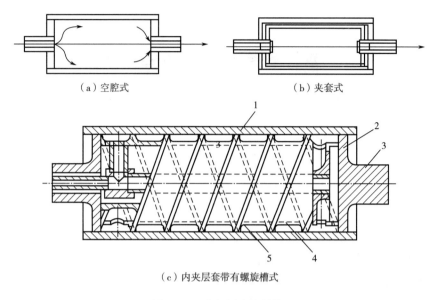

(a) 空腔式　　　　　　　　　　(b) 夹套式

(c) 内夹层套带有螺旋槽式

图 5-10　冷却辊内腔结构
1—辊筒　2—端板　3—轴　4—内夹层套　5—螺旋槽

冷却装置生产操作注意事项如下。

(1) 冷却辊各辊中心线相互平行，中心距接近相等。

(2) 开车前穿好引布带。

(3) 根据冷却辊面温度，适当调节冷却水流量。

(4) 若出现冷却辊转动不平稳、抖动或有阻滞现象，应调整传送带的松紧。

(5) 长期停产，必须排干辊体内冷却水。

（四）橡皮运输带

使冷却后的薄膜平坦而放松地通过无端橡皮运输带，可以消除或减少成型过程中产生的内应力。

（五）金属监测器

压延机的压延辊筒有较好的表面粗糙度，为确保在压延过程中去除夹在物料中的金属碎片，在供料传送带前装有金属检测器。在遇到物料中夹有金属异物时，自动发出警报，停止喂料，以保护辊筒表面不受损伤。

（六）β 射线测厚仪

塑料制品的厚度一定要在规定的公差范围内。塑料制品厚度的检测以前多数由质量检查员在制品冷却定型后的检测台上，用千分尺测量检查。现在压延塑料制品厚度的检测有多种测厚仪器，如机械接触式测厚仪、放射线同位素法测厚仪、电感应法测厚仪等。目前应用最多的是放射线同位素法测厚仪，这种仪器由 β 射线源、β 射线接收器及放大器和质量记录仪组成，即为 β 射线测厚仪。

β 射线测厚仪可以把薄膜的厚度连续测出并记录下来。并根据测出的薄膜厚度变化，通过反馈电路调节 4# 辊筒与 3# 辊筒之间的间隙以达到用讯号自动控制薄膜厚度的目的。

测厚仪工作前，应对其工作标准进行校正：首先把被测制品的标准厚度进行校测，由 β

射线接收器把接收到的射线强度由电脑系统转化为标准厚度。这样，在测定制品厚度时，电脑将把接收到的 β 射线强弱变化与标准制品厚度的 β 射线值比较，得出被测制品的厚度。这种测厚仪可测制品厚度在 0.10~2.10mm，测量精度误差在±0.005mm。

（七）切边装置

切边装置由切刀、底刀和支撑固定切刀的刀架组成，其功能作用是用来控制塑料压延成型制品的宽度尺寸；切掉制品幅宽多余的边料，中间留下的宽度为制品工艺要求宽度。切下的多余边料，可直接返回到 1#辊、2#辊间再重新压延。

切边装置可安装在压延机的最后一个辊筒的工作面两端，也可安装在冷却定型辊筒之后。

切边装置生产操作注意事项如下。

（1）切边刀的选择。为防止划伤辊筒的工作面，可用黄铜合金切边刀或竹切边刀。

（2）安装刀具时，要注意圆盘切刀与转动底刀的工作配合间隙，过大会使制品易出现毛边，过小会使刀具磨损较快。

（3）经常清理刀具零件及垫块部位的油污，并适当加少量润滑油，促进操作灵活性。

（4）为防止工作时打滑，经常观察传动皮带的松紧程度。

（5）定期维护和保养驱动电机和各传动部位轴承。

（八）卷取装置

压延制品的卷取装置是在压延机生产线上的最后一道工序。

它的主要功能是把经冷却定型的塑料制品经检验合格后，连续地收卷成捆，然后检查、包装入库。卷取方式有摩擦卷取与中心卷取两类。

1. 摩擦卷取

摩擦卷取就是把卷制品的芯轴放在主动旋转的辊筒表面上，依靠卷取制品表面与主动辊表面间的摩擦力，即让主动辊的转动受摩擦力作用使卷芯轴也转动，完成制品的卷取工作。

摩擦卷取分为单辊筒摩擦卷取［图 5-11（a）］和双辊筒摩擦卷取［图 5-11（b）］。

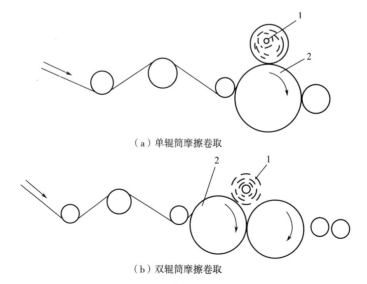

（a）单辊筒摩擦卷取

（b）双辊筒摩擦卷取

图 5-11 摩擦卷取示意图

1—料卷 2—主动辊

以上两种方式只能用在低速压延机上。

2. 中心卷取

制品的中心卷取与摩擦卷取不同之处是制品的卷取芯轴是主动辊。这种卷取方式的转动扭矩力恒定，适应任何形式制品的卷取工作。

四辊压延机采用中心卷取方式。自动卷取切割装置如图 5-12 所示，该装置是由张力装置、切割装置、卷取装置等组成的。

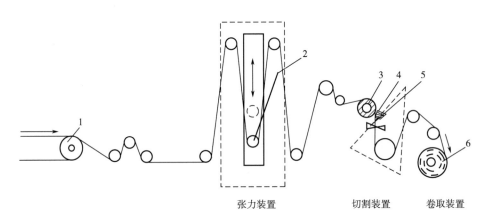

图 5-12　自动卷取切割装置示意图

1—橡胶传送带　2—浮动辊　3—管芯　4—刷子　5—切刀　6—料卷

（1）张力装置。薄膜在卷取时，在卷轴速度不变的情况下，随着料卷直径的加大，薄膜越卷张力越大，导致最后无法卷取。而张力装置就是为平衡薄膜张力，根据薄膜的厚度在浮动辊两端加有一定质量的砝码，使薄膜始终保持一定的张力，从而使之在平整无张力的状态下卷取。

（2）切割装置。切割时由压缩空气通过阀门控制切刀切割，切割后借助于管芯的高速旋转，由毛刷把薄膜刷到新管芯上进行卷取。

（3）卷取装置。由机架与两头（或三头）的卷芯和导辊组成。每一个卷芯由一台直流电动机控制，可以调节旋转速度。

卷取装置生产操作注意事项如下。

①检查卷取装置的各个传动部位的润滑油是否充足，轴承温升是否正常，转动工作是否平稳。各油杯中和润滑部位适当加注润滑油。

②卷取时如发现制品产生皱褶或卷捆边不齐，可适当调整展平辊的位置，增大制品与展平辊的包角。

③若出现卷取转动不稳定，有阻滞现象出现时，应及时检查轴承部位、传动链条松紧程度、链轮及装配固定链等部位，找出故障，进行维修。

④卷取轴换位时，若换向架转动不正常，则应检查蜗杆、蜗轮、减速箱内轴承是否磨损严重、传动部位润滑是否良好、传动链条是否松动等。

第四节 聚氯乙烯的压延成型工艺过程及工艺控制

聚氯乙烯压延产品主要有软质薄膜和硬质片材两种。由于它们的配方及用途不同，生产工艺也有差别，现分别叙述如下。

一、软质聚氯乙烯薄膜

生产软质聚氯乙烯薄膜的工艺流程如图 5-13 所示。送往压延机的配料先经过金属检测器检测，再经辊筒连续辊压成一定厚度的薄膜，然后由引离辊承托而撤离压延机，并经进一步拉伸，使薄膜厚度再行减小。接着薄膜经冷却和测厚度，即可作为成品卷取。必要时在解脱辊与冷却辊之间进行轧花处理。

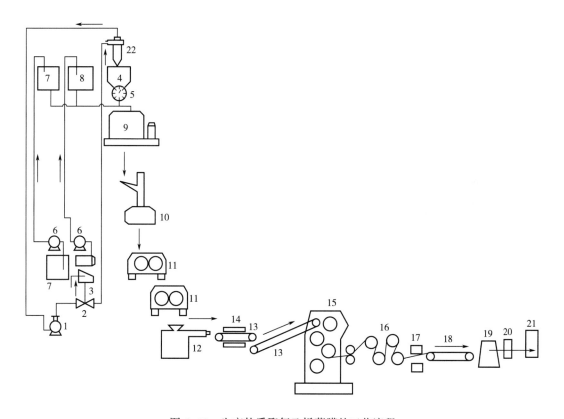

图 5-13 生产软质聚氯乙烯薄膜的工艺流程

1—风机 2—文氏管 3—筛粉机 4—PVC 储罐 5—计量秤 6—齿轮泵

7—增塑剂储罐 8—稳定剂储罐 9—高速混合机 10—密炼机 11—塑炼机 12—挤出喂料机

13—传送带 14—金属检测仪 15—四辊压延机 16—冷却辊 17—测厚仪

18—输送带 19—张力控制器 20—切割装置 21—卷取装置 22—旋风分离器

生产薄膜时四辊压延机操作条件见表 5-5。

表 5-5　生产薄膜时四辊压延机操作条件

控制项目	1#辊	2#辊	3#辊	4#辊	引离辊	冷却辊	运输辊
辊速/(m/min)	42	53	60	50.5	78	90	86
辊温/℃	165	170	170~175	170			

二、硬质聚氯乙烯片材

硬质聚氯乙烯片材的压延成型工艺流程如下：

配料→捏合→密炼机塑炼→1 号滚压机塑炼→2 号滚压机喂料→压延→切割

生产硬片时四辊压延机操作条件见表 5-6。

表 5-6　生产硬片时四辊压延机操作条件

控制项目	1#辊	2#辊	3#辊	4#辊	引离辊	冷却辊	运输辊
辊速/(m/min)	18	23.5	26	22.5	0	36	32
辊温/℃	175	185	175	180			

三、影响压延制品质量的因素

影响压延制品质量的因素很多，一般来说，可以归纳为四个方面，即压延机的操作因素、原材料因素、设备因素和辅助过程中的各种因素。所有因素对压延各种塑料的影响都相同，但对压延软质聚氯乙烯最为复杂，这里即以软质聚氯乙烯为例，说明各种因素的影响。

（一）压延机的操作因素

压延机的操作因素主要包括辊温和辊速，速比，辊距，存料量等，他们是互相联系和互相制约的。

1. 辊温和辊速

物料在压延成型时所需的热量，一部分是由加热辊筒供给，另一部分是物料与辊筒之间摩擦产生及物料自身剪切产生的能量。相同配方不同的辊速，其温度控制也不应一样。如果在 60m/min 的辊速下仍然采用 40m/min 的辊温操作，则料温势必上升，从而引起包辊故障。反之，如果在 40m/min 的辊速下而采用 60m/min 的辊温，料温就会过低，从而使薄膜表面毛糙，不透明，有气泡甚至出现孔洞。提高压延速度则辊温应适当降低。辊温与辊速的关系见表 5-7。

表 5-7　辊温与辊速的关系

辊速	辊温	结果	辊速	辊温	结果
40m/min	3#辊蒸汽压力 390~490kPa	正常	60m/min	3#辊蒸汽压力 390~490kPa	不正常
60m/min	3#辊蒸汽压力 390kPa	正常	40m/min	3#辊蒸汽压力 390kPa	不正常

注　采用 0.1mm 农膜。

2. 辊温和物料顺序转移

压延过程中，物料总是包在温度较高和转速较快的辊筒上。为了使物料依次贴合辊筒，避免夹入空气而使薄膜产生孔泡，各辊筒的温度一般是依次增高的，但 3#、4# 辊筒的温度应该接近，便于物料的引离。各辊筒间的温差在 5~10℃ 范围内。不同型式压延机温度见表 5-8。

表 5-8 不同型式压延机温度

三辊	Z 型四辊	T 型四辊
$T_1<T_2<T_3$	$T_1<T_2<T_3<T_4$	$T_1<T_2<T_3<T_4$

3. 辊温和配方

压延温度是根据配方确定的。如配方中使用聚合度较高的聚氯乙烯树脂，压延温度应适当提高；使用用量较多且增塑效率较好的增塑剂，压延温度可适当降低。四辊压延机温度见表 5-9。

表 5-9 四辊压延机温度

品种	厚度/mm	1#辊温度/℃	2#辊温度/℃	3#辊温度/℃	4#辊温度/℃
农用透明薄膜	0.1	160	170	170~175	175~180
民用透明薄膜	0.23	180	180~185	190~195	195
工业包装薄膜	0.18	165	170	175~180	180~185
工业普通薄膜	0.18	160~165	165	170~175	180
硬片	0.50	175	185	175	180

4. 辊筒速比

辊筒速比是指两只辊筒线速度之比，四辊压延机以 3# 辊线速度为标准，其他三只辊筒都对 3# 辊维持一定的速度差，以便对物料产生剪切力，补充塑化，并使物料顺序贴在下一只辊筒上，保证生产正常进行。此外，还可使制品受到更多的剪切作用，制品取得一定的延伸和定向，从而所制薄膜厚度和质量分别得到减小和提高。

正常的辊筒速比不能使物料包辊和不吸辊。辊筒速比过大，物料容易包在速度高的一只辊筒上，而不贴下一只辊筒，还有可能出现薄膜厚度不均匀，内应力过大的现象；辊筒速比过小，物料黏附辊筒能力差，空气易进入物料中去，造成气泡，影响塑化质量。

根据薄膜厚度和辊速的不同，四辊压延机各辊筒速比控制范围见表 5-10。

表 5-10 四辊压延机各辊筒速比控制范围

薄膜厚度/mm	0.1	0.23	0.14	0.50
主辊辊速/（m/min）	45	35	50	18~24

速比范围	V_{II}/V_I	1.19~1.20	1.21~1.22	1.20~1.26	1.06~1.23
	V_{III}/V_{II}	1.18~1.19	1.16~1.18	1.14~1.16	1.20~1.23
	V_{IV}/V_{III}	1.20~1.22	1.20~1.22	1.16~1.22	1.24~1.26

5. 后联装置的速度

在四辊压延机中，通常以 3# 辊的线速度为基准，也就是生产的压延速度。后联装置的各项速度应与压延速度相配合，就是引离辊、冷却辊和卷绕辊的线速度顺序递增，以 3# 辊的线速度为 100%，则引离辊的线速度为 125%~135%，传送带速度略低于冷却辊速度。但是辊筒速比不能太大，否则薄膜的厚度将会不均匀，有时还会产生过大的内应力。薄膜冷却以后要尽量避免延伸。后联装置的速度见表 5-11。

表 5-11 后联装置的速度 单位：m/min

产品规格	1#辊	2#辊	3#辊	4#辊	引离辊	轧花辊	冷却辊	传送辊
0.10mm 农膜	42	53	60	51	78	84	90	86
0.50mm 硬片	18	24	26	23	0	0	36	32

6. 辊距及辊隙间的存料量

压延辊筒表面之间的距离称为辊隙或辊距。物料在三辊压延机共有两次通过辊隙，而四辊压延机中则有三次通过辊隙，每增加一只压延辊筒，物料就多一次压延。在压延中各辊隙应顺序减小，即第一道辊隙大于第二道辊隙，第二道辊隙大于第三道辊隙，而至最后一道辊隙就使熔融物料压延成所需厚度的薄膜或片材。斜 Z 型四辊压延机生产不同厚度薄膜的辊隙见表 5-12。

表 5-12 斜 Z 型四辊压延机生产不同厚度薄膜的辊隙

制品规格	1#辊/2#辊 辊隙/mm	2#辊/3#辊 辊隙/mm	3#辊/4#辊 辊隙/mm
0.09mm 厚薄膜	0.14~0.18	0.12~0.14	0.09~0.10
0.14mm 厚薄膜	0.20~0.22	0.19~0.20	0.14~0.16
0.23mm 厚薄膜	0.30~0.33	0.25~0.30	0.23~0.24
0.45mm 厚薄膜	0.50~0.52	0.49~0.50	0.45~0.46

调节辊距的目的：一是适应不同厚度产品的要求，二是改变存料量。存料量是辊隙间的余料，也称"铅笔形料垄"。辊距是按压延机辊筒排列次序自下而上增加，目的是使辊筒间隙有少量存料，辊隙存料在压延成型中起储备、补充和进一步塑化的作用。存料的多少和旋转状况均能直接影响产品质量。存料太多，会因为停留时间长，温度降低，压入后会使薄膜表面毛糙和有气泡，生产硬片就会出现冷疤。存料越多，辊筒的分离力越大，对制品的横向

厚度影响也越大。若存料太少，压延物料供不应求，结果会因为挤压力不足而造成薄膜表面起疙瘩，俗称皱皮现象，在硬片中会连续出现菱形孔洞。

存料旋转状态应保持表面平滑，全部呈同一方向均匀旋转，尤其是最后一道存料。存料旋转状态不佳，会使制品横向厚度不均匀，薄膜有气泡，硬片有冷疤。如果存料温度过低、辊温过低或辊隙调节不当，都会导致存料旋转状态不佳。

合适的存料要求见表5-13。

表5-13　存料要求

产品	2#辊/3#辊存料量	3#辊/4#辊存料量
0.10mm 厚薄膜	细至一条直线	直径约 10mm，呈铅笔状
0.50mm 厚硬片	折叠状连续消失，直径约 10mm，呈铅笔状	直径 10~20mm，呈缓慢旋转状

为了得到质量优秀的辊隙存料，可以采用辅助工具——透气辊和辊隙存料破料板，辊隙存料破料装置如图5-14所示。透气辊和破料板的作用都是脱除包在辊隙存料中的空气，并令存料本身经过分割后能重新合在一起并达到理想状态。

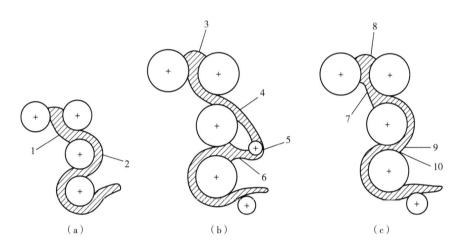

图5-14　辊隙存料破料装置

1—表面 A　2—表面 B　3—辊隙存料　4—卷筒料　5—透气辊或破料板

6，7，8—辊隙存料　9—辊隙破料板　10—小的辊隙存料

7. 剪切和拉伸

由于在压延机上压延物的纵向上受有很大的剪切应力和一些拉伸应力，因此高聚物分子会顺着薄膜前进的方向（压延方向）发生分子定向排列，以致薄膜在物理机械性能上出现各向异性。这种现象在压延成型中通称定向效应或压延效应。就软聚氯乙烯薄膜来讲，由定向效应引起的性能变化如下。

（1）与压延方向平行和垂直两个方向（即纵向和横向）上的断裂伸长率不同，纵向为140%~150%，横向为 37%~73%。

（2）在自由状态加热时，解取向导致薄膜尺寸出现各向异性，纵向收缩，横向与厚度膨胀，收缩与膨胀与加热温度成正比。在压延成型中，如果制品需要这种性能，例如要求薄膜具有较高的单向强度，此时在生产中应设法促使这种定向效应，否则就需要避免。定向效应的程度随辊筒线速度、辊筒之间的速比、辊隙间的存料量以及物料表观黏度等因素的增长而上升，但随辊筒温度和辊距以及压延时间的增加而下降。此外，由于引离辊、冷却辊等均具有一定的速比，所以也会引起压延物的分子定向作用。

（二）原材料的因素

按压延成型工艺的要求，生产塑料薄膜和片材需加入各种原料，例如聚氯乙烯树脂、增塑剂、稳定剂和着色剂等。而将这些原料混合均匀，进行先行加工，即为配料。配料是压延成型工艺的第一道工序，要求称量准确，混合均匀，以免配方失真。

1. 树脂

树脂的质量对薄膜质量有直接影响，树脂的分子量高，分子量分布窄，所得薄膜的力学性能、热稳定性及表面均匀性都较好。但树脂的分子量也不宜过高，因为分子量愈高，则成型加工温度也愈高，增加设备的负荷，对生产较薄的薄膜更为不利。树脂中的灰分、水分和挥发物的含量都不能过高。灰分过高会降低薄膜的透明度，而水分和挥发物过高则会使制品带有气泡。

通常配方设计时先根据制品的软硬程度确定树脂分子量和增塑剂总份数。树脂分子量不同，制品的力学性能和对加工的温度要求不同。分子量越大，黏度越大，加工温度要求高，得到的制品力学性能越好。因此，树脂牌号的选择既要考虑制品的性能要求，又要兼顾加工的方便和可能。一般软质薄膜可选 Ⅱ 型树脂，硬片选 Ⅴ 型树脂，半软、半硬制品选 Ⅲ 型、Ⅳ 型树脂。

聚氯乙烯树脂在合成出厂前虽然已经筛选，但在以后的包装、运输和储存过程中不可避免地会混入其他杂质，因此在加工使用前必须再进行筛选。常见的筛选设备有圆筒筛、振动筛和平动筛等，一般采用振动筛和平动筛两种装置。

树脂的输送采用风送（也称气力输送）、带式输送、螺旋输送和斗式提升输送装置，将树脂输送至储槽中。其中风送输送装置是最经济和维护最方便的，风送有真空式、压力式和气槽流态化三种形式，目前常用前两种。

树脂的称量采用 XSP 型的配料自动秤。这种自动秤的特点：计量精度较高，误差小；程序控制灵活；可以更改给定量的值。

压延生产聚氯乙烯薄膜配方见表 5-14，压延生产聚氯乙烯硬片配方见表 5-15。

表 5-14　压延生产聚氯乙烯薄膜配方

配方	一般薄膜	民用≥0.3mm	雨衣薄膜	工业包装	农用
聚氯乙烯树脂	100	100	100	100	100
丁腈橡胶	—	—	5	—	—
DOP	25	12	40	15	16.5
DBP	—	12	—	—	16.5

配方	一般薄膜	民用≥0.3mm	雨衣薄膜	工业包装	农用
DBP	13	12	—	20	—
DOS	10	5	10	5	—
ED_3	5	—	5	—	3
氯化石油脂	—	10	—	—	20
氯化石蜡（52%）	—	—	—	15	—
硬脂酸铅	1.25	1	1.25	1	1.2
硬脂酸钡	1.25	1	1.25	1	—
三碱式硫酸铅	—	1	—	1	—
螯合剂	—	—	—	—	0.5
MB 防老剂	—	—	0.1	—	—
轻质碳酸钙	—	—	—	5	—
硬脂酸	0.3	0.2	0.2	0.2	0.2
硬脂酸镉	—	—	—	—	0.8

表 5-15　压延生产聚氯乙烯硬片配方

配方	I	II	III	IV	V
聚氯乙烯树脂	100	100	100	100	100
三碱式硫酸铅	7	7	3	5	1.5
三碱式亚磷酸铅	0.5	1	2	1	1.0
硬脂酸铅	1.0	1.5	1.5	1.5	—
硬脂酸钡	0.3	0.3	0.5	0.5	0.8
色料	0.28	0.23	0.08	—	—
石蜡	—	0.2	0.5	—	—
邻苯二甲酸二辛酯	—	—	0.1	—	—
硬脂酸钙	—	—	—	1.5	—
硬脂酸	—	—	—	—	0.4

2. 其他组分

配方中对压延制品影响较大的其他组分是增塑剂和稳定剂。

在压延成型加工中，为降低聚氯乙烯树脂的玻璃化温度，增加其流动性，使之易于成型加工，往往在树脂中加入有机液体或固体，所加入的物质称为增塑剂。增塑剂不仅可以改善树脂的加工性能，而且具有提高制品伸长率，减小塑料相对密度，提高制品耐低温性和增大制品吸水性的作用。但加入的增塑剂同时也会使制品的耐热性以及硬度、拉伸强度、撕裂强度等刚性指标下降。从生产工艺上讲，增塑剂含量越多，物料黏度就越低，在不改变压延机负荷的情况下，可以提高辊筒转速或降低压延温度。用于聚氯乙烯压延制品的常用增塑剂特性优劣见表5-16。

表5-16　用于聚氯乙烯压延制品的常用增塑剂特性优劣表

性能	趋向	顺序
加热损耗	大→小	DBP>DBS>DIOA>ED₃>DIOP>DOP>DOS>DNP>聚酯
耐寒性	好→劣	DOS>DOA>ED₃>DBP>DOP>DNP>M50>TCP
电绝缘性	好→劣	TCP>DNP>DOP>M50>ED₃>DOS>DBP>DOA
吸水性	大→小	DOA>DOS>ED₃>DBP>DOP>DIOP>氯化石蜡>M50>TCP
水抽出性	大→小	DIBP>DBP>DOA>DOP>DIOP>氯化石蜡>M50>TCP
相容性	大→小	DBS>DBP>DOP>DIOP>DNP>ED₃>DOA>DOS>氯化石蜡
硬度	软→硬	DBP>DOA>DOP>DIOP>TCP>聚酯
耐老化性	易→难	DBP>DOA>DOP>TCP>DIOP>聚酯

塑料制品在使用过程中常常会受到光、热和机械力的作用，从而引起聚合物的降解或交联，使制品性能变坏或不能使用。为阻止或延缓这种劣化过程，应在加工过程中加入稳定剂，以达到稳定制品质量的目的。稳定剂是能够抑制聚合物老化，延长制品寿命的一类化合物。稳定剂一般包括热稳定剂、光稳定剂和抗氧剂。聚氯乙烯树脂通常加入热稳定剂和抗氧剂。

在生产上应该注意的是，稳定剂选用不当会使压延机辊筒（包括花辊）表面蒙上一层蜡状物质，致使薄膜表面不光，生产中黏辊或更换产品困难。压延温度越高，这种现象越严重。出现蜡状物质的原因在于所用稳定剂与树脂的相容性较差，而且其分子极性基团的正电性较高，以致压延成型时被挤出而包围在辊筒表面上，形成蜡状层。避免形成蜡状层的方法有以下几种。

（1）选用适当的稳定剂。一般来说，稳定剂分子极性基团的正电性越高，越易形成蜡状层。如钡皂比镉皂和锌皂析出严重，因为钡的正电性高，镉的正电性较小，锌的正电性更小，故在压延配方中应控制钡皂的用量。此外，最好少用或不用月桂酸盐，而用液态稳定剂。

（2）掺入吸收金属皂类更强的填料。

（3）加入酸性润滑剂。酸性润滑剂对金属具有更强的亲和力，可以先占领辊筒表面并对稳定剂起润滑作用，能避免润滑剂黏附于辊筒表面。

3. 混合和塑炼

（1）混合。混合是将准备好的树脂、辅助材料按配比经准确称量后加入混合设备中，在低于树脂熔点的温度之下，通过设备的搅拌、振动、翻滚等作用完成的简单混合。混合时要求各种原料的细度比较接近，而且要按一定的顺序加料。通常是按树脂、增塑剂、稳定剂、着色剂、填料和润滑剂等的顺序将称量好的原料依次加入混合设备中进行混合。混合的温度、时间应按树脂的性能、配方组成和设备类型来决定。混合终点的判断原则上是以制品能得到预期的性能为准，从理论上也有许多方法，如视觉检测法、光学显微镜法、电子显微镜法。而实际生产中，工厂一般以时间来控制，混合终点大多凭经验判断，对加有增塑剂的混合物，其特点是疏松、表面无油腻感、有一定弹性，用手拈料，表面无湿乎乎的感觉，又无一把干沙的感觉，当感到有弹性时，即终点已到，出料温度在 90~110℃。各种压延制品的物料在高速混合机中捏合的工艺条件见表 5-17。

表 5-17　各种压延制品的物料在高速混合机中捏合的工艺条件

制品名称	工艺条件
PVC 压延薄膜	高速混合 5~8min，温度升至 80~100℃，树脂溶胀完全后，放至混合机中冷却至 50℃左右，送至螺杆塑化机
PVC 压延硬片	加料顺序：PVC →增塑剂→稳定剂、内润滑剂→外润滑剂、色料→ MBS、加工助剂，高速混合 5~8min，温度升至 110~120℃，然后放入低速捏合机冷却搅拌，降温冷却至 40℃出料
PVC 压延人造革	加料顺序：PVC → 1/3~1/2 增塑剂 →搅拌 1~2min →稳定剂、润滑剂→搅拌 3min →发泡剂和剩余的增塑剂→搅拌 3~5min 高速混合机总时间 8~10min，温度升至 90~100℃
PVC 压延壁纸	向高速混合机加入少量树脂、增塑剂后，再投入全部色浆、稳定剂，搅拌 0.5min，然后加入全部树脂和增塑剂，温度升至 90~100℃，再加碳酸钙，1min 后出料

（2）塑炼。塑炼目的是改变物料的性状，使物料在剪切力作用下热熔、剪切混合达到适当的柔软度和可塑性，使各种组分的分散更趋均匀，同时还依赖于这种条件来驱逐其中的挥发物及弥补树脂合成中带来的缺陷（驱赶残存的单体、催化剂残余体等），使有利于输送和成型等。但塑炼的条件比较严格，如果控制不当，必然会造成混合料各组分蒙受物理及化学上的损伤。塑炼时间不宜太长，温度不宜过高，否则会使过多的增塑剂散失以及引起树脂分解。塑炼温度又不能太低，否则会出现不黏辊或塑化不均现象。适宜的塑炼温度视具体配方而定，软质压延制品为 165~170℃，硬质压延制品为 170~180℃。塑炼终点在工厂大多凭经验决定，即用小刀切开塑炼料来观察截面，如果截面上不显毛粒而且颜色和质量都很均匀，即可以认为塑炼合格。

作为混炼用的挤出机，其结构与成型用的挤出机基本相同。目前塑炼工业广泛使用单螺杆挤出机进行物料的混炼。用作物料混炼挤出机，对螺杆构型要求较高，针对物料在挤出机内的流变形态，螺杆构型分为三段，即喂料段、混合段和挤出段。尤其在混合段，螺杆构型较多，其目的是提高物料分散混合程度。在螺杆的混合段设置的分散混合元件中，物料受到强剪切应力，使附聚物和悬浮在熔体中的物料料粒破碎。在这些剪切元件中，物料通过间隙流动，所耗压力降相当大，当超过屏障，便产生了均匀分散混合作用。

（三）设备因素

压延制品质量的一个突出问题是横向厚度不均匀，通常是中间和两端厚而近中区两边薄，俗称"三高两低"现象。这种现象主要是辊筒的弹性变形和辊筒两端温度偏低引起的。

1. 辊筒的弹性变形

在压延过程中，物料在旋转的辊筒之间被压缩、辗延的同时，物料也给予辊筒与压延方向相反的推力，即两辊筒要承受很大的分离力。对于两端支承在轴承上的辊筒来说，就如受载梁一样，会产生弯曲变形。变形最大处是辊筒中心，逐渐向辊筒两边展开并减小，这样就导致压延制品横截面中间厚两边薄的现象，如图 5-15 所示。这样的薄膜在卷取时，中间张力必然高于两边，以致放卷时就出现不平现象。

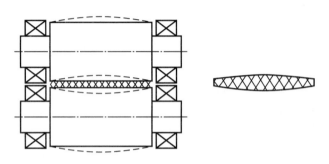

图 5-15　辊筒的弹性变形对压延产品横截面的影响

为了解决辊筒的弹性变形问题，除了选用刚性好的材料制作辊筒外，生产中还采用中高度法、轴交叉法和预应力法等措施进行纠正，以减少辊筒弹性变形对制品质量的影响。

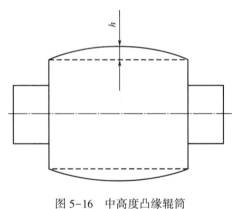

图 5-16　中高度凸缘辊筒

（1）中高度法。这一措施是将压延辊筒的工作面加工成中部直径稍大，而两端直径小的腰鼓形，如图 5-16 所示。辊筒中部凸出的高度 h 称为中高度或凹凸系数，其值很小，一般在 0.02 ~ 0.06mm，见表 5-18 和表 5-19。产品偏薄或物料黏度偏大，则需要的中高度偏高。然而在生产不同规格的产品时，仅依靠中高度是不能解决问题的，因为中高度的补偿措施受到一定限制，故需要与其他方法联合使用，方能达到满意的效果。

表 5-18　ϕ700mm×1800mm 斜 Z 形四辊压延机中高度

辊筒	1#辊	2#辊	3#辊	4#辊
中高度/mm	0.06	0.02	0	0.04

表 5-19　ϕ918mm×2440mm 斜 Z 形四辊压延机中高度

辊筒	1#辊	2#辊	3#辊	4#辊
中高度/mm	0.1	0.03	0	0.02

（2）轴交叉法。压延机两个相邻的辊筒本身应安装成相互平行的，在没有负荷下可以使其间的间隙均匀一致，然而由于横压力造成挠度的关系，其间隙变成中间大，两端小。如果将其中一个辊筒的轴线在水平面上稍微偏动一个角度时（轴线仍不相交），则在辊筒中心间隙不变的情况下增大了两端的间隙，这就等于辊筒表面有了一定弧度，如图5-17所示。轴交叉后，间隙量增加与偏心角度出成正比，与辊筒直径成反比，这样在一定程度上补偿辊筒的挠度。所以轴交叉法只能是一种辅助解决方法，通常与中高度法配合使用，因为轴交叉造成的间隙弯曲形状与辊筒的变形造成的弯曲形状并非完全一致，如图5-18所示。分离力引起的弯曲和轴交叉产生的弧度叠加，使薄膜的横截面出现"三高两低"现象，即薄膜中间和两端厚度相等了，薄膜厚度仍不均匀。轴交叉角度越大，这种现象越严重。所以，辊筒轴交叉法只能作为校正薄膜厚度的一种相应辅助方法，常与中高度法结合使用，用于最后一个辊筒。轴交叉法的优点是可以随产品规格、品种不同而调节，从而扩大了压延机的加工范围。轴交叉角度通常由两只电动机经传动机构对两端的轴承壳施加外力来调整，两只电动机应当绝对同步。轴交叉角度一般均限制在2°以内。

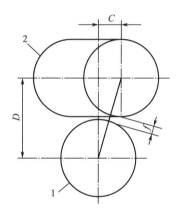

图5-17　辊筒轴交叉示意图
1，2—辊筒

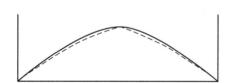

图5-18　辊筒轴交叉所形成的弧度（实线）
和真正需要的弧度（虚线）比较

由于辊筒的轴交叉法和中高度法的结合应用，对压延制品的质量，即横截面厚度偏差的改进效果明显，所以目前应用较多。但在轴交叉的应用中，要注意以下几点。

①轴交叉装置设在辊筒的轴颈两端，调整时要同时使用；

②为避免损伤零件，不允许只对处于工作状态的辊筒一端进行轴交叉调整；

③调整前，两相邻辊筒工作面间距要相等，轴交叉移动与辊筒调距移动方向要垂直；

④调整轴交叉时，是以辊筒的工作面中点为轴心进行转动，调整两端的轴线交叉角度要相等；

⑤调整轴交叉角度行程部位，为保证机件安全，要设置限位行程开关，控制行程量。

（3）预应力法。预应力法补偿又称反弯曲补偿。指在压延之前于辊筒两端加载，其作用方向正好同工作负荷相反，故产生的变形与工作负荷引起的变形也相反，从而达到补偿的目的。预应力法对挠度的补偿作用，只能限制在一定范围内，因为过大的预应力对辊筒轴承的影响太大。因此，目前采用预应力法补偿，仅限于使辊筒轴颈实际"零间隙"为止。预应力装置原理如图 5-19 所示。

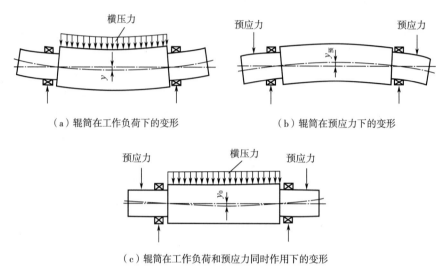

（a）辊筒在工作负荷下的变形　　　　　（b）辊筒在预应力下的变形

（c）辊筒在工作负荷和预应力同时作用下的变形

图 5-19　预应力装置原理

预应力装置可以对辊筒的两个不同方向进行调节。当压延制品中间薄两边厚时，也可以用此装置予以校正。不仅可使辊筒弧度有较大变化范围并使弧度的外形接近实际要求，而且较易控制。一般情况下，用预负荷补偿辊筒的工作挠度，不能无限制地增大。通常是以辊筒在预负荷作用下，以挠度不超过 0.075mm 为准。因为辊筒受两种变形力作用，增加了辊筒轴承的工作负荷，所以会降低轴承使用寿命。若预负荷过大，会对辊筒轴颈影响极坏。

另外，采用预应力装置还可保持辊筒始终处于工作位置（通常称为"零间隙"位置）以克服压延过程中辊筒的浮动现象。辊筒的浮动现象是由辊筒轴颈和轴承之间的间隙引起的。所以需要留有一定的间隙是为了确保轴颈和轴承之间的相对转动和润滑，这也是通常压延机采用滑动轴承的理由。不过在这种情况下，辊筒在变动的载荷下转动是轴颈能在间隙范围内移动，产品厚度的均匀性必然受到影响。克服辊筒的浮动除可用预应力法外，也可将滑动轴承改用精密的滚动轴承。

对辊筒挠度补偿的三种方法比较见表 5-20，目前以采用中高度法和轴交叉法相结合方式最多。

表 5-20　对辊筒挠度补偿的三种方法比较

中高度法	中高度固定，在特定的品种和操作条件下，效果明显；但不能随制品规格和工艺条件的变化而变化，故有局限性。此外，机械加工困难，而且辊筒中高度数值不一，不能相互调配使用
轴交叉法	与中高度法并用，可以弥补制品两边薄的问题，但轴交叉法所造成的间隙弯曲形状不一致，故即使薄膜厚度调到两边与中间一样，而在两边靠近辊筒长度 1/4 处，还是偏薄，出现"三高二低"现象
预应力法	此法与轴交叉法接近于实际变形曲线，故有利于提高薄膜厚度的均匀性，但由于辊筒受到极大的作用力，且受力几何截面小，轴承使用寿命短

2. 辊筒表面温度的变动

压延辊筒表面温度总是中间高于两端，一方面是因为在两端轴承上的润滑油会带走一部分热量；另一方面是辊筒的热量不断向机架及周围散发。所以辊筒表面温度不均匀，从而造成压延制品两端厚的现象。

为了消除辊筒表面的温差，增加辊筒中间和两端的热膨胀，减少近中区域辊筒的热膨胀，改善"三高两低"，使产品横向厚度分布比较均匀，可在温度低的部位采用红外线或其他方法作补偿加热，在近中区域两边采用风管冷却。但这样又会引起压延制品内在质量不均匀。

（四）辅助过程中的各种因素

1. 引离

在引离阶段，引离和包辊是一对矛盾，一般情况下，引离是主要的。但是，当辊温较高或速比失调时，包辊变成主要问题，因此需要控制好辊温和速比。有时为提高生产效率，提高压延机线速度，辊筒的摩擦热增加，薄膜易包辊，则需用铝质喷砂表面的引离辊和双引离辊等办法，增加引离效率。

要把压延成型中的制品从转动着的热辊筒上均匀并连续地引离下来，则要求引离速度大于辊筒的速度 25%~35%，视薄膜厚度而定，引离速度太快易发生变形和产生内应力，制品收缩大。

引离辊筒用蒸汽加热，加热蒸汽压力为 686~784kPa，一方面可以避免薄膜冷拉伸，另一方面可以增加薄膜的引离力，使薄膜中析出的增塑剂挥发，防止薄膜发皱而影响质量。引离辊筒距离压延辊筒 75~150mm。一般在引离辊上包上布或纸张，以吸收凝聚的增塑剂。三辊压延机一般没有引离辊装置，薄膜的引出主要靠压花装置。

2. 轧花

轧花阶段要求花纹清晰、深度适宜。为此要抓住轧花压力、温度和转速三个因素。如果轧花压力不足，花纹就深浅不一，轧花的压力与薄膜的速度、温度、厚度及柔软程度有关，薄膜厚且柔软则压出的花纹清晰。轧花的温度对轧花质量有很大影响，若轧花辊内冷却水流量太大，轧花辊温度较低，薄膜不易被吸附在轧花辊上；若轧花辊内冷却水流量太小，轧花辊温度过高，制品花纹鲜明牢固，但花纹不易冷却定型，薄膜易吸附在轧花辊上，橡胶辊易老化。如果在轧花辊内水的喷射不均匀，如流出端温度比另一端高时，轧花时薄膜上的花纹会深浅不一，即所谓薄膜花纹的阴阳面现象。

由于轧花辊温度比压延辊温度低，所以配方中易析出物和颜料等会黏附于轧花辊上，因此轧花辊要及时清理，一般用硬脂酸清洗附在橡胶辊上的物质，用汽油清洗附在轧花辊上的物质。

轧花辊的速比不当易出现包辊现象。

3. 冷却定型

薄膜的冷却定型是通过多只冷却辊来实现，把压延制品冷却到 20~25℃。为增加压延制品正反面的冷却接触面，常采用穿引法。冷却定型阶段常常发生冷却不足，制品发黏发皱、硬片出现高低不平等疵病。影响冷却定型的主要因素如下。

（1）冷却水量。冷却水量不足，使薄膜冷却不充分，易发皱发黏，卷取后薄膜收缩率大。导致冷却不足的原因一是冷却水温度太高，二是冷却辊筒数太少，特别是在高速度生产时，薄膜在冷却辊面上停留时间太短，来不及冷却，此时就需要增加冷却装置。目前一般大型四辊压延机都有四只大的冷却辊筒，有的甚至到八只大的冷却辊筒，另外在进入冷却辊之前有七只小的自然冷却辊筒，使薄膜逐步冷却；若冷却水用量太大，冷却温度太低，辊筒表面因温度过低而出现凝结水珠，会影响制品质量。冷却要均匀，进出水的温差越小越好。

（2）冷却辊流道设计。为了提高冷却效果并进行有控制性地散热，一般都采用强冷却的方法。但冷却辊进水端辊面温度往往低于出水端，所以，制品两端冷却程度不同，收缩率也就不一样，薄膜成卷后也会起皱和摊不平，硬片则会产生单边翘曲。解决的方法是改进冷却辊的流道结构，使冷却辊表面温度均匀。

（3）冷却辊的速比。冷却辊速比太大，薄膜出现冷拉伸现象，导致收缩率增大；冷却辊速比太小，薄膜出现发皱现象；所以操作时必须严格控制冷却辊速比。通常冷却辊的线速度比前面的轧花辊快 20%~30%。对于硬质聚氯乙烯透明片，牵引速度不能太大，通常比压延机线速度快 15%左右。

（4）冷却辊表面粗糙度。冷却辊表面经镀铬处理，会使析出在辊表面的增塑剂黏住薄膜，薄膜表面产生斑印。如果镀铬冷却辊表面再经细质磨砂，可改善上述现象。经验证明，冷却辊最好用铝质磨砂辊，冷却效果好，不会生锈，而且薄膜不易黏辊，优于光洁程度高的镀铬处理的冷却辊。

（5）冷却温度。制品在卷取时应冷却至 20~25℃。若冷却不足，薄膜会发黏，成卷后起皱和摊不平，收缩率也大；若冷却充分，辊筒表面会因温度过低而凝有水珠，制品被沾上后会在储藏期间发霉或起霜。

4. 胶带输送

为了消除压延制品从成型、引离，轧花和冷却这一过程中由于层层牵伸造成内应力，往往在卷取前，利用无端橡胶带进行传送，将薄膜摊平，让薄膜在传送过程中有一个自然的松弛机会，从而消除薄膜的内应力，在这一过程中薄膜处于"放松"和自然"收缩"的状态。为了达到上述目的，传送速度是值得注意的，若传送带和本机速比失调，则会引起包辊或内应力，从而导致薄膜产生冷拉伸和收缩率。所以，在生产中要注意传送带的速比调节，使速比保持合适的范围，有利于制品质量的提高。最简便的方法就是用手指掀住传送带上的薄膜，仔细观察薄膜是否被传送带送过去或者是后面的卷取设备把它拉过去。如果是后者的话则把传送带的速度稍微加快或者把后面卷取速度适当放慢。一般传送带的速度低于冷却辊的速度。

5. 卷取切割

这是压延成型的最后阶段，要求切割成卷整齐，松紧度适当。若卷取时张力过大，薄膜在存放中应力松弛，放卷时摊不平和收缩过大；若卷取时张力太小，薄膜堆放时易压皱。所以卷取时张力调节很重要，务必控制得当。

四、压延成型中的异常现象

在聚氯乙烯压延成型中，经常会发生各种质量问题，其中有外观方面的，有力学性能方面的。压延成型中的异常现象、产生原因及解决办法见表5-21。

表 5-21　压延成型中的异常现象、产生原因及解决方法

异常现象	产生原因	解决方法
表面毛糙，不平整，易脆裂	1. 压延温度低 2. 物料塑化不均匀 3. 冷却速度太快 4. 填料比过高 5. 牵引力过大 6. 辊面粗糙或损伤 7. 原料中有杂质	1. 升高压延温度 2. 使物料塑化均匀 3. 降低冷却速度 4. 降低填料比 5. 降低牵引力 6. 修复辊面 7. 加强原料管理
横向厚度误差大（三高两低）	1. 辊筒表面温度不均匀，轴交叉太大 2. 熔料没混炼均匀 3. 辊筒制造、装配精度差 4. 加料辊隙太小，引起辊筒变形 5. 辊筒两端调距不一致，两辊筒工作面不平行 6. 辊筒两端进料量不均匀 7. 辊筒工作面几何形状精度低 8. 预负荷装置调整不当	1. 辅助加热，补充加热，调整轴交叉 2. 加强混炼 3. 修整辊筒 4. 增大加料处辊隙 5. 调整辊筒两端调距，使两辊筒工作面平行 6. 调整辊筒两端进料量使其均匀 7. 提高辊筒工作面几何形状精度 8. 调整预负荷
有冷疤与孔洞	1. 物料温度低，压延温度低 2. 塑化不良存料过多，旋转性差 3. 冷料供料，存料少	1. 提高物料温度和压延温度 2. 加强塑化，调节存料 3. 合理存料
高低不平，有波浪	冷却不均匀，温差太大	改善冷却，不可急冷，应逐步冷却
纵向厚度不均匀	1. 辊筒表面温度不均 2. 供料不均匀 3. 熔料分散不均匀 4. 配方不合理，剥离性能差 5. 牵引不稳定 6. 万向联轴器传动工作不平稳 7. 齿轮啮合传动不平稳 8. 齿轮模数过大	1. 调整辊筒温度 2. 向辊隙内均匀供料 3. 提高混炼效果 4. 调整配方 5. 修整牵引设备，使引离稳定平滑 6. 调整万向联轴器传动 7. 调整齿轮啮合传动 8. 降低齿轮模数
透明度差或有云雾状	1. 3#辊/4#辊存料过多 2. 压延温度低 3. 速比不当	1. 减少存料 2. 提高压延温度 3. 调整速比
薄膜发黏，手感不好	1. 增塑剂用量过多 2. 增塑剂选用不当 3. 冷却不足 4. 配方不合理，如润滑剂使用不当、防黏剂用量太少、没加抗静电剂等 5. 张力过小或张力辊不稳定 6. 辊温过高 7. 辊温过低 8. 辅机速比配合不当	1. 减少增塑剂用量 2. 选用与PVC树脂相容性好的增塑剂 3. 提高冷却效果 4. 重新调整配方 5. 增大张力，调节张力辊稳定 6. 降低辊温 7. 提高辊温 8. 调整辅机速比配合

异常现象	产生原因	解决方法
卷取不良	1. 后联装置与主机速度不当，卷取张力太小或不稳定 2. 薄膜横向厚度不均匀 3. 膜片黏辊 4. 牵引机速比不稳定	1. 调整速度，调整张力装置 2. 提高横向厚度均匀性 3. 调整配方、辊筒温度及料温 4. 检修设备
薄膜表面有气泡或缩孔	1. 辊筒表面温度过高 2. 原料中水分及易挥发物含量太高 3. 辊隙存料少 4. 3#辊/4#辊辊速比太小 5. 物料塑化不均匀 6. 填料比例过高 7. 辊面有损伤或有污染物 8. 喂料挤出机过滤网破裂，料中杂质多 9. 工作环境灰尘多，混入熔料中	1. 给辊筒冷却水降温或减小辊筒速比 2. 进行预干燥处理 3. 增加供料量 4. 增大辊筒速比 5. 提高塑化温度，增大辊筒速比 6. 改进配方 7. 修磨或清洁辊面 8. 更换喂料挤出机过滤网 9. 净化工作环境
放卷后摊不平	1. 后联装置速度不当，拉伸过大 2. 冷却不足 3. 冷却辊面温度不均匀 4. 卷取时张力不当 5. 薄膜横向厚度不均匀 6. 卷取不平整	1. 调整速比 2. 提高冷却效率 3. 改进冷却辊面温度差 4. 调整张力装置 5. 提高薄膜横向均匀性 6. 检查卷取辊的角度和稳定性
收缩率大	1. 后联装置速比不当，冷却拉伸过大 2. 冷却不足 3. 卷取时张力过大 4. 压延温度低 5. 存料太少	1. 调整速比、减少冷拉伸 2. 充分冷却 3. 调整张力 4. 提高压延温度 5. 增加存料量
花纹不清晰	1. 轧花辊压力不足 2. 冷却不够	1. 加大轧花辊压力 2. 充分冷却
表面横向皱纹	1. 辊筒发黏 2. 辊筒张力不均匀 3. 成品冷却过快	1. 配方中添加外部润滑剂 2. 调整辊筒张力 3. 降低冷却速度
表面纵向皱纹	1. 辊筒表面黏着 2. 冷却和收卷时松弛	1. 配方中添加外部润滑剂 2. 调整辊速，消除松弛
表面有冷斑及冷流痕	1. 物料黏度太大 2. 塑化、混炼不均匀 3. 辊温、料温低	1. 改用低分子量树脂 2. 改进混合和塑炼效果 3. 提高辊温或料温

续表

异常现象	产生原因	解决方法
有白点	稳定剂或填充剂与辅助材料分散不良	调整稳定剂及辅助剂用量，加强混合
表面变黄	1. 原料配方的热稳定性差 2. 辊筒温度太高 3. 混炼时间太长 4. 辊隙处摩擦热太高，熔料过热分解 5. 润滑效果差，有黏辊现象	1. 调整配方 2. 降低辊筒温度 3. 缩短混炼时间 4. 调整辊筒速比及转速 5. 改进配方，提高润滑效果
有硬粒	1. 树脂分子量分布不均匀 2. 增塑剂预热温度太高，投料太快	1. 改用分子量分布均匀的树脂 2. 降低预热温度，改进投料方法
表面粗糙	1. 料温或辊温太低 2. 物料塑化不均匀 3. 辊隙内存料太少 4. 料中有杂质 5. 辊面粗糙或附有熔料 6. 填料比例太高 7. 压延速比太小，造成脱辊	1. 提高料温或辊温 2. 加强混炼 3. 加大供料量或调整辊速 4. 更换原料 5. 研磨、电镀辊面或调整配方 6. 改进配方 7. 增加压延速比
表面喷霜及渗出	1. 助剂与树脂相容性差 2. 助剂用量过多 3. 有不饱和物质 4. 配方中润滑剂用量过多或不当	1. 调整配方 2. 适当减少助剂用量 3. 避免使用不饱和添加剂 4. 调整配方，合理使用润滑剂
表面水波纹状	1. 辊隙存料停留时间过长 2. 延伸率小，平整度差 3. 辊隙存料黏度高，流动性差 4. 润滑剂过多，辊隙存料形成不均一	1. 降低存料尺寸 2. 增加拉伸率 3. 提高压延筒温度 4. 减少外部滑剂量
薄膜片力学强度差	1. 料温、辊温太低 2. 塑化不良 3. 润滑剂用量太多 4. 填料过多，分散不均 5. 树脂聚合度低	1. 提高料温和辊温 2. 调整配方或加强塑化 3. 适当减少润滑剂用量 4. 减少填料，提高分散性 5. 采用较高聚合度的树脂
光泽不良	1. 辊筒温度太低 2. 配方不合理，析出物太多或填料太多 3. 辊表面光洁度差或附有污物 4. 冷却辊表面有水雾 5. 辊隙处熔料分配不均 6. 塑化温度过高 7. 填料比过大 8. 润滑不均匀	1. 提高辊筒温度 2. 重新调整配方 3. 修整或清洁辊面 4. 降低生产环境的湿度 5. 均匀喂料 6. 降低塑化温度 7. 降低填料比 8. 增加外润滑剂用量

异常现象	产生原因	解决方法
色差	1. 称量不准 2. 混炼不均匀 3. 着色剂耐热性差 4. 压延温度不稳定	1. 准确计量 2. 加强混炼 3. 选耐热性好的着色剂 4. 稳定压延温度
表面椭圆形的小颗粒突起	1. 异物混入、再生料使用 2. 混炼不充分,产生未塑化粒子 3. 加工温度低 4. 加工设备存在死角 5. 粒子内添加剂分散不充分 6. 树脂与无机添加剂的分散不充分	1. 异物最少化,减少再生料用量 2. 增加混炼时间,使用压缩比和长径比大的挤出机 3. 提高加工温度 4. 清洁加工设备死角 5. 延长混合时间;选用孔隙率大的树脂 6. 树脂吸收增塑剂等液态添加剂后,再投入无机物
表面针孔	1. 排风罩杂质混入 2. 边角料回用时异物混入 3. 物料分解 4. 加工设备内存在死角 5. 辊筒上黏有异物 6. 钛白粉及填料结块 7. 混合时钛白粉及填料聚集 8. 塑化不足	1. 清洁排风罩 2. 边角料清洁管理 3. 增加热稳定剂;降低加工温度 4. 清洁加工设备内死角 5. 清洁辊筒 6. 添加剂颗粒度管理 7. 改善混合顺序 8. 提高塑化温度
焦粒与杂质	1. 设备不清洁 2. 物料停留时间过长,发生分解 3. 混入杂质	1. 清理设备 2. 改善物料混炼条件 3. 防止杂质混入
泛色、脱层或色泽发花	1. 料温低 2. 压入冷料 3. 压延温度过高	1. 提高料温 2. 加强混炼 3. 降低压延温度
晶点	1. 塑化不足 2. 润滑剂过量 3. $3^{\#}$、$4^{\#}$辊距过大 4. 混入杂质	1. 提高塑化温度 2. 减少润滑剂用量 3. 调整$3^{\#}$、$4^{\#}$辊距 4. 防止杂质混入
助剂析出	1. DOP 用量太大 2. 润滑剂过量 3. 辊温过低 4. 配方相容性不好	1. 减少 DOP 用量 2. 减少润滑剂用量 3. 提高辊温 4. 调整配方
油斑	1. 油性添加剂与树脂相容性差或挥发性大 2. 压延辊上有油性膜	1. 改配方,选用与树脂相容性好或挥发性小的添加剂 2. 溶剂清洗油性膜

异常现象	产生原因	解决方法
制品边缘过厚	1. 辊筒工作面两端温度过低 2. 挡料板宽度调整过小 3. 轴交叉调整不当 4. 辊面辅助加热冷却系统调整不当	1. 提高辊筒工作面两端温度 2. 增加挡料板宽度 3. 调整轴交叉角度 4. 调整辊面辅助加热冷却系统
制品幅宽误差大	1. 切边后部的牵引工作不稳定 2. 辊筒两端进料不一致 3. 挡料板距离过小，供料宽度小	1. 稳定牵引 2. 调整辊筒两端进料 3. 加大挡料板距离

五、压延成型中常见故障根源

压延机生产成型制品过程中，常出现的质量问题产生根源概括总结如下。

（1）原料问题。

①原料来源及聚氯乙烯 K 值变化。

②制品用原料的配比组成变化。

③树脂原料质量变化。

④各种填充剂质量、配比量变化。

（2）机械设备问题。

①辊筒轴承间隙过大。

②辊筒轴承润滑油密封不好，漏油严重。

③喂料挤出机过滤网破裂。

④辊筒工作面几何尺寸精度低，表面粗糙，镀铬层脱落，辊面磨损严重等。

⑤万向联轴器传动工作不平稳。

⑥轴交叉调整不当。

⑦预负荷装置调整不当。

（3）操作工艺条件问题。

①原料混合不均匀。

②预塑化混炼时间过长，辊筒转速慢。

③预塑化混炼工艺温度偏高，熔料发黄。

④给压延机供料不均。

⑤熔料中有空气。

⑥压延机辊筒工作面温度过高。

⑦压延机辊筒出膜的温度偏低。

⑧压延机辊筒两端温度偏低。

⑨压延机辊筒中间温度偏低。

⑩增塑剂有析出现象，辊面污染。

习题与思考题

1. 简要说明压延成型的特点，和其他成型方法有何不同？

2. 简要说明压延成型的工艺过程。

3. 简要说明压延成型生产软质聚氯乙烯薄膜的工艺流程。

4. 简要说明影响压延成型制品质量的因素。

5. 简述压延成型的原理。

6. 简述压延成型工艺路线的组成及各部分作用。

7. 压延机辊筒的挠度是什么？如何补偿？

8. 压延机的主要构成有哪些？

9. 辊筒加热方式有哪些？分别适用于哪种辊筒？

10. 影响压延产品质量的因素有哪些？如何控制？

11. 采用压延成型工艺生产的产品种类有哪些？

12. 何谓压延效应？产生压延效应的原因有哪些？

13. 在一定范围内提高压延速度有什么好处？为何压延速度不能过高？

14. 压延成型制品中如何区分薄膜与片材？硬质聚氯乙烯、半硬质聚氯乙烯与软质聚氯乙烯又是如何划分的？

15. 压延成型主要生产什么产品？

16. 压延机在压延成型中的作用是什么？

17. 压延成型前工序是什么？有哪些主要设备？

18. 简述三辊压延硬片的工艺条件。

19. 压延机的分类和排列方式有哪些？

20. 压延机的主要参数有哪些？

21. 简述冷却辊的构造。

第六章 模压成型

第一节 概述

压制成型主要用于热固性塑料的成型。根据材料的性状和加工工艺的特征，可分为模压成型和层压成型。模压成型又称压缩模塑，这种成型方法是将粉状、粒状或纤维状等的塑料放入成型温度下的模具型腔中，再闭模加压使其成型固化。

模压成型可用于热固性塑料和热塑性塑料的成型。模压成型在生产热固性塑料时，模具一直是处于高温状态，在压力作用下，置于型腔中的热固性塑料先由固体变为熔体，并在这种状态下充满型腔，从而取得所赋予的形状，随着交联反应程度的增加，熔体的黏度逐渐增加以至变成固体，最后脱模成为制品。热塑性塑料的模压成型，在前一阶段的情况与热固性塑料相同，但没有交联反应，故在流体充满型腔后，须将塑模冷却使其固化才能脱模成为制品。对热塑性塑料，在模压成型时，模具必须交替地进行加热和冷却，故成型周期长，生产效率低，易损坏模具，仅用于成型聚四氯乙烯或有长纤维、片状纤维成分的增强塑料等流动性很差的热塑性塑料，或在塑料制件很大时或进行实验研究时才采用。本章重点讨论热固性塑料的模压成型。

完整的模压成型工艺是由物料的准备和模压两个过程组成的，其中物料的准备又分为预压和预热。预压只用于热固性塑料，而预热可用于热固性塑料和热塑性塑料。模压热固性塑料时，预压和预热两个部分可全用，也可只用预热一种。单进行预压而不进行预热是很少见的。预压和预热不但可以提高模压效率，而且对制品的质量也起到积极的作用。如果制品不大，对它的质量要求又不是很高，则物料的准备过程也可免去。

模压成型的主要优点是可模压成型较大平面的制品和利用多槽模进行大量生产，其缺点是生产周期长、效率低，不能模压成型要求尺寸准确性较高的制品。

常用于模压成型的热固性塑料有酚醛树脂，氨基树脂，不饱和聚酯，聚酰亚胺等，其中以酚醛树脂，氨基树脂最广泛。典型压缩制件有仪表壳、电闸板、电器开关、插座等。

第二节 模压成型原理及工艺

一、模压成型原理

热固性塑料在模压成型过程中所表现出的状态变化要比热塑性塑料复杂，在整个成型过程中始终伴随着化学反应发生，模压成型原理如图 6-1 所示。这种成型方法是将松散状（粉状、粒状或纤维状等）的塑料或预压的塑料放入成型温度（一般为 130~180℃）下的模具型腔中，如图6-1（a）所示；然后以一定的速度合模，接着加热加压，使塑料在热和压力作用下逐渐变成黏流态，在压力作用下使物料充满型腔，如图6-1（b）所示；塑料中的高分子与固化剂作用发生交联反应，逐步转变为具有一定形状的不熔的硬化塑件，最后经保压一段时间使制品完全定型并达到最佳性能时，开模，脱模并取出制件，如图6-1（c）所示。

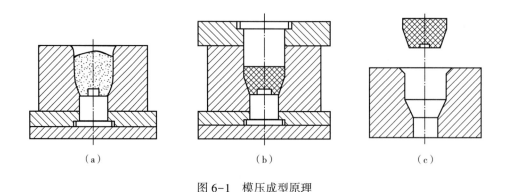

（a）　　　　　　　　（b）　　　　　　　　（c）

图6-1　模压成型原理

从成型工艺角度讲，成型过程主要包括流动段、胶凝段和硬化段三个过程。

流动段时，树脂分子呈无定形的线型结构，或带有支链的分子结构，树脂分子流动主要是整个大分子位移，流动性的难易与分子链的长短有关，通过控制树脂的分子量和结构来控制树脂分子的流动性。

胶凝段时，树脂分子呈支链密度较大的线型结构或大部分交联的网状结构，因而流动较为困难，但仍然保持一定的流动性，直观上表现是树脂的黏度明显增大。

硬化段时，树脂就变成不溶不熔状态，并完全丧失流动性，此时树脂分子呈体型结构。

上述三个过程，必须要有一定的外界条件，如温度、时间、压力才能完成。

二、模压成型工艺过程

模压成型工艺过程如图6-2所示，可分为三个阶段。

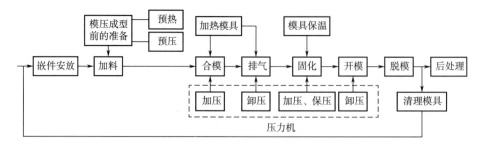

图6-2　模压成型工艺过程

（一）模压成型前的准备

1. 预热

预热是在模压成型前，对热固性塑料加热，除去其中的水分和其他挥发物，同时提高料温，以便缩短模压成型周期。生产中常用电热烘箱进行预热。模压成型前对塑料进行加热具有预热和干燥两个作用，前者是为了提高料温，后者是便于成型。采用预热的热固性塑料进行模压成型有以下优点。

（1）加快塑料成型时的固化速度，缩短成型时间。

（2）提高塑料流动性和固化均匀性，提高制品质量，降低废品率。

（3）提高制品力学性能。

（4）降低模压压力，可成型流动性差的塑料或较大的制品。

常用热固性塑料的预热温度范围见表6-1。

表6-1 常用热固性塑料的预热温度范围

塑料类型	预热温度
酚醛树脂	低温 80~120℃；高温 160~200℃
脲甲醛树脂	≤85℃
脲-三聚氰胺甲醛	80~100℃
三聚氰胺甲醛	105~120℃
不饱和聚酯	只有增强塑料才预热，55~60℃

预热和干燥的方法常用的有：热板加热、烘箱加热、红外线加热、高频电热等。预热和干燥的方法及特点见表6-2。

表6-2 预热和干燥的方法及特点

方法	特点
热板加热	1. 水平转动的金属板（电、煤气或蒸气加热） 2. 放在压机旁边，使用时，将预压物分成小堆，连续而分次地放在热板上，并盖上一层布片 3. 预压物必须按次序翻动，以期双面受热 4. 取用已预热的预压物后，即转动金属板并放上新料 5. 板面耐腐蚀，板面温差小且温度均匀，升温快，使用寿命长且维修率低
烘箱加热	1. 烘箱内设有强制空气循环和控制温度的装置 2. 塑料铺在盘里送到烘箱内加热，料层厚度小于2.5cm可不翻动 3. 热固性塑料的预热温度50~120℃，少数达200℃
红外线加热	1. 先表面得到辐射热量，表面温度升高，而后再通过热传导将热传至内部 2. 穿透能力极强，生产热效率高 3. 设备简单，成本低，温度控制灵活 4. 受热不均匀和易烧伤表面
高频电热	1. 利用高频电场的能量对电介质类材料进行的电加热 2. 塑料受热均匀，温度调控自动化 3. 加热速度快、加热时间短、热效率高 4. 设备投资费用较大、生产费用高 5. 升温太快导致塑料中的水分不容易驱尽

2. 预压

为了提高制品质量和便于操作，将松散的粉状或纤维状的热固性塑料预先用冷压法（模具不加热）压成规整的密实体的过程称为预压，所压的物体称为预压物。常用预压物形状的优缺点及应用情况见表6-3。

表6-3　常用预压物形状的优缺点及应用情况

预压物形状	优缺点	应用
圆片或腰鼓形长条	压模简单易操作，运转中破损少，可用各种预热方法预热	广泛采用
与制品形状相仿	可采用流动性低的压塑粉，制品的溢料痕迹不明显，模压受压均匀；缺点是表面易污染，有时不能用高频加热	较大制品
空心体或双合体	模压时型腔受压均匀，嵌件不移位；缺点是表面易污染，有时不能用高频加热	带有精密嵌件的制品

预压有如下作用和优点。

（1）加料快、准确、无粉尘。

（2）降低压缩率，可减小模具装料室和模具高度。

（3）预压料紧密，空气含量少，传热快，又可提高预热温度时间，从而缩短了预热和固化的时间，制品也不易出现气泡。

（4）便于成型较大或带有精细嵌件的制品。

影响预压物质量的因素主要有模塑料的水分、颗粒大小、压缩率、预压温度和压力等。模塑料中水分含量太少不利于预压，当然过多的水分会影响制品的质量；颗粒最好大小相同、粗细适度，因为大颗粒预压物空隙多，强度不高。而细小颗粒过多时，易封入空气，粉尘也大；压缩率在3.0左右为宜，太大难以预压，太小则无预压意义；一般预压在室温下进行，如果在室温下不易预压也可将预压温度提高50～90℃；预压物的密度一般要求达到制品密度的80%，故预压时施加的压力一般在40～200MPa，其合适值随模塑料的性质和预压物的形状和大小而定。

预压的主要设备是预压机和压模，预压机压片原理如图6-3所示。常用的预压机有偏心式和旋转式两种；压模由阳模和阴模组成。

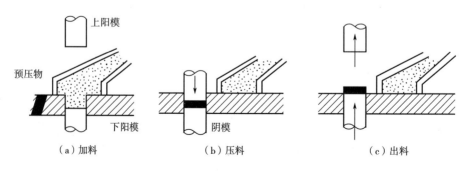

图6-3　预压机压片原理

（二）模压成型过程

热固性塑料模压成型过程可分为加料、合模、排气、固化和脱模等几个阶段，在成型带有嵌件的塑料制件时，加料前应预热嵌件并将其安放定位于模具内。此外，模具装上压机后要进行预热。

1. 嵌件的安放

嵌件是指在模压制品中与制品一起压制的金属零件。安放嵌件的目的是提高制品的力学性能或为了方便与其他零件连接，或在制品中构成导电通路等，常用的嵌件有轴套、轴帽、螺钉、接线柱等。模压带嵌件的制品时，嵌件必须在加料前放入模具。嵌件的安放要求位置正确、平稳，以免造成废品或模具损伤。常用手将嵌件安放在模具的固定位置，特殊情况用专门工具安放嵌件。模压成型时为防止嵌件周围的塑料出现裂纹，常用浸胶布做垫圈增强。

2. 加料

在模具内加入模压制品所需分量的塑料原料称为加料，如图 6-4 所示。当型腔数低于 6 个而加入的又是预压物时，一般用手加料；当型腔数多于 6 个时应采用专用加料工具。对粉料或粒料塑料，可用勺加料。加料的定量方法有质量法、容量法和计数法三种。质量法准确，但较麻烦；容量法虽不及质量法准确，但操作方便；计数法只用于加预压物。模压成型常用的计量加料方法见表 6-4。加入模具中的塑料宜按塑料在型腔内的流动情况和各个部位需用量的大致情况做合理的堆放。否则容易造成制品局部疏松的现象。采用粉料或粒料时，宜堆成中间稍高的形式，以便于空气排出。

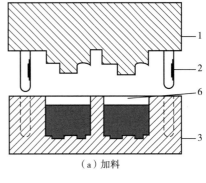

（a）加料

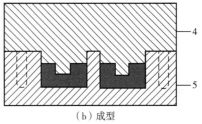

（b）成型

图 6-4　塑料在模压成型前后的比较

1，4—阳模　2—导合钉　3，5—阴模　6—塑料

表 6-4　模压成型常用的计量加料方法

加料方法	加入方式	特点
容量法	粉料，手工加料，型腔数多于 6 个时采用加料器	操作方便，准确性较质量法差
质量法	粉料，用天平称量，手工加料	计量准确，操作较费时
计数法	预压成料锭，按型腔数手工加料	准确方便，按个数相加

3. 合模

加料完成后闭合模具，操作时应先快后慢。即在凸模尚未接触物料之前，合模要快速，以便缩短塑模周期和避免塑料过早固化和过多降解；当凸模接触到塑料后改为慢速，避免模具中的嵌件、成型杆或型腔遭到破坏，另外，放慢速度还可以使模具内的气体得到充分的排除，也避免粉料被空气吹出，造成缺料；待模具闭合即可增大压力（通常为 15~35MPa）对

原料进行加热加压。合模所需的时间从几秒至几十秒不等。

4. 排气

在闭模后塑料受热软化、熔融，并开始交联缩聚，副产物有水和低分子物，因而要排除这些气体。排气不但能缩短硬化时间，而且可以避免制品内部出现分层和气泡现象。

排气操作为卸压使模具松开少许时间。排气过早或过迟均不行，过早排气由于塑料尚未进行交联反应，达不到排气目的；过迟排气则因塑料表面已固化，气体不容易排出。排气的次数和时间应根据具体情况而定。排气的次数一般为 1~5 次，每次时间通常从几秒至几十秒。

5. 固化

热固性塑料在一定温度和压力下，分子交联成体型网状结构，并最终失去流动性的过程。

排气后以慢速升高压力，在一定的模压压力和温度下保持一段时间，使热固性塑料的缩聚反应推进到所需的程度。保压固化时间取决于塑料的类型、制品的厚度、预热情况、温度和压力等。过长或过短的固化时间对制品性能都不利。

在固化阶段，塑料发生物理、化学变化，交联成体型网状分子结构，硬化定型。模压成型固化速率不高的塑料时，有些时候不必将整个固化阶段放在塑模内完成，只要塑件能够完整地脱模即可结束固化，而用后烘的方法来完成塑件的最后固化，以缩短固化时间，提高生产率。模具内固化时间取决于塑料种类、塑件厚度、物料形状以及预热与成型温度等，通常由实验方法确定，从 30s 至数分钟不等，固化时间过长或过短对塑件的性能都不利。酚醛树脂模压成型塑件的后烘温度范围通常为 90~150℃，时间根据塑件的厚薄从几小时至几十小时不等。

6. 脱模

热固性塑料是经交联固化定型的，故脱模通常是靠顶出杆来完成的，带有嵌件和成型杆的制品应先用专门工具将成型杆等拧脱再脱模。对形状较复杂的制品或薄壁制品应放在与模型相仿的型面上加压冷却，以防翘曲，有内应力还应在烘箱中慢冷，以减少因冷热不均而产生内应力。

（三）模压后处理

塑件脱模后，应对模具进行清理，有时可对塑件进行后处理。

1. 模具的清理

脱模后，要用钢刷（或铜刷）刮出留在模内的碎屑、飞边等，再用压缩空气将其吹净，以免这些杂物被压入再次成型的塑件中，严重影响塑件质量甚至造成报废。

2. 后处理

为了提高热固性塑料模压制品的外观和内在质量，脱模后需对制品进行修整和热处理。修整主要是为了去掉由于模压时溢料产生的毛边；热处理是将制品置于一定温度下加热一段时间，然后缓慢冷却至室温，使其固化更趋完全，同时减少或消除制品内应力，减少制品中的水分及挥发物，有利于提高制品的耐热性、电性能和强度。热处理的温度比成型温度高 10~50℃，热处理时间视塑料品种、制品结构和制品壁厚而定。

第三节　模压成型工艺及质量控制

模压成型过程的工艺控制主要是指模压成型压力、模压成型温度和模压成型时间。下面分别对三者进行讨论。

一、模压成型压力

模压成型压力简称成型压力，又叫模压压力，是指模压时压机通过凸模迫使塑料熔体完全充满型腔所施加的必要压力，用塑件在垂直压力方向上单位面积所受的力表示，可采用式（6-1）进行计算。

$$P_{\mathrm{m}} = P_0\pi D^2/4A \tag{6-1}$$

式中：P_{m} 为成型压力（MPa），通常为 15~30MPa；P_0 为压力机工作液压缸的表压（MPa）；D 为压力机主缸活塞直径（m）；A 为塑件或加料室在分型面上的投影面积（m²）。

模压成型压力的作用是使塑料熔体流动并充满模具型腔，将其压实，增大塑件致密度，提高塑件的内在质量；克服在模压成型过程中因发生固化反应释放出的小分子物质挥发、气体逸散以及塑料热膨胀等因素造成的负压力；使小分子物质及气体及时排出，以避免塑件在其内部残存太多气孔和气泡；克服胀模力，使模具闭合，保证塑件具有稳定的尺寸、形状，减少飞边，防止变形。

模压成型压力的大小与塑料种类与形态、压缩率和预热情况、制件的形状与尺寸、成型温度、固化速度有关。压缩率越高，制品的厚度越大，其形状结构越复杂，成型深度越大，则所需的成型压力也越大。

一般来说，增大模压压力，除流动性增加外，还会使制品更密实，成型收缩率降低，制品性能提高。但模压压力过大，会降低模具使用寿命，并增大设备的功率损耗，甚至影响制品的性能；模压压力过小，模压压力不足以克服交联反应中放出的小分子物质的膨胀，也会降低制品的质量。为了减少和避免小分子物质这种不良作用，在闭模压制不久就应卸压放气，排除这种不良现象。

对于厚壁制品，虽然物料流动不困难，但反应过程中放出的小分子物质多，仍须使用较大的成型压力，并在一定的范围内提高模温，以增加物料的流动性。

图 6-5 为物料预热温度 T_{p} 与成型压力 P_{m} 的关系，T_{c} 为临界预热温度。当 $T_{\mathrm{p}}<T_{\mathrm{c}}$ 时，预热温度越高，所需的成型压力越低，此时，预热增加塑料的流动性而影响成型

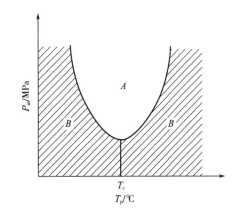

图 6-5　成型压力 P_{m} 与预热温度 T_{p} 的关系
A—塑料可充满型腔区域　B—塑料不能充满型腔区域

压力；当 $T_p > T_c$ 时，预热温度越高，所需成型压力越大，此时，预热主要导致物料交联，流动性降低。故理想预热温度为 T_c，实际上 T_c 往往是一个温度范围。

根据式（6-1）计算得到的塑料成型压力是一个确定的数值，但是实际的塑料成型压力一般是随时间变化的，成型压力的变化规律与成型采用的压模类型等因素有关。实际生产中所采用的成型压力通常比计算得到的成型压力高 20%~30%。主要热固性塑料的模压成型工艺参数见表 6-5。

表 6-5　主要热固性塑料的模压成型工艺参数

模塑料	模压温度/℃	成型压力/MPa	模塑时间/(s/mm)
PF+木粉	140~195	9.8~39.3	60
PF+玻璃纤维	150~195	13.8~41.2	
PF+石棉	140~205	13.8~27.7	
PF+纤维素	140~195	9.9~39.3	
PF+矿物质	130~180	13.8~20.7	
UF+甲种纤维素	135~185	14.6~49.2	30~90
MF+甲种纤维素	140~190	14.7~49.3	40~100
MF+木粉	137~177	13.8~55.2	
MF+玻璃纤维	137~177	13.9~55.2	
EP	135~190	1.95~19.5	60
PDAP	140~160	4.9~19.7	30~120
SI	150~192	6.9~53.9	
呋喃塑料+石棉	135~150	0.69~3.44	

二、模压成型温度

模压成型温度即模压成型时所需的模具温度，是热固性塑料流动、充模最终固化成型的主要影响因素，决定了成型过程中聚合物交联反应的速度，影响塑料制件的最终性能。

模压成型温度并不总是等于模具型腔中各处物料的温度。对热塑性塑料，模压成型温度并不总是不低于模腔中塑料的温度；而对热固性塑料，因在模压过程中会发生固化反应放出热量，模腔中某些部位（如中心部位）的温度，有时可能高于模具温度。

模压成型温度对热固性塑料成型主要有两个方面的作用：一方面，发生聚合物松弛现象，塑料在模具型腔中从固体粉末逐渐受热软化，使黏度由大变小，流动性增加，达到熔融状态，最终获得足够的流动性，顺利地充满型腔；另一方面，塑料熔化后，交联反应开始，聚合物熔体黏度增大，流动性减小，随着模压成型温度的升高，交联反应速度增大。可见，塑料黏度或流动性具有峰值，其变化是聚合物松弛和交联反应的综合结果。故在合模后，迅速增大成型压力，使塑料在模压成型温度还不是很高而流动性又较大时充满模具型腔各部分是非常重要的。

模压成型温度升高能使热固性塑料在模腔中的固化速度加快，固化时间缩短，有利于缩短模压周期。模压成型温度过低，固化速度慢，成型周期长，另外，由于固化不完全的外层受不住内层挥发物的压力作用，成型效果差，塑件暗淡无光。通常，模压成型温度越高，模压周期也就越短。图 6-6 是木粉填充的酚醛树脂压缩成型时温度 T_M 与成型周期 t_c 的关系。不论模压的塑料是热固性还是热塑性的，在不损害制品的强度及其他性能的前提下，提高模压成型温度对缩短模压周期和提高制品质量都是有好处的。模压成型温度过高，会因固化速度太快而使塑料流动

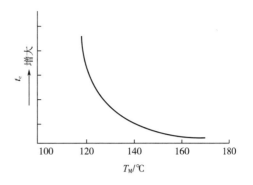

图 6-6　压缩成型时温度 T_M 与成型
周期 t_c 的关系（酚醛树脂）

性迅速下降，并引起充模不满，尤其是模压成型形状复杂、壁薄、深度大的塑件时最为明显；另外，模压成型温度过高还可能引起树脂和有机填料等分解，使塑料变色、颜色暗淡，同时高温下外层固化要比内层固化快得多，导致内层挥发物难以排除，不仅会降低塑件的力学性能，而且会使塑件发生肿胀，开裂，变形和翘曲等。故在模压成型厚度较大的塑件时，往往在降低模压成型温度的前提下延长模压时间。

薄壁制品取模压成型温度的上限（深度成型除外）。厚壁制品取模压成型温度的下限。同一制品厚薄均匀取模压成型温度的下限或中间值，以防薄壁处过热。

三、模压时间

塑料固化所需时间就是指塑料在模具中从开始升温、加热、加压到完全固化为止的这段时间。模压时间与塑料种类、制品形状、制品厚度、模具结构、模压工艺条件（压力、温度）以及操作步骤（是否排气、预压、预热）等有关。

模压成型温度升高，固化速度加快，所需模压时间减少；模压压力对模压时间的影响不如温度那么明显，但也随模压压力增大而有所减少；物料经过预热后减少了塑料充模和升温时间，所以模压时间要比不预热短；模压时间随制品厚度增加而增长。

模压时间的长短对制品的性能影响很大。模压时间太短，树脂固化不完全（欠熟），制品力学性能差，外观无光泽，制品脱模后出现变形等现象；增加模压时间，制品收缩率和变形率降低；模压时间太长，生产率降低，热能和机械能消耗增多，塑料过热，制品收缩率增加，树脂与填料之间产生内应力，制品表面发暗并起气泡，严重时制品会破裂。

第四节　模压成型设备

模压成型用的主要设备是压机和塑模。

一、压机

压机的作用在于通过塑模对塑料施加压力，开闭模具，顶出制品。模压成型所用压机的

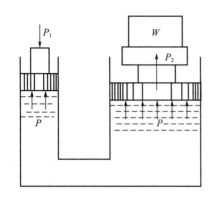

图 6-7 液压机的工作原理

种类很多，但使用最多的是自给式液压机。液压机的工作原理如图 6-7 所示。

液压机是利用液体介质来传递压力的设备。液体在密闭容器内传递压力遵循帕斯卡定律：在互相连通而充满液体的若干容器内，若某处受到外力的作用而产生静压力时，该压力将通过液体传递到各个连通器内，其压力值处处相等。

如图 6-7 所示，根据帕斯卡定律，容器内两个活塞单位面积所受压力相等，若小活塞面积为 A_1，小活塞压力为 P_1，大活塞面积为 A_2，大活塞受力为 P_2，则有下列等式：

$$P_1/A_1 = P_2/A_2 \text{ 或 } P_2 = P_1 A_2 / A_1$$

由此可见，只要两活塞的面积比足够大，就可以在小活塞上作用较小的压力，而在大活塞上获得较大的压力，这就是液压机产生高压的基本原理。

液压机按其结构的不同主要可分为以下两种。

（1）上动式液压机。如图 6-8 所示，压机的主压筒处于压机的上部，其中的主压柱塞是与上压板直接或间接相连的。上压板凭主压柱塞受液压的下推而下行，上行则靠液压的差动。下压板是固定的。模具的阳模和阴模分别固定在上压板和下压板上，依靠上压板的升降即能完成模具的启闭和对塑料施加压力等基本操作。制品的脱模是由设在机座内的顶出柱塞担任的，否则阴模和阳模不能固定在压板上，以便在模压后将模具移出，由人工脱模。

（2）下动式液压机。如图 6-9 所示，压机的主压筒处于压机的下部，其装置恰好与上动式液压机相反。制品在这种压机上的脱模一般都靠安装在活动板上的机械装置来完成。

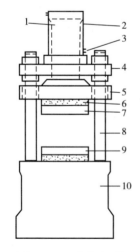

图 6-8 上动式液压机
1—柱塞 2—压筒 3—液压管线
4—固定垫板 5—活动垫板 6—绝热层
7—上压板 8—拉杆 9—下压板 10—机座

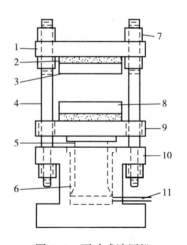

图 6-9 下动式液压机
1—固定垫板 2—绝热层 3—上模板 4—拉杆
5—柱塞 6—压筒 7—行程调节套 8—下模板
9—活动垫板 10—机座 11—液压管线

二、塑模

模压成型所用的塑模，按其结构特征，一般分为溢式、不溢式和半溢式三类。其中半溢式用得最多。

（1）溢式塑模。这种塑模如图6-10所示，主要结构是阴阳模两个部分。阴阳模的正确位置由导合钉保证。脱模推顶杆是在模压完毕后使制品脱模的一种装置。导合钉和推顶杆在小型塑模中不一定具备。溢式塑模的制造成本低廉，操作比较容易，宜用于模压扁平或近于碟状的制品，对所用压塑料的形状无严格要求，只需其压缩率较小而已。模压时每次用料量不求十分准确，但必须稍有过量。多余的料在阴阳模闭合时，既会从溢料缝溢出。

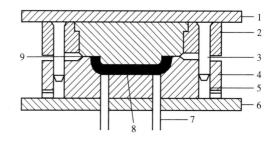

图6-10　溢式塑模示意图

1—上模板　2—组合式阳模　3—导合钉　4—阴模
5—气口　6—下模板　7—推顶杆　8—制品　9—溢料缝

积留在溢料缝而与内部塑料仍有连接的，脱模后就附在制品上成为毛边，事后必须除去。为避免溢料过多而造成浪费，过量的料应以不超过制品质量的5%为限。由于有溢料的关系以及每次用料量的可能差别，故成批生产的制品，在厚度与强度上，就很难求得一致。

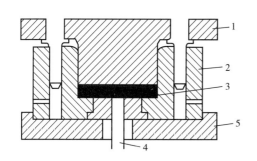

图6-11　不溢式塑模示意图

1—阳模　2—阴模　3—制品
4—脱模杆　5—定位下模板

（2）不溢式塑模。这种塑模如图6-11所示，它的主要特点是不让塑料从型腔中外溢和所加压力完全坐落在塑料上。这种塑模不但可以采用流动性较差或压缩率较大的塑料，还可以制造牵引度较长的制品。另外还可使制品的质量均匀密实而又不带明显的溢料痕迹。不溢式塑模在压模时几乎无溢料损失，故加料不应超过规定，否则制品的厚度就不符合要求。但加料不足时制品的强度又会有所削弱。甚至变成废品。因此，模压时必须用称量的加料方法。其次不溢式塑模不利于排除型腔中的气体。这就需要延长固化时间。

（3）半溢式塑模。这类塑模是兼具以上两类结构特征的一类塑模，按其结合方式的不同，又可分为无支撑面的半溢式塑模（图6-12）与有支撑面的半溢式塑模（图6-13）。

①无支撑面的半溢式塑模，与不溢式塑模相似，唯一的不同是阴模在A段以上略向外倾斜（锥度约为3°），在阴模和阳模之间形成了一个溢料槽。A段的长度一般为1.5~3.0mm。模压时，当阳模伸入阴模而未达至A段以前，塑料仍可从溢料槽外溢，但会受到一定限制。当阳模到达A段以后，情况与不溢式塑模完全相同。所以模压时的用料量只求略有过量而不必十分准确，给加料带来方便，但是所得制品的尺寸却十分准确，而且它的质量也很均匀密实。

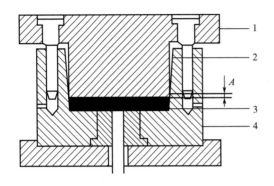
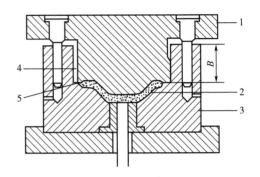

图 6-12　无支撑面的半溢式塑模示意图
1—阳模　2—溢料槽　3—制品
4—阴模　A 段—平直段

图 6-13　有支撑面的半溢式塑模示意图
1—阳模　2—制品　3—阴模　4—溢料刻槽
5—支承面　B 段—装料室

②有支撑面的半溢式塑模。除设有装料室外，与溢式塑模很相似。由于有了装料室，故可采用压缩率较大的塑料。而且模压带有小嵌件的制品比用溢式塑模好，因此后一种塑模需用预压物模压，这对小嵌件是不利的。

塑料的外溢在这种塑模中是受到限制的，因为当阳模伸入阴模时，溢料只能从阳模上开设的刻槽（其数量视需要而定）中溢出。所以在每次用料的准确度和制品的均匀密实等方面，都与用无支撑面的半溢式塑模相仿。这种塑模不适用于模压抗冲性较大的塑料，因为这种塑料容易积留在支撑面上，使型腔内的塑料受不到足够的压力，其次是形成的较厚毛边也难以除尽。

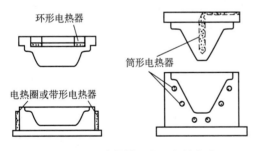

图 6-14　深浅槽模具的电加热方式

以上所述仅为压缩模塑塑模的基本类型。为了降低塑模成本，改进操作条件，或便于模压成型更为复杂的制品，在基本结构特征不变的情况下，可以而且也必须进行某些改进，例如多槽模和瓣合模就是常见的实例。模具加热主要用电、过热蒸气或热油等，其中最普遍的是电加热，深浅槽模具的电加热方式如图 6-14 所示。电加热的优点是热效率高，加热温度的限制性小，容易保持设备的整洁。缺点是操作费用高，且不易添设冷却装置。

第五节　模压成型中的异常现象

制品必须通过检验方可认为成品。检验项目的多少须看对成品性能的要求，其类型大体可分为：外观质量；内应力的有无；尺寸和相对位置的准确性；与成品有关的力学性能，电性能和化学性能等。凡不合规定要求的即分别为次品或废品。产生废次品的可能性在生产中每个工序均可出现。

有关热固性塑料模压成型中的异常现象、产生原因及解决方法见表6-6。

表6-6 热固性塑料模压成型中的异常现象、产生原因及解决方法

异常现象	产生原因	解决方法
翘曲	1. 塑料固化程度不足 2. 塑料流动性太大 3. 塑模温度过高或阴阳两模的表面温差太大，使制件各部间的收缩率不一致 4. 制件结构的刚度不足 5. 闭模前塑料在模内停留时间过长 6. 塑料中水分或挥发物的含量太大 7. 制件壁厚与形状过分不规则使物料固化与冷却不均匀，造成各部分的收缩不一致	1. 增加固化时间 2. 改用流动性小的塑料 3. 降低温度或调整阴阳两模的温差在±3℃的范围内，最好相同 4. 设计制件时应考虑增加制件的厚度或增添加强筋 5. 缩短塑料在闭模前在模内停留时间 6. 预热塑料 7. 改用收缩率小的塑料；相应调整各部分的温度；预热塑料；变换制件的设计
表面起泡或鼓起	1. 模压压力不足，气体释放不出来 2. 模压时间过短 3. 塑料中水分与挥发物的含量太大 4. 塑模过热或过冷 5. 加热不均匀 6. 模具排气不良 7. 原料压缩率太大，空气含量太多 8. 保温时间控制不当 9. 模塑料固化 10. 排气速度太慢，使表面固化	1. 增加模压压力 2. 延长模压时间 3. 将塑料干燥或预热后再加入塑模 4. 适当调节温度 5. 改进加热装置 6. 改善排气条件 7. 预压料片 8. 调整保温时间 9. 提高模温或延长保温时间 10. 提高排气速度
表面灰暗	1. 模面光洁度不够 2. 润滑剂质量差或用量不够 3. 塑模温度过高或过低 4. 脱模剂使用不当	1. 塑模抛光或镀铬 2. 改用适当的润滑剂 3. 校正塑模温度 4. 选用适宜的脱模剂
表面出现斑点或小缝	1. 原料中混有杂质 2. 原料中水分及易挥发物含量太高 3. 原料粒径悬殊，大颗粒树脂塑化不良黏附在制品表面上 4. 模具型腔表面粗糙 5. 模具型腔内不清洁 6. 制品粘模	1. 彻底清除杂质 2. 预干燥及预热处理 3. 选用粒径均匀的树脂 4. 抛光处理，提高型腔表面光洁度 5. 清理型腔 6. 参照注射件粘模故障的排除方法来处理
制品表面糊斑	1. 模具温度太高 2. 原料预热处理不当 3. 合模速度太慢	1. 降低温度 2. 原料预热处理适当 3. 加快合模速度

异常现象	产生原因	解决方法
欠压（制件没有完全成型，不均匀，制件全部或局部成疏松状）	1. 压力不足 2. 加料量不足 3. 闭模太快或排气太快，使塑料从塑模溢出 4. 闭模太慢或塑模温度过高，以致有部分塑料过早固化 5. 塑料的流动性大或小	1. 增大压力 2. 增加料量 3. 减慢闭模与排气速度 4. 加快闭模或降低塑模温度 5. 改用流动性适中的塑料，或在模压流动性大的塑料时缓慢加大压力；在模压流动性小的塑料时增大压力和降低温度
裂缝	1. 嵌件与塑料的体积比率不当或配入的嵌件太多 2. 嵌件的结构不正确 3. 模具设计不当或顶出装置不好 4. 制件各部分的厚度相差太远 5. 塑料中水分和挥发物含量太大 6. 制件在模内冷却时间太长	1. 制件应另行设计或改用收缩率小的塑料 2. 改用正确的嵌件 3. 改正塑模或顶出装置的设计 4. 改正制件的设计 5. 预热塑料 6. 缩短或免去在模内冷却时间
粘模	1. 塑料中可能无润滑剂或用量不当 2. 模面粗糙度差 3. 原料中缺少润滑剂或脱模剂使用不当 4. 成型温度太低 5. 保温时间太短，硬化不充分 6. 模具型腔表面太粗糙或镀层脱落 7. 装料太多及模塑压力太大，飞边阻止脱模	1. 塑料内应加入适当的润滑剂 2. 增加模面粗糙度 3. 添加适量润滑剂，易粘模部位涂擦少量脱模剂 4. 提高模具温度 5. 延长保温时间，加强硬化 6. 抛光或电镀处理，提高模具型腔表面的光洁度 7. 准确装料及适当降低模塑压力
废边太厚	1. 上料份量过多 2. 塑料的流动性太小 3. 模具设计不当 4. 导合钉的套筒被堵塞	1. 准确加料 2. 预热塑料，降低温度及增大压力 3. 改正设计错误 4. 清理套筒
脱模时呈柔软状	1. 塑料固化程度不足 2. 塑料水分太多（暴露太久） 3. 塑模上润滑油太多	1. 增长模压周期或提高模压温度 2. 预热塑料 3. 不用或少用
制件尺寸不合格	1. 上料量不准 2. 塑模不精确或已磨损 3. 塑料不合规格 4. 成型压力、温度、时间等工艺条件控制不当 5. 原料成型收缩率太大或太小 6. 上、下模温差太大或模温不均 7. 制品脱模整形冷却不当 8. 嵌件设置不当，出现变形、脱落及位移： ①嵌件安装及固定形式不良 ②嵌件与模具安装间隙太大或太小 ③嵌件设计不良，包裹层塑料太薄 ④嵌件未预热	1. 调整上料量 2. 修理或更换模具 3. 改用符合规格的塑料 4. 将工艺条件稳定地控制在适宜的范围 5. 选用收缩率适宜的树脂 6. 调整模具温度 7. 合理设计冷压定型模及选择合适的冷却条件 8. 对策 ①重新安装及固定嵌件 ②适当调整间隙 ③重新设计嵌件 ④预热处理嵌件

续表

异常现象	产生原因	解决方法
表面呈橘皮状	1. 塑料在高压下闭模速度太快 2. 塑料的流动性太大 3. 塑料水分太多（暴露太久）	1. 降低闭模速度 2. 改用流动性小的塑料 3. 进行干燥
电性能不符合要求	1. 塑料水分及易挥发物含量太多 2. 塑料固化程度不足 3. 塑料中含有金属污物或油脂等杂质 4. 模温太高或模温太低 5. 装料不足，制品组织不致密	1. 预热干燥塑料 2. 增长模压周期或提高模温 3. 防止外来杂质 4. 模温控制在适宜的范围 5. 准确装料
力学强度小与化学性能差	1. 塑料固化程度不足，一般由模温太低造成的 2. 模压压力不足或上料量不够 3. 填料分布不均 4. 装料不均，不易成型处装料太少 5. 原料中混有异物杂质 6. 原料中水分及易挥发物含量太高 7. 树脂与填料混合不良 8. 后固化时间不足 9. 制品结构设计不良	1. 增长模压周期或提高模温 2. 增加模压压力和上料量 3. 注意填料的铺设方向，纤维填料应沿料流方向分布 4. 均匀加料，不易填满的部位应多装料或分多次装 5. 彻底清除异物杂质 6. 原料进行预热干燥处理 7. 均匀混合 8. 增加后固化时间 9. 在可能变动的条件下调整制品结构设计
制品表面流痕	1. 原料流动性太好 2. 原料中水分及易挥发物含量太高 3. 脱模剂使用不当 4. 装料不足 5. 排气时机不当或时间过长	1. 更换原料 2. 原料进行预干燥和预热处理 3. 选用适宜脱模剂及适当减少用量 4. 视制品形状、模具结构来装料 5. 控制排气时机和时间
树脂与纤维填料分头聚积及局部纤维裸露	1. 加压时机控制不当 2. 原料互溶性太差 3. 装料不均匀 4. 原料的流动性能不符合成型要求	1. 合理选择加压时机 2. 选用互溶性较好的原料 3. 严格按照装料工艺规程进行操作 4. 选用流动性能适宜的树脂
缺料	1. 加料量不足 2. 物料流动性差或工艺条件控制不好 3. 模具配合间隙过大或溢料孔太大 4. 操作太慢或太快	1. 增加加料量 2. 改变物料品种或重新设置工艺 3. 调整模具配合公差和溢料孔尺寸 4. 调整操作时间
裂纹	1. 树脂集中，应力分布不均匀 2. 树脂反应活性太高，升温太快 3. 模压压力太大 4. 模温分布不均匀 5. 脱模剂未起作用	1. 树脂分散均匀 2. 采用有适当活性的树脂，降低模温 3. 降低模压压力 4. 采用不产生热点的加热器 5. 均匀涂覆脱模剂，改变脱模剂类型

异常现象	产生原因	解决方法
白丝	1. 浸胶不均匀 2. 成型温度不合适 3. 老料或预热过度，影响树脂浸透 4. 操作太慢或太快	1. 改进浸胶工艺 2. 调整温度 3. 选用不过期原料，适当预热 4. 按操作规范进行
缺胶	1. 树脂流动性差 2. 树脂过早凝胶 3. 树脂过嫩，再加上闭模速度太快，使树脂流失，造成纤维浸胶不好 4. 模具配合间隙太大	1. 提高温度 2. 降低模温，适当预热 3. 预热、预压、慢闭模等操作以改进缺胶现象 4. 调整模具配合间隙
表面颜色不均匀	1. 模温不均匀 2. 模温过高 3. 流动性较差，造成纤维分布不均匀 4. 原材料混有杂质或操作时沾污	1. 调节模温均匀性 2. 降低模温 3. 调整流动性，调节压力和闭模速度 4. 避免沾污，去除外来杂质
表面粗糙	1. 固化不完全 2. 粉状填料粒度太大 3. 物料流动性差 4. 模温太高 5. 模压操作不当，合模太快 6. 脱模剂涂敷过量 7. 模塑料吸潮	1. 改进固化条件 2. 改用粒度小的粉状填料 3. 调节流动性 4. 降低模温 5. 低压慢闭模 6. 减少脱模剂涂敷 7. 模塑料加热干燥

习题与思考题

1. 简要说明模压成型的原理及工艺过程。
2. 简要说明模压成型的工艺控制因素。
3. 模压成型的设备主要有哪些？
4. 模压成型的模具加热方式主要是什么？
5. 试述模压成型和层压成型的不同点。
6. 模压成型用模具一般有几种？都是哪几种？

第七章　层压成型

第一节　概述

以片材作填料，通过压制成型获得层压材料的成型方法称为层压成型。这种方法发展的较早也较成熟，所得制品的质量高，较稳定。缺点是只能生产板材，且板材的规格受到设备的限制。

层压成型的填料通常是片状或纤维状的纸、布、玻璃布（纤维或毡）和木材厚片等。胶黏剂则是各种树脂溶液或液体树脂（如酚醛树脂，不饱和聚酯树脂，环氧树脂，有机硅树脂，聚苯二甲酸二烯丙酯树脂等）。本节介绍热固性塑料的层压成型，生产过程主要包括预浸料制备和成型两个步骤。以玻璃布为例，层压制品生产工艺流程如图 7-1 所示。

图 7-1　层压制品生产工艺流程

第二节　预浸料的制备

预浸料是用树脂基体浸渍连续纤维或织物，制成树脂基体与增强材料的组合物，是制造复合材料的中间材料。

采用预浸料制造层压制品具有铺贴容易、树脂含量控制准确、性能容易设计的优点。预浸料的制备过程包括增强材料的预处理、浸胶、干燥等环节。

一、增强材料的预处理
增强材料在预浸之前需对其表面进行预处理，使其各项性能指标达到规定的要求。

1. 纸张和纸板
只需要干燥处理，采用热辊干燥（120℃），干燥后纸张和纸板含水量小于 6%。

2. 棉布增强材料
浸渍前需对其表面进行检查，要求布纹均匀，无明显破洞、花壳等弊病；只需要干燥处理，采用热辊干燥（120℃），干燥后棉布含水量小于 7%。

3. 新型纤维增强材料

如玻璃纤维、碳纤维、石英纤维、硼纤维等，其中玻璃纤维应用最广泛。玻璃纤维在加工过程中，表面涂有浆料，会吸附一层水膜，所以浸渍前必须进行表面处理。处理的方法有洗涤法、热处理法和化学处理法。

（1）洗涤法。用各种有机溶剂洗除玻璃纤维或织物表面上的浆料，洗涤后，浆料的残留量约为0.4%。使用的有机溶剂为汽油、丙酮、甲苯等，由于有机溶剂回收困难，操作不安全，目前很少使用。

（2）热处理法。利用高温加热，使玻璃纤维或其织物表面上的浆料经挥发、炭化、烘烧除去。热处理后的材料呈金黄色或深棕色，浆料的残留量约为0.1%，强度损失20%~40%。连续式热处理法，温度350~450℃，时间3~5min。

（3）化学处理法。化学处理法即为偶联剂法，利用偶联剂附着在玻璃纤维的表面，在树脂固化过程中与其发生偶联作用。常用的偶联剂有VN沃兰、A151、A172、KH550、KH560等。偶联剂法一般分为后处理法、前处理法、迁移法，偶联剂法的特点见表7-1。

表7-1　偶联剂法的特点

方法	特点
后处理法	1. 先将玻璃纤维经热处理，使残留浆料小于1%，再经偶联剂液处理、水洗及烘干，使玻璃纤维表面上涂上一层偶联剂 2. 该法质量稳定，工艺成熟，但需热处理、浸渍、水洗、焙烘等多种设备，因此生产成本较高
前处理法	1. 将偶联剂加入浆料中，偶联剂黏附在玻璃纤维表面上 2. 常用的有聚醋酸乙烯酯型偶联剂 3. 该法可省去复杂的工艺设备，玻璃纤维强度损失小
迁移法	1. 将偶联剂直接加到树脂中去，再经浸渍涂胶与玻璃纤维或织物发生作用 2. 该法方法简单，不需要庞大的设备，但效果较前两种稍差。适用于缠绕和模压成型

二、浸胶

浸胶是将绝缘纸、玻璃纤维布等增强材料在黏度被严格控制的树脂中进行浸渍。浸胶方法如图7-2所示，浸胶机如图7-3所示，浸胶方法的特点见表7-2。

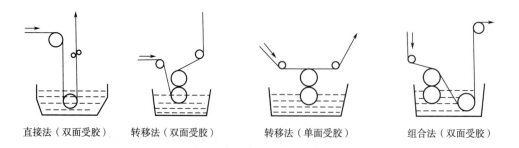

直接法（双面受胶）　　转移法（双面受胶）　　转移法（单面受胶）　　组合法（双面受胶）

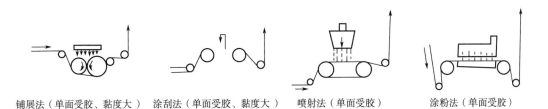

铺展法（单面受胶、黏度大）　涂刮法（单面受胶、黏度大）　喷射法（单面受胶）　涂粉法（单面受胶）

图 7-2　浸胶方法

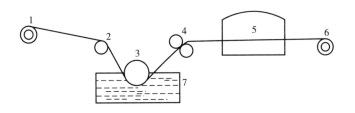

图 7-3　浸胶机示意图

1—卷曲辊　2—定向辊　3—涂胶辊　4—挤液辊　5—烘炉　6—卷曲辊　7—烘炉

表 7-2　浸胶方法的特点

方法	特点
直接法	1. 浸渍时成卷的底材从卷辊中放出，通过定向辊到浸渍辊至浸渍槽中，底材在浸渍槽中浸渍，附胶后通过一对挤压辊挤压掉多余的浸渍料液 2. 底材双面有胶液 3. 适于厚型纸张
转移法	1. 底材单面有胶液：底材不通过浸槽，全凭涂料辊从浸槽中带出树脂溶液的转移 2. 底材双面有胶液：浸渍后挤压而成，与直接法相似 3. 适于薄型纸张
组合法	转移法和直接法结合起来浸渍
铺展法	1. 将树脂溶液放在两个大小不等相对旋转的辊筒之间，当辊筒转动时，树脂液从两辊间隙处流下，或形成薄层并随辊筒下移，最后涂在紧贴大辊下部且等速向前移动的底材片上 2. 底材单面有胶液 3. 适于黏度大且有适当溶剂的树脂
涂刮法	1. 刮刀静止，底材在前进中把放在刮刀前面的树脂胶液刮到底材上 2. 底材单面有胶液 3. 适于黏度大的树脂液
喷射法	1. 喷射泵为动力，将树脂胶液送到喷射器上，通过喷射器均匀喷到底材上 2. 底材单面有胶液
涂粉法	1. 用振动筛均匀地把树脂撒到运行中的底材上，经过加热熔化和挤压辊挤压使树脂涂到底材上 2. 底材单面有胶液 3. 适于粉末型树脂

　　除木材厚片外，其他底材的浸渍或涂拭基本相同，大多采用机械法，在小批量生产时可采用手工涂胶。无论用哪一种方法，涂胶都应保证底材得到预订量的树脂溶液，而且树脂要

均匀地涂覆在底材的各部位，并尽可能使附胶材料少含空气。

对底材的浸渍或涂拭有影响的因素包括胶液浓度、胶液黏度、浸胶时间、底材所受张力、浸渍方法、挤压辊（或刮刀）对底材施加的压力、底材运行速度和吸附树脂溶胶的能力等，前面几种为主要影响因素重点介绍。底材一般吸收树脂量为 20%～80%。

（1）胶液浓度。胶液浓度是指树脂质量占浸渍溶液总质量的百分比。其值大小将直接影响树脂溶液对织物的渗透能力和织物表面黏结的树脂量。生产中用胶液密度来控制胶液浓度。

浸渍过程中，可采取连续加胶或间隙加胶的方法来维持胶槽内的胶液深度。由于玻璃布不断地带动树脂，促使溶剂挥发，胶槽内胶液的相对密度有所提高，故所添加胶液的相对密度比胶槽胶液的相对密度低 0.01～0.02。

（2）胶液黏度。胶液黏度直接影响织物的浸渍能力和胶层的厚度。胶液黏度过小，织物表面不易挂胶，导致织物的含胶率过低；胶液黏度过大，胶液不易渗入织物，导致织物的含胶率过低。胶液黏度由胶液浓度和浸胶环境温度控制。

（3）浸胶时间。根据织物是否已经浸透来确定浸渍时间。浸胶时间过短导致底材浸胶量不足，或使大部分胶液浮在表面，影响胶布质量，容易使成品分层。浸胶时间一般为 20～80s。

（4）张力。在浸胶过程中，纤维织物所受张力大小和均匀性会使胶布产生不同程度的变形，从而影响其含胶量和均匀性，最终对层压板的平整度影响很大。

张力不均匀，一方面会造成织物浸胶时上胶量不均匀；另一方面胶布在进入烘箱时会导致胶布的倾斜或横向弯曲过大，由于树脂的流动，会使胶布上边胶量过多或两边胶量过少，中间树脂积聚。

（5）浸渍方法。浸胶工序中胶液必须浸透纤维织物。对于较厚的织物可采取两次浸渍法使胶液得以充分渗透。然后经过挤压辊或刮胶装置，使胶布达到所需的树脂含量，防止夹带入空气。

三、干燥

浸胶后的纤维织物需进行干燥处理，以除去预浸料中的溶剂、水分及挥发物，同时促进热固性树脂的化学反应，完成 A 阶段到 B 阶段的转化，使之达到适当的流动性而便于成型。

加热方式有蒸汽加热、加热空气循环加热、红外线加热等，一般采用加热空气循环加热进行。

干燥设备有卧式干燥机和立式干燥机两种。卧式干燥机底材从一端进入，另一端出去，采用热空气干燥，冷风冷却，占地面积大；立式干燥机底材从底部进入，底部出去，干燥室温度可调节，气流为自然流向式，热效率高，溶剂可回收，占地面积小，但结构复杂，投资大。

烘干过程中，主要应控制烘干温度和胶布在烘箱里运行的速度（大约 1.2m/s），即控制胶布的烘干时间。若烘胶温度过高或烘干时间太长，会使胶布中的树脂向两边移动，无法压制出合格的层压板。反之，若烘干温度过低或烘干时间太短，则会使树脂初步固化不良，胶布中挥发分含量高，给压制工艺带来麻烦。烘干温度一般在 110～120℃。

为了保证胶布的质量，采用烘干温度偏低些为好，烘干时间相应长些为好，这样生产控制比较容易。

四、预浸料的质量检验

1. 树脂溶液性能测定

（1）树脂溶液的含量测定。在一只已称量的 50mL 玻璃杯或铝箔盒（自制）内加入约 5g 树脂溶液，称其重量使准确至 0.01g，放入烘箱内 160℃烘 1h，而后将其置于干燥器中冷却，称重。树脂百分量（X）则按下式计算：

$$X = \frac{G_2 - G_0}{G_1 - G_0} \times 100\%   \tag{7-1}$$

式中：G_1 为干燥前树脂溶液与玻璃杯重（g）；G_2 为干燥后树脂溶液与玻璃杯重（g）；G_0 为玻璃杯重（g）。

（2）树脂溶液固化速度的测定。将一块 150mm×150mm 侧面插有温度计测固化速度用的钢板加热至（150±1）℃时，加入 2g 树脂溶液，然后用小刀以约 60 次／min，面积在 50mm×50mm 左右范围内翻动，当树脂溶液加至钢板上时即开动秒表，随着加热时间的进行，树脂溶液慢慢变稠，并出现抽丝状态，若当抽丝不成丝（断丝）时，树脂则已固化，停止秒表记下时间，此时间即为树脂溶液在温度 150℃时的固化速度。

2. 预浸料性能测定

（1）预浸料中含胶量测定。取 76mm×76mm 干布试样称其质量 A_0，干布经浸渍烘焙后称其质量 A_1（精确至 0.01g），要至少取两组试样的平均值，则浸胶坯布树脂含量计算如下。

$$B = \frac{A_1 - A_0}{A_1} \times 100\%   \tag{7-2}$$

式中：B 为浸胶坯布树脂含量（%）；A_1 为浸胶坯布质量（g）；A_0 为干布质量（g）。

预浸料中的含胶量见表 7-3。

表 7-3　预浸料中的含胶量

底材种类	树脂种类	树脂含量/%（以干基底材为基础）
纸张	脲—三聚氰胺甲醛	50~53
棉布	酚甲醛	30~45
石棉布	酚甲醛	40~50
玻璃布	酚甲醛	30~45
玻璃布	脲—三聚氰胺甲醛	30~45
玻璃布	聚酯	30~45
纸张	酚甲醛	30~60

（2）预浸料中挥发物含量测定。取预浸料 76mm×76mm 试样两张称重（准确至 0.01g），以 A_1 表示。将称过重的预浸料试样放入（160±2）℃的恒温烘箱中，保温 10min，然后将烘过的试样迅速从烘箱中取出放入干燥器中，待其冷却 5~8min 后，迅速称取重量 A_2。最好取两组试样的平均值。预浸料中挥发物质量 A 计算公式如下：

$$A = \frac{A_1 - A_2}{A_1} \times 100\%   \tag{7-3}$$

式中：A 为预浸料挥发物含量（%）；A_1 为预浸料烘前的重量（g）；A_2 为预浸料烘后的重

量（g）。

（3）预浸料中可溶性树脂含量的测定。取胶布 76mm×76mm 试样两张，准确称其重量（准确至 0.01g），并将其浸入丙酮中，经过 10min 后，取出试样置于空气中晾干，再放在（160±2）℃的恒温烘箱中烘 3min，取出后立即放入干燥器冷却至室温，再称重量（最好取两组试样的平均值）。预浸料中可溶性树脂含量的计算公式如下：

$$C = \frac{A_1 - A_3}{A_1 - A_0} \times 100\% \tag{7-4}$$

式中：C 为可溶性树脂含量（%）；A_1 为预浸料试样原质量（g）；A_3 为经丙酮处理烘干后试样质量（g）；A_0 为布质量（g）。

3. 预浸料外观质量

对预浸料的外观质量要求如下。

（1）表面不能沾有油类，局部污染必须裁除。

（2）对于有破裂、表面皱褶较多等严重的机械损伤和异常现象的预浸料，应放弃不用。

（3）有严重浮胶和含胶量严重不均匀的预浸料，只允许用于质量要求不高的制品。

第三节　板材的成型

层压板的种类很多，但按所用增强材料来分，可简单的归为以下几条：①纸基层压板，除有花纹而用淡色或无色树脂制成的作为建筑材料外，大多数用作绝缘材料。②布基层压板主要用于机器零件。③玻璃布层压板具有强度高，耐热性好，吸湿性低等优点，主要用作结构材料，应用在机械，飞机和船舶上以及电气工业，化学工业上等。④木基层压板用于制造机器零件。⑤石棉基层压板主要用于制造耐热部件和化工设备。⑥合成纤维基层压板，根据需要可用于耐热耐磨耐腐蚀部件。

一、成型工艺过程

成型工艺过程共分叠料、进模、热压、脱模、加工和热处理等工序，分述如下。

1. 叠料

首先对所用附胶材料的选择。选用的附胶材料要无杂质，浸胶均匀，树脂含量符合要求（用酚醛树脂时其含量在 32%±3%；用邻苯二甲酸二烯丙酯树脂时其含量为 40%±3%），而且树脂的硬化程度也应达到规定的范围。然后是剪裁和层叠，即将附胶材料按制品预定尺寸（长宽均比制品要求的尺寸大出 70~80mm）裁切成片并按预定的排列方向叠成成扎的板坯。制品的厚度一般是采用张数和重量相结合的方法来确定。

为了改善制品的表观质量，也有在板坯两面加用表面专用附胶材料的，每面放 2~4 张。表面专用附胶材料与一般的附胶材料不同，它含有脱模剂，如硬脂酸锌，含胶量也比较大。这样制成的板材不仅美观，而且防潮性较好。

将附胶材料叠放成扎时，其排列方向可以相互垂直排列，也可以按同一方向排列，用前者制品的强度是各向同性的，而后者制品的强度则是各向异性的。

叠好的板坯应按下列顺序集合压制单元：

金属板→衬纸（50~100 张）→单面钢板→板坯→双面钢板→板坯→单面钢板→衬纸→金属板

金属板通用钢板，但表面应力求平整，单面和双面钢板，凡与板坯接触的面均应十分光滑，否则，制品表面就不光滑，可以是镀铬钢板，也可是不锈钢板，放置板坯前，钢板上均应涂润滑剂，以便脱模，施放衬纸是便于板坯均匀受热和受压。

2. 进模

将多层压机的下压板放在最低位置，而后将装好的压制单元分层推入多层压机的热板中，再检查板料在热板中的位置是否合适，然后闭合压机，开始升温升压。热压工艺五阶段的升温曲线如图 7-4 所示。

3. 热压

开始热压时，温度和压力都不宜太高，否则树脂易流失。压制时，聚集在板坯边缘的树脂如果已不能被拉成丝，即可按照工艺参数要求提高温度和压力。温度和压力是根据树脂的特性，用实验方法确定的。压制时温度控制一般分为五个阶段。

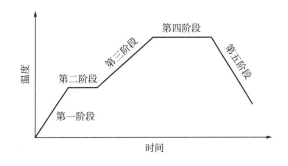

图 7-4　热压工艺五阶段的升温曲线

第一阶段是预热阶段。是指从室温到硬化反应开始的温度。预热阶段中，树脂发生熔化，并进一步浸透玻璃布，同时树脂还排除一些挥发成分。施加的压力为全压的 1/3~1/2。

第二阶段是保温阶段。树脂在比较低的反应速度下进行硬化反应，直至板坯边缘流出的树脂不能拉成丝为止。

第三阶段是升温阶段。这一阶段是自硬化开始的温度升至压制时规定的最高温度。升温不宜太快，否则会使硬化反应速度加快而引起成品分层或产生裂纹。

第四阶段是当温度达到规定的最高值后保持恒温的阶段。它的作用是保证树脂充分硬化，使成品的性能达到最佳值。保温时间取决于树脂的类型，品种和制品的厚度。

第五阶段是冷却阶段。当板坯中树脂已充分硬化后进行降温，准备脱模的阶段。降温多数是热板中通冷水，少数是自然冷却。冷却时应保持规定的压力直到冷却完毕。

五个阶段中温度与时间的变化情形如图 7-4 所示。五个阶段中所施的压力随所用的树脂类型而定。例如酚醛树脂层压板压力为（12±1）MPa，邻苯二甲酸二烯丙酯层压板压力为 7MPa 左右。压力的作用是增加树脂的流动性，除去挥发成分，使玻璃布进一步压缩，防止增强塑料在冷却过程中的变形等。

4. 脱模

当压制好的板材温度已降至 60℃时，即可依此推出压制单元进行脱模。

5. 加工

加工是指去除压制好的板材的毛边。3mm 以上的一般采用砂轮锯片加工，3mm 以下厚度的薄板，可用切板机加工。

6. 热处理

热处理是使树脂充分硬化的补加措施，目的使制品的力学强度，耐热性和电性能都达到最佳值。热处理的温度应根据所用树脂而定。

几种层压板材压制的主要工艺条件见表7-4。

表7-4　几种层压板材压制的主要工艺条件

附胶材料	压制条件		
	温度/℃	压力/MPa	保持时间/min（每厚1mm需要时间）
纸基三聚氰胺甲醛	135~140	10~12	4
纸基酚甲醛	160~165	6~8	3~7
棉布基酚甲醛	150~160	7~10	3~5
石棉布基酚甲醛	150~160	10	10~15
木材基酚甲醛	140~150	15	第1mm为8min，其余每1mm按5min计算
玻璃布基酚甲醛	145~155	4.5~5.5	7

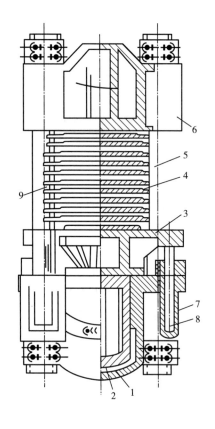

图7-5　多层压机
1—工作压筒　2—工作柱塞　3—下压板
4—工作垫板　5—支柱　6—上压板
7—辅助压筒　8—辅助柱塞　9—条板

二、层压机

压制板材所用的多层压机如图7-5所示，通用的压机吨位都较大，通常为2000~4000t。2000t的压机工作台面约为1m×1.5m。2500t的压机工作台面约为1.37m×2.69m。这种压机的操作原理与压制成型用的下推式液压机相似，只是在结构上稍有差别。多层压机在上下板之间设有许多工作垫板，以容纳多层板坯而达到增大产率的目的。目前工业上所用多层压机的层数可以从十几层至几十层不等。压制单元是当下压板处于最低位置时推入的。这时垫板的位置均利用自带的凸爪挂在特设的条板阶梯上得到固定。各个垫板上的凸爪尺寸并不相同，而是向下逐渐缩小的。施压时，下压板上推，使各个垫板相互靠拢，于是所装的板坯就会受到应有的压力。装有层板坯的压机，在进行各个垫板闭合时，所需要的压力并不是很大，可以用两个辅助压筒来承担。当辅助压筒将下压板升高时，工作柱塞也同时上升。此时工作液就能自动地从贮液槽进入工作压筒。垫板靠拢后，关闭工作压筒和贮液槽之间的连接阀，并打开工作压筒和高压管线之间的连接阀，就开始了压制过程。利用辅助压筒可以保证下压板空载上升的速度，而且也可节省高压液体。当然不设辅助压筒也是可以的。采用的高压阀液体可以是水或油，但一般的都是水与肥皂或油类的乳液。

多层压机对板坯的加热，一般是将蒸汽通过加热板内来完成的。冷却则是在同一通道内通冷却水。层压成型工艺虽然简单方便，但制品质量的控制却很复杂，必须严格遵守工艺操作规程，否则会出现板材厚度不均，裂缝，板材变形等问题。

要控制板材厚度就要控制胶布的厚度。因此要使胶布的含胶量均匀。

裂缝的出现是由于树脂流动性大和硬化反应太快，使反应热的放出比较集中，以致挥发分猛烈向外逸出所造成的。因此，附胶材料中所用的树脂，其硬化程度应受到严格控制。

层压板的变形问题，主要是热压时各部温度不均造成的。这经常与加热的速度和加热板的结构有关。

第四节　层压成型中的异常现象和安全生产操作规范

一、层压成型中的异常现象

热固性塑料层压成型中的异常现象、产生原因及解决方法见表7-5。

表7-5　热固性塑料层压成型中的异常现象、产生原因及解决方法

异常现象	产生原因	解决方法
白斑	1. 预浸料含胶量低 2. 预浸料太嫩，在压制时预浸料上的树脂流掉较多，形成白斑	1. 提高预浸料含胶量 2. 减小压制初期压力，防止树脂流失，形成白斑
麻孔	1. 预浸料太老，树脂流动性差 2. 压制时压力过小或受压不均 3. 预热压时间过长，加压太迟 4. 增强织物受潮，树脂浸胶困难	1. 选用正常的预浸料 2. 加大成型压力，增加衬纸数量 3. 减小预热阶段时间，及时加压 4. 浸胶前，烘干增强织物
层压板分层	1. 树脂液黏结性差 2. 预浸料含胶量不足 3. 成型压力太低或热压时间过短 4. 预浸料中有杂质	1. 加强工序质量控制 2. 增加预浸料含胶量 3. 增加成型压力和热压时间 4. 仔细检查预浸料
胶布滑出	1. 预浸料含胶量多 2. 预浸料含胶量不匀，一边高，另一边低 3. 可溶性树脂含量高 4. 压制过程中预压阶段的升温过快，起始压力过大 5. 压机本身受力不匀	1. 严格控制预浸料含胶量 2. 严格预浸料工艺 3. 降低可溶性树脂含量 4. 减缓压制过程中预压阶段的升温速度，降低起始压力 5. 利用多层加热板进行加压时，将所有的加热板固定

异常现象	产生原因	解决方法
层压板粘钢板	1. 叠料时没放面子胶布，或者面子胶布中没加脱模剂 2. 钢板上涂的脱模剂不均匀 3. 压制温度过高 4. 钢板光洁度太差 5. 脱模温度太高 6. 树脂流出量太大	1. 面子胶布中要含有脱模剂，胶布要适当老一点 2. 钢板上脱模剂要涂均匀 3. 降低压制温度 4. 更换钢板 5. 降低脱模温度 6. 降低保温温度和压制压力
层压板厚度不均	1. 预浸料含胶量不匀 2. 垫纸没垫好 3. 预压阶段压力较小 4. 预压阶段温度高 5. 热板温度不均匀，热板位置倾斜	1. 控制浸胶过程 2. 衬纸要垫好垫均 3. 提高预压阶段压力 4. 降低预压阶段温度 5. 调整热板温度分布
层压板翘曲	1. 加热板板面温度不均匀 2. 冷却速度过快 3. 脱模温度过高，层压产生热应力 4. 保温时间不足 5. 叠合方式不合理 6. 浸胶时张力不均匀	1. 提高加热板板面温度均匀性 2. 降低冷却速度 3. 降低脱模温度 4. 增加保温时间 5. 调整叠合方式 6. 调整浸胶设备

二、层压成型安全生产操作规范

（1）开车前检查水箱、油箱是否缺水或缺油，高压泵与齿轮泵是否有杂质。

（2）开车前要检查高压泵、加热板之间是否有异物，操作把柄位置是否正确，检查确证无误后方可发信号开车。

（3）正常生产压力最高不超过 30MPa，试压时每层热板须加铝板衬垫，严禁空床试车。

（4）推拉器退到原位之前，严禁开升降台，开升降台时要注意料框升动情况。

（5）推料进热板时，料框要略高于热板，拉料或顶出料框时，热板要略高于升降台架。

（6）装料时，设备周围应有专人观察，以便随时校正推料位置。

（7）严格按工艺条件操作，蒸汽阀门开动时要慢，防止设备各部分产生强烈振动，充气节门及时关闭。

（8）定期保养设备，加强钢板的日常管理工作。

习题与思考题

1. 层压成型时为什么在钢板面上垫铝板？

2. 层压成型工艺热压过程一般可分为哪五个阶段？

3. 层压成型工艺的特点是什么？

4. 预浸料在浸胶过程中如何保持及胶槽内的胶液浓度基本恒定？

5. 附胶材料上胶常用的方法有哪几种？如何获得高质量的附胶底材？

6. 何谓预浸料的配叠？叠好的层压料应按怎样的顺序叠放与压机集合成压制单元？

第八章　泡沫塑料成型

第一节　概述

泡沫塑料是以树脂为基本组分而内部具有无数微孔性气体的塑料制品，又称为多孔性塑料或微孔塑料。从理论上说，几乎所有热固性和热塑性塑料都能制成泡沫塑料，但其发泡技术的难易有所差别。由于气孔的存在，它具有密度低（10~500kg/m³）、隔音、隔热、防震等特点。广泛用于包装、防震、漂浮、运动、过滤材料。常见的热固性塑料有：酚醛树脂、脲醛树脂（UF）、环氧树脂（EP）、有机硅等，所得泡沫硬度大，柔软性差，用于强度要求高的场合。工业上广泛应用的热塑性泡沫塑料有：聚乙烯、聚氯乙烯、聚苯乙烯、聚氨酯等。近年来品种不断扩大，如聚丙烯、氯化聚乙烯、磺化聚乙烯、聚碳酸酯、聚四氟乙烯等。

一、泡沫塑料分类

泡沫塑料的分类方法有多种，可根据原料树脂、结构、软硬程度、泡沫密度等进行分类。

1. 按原料分类

把热固性和热塑性树脂制成的泡沫塑料有聚氨酯、聚苯乙烯、聚乙烯、聚丙烯、聚氯乙烯、酚醛树脂、脲醛树脂等。

2. 按泡沫体的软硬程度分类

（1）硬质泡沫塑料。在23℃和湿度50%条件下，弹性模量 $E>700MPa$，无柔韧性、压缩硬度大，应力达到一定值才变形、解除应力后不能恢复原状的泡沫塑料。

（2）软质泡沫塑料。弹性模量 $E<70MPa$，富有柔韧性、压缩硬度小、应力解除后能恢复原状、残余变形较少的泡沫塑料。

（3）半硬质泡沫塑料。$70MPa<E<700MPa$。

3. 按泡沫塑料的结构分类

（1）开孔泡沫塑料。聚合物中的气泡是破的，泡孔之间相互连通，相互通气，气体和聚合物互为连续相，如图8-1（a）所示。

（2）闭孔泡沫塑料。泡孔孤立地分散在聚合物中，相互不连通，作为基体的聚合物是连续相，气泡完整无破碎，如图8-1（b）所示。

任何泡沫塑料都不是完全开孔或完全闭孔的。闭孔可借机械施压或化学方法使其成为开孔的泡沫塑料。

结构泡沫塑料的泡体具有不发泡或少发泡的皮层及与一般泡体相同的发泡芯体。如

图 8-1（c）、图 8-1（d）所示。为了提高泡体的力学性能，还可以加纤维状或球状填料，如图 8-1（e）、图 8-1（f）所示。

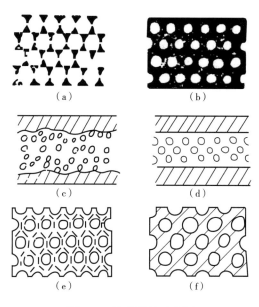

图 8-1 泡沫结构示意图

4. 按泡沫体的密度分类

（1）低发泡塑料。密度 ρ 为 0.4g/cm^3 时以上，气体/固体发泡倍率<1.5。

（2）中发泡塑料。密度 ρ 为 0.1~0.4g/cm^3，气体/固体发泡倍率<1.5~9。

（3）高发泡塑料。密度 ρ 为 0.1g/cm^3 以下，气体/固体发泡倍率>9。

常见泡沫塑料分类见表 8-1。

表 8-1 常见泡沫塑料分类

硬质		软质	
开孔	闭孔	开孔	闭孔
酚醛树脂 脲醛树脂 聚氯乙烯薄片 聚乙烯薄片	聚氯乙烯 聚苯乙烯 聚氨酯 乙酸纤维素 聚乙烯 脲醛塑料 环氧树脂	聚氯乙烯 聚氨酯 聚乙烯醇缩甲醛	聚氯乙烯 有机硅塑料

二、泡沫塑料的特点

泡沫塑料是以合成树脂为基体，加入发泡剂及其他添加剂，经发泡作用形成的一种具有细孔海绵状结构的物质。一般气泡的直径为 $50 \sim 500\mu m$，气泡膜厚度为 $1 \sim 10\mu m$，在 $1cm^3$ 泡沫塑料中有 $800 \sim 8000$ 个气泡。

泡沫塑料因其密度和结构的不同，性能也有所差异，从包装的角度来看，泡沫塑料一般具有以下特性。

（1）密度很小，一般在 $0.02 \sim 0.2g/cm^3$，因此重量很轻，原料消耗少，既减轻包装重量，降低运输费用，成本也不高；

（2）具有极好的冲击吸收性能，防震效果极好，能有效地保护被包装物品；

（3）机械性能好，有较好的抗压强度和回弹性能，特别是它可根据被包装物品的重量等要求来选择性能不同的泡沫塑料；

（4）化学稳定性好，对酸、碱、盐等化学药品均有较强的抗力，自身 pH 值处于中性，不会腐蚀包装物品；

（5）加工性能优良，既可以制成不同密度的软质和硬质泡沫塑料，又可以按包装物品的外形、尺寸模压成各种包装容器，还可以把泡沫板（块）材用多种黏合剂黏接，制成各种缓冲结构材料；

（6）有很好的耐水性和很低的吸湿性，即使在较湿的情况下也不会出现变形和毁体，影响其吸收外力的能力；

（7）对温度的变化有相当好的稳定性，完全可以满足一般正常包装的要求；

（8）由于泡沫塑料中含有大量微小气泡，故绝热性能优良，可作绝热材料，也可用于绝热包装。

常见泡沫塑料的品种和性能见表 8-2。

表 8-2　常见泡沫塑料的品种和性能

品种		类型	微孔	密度/(kg/m³)	最高工作温度/℃
热塑性塑料	PS	硬	闭孔	16～160	79
	PE	半硬	闭孔	21～795	82
	PVC	硬	闭孔	32～55	83
	PVC	硬	闭孔或开孔	64～960	62～101
	ABS	硬	闭孔	160～900	82
	PC	硬	闭孔	800～1130	130
	聚酯	硬	闭孔	800～1130	148
	尼龙	硬	闭孔	640～960	147
	聚甲醛	硬	闭孔	800～1120	105
	聚砜	硬	闭孔	720～1040	170
热固性塑料	PU	硬	闭孔	24～640	93～121
	PU	软硬	开孔	14.5～320	66～92

品种		类型	微孔	密度/(kg/m³)	最高工作温度/℃
热固性塑料	三聚异氰酸酯	硬	闭孔	24~320	149
	酚醛树脂	硬	闭孔或开孔	51~352	146
	脲醛树脂	半硬	部分闭孔	13~21	49
	环氧树脂（自发泡）	硬	闭孔	32~325	178
	环氧树脂（复合）	硬	闭孔	224~645	<260
	聚有机硅氧烷	硬（软）	闭孔或开孔	154~544	204~340
	聚酰亚胺（自发泡）	硬	闭孔或开孔	32~640	260
	聚酰亚胺（复合）		闭孔	224~640	314

三、泡沫塑料加工成型方法

泡沫塑料的加工成型方法和普通塑料的加工成型方法基本相同，所有设备与普通塑料制品的加工设备也基本相同，可以用挤出成型、注射成型、模压成型、浇铸成型、压延成型等。

（1）挤出成型。将含有发泡剂的塑料原料加入挤出机中，经过螺杆的旋转和机筒外的加热，物料被混合、熔融、剪切、塑化。熔融物料连续通过口模成型，离开口模减压发泡，再经过冷却、牵引、切割或卷取、检验而成为制品。

（2）注射成型。将物料及发泡剂加入注射机料斗内，通过螺杆的旋转及外部加热作用，使其受热熔化至流动状态。在连续的高压下，熔融塑料被压缩并向前移动，通过喷嘴射出，注入一个温度较低的闭合模具中，充满模具的物料经冷却硬化，即可保持模具型腔所赋予的型样，开启模具即得到制品。

（3）模压成型。将含有发泡剂的混合物放入模具中，经加热、加压发泡成型。

（4）浇铸成型。泡沫塑料的浇铸成型类似于金属的浇铸成型。将已经准备好的原料（通常是单体、初步聚合或缩聚的预聚体或聚合物、单体的溶液等）注入模具中使其固化（完成聚合反应或缩聚反应），从而得到和模具型腔相似的制品。

（5）压延成型。将已经塑化好的塑料熔融物通过一系列相向旋转的加热辊筒间隙，使物料承受挤压和延展作用，从而得到规定尺寸的连续片状物。此后，再经过塑化发泡成为泡沫塑料制品。

四、影响泡沫塑料性能的因素

1. 加工因素

泡沫塑料性能受加工因素的影响，这些因素主要有设备、工艺过程的控制和加工人员的操作经验等。泡沫塑料在加工过程中特别是在发泡膨胀过程中，受控制因素的影响，生成的气泡变形，从圆形变化到椭圆形或细长形。这样泡壁沿膨胀方向拉长，致使泡沫塑料出现各向异性。结果沿取向方向的力学性能增大（纵向强度增大），而垂直于取向方向的强度降低。对聚氨酯泡沫塑料所做的实验表明，泡孔的拉伸程度越大，则相应的压缩应力比和压缩模量比也越大，故泡沫塑料的各向异性程度也越大。泡沫塑料应尽量避免各向异性。

2. 泡孔尺寸

泡孔尺寸是影响泡沫塑料压缩强度的重要因素之一。用光谱显微镜对两种泡孔尺寸不同的泡沫塑料样品所做的压缩实验表明，大泡孔（0.5~1.5mm）泡沫塑料样品被压缩10%时，表面泡孔肋架开始弯曲，当被压缩到25%时，表面泡孔崩塌，内部泡孔开始弯曲，泡沫体中心的泡孔开始变形。对于小泡孔（0.025~0.075mm）泡沫塑料样品，当被压缩时，泡孔呈等量压缩，即泡沫体的内外泡孔可均匀地吸收外加压缩能量，一般认为小泡孔泡沫塑料的压缩性能好于大泡孔泡沫塑料。

3. 泡孔结构

同一种泡沫塑料其开孔和闭孔所表现的性能是不一样的。实验结果表明，随开孔率提高其压缩强度明显下降。压缩强度是衡量泡沫塑料主要性能的指标之一，要生产高压缩强度的泡沫塑料，应提高闭孔率，反之则应提高开孔率。另外，泡孔的大小还会影响其吸水率，即泡孔直径越大，吸水率越大。

4. 发泡倍率

泡沫塑料的性能还取决于树脂性能、发泡剂用量、泡沫体密度等因素，这些因素又与成型条件有直接关系。随着发泡倍率的增大，泡沫体的拉伸强度、弯曲强度、热变形温度等都随之下降，而制品的成型收缩率增加。

五、泡沫塑料的应用

泡沫塑料由于具有许多优良的物理性能，因此广泛应用于日常生活和各种工业领域中。目前，广泛应用的泡沫塑料主要是聚乙烯、聚苯乙烯、聚氯乙烯和聚氨酯等树脂为基材的热塑性泡沫塑料和热固性泡沫塑料。聚氯乙烯软质泡沫塑料应用于工业、建筑业、日用品等各领域。随着塑料加工技术的发展，硬质聚氯乙烯泡沫塑料也在不断开发。例如，低发泡聚氯乙烯板材是很好的代木材料。其特性接近木材，可以采用和木材一样的锯、钻、刨、黏合、钉、铆等方法进行再加工。用于火车、船舶的地板、墙板、家具等方面。它质地坚实、质轻、难燃又美观，很受人们的重视。用它来代替木材是很有发展前途的。在轻工、日用品方面，软质泡沫塑料具有良好的弹性、优异的保暖性、易于裁切缝制等特点，是坐垫、厢包及家具的理想材料。微孔聚氨酯泡沫塑料具有质轻、耐磨、耐冷弯曲等良好性能，可以作为木材的代用品，在家具及合成纸张中应用。泡沫塑料在国防工业以及高科技中也有用武之地，如可制成飞机的机舱衬垫，在火箭和人造卫星上用作宇宙示踪剂。另外在建筑、冷藏、交通运输、化学工业和无线电技术中，泡沫塑料也有广泛的用途。

第二节　泡沫塑料的发泡方法及原理

一、泡沫塑料的发泡方法

泡沫塑料品种繁多，发泡方法各有不同，常用的发泡方法有物理发泡法、化学发泡法和机械发泡法。

（一）物理发泡法

借助于发泡剂在树脂中物理状态的改变，形成大量的气泡，使聚合物发泡，发泡过程中没有化学反应发生。物理发泡剂一般是能溶于聚合物母体的低沸点液体或气体，当增加体系的温度和（或）降低体系的压力时，物理发泡剂沸腾，从而发挥它们的发泡作用。聚合物系统的化学性质和变形特性决定了可以采用的物理发泡剂的类型。物理发泡剂按照发泡成型的特性，一般可以分为四类：惰性气体发泡法、低沸点液体发泡法、固态空心球发泡法和溶出法。

1. 惰性气体发泡法

利用 N_2、CO_2 等无色无臭、化学活性较弱，很难与其他元素发生化合反应的惰性气体，在较高压力下，使其溶解于熔融状态的聚合物或糊状复合物中，而后在减压下使溶解的气体释放出来而发泡。其特点是惰性气体发泡后不会留下残渣，不影响泡沫塑料的性能和使用。但缺点是惰性气体发泡法需要较高的压力和比较复杂的高压设备。通常该方法应用于聚氯乙烯、聚乙烯等泡沫塑料。

惰性气体的发泡过程一般经历以下几个阶段：将惰性气体压缩，并用高压将它压注入聚合物熔体中混合均匀。当熔体所受外压去除后，熔体中受压缩的惰性气体急速膨胀形成气泡。挤出发泡和注射发泡都可以采用惰性气体作为发泡剂，但需使用专用的高压输送和注入惰性气体的设备，以便将惰性气体在高压下注入机筒中塑化好的塑料熔体中，由于机筒内螺杆的旋转，加强了塑料熔体的混炼效果，惰性气体均匀分布在熔体中。当熔体离开机筒时，外压突然下降，熔体内的气体呈过饱和状态，离析出来的气体聚集而成气泡。在以上发泡过程中，为了获得均匀细密的泡孔应将发泡剂均匀分布于熔体中，并给予一定的压力。

选择惰性气体作发泡剂时，要注意其在聚合物中的渗透速度。一般要求它具有较低的渗透率，否则会影响发泡效率。几种惰性气体对塑料膜壁的渗透率见表8-3。

表 8-3　惰性气体对塑料膜壁的渗透率　　　　　单位：$g/(m^2 \cdot 24h)$

名称	LDPE	HDPE	PP	SPVC	HPVC	PVDC
透湿度	16~22	5~10	8~12	25~90	25~40	1~2
CO_2 渗透率	70~80	20~30	25~35	10~40	1~2	1.0
O_2 渗透率	13~16	4~6	3~5	4~16	0.5	0.03
N_2 渗透率	3~4	1~1.5	—	0.2~8		<0.01

2. 低沸点液体发泡法

低沸点液体是目前使用最广泛的物理发泡剂。低沸点液体在高压下压入熔融态聚合物中，或掺入聚合物颗粒中，而后再减压或加热，使其在聚合物中汽化和发泡，这种方法又称为可发性珠粒法。低沸点液体发泡法通常应用于聚苯乙烯、交联聚乙烯等泡沫塑料。该法使用的低沸点液体一般要求在常压下沸点低于110℃。低沸点液体有以下几种。

（1）脂肪族烃类。如丁烷、戊烷、己烷、异己烷、丙烷、异戊烷，其价格低，毒性小，发泡效率高，特别是戊烷具有很高的发泡效率，但其主要缺点是易燃，常用于 PS 或 PS 共聚物的发泡。

（2）含氯脂肪烃类。如一氯甲烷、二氯甲烷、三氯四氟乙烷、三氯一氟甲烷、三氯三氟乙烷、二氯二氟乙烷。其中一氯甲烷和二氯甲烷，阻燃性好，多用于 PS、PVC 和环氧树脂等的发泡成型，但它们有毒，使用时应注意安全。三氯四氟乙烷、三氯一氟甲烷、三氯三氟乙烷、二氯二氟乙烷等含氟化合物俗称氟利昂，是较理想的发泡剂，它们的热稳定性好，具有阻燃性，不会爆炸，呈化学惰性，无毒，具有良好的介电性能，发泡效率高，一般用于 PE、PS 等的发泡成型，也可用于环氧树脂、脲醛树脂的发泡成型，但它们破坏大气臭氧层，不利于环境保护与可持续发展，目前已成为工业淘汰产品。

上述两类发泡剂发泡量大，发泡剂利用彻底，残留物少或没有残留物。

常用作发泡剂的低沸点液体的性能参数见表 8-4。

表 8-4　常用作发泡剂的低沸点液体的性能参数

发泡剂名称	分子量	密度/(g/cm³)	沸点/℃	蒸发热/(J/g)
戊烷	72.15	0.616	30~38	360
异戊烷	72.15	0.613	9.5	—
己烷	86.17	0.658	65~70	—
异己烷	86.17	0.655	55~62	—
丙烷	44	0.531	-42.5	—
丁烷	58	0.599	-0.5	—
二氯甲烷	84.94	1.325	40	—
二氯四氟乙烷（F114）	170.90	1.440	3.6	137
三氯一氟甲烷（F11）	137.38	1.476	23.8	182
三氯三氟乙烷（F112）	187.39	1.565	47.6	147
二氯二氟甲烷（F12）	120.90	1.311	-29.8	167

3. 固态空心球发泡法

将微型（直径 20~250μm、壁厚 2~3μm）的空心玻璃球、空心陶瓷球、空心塑料微球，埋入熔融聚合物或液态的热固性树脂中，而后使其冷却或交联而成为泡沫体。用固态中空微球与塑料复合而成的泡沫塑料成型过程，与一般用发泡剂的发泡成型过程完全不同。因此，这种发泡方法并不是所有塑料都适用。

用于成型轻质泡沫体的固态空心球的类型很多，根据球壳的材料，空心球可分为有机空心球和无机空心球两大类。无机空心球的材料主要有玻璃、氧化铝、氧化镁、二氧化硅、陶瓷、炭、硼酸盐、磷酸盐多聚体等。其中，以玻璃空心球用得最广，它的优点是流动性好，热传导率低，燃点高，介电性能好，无毒，不可燃，化学惰性好等。有机空心球的材料主要有纤维素衍生物、酚醛树脂、脲醛树脂、聚苯乙烯、聚酰胺、环氧树脂等。实践证明，有机空心球比无机空心球具有更低的相对密度，抗冲击性能也比较好，但化学性质复杂。

4. 溶出法

先将细小颗粒的物质（如食盐和淀粉等）混入聚合物中，而后用溶剂或伴以化学的方法使其溶出而成为泡沫物。如混在 PVC 中的淀粉，可先用水浸泡使其溶胀，而后再用热的稀硫酸处理，使其水解为糖，溶出成为 PVC 发泡物。

物理发泡法的优点：毒性低，操作时毒性较小；成本低，发泡剂价格便宜；发泡剂对物料性能影响不大，发泡无残留物。

物理发泡法的缺点：设备投资较大。

工业上常用的是惰性气体发泡法和低沸点液体发泡法。

（二）化学发泡法

利用化学发泡剂加热分解时释放出气体而使塑料发泡。在热固性塑料中，化学发泡作用常常通过链增长和交联反应形成挥发性副产物而实现，如在聚氨酯、酚醛塑料和氨基塑料中。相反，对于热塑性塑料，化学发泡是借助于相容的或很细的分散的化学物质，在高于聚合物配料温度，但又在加工温度范围内的相当窄的温度范围内，按所要求的速率分解而完成的。化学发泡剂一般可以分为两类：热分解型发泡剂受热分解发泡和发泡组分间相互作用产生气体发泡。

1. 热分解型发泡剂受热分解发泡

发泡气体是由特意加入的热分解物质（称为化学发泡剂）在受热分解时产生的。这种方法的特点是所用设备通常都不很特殊和复杂，且适用于大部分热塑性塑料的发泡，因此应用广泛。但缺点是有时成型温度和发泡剂分解温度不易匹配，会造成发泡过程不易控制。该方法常应用于聚氯乙烯、聚乙烯等泡沫塑料。化学发泡剂释放出的气体有 CO_2、N_2、NH_3 等。

发泡剂应具备要求：

（1）逸出气体的温度范围应比较狭窄而固定；

（2）逸出气体的速率应能控制，而且不受压力的影响；

（3）逸出的气体没有腐蚀性，最好是 N_2，其次是 CO_2；

（4）发泡剂应能均匀地分散在原料中；

（5）发泡剂和其分解后的残余物不应有毒性，并且对塑料的熔融和硬化都无影响；

（6）发泡剂在分解时不应大量放热；

（7）价格便宜，运输和储藏中稳定；

（8）分解的残余物应无色、无味、无毒，应能与塑料混溶，并且对制品性能无影响。

不同类型的聚合物，选用化学发泡剂的原则也有不同。对非结晶型聚合物，发泡剂的分解温度应比聚合物的流动温度高出 10℃ 左右。如果高出过多，则可用催化剂降低发泡剂的分解温度；对结晶型聚合物，发泡剂的分解温度不仅应高于聚合物的熔点，而且应比所用交联剂的活化温度高 10℃ 左右。选用化学发泡剂的主要依据是分解温度和发气量。

常用的化学发泡剂有无机发泡剂和有机发泡剂两种。

无机发泡剂常用的有碱金属的碳酸盐和碳酸氢盐，如碳酸铵和碳酸氢钠等，它们的优点是价廉，不会降低塑料的耐热性，因为对聚合物无增塑作用。它们的缺点是不能与塑料混溶，很难在塑料中均匀分布，并且分解气体的速率严重受压力的影响。

有机发泡剂是目前塑料化学发泡的主要发泡剂，主要是偶氮类、亚硝基类和磺酰肼类的化合物，有机发泡剂的发气性能见表8-5。其中的偶氮二甲酰胺（俗称AC发泡剂）应用很广，属于高效发泡剂，加热后以释放 N_2 为主，N_2 无毒、无臭，分解温度高，对大多数聚合物渗透性比 O_2、CO_2 和 NH_3 都要小，而且在塑料中分散性好。大多数有机发泡剂都是易燃和易爆物质，因此，应保存于低温、阴凉、干燥和通风处。聚氯乙烯泡沫制品多用此法。

表8-5 有机发泡剂的发气性能

发泡剂名称	缩写	在塑料中的分解温度/℃	分解气体	发气量/(mL/g)	适用树脂
偶氮二甲酰胺	AC	165~200	N_2、NH_3	220	PVC、ABS、PE、PS
偶氮二异丁腈	ABIN	110~125	N_2	135	PVC
苯基磺酰肼	BSH	90~100	N_2	130	PVC
对，对′-氧代二苯基磺酰肼	OBSH	150~160	N_2	110~130	PVC、PE
N，N'-二亚硝基五次甲基四胺	DPT	130~190	N_2、CH_2O	265	PO、PA、PVC

2. 发泡组分间相互作用产生气体发泡

这种发泡方法是利用发泡体系中的两个或多个组分之间发生的化学反应，生成惰性气体（如 CO_2 或 N_2）致使聚合物膨胀而发泡。发泡气体是形成聚合物的组分相互作用所产生的副产物，或者是形成聚合物的组分与其他物质作用的生成物。工业上用这种方法生产的主要有聚氨基甲酸酯泡沫塑料，它是由异氰酸酯与聚酯或聚醚反应所析出的二氧化碳，还有用苯酚与甲醛缩聚反应所生成的水泡来制造酚醛泡沫塑料。

（三）机械发泡法

它是用强烈的搅拌使空气卷入树脂的溶液、乳液或悬浮体中，使其形成均匀的泡沫物，而后再通过物理和化学变化使其稳定而成为泡沫塑料。为缩短发泡时间，可同时通入空气和加入乳化剂或表面活性剂。用这种方法生产的有软PVC和脲甲醛泡沫塑料等。

二、泡沫塑料成型原理

泡沫塑料发泡气体的形成：是把气体溶解在液态聚合物中形成饱和溶液，然后通过成核作用生产泡沫。发泡剂可预先溶解在液态聚合物中，当温度升高、压力降低时，就会放出气体，形成泡沫。其泡沫的形成大体上分三个阶段，即气泡核形成、气泡增长和气泡的稳定和固化过程。

（一）气泡核形成

气泡核是指原始微泡，也就是气体分子最初聚集的地方，塑料发泡过程的初始阶段是在塑料熔体或溶液中形成大量微小气泡核，然后使气泡核膨胀成为泡沫体。

当气体在溶液中达饱和限度而形成过饱和溶液时，气体便从溶液中逸出形成气泡，形成气泡的过程就是成核作用。这时，除聚合物液相外，产生了新相——气相，分散在聚合物中，形成泡沫。如果同时还存在很小的固体粒子或很小的气泡，即所谓的第二分散相，就会有利于这一过程的形成。这种加入第二分散相的物质叫作成核剂。在实际生产中常加入成核剂以利于成核作用能在较低的气体浓度下发生。成核剂通常是微细的固体粒子或微小气孔。如果不加入成核剂就有可能形成大孔泡沫。

(二) 气泡增长

气泡形成之后，气泡内气体压力与其半径成反比，气泡越小，内部压力就越高。当两个尺寸大小不同的气泡靠近时，气体从小气泡扩散到大气泡而使气泡合并，并且成核剂的作用大大增加了气泡的数量；加上气泡膨胀使气泡的孔径扩大，从而泡沫得到增长。

影响液体中气泡膨胀的因素很多，归纳起来可为两大类：一类是原材料的规格、品种、性能及用量，如发泡剂的类型、溶解度和扩散系数等，它们通过改变气液相之间的物理传递来影响气泡的膨胀；另一类是成型加工工艺参数，如成型的温度、压力、剪切速度等，这类参数对气泡膨胀的热动力有强烈影响。

(1) 熔体黏度。气泡膨胀的初期，熔体黏度对气泡膨胀速度影响很大，熔体黏度越大，气泡膨胀的初始速度就越低，气泡直径的差值较小；气泡膨胀的后期，主要由扩散速度控制气泡膨胀速度，这时，气泡膨胀速度受熔体黏度影响不大，气泡直径的差值较小。

(2) 熔体弹性。熔体弹性对气泡膨胀有两个相反方向的影响。其一，增加熔体弹性可以减少气泡膨胀过程中的阻力，有利于气泡的膨胀；其二，熔体弹性使熔体储存能量的能力增加，它将增加气泡膨胀过程中的阻力，不利于气泡的膨胀。由于熔体弹性对气泡膨胀过程同时存在着以上两种相反的影响，因此，其最终表现出来的应是以上两种影响的综合结果。

(3) 发泡剂。发泡成型中加入塑料的发泡剂主要消耗在 3 个方面：使气泡膨胀、扩散损失、剩留在塑料中。所以，要提高发泡效率就要设法减少发泡剂的后两项消耗。

分子量大的发泡剂比分子量小的发泡剂的扩散损失小，故采用分子量大的发泡剂可制取高发泡倍数的塑料。如果要想采用 CO_2 和 N_2 等小分子气体发泡剂制取高发泡倍数的塑料，必须加入交联剂使聚合物交联，或加入表面活性剂，以减少扩散损失。

发泡剂在塑料中的剩留量与发泡剂的总用量无关，它是发泡气体在塑料处于固化温度时溶解于塑料中的量，它对聚合物有增塑作用。另外，发泡剂的挥发能力对其剩留量有很大的影响。发泡剂的沸点高，在塑料中的剩留量大。因此，制取高发泡倍数的泡沫塑料不宜采用高沸点的发泡剂。

聚合物的分子结构也能影响发泡剂的剩留量。发泡剂在体型结构的聚合物（如聚氨酯）中的剩留量为零。聚烯烃中的晶体结构也能减少发泡剂的剩留量。

发泡剂浓度对气泡膨胀速度的影响在各阶段是不同的。气泡膨胀的初期，主要由熔体中的残余应力控制气泡膨胀速度，增加发泡剂浓度，可显著提高气泡膨胀速度；气泡膨胀的后期，主要由扩散速度控制气泡膨胀速度，这时，气泡膨胀速度受发泡剂浓度影响不大。

(4) 气体扩散系数 (D)。气体扩散系数在前阶段（气体的膨胀过程受残余应力的影响）和后阶段（气体的膨胀过程受扩散系数控制）中存在差异。提高气体扩散系数，可以加速气泡的膨胀速度，这个影响前阶段较强，后阶段将逐渐减弱。气体在聚合物熔体中的扩散系数见表 8-6。

表 8-6　气体在聚合物熔体中的扩散系数

聚合物	气体	$D \times 10^5 / (\text{cm}^2/\text{s})$
PE	N_2	6.04
	CO_2	5.69
	ClF_3C	4.16
PP	N_2	3.51
	CO_2	4.25
	ClF_3C	4.02
PS	N_2	2.04
	CO_2	3.37

（5）气液界面张力。熔体与气体之间的界面张力对气泡膨胀起阻碍作用。在气泡膨胀的初期，不同界面张力的熔体对气泡增长的阻力相差较大，但到后期差值逐渐缩小。对于常用的聚合物熔体和气体，其界面张力在 $0.3 \sim 0.5 \text{N/m}^2$。

（6）温度。温度是发泡成型工艺中主要的控制条件，气泡膨胀的许多性能参数与温度有关。

升高温度可增加气体的扩散系数，加速气体在熔体中的扩散。当熔体中存在过饱和气体时，过饱和气体便从熔体中扩散到气泡表面，进入气泡的量就越多，有助于气泡膨胀。

温度对熔体黏度影响很大。温度升高，塑料的熔融黏度降低，此时，因局部区域过热或由于消泡剂的作用，树脂熔体局部区域的表面张力降低，促进了气泡增长和气泡合并。但温度太高，会使塑料熔体黏度太低，致使泡孔壁膜减薄，甚至造成泡沫塑料的崩塌。

（7）压力。气体在熔体中的溶解度一般都是随着外压的增加而明显上升的。因此，工业上常用改变压力的方法来改变气体在熔体中的溶解度。

挤出发泡成型或注射发泡成型进行过程中，为了抑制带发泡剂的塑料熔体中的气体在料筒内提前发泡，常对料筒中的熔体施加压力，使气体在熔体中处于溶解状态，直到熔体从机头中挤出后，由于压力下降，大量过饱和气体得以释放出来形成气泡而发泡。

注射发泡成型常用改变注射压力或注射速度的方法来控制发泡过程。提高注射压力也可提高注射速度。高压注射时，熔体高速通过模腔，在开始阶段，熔体中聚集了较多的能量，这种能量能够抑制气泡增长，使气泡不易在模腔中形成。而在后期则随着能量的释放，气泡的膨胀逐步转向完全由气体的扩散速度控制，最终趋于和低压注射时气泡的膨胀情况一致。

综上所述，要制得优质泡沫体，必须创造条件，使大量气泡核和过饱和气体同时存在于聚合物熔体之中。

（三）气泡的稳定和固化过程

1. 气泡的稳定

气液相共存的体系多数是不稳定的。已经形成的气泡可以继续膨胀，也可能合并、塌陷或破裂，这些可能性的发生主要取决于气泡所处的条件。

在发泡成型过程中，稳定气泡的方法有三种。

（1）提高熔体的黏弹性，使气泡壁有足够的强度，不易破裂。如在实际成型加工中，在聚乙烯泡沫塑料中加入交联剂，使聚乙烯熔体在发泡前发生交联，以提高熔体的黏弹性，使发泡成型时，泡壁有较大的强度承受膨胀力。

（2）控制膨胀速度，兼顾气泡壁应力松弛所需的时间。

（3）在泡沫配方中加入表面活性剂，有利于形成微小气泡，减少气体的扩散作用，可促使泡沫稳定。

2. 气泡的固化

使发泡体从气液相转变为气固相，即泡沫的固化定型。热塑性泡沫塑料的固化定型主要是通过冷却使熔体黏度上升、流动性降低，从而固化成型。冷却方法较多的是用空气或冷却介质直接或间接冷却泡沫体的表面。但是，由于泡沫体是热的不良导体，冷却时常常出现表层的泡沫体已被冷却固化定型，芯部的温度还很高的现象。这时如冷却定型不够，虽然皮层已固化定型，但是芯部的大量热量会继续外传，使皮层的温度回升，再加上芯部泡沫体的膨胀力，就可能使已定型的泡沫体变形或破坏。因此，发泡制品的冷却固化需要有足够的冷却定型时间和冷却效率来保证。为了缩短冷却时间，提高固化速度，可在配方中加一些易挥发液体或分解时要吸收大量热能的化合物，使泡沫体在固化定型时，借助于这些助剂的汽化或分解，加速固化过程；同时可使冷却均匀。

（四）热固性泡沫塑料的固化定型过程

热固性塑料发泡成型的固化机理与热塑性塑料有所不同，热固性塑料的发泡成型与缩聚反应是同时进行的，随着缩聚反应的进行，聚合物分子链交联成网状，反应液体的黏弹性逐渐升高，为气泡的形成和膨胀提供条件，泡体流动性逐渐下降，最后反应完成，泡体固化定型。因此，要提高热固泡沫塑料的固化速度，一般通过提高加热温度和加催化剂等途径实现。

第三节 泡沫塑料生产工艺

一、聚苯乙烯泡沫塑料生产工艺

聚苯乙烯泡沫塑料是泡沫塑料中的主要产品之一，使用范围广，用量大。密度为 $0.015\sim0.02g/cm^3$ 的聚苯乙烯泡沫塑料用于包装材料；密度为 $0.02\sim0.05g/cm^3$ 的聚苯乙烯泡沫塑料用于防水隔热材料；密度为 $0.03\sim0.10g/cm^3$ 的聚苯乙烯泡沫塑料用于救生圈漂浮材料。聚苯乙烯泡沫塑料具有闭孔结构，其特性是质轻、防震、保温、不吸水、隔音、介电性好、力学性能高等，广泛应用于各行各业。

（一）聚苯乙烯泡沫塑料发泡方法

聚苯乙烯泡沫塑料常用物理发泡法进行发泡。有可发性珠粒发泡法和直接挤出发泡法两种生产方法。

一是在悬浮聚合的聚苯乙烯颗粒中掺入低沸点液体，使聚苯乙烯形成易于流动的球状半透明的可发性珠粒，然后经过预发泡、熟化和发泡成型而制成泡沫塑料制品，这种方法称可发性珠粒发泡法。

二是将高分子量的聚苯乙烯树脂、发泡剂及其他助剂的混合物通过挤出机机头挤出发泡，经冷却定型成泡沫塑料制品，这种方法叫直接挤出发泡法。

（二）聚苯乙烯泡沫塑料成型方法

聚苯乙烯泡沫塑料成型方法很多，主要有模压法、可发性珠粒法和挤出发泡法。模压法是采用乳液法聚苯乙烯和热分解型发泡剂制得，是早期使用的方法，现在用的很少。目前应用最多的是可发性珠粒模压成型，下面将重点介绍该成型方法。

1. 原料及典型配方

聚苯乙烯泡沫塑料典型配方见表8-7。

表8-7 聚苯乙烯泡沫塑料典型配方

原材料名称	配比（质量）	原材料名称	配比（质量）
聚苯乙烯珠粒（分子量5.5万~6万）	100	过氧化二异丙苯（增塑剂）	0.8
丁烷（发泡剂）	10	2,6-丁基对甲酚（抗氧剂）	0.3
水（分散介质）	160	二苯甲酮（紫外线吸收剂）	0.2
肥皂粉（分散剂）	5	四溴乙烷（阻燃剂）	1.5

2. 生产工艺

生产工艺流程如图8-2所示。

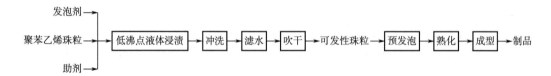

图8-2 聚苯乙烯泡沫塑料生产工艺流程

（1）可发性珠粒的制备。

①制备方法。采用的液体发泡剂大多是脂肪烃类化合物：有丁烷、正戊烷、异丁烷、石油醚等。聚苯乙烯珠粒的制造方法有一步法、一步半法和两步法。

a. 一步法。苯乙烯、引发剂和发泡剂一起加入反应釜聚合。发泡剂有阻聚作用，所以制得的可发性聚苯乙烯珠粒分子量偏低，在40000~50000，反应后有部分粉状物，需处理。

b. 一步半法。苯乙烯聚合到形成特性珠粒时加入发泡剂继续聚合。减少了阻聚作用，分子量有所提高。

c. 两步法。先合成聚苯乙烯珠粒，再加入发泡剂加热使其渗入珠粒中，冷却。聚合反应形成聚苯乙烯珠粒后，在加温加压下，将低沸点的液体渗入聚苯乙烯中，使其溶胀，经冷却后留在珠粒中。操作工序较多，发泡剂渗透时间较长，珠粒都已经过筛选，不合格的已事先剔除，有助于提高泡沫制品的质量。塑料加工厂常用两步法。

②浸渍工艺参数。体系内压力不超过0.98MPa，料温80~90℃，恒温4~12h（由珠粒大小决定），降温至40℃以下出料，冷却后用自来水清洗、吹干。注意不要烘干，设备简陋的

工厂也可以常温常压浸渍，所需时间长，发泡剂挥发量大。

③可发性聚苯乙烯珠粒要求。发泡剂含量约为6%（5.5%～7.5%），表观密度0.68g/cm³，珠粒的直径范围0.25～2mm。制造密度偏小的泡沫塑料制品时，宜用直径偏大的珠粒。注意可发性聚苯乙烯珠粒储存时，一定要密封包装，低温储存。

④保存。可发性聚苯乙烯珠粒的发泡剂的保存是其珠粒制品贮存所要解决的关键问题。因为可发性聚苯乙烯珠粒在低温下可存放一周以上至一个月内，珠粒中的发泡剂在分子结构内和分子间隙中发生扩散，成为细小繁多的发泡核。一旦受热时，发泡核就会气化，同时珠粒也会膨胀生成泡沫塑料。在贮存过程中，发泡剂仍然在向珠粒外界扩散，使珠粒中的发泡剂减少，贮存时间越长，珠粒中的发泡剂含量越少。当发泡剂减少到含量低于5%时，就不能制成容重较小的泡沫塑料。

（2）预发泡。预发泡的作用是凭加热使可发性聚苯乙烯珠粒膨胀到一定程度，这样可以使模塑制品密度更低；并且减小密度梯度，使发泡制品均匀。

①预发泡机理。预发泡过程中，含有发泡剂的珠粒缓缓加热至80℃以前，并不会发泡，只是珠粒中的发泡剂向外扩散，珠粒的体积也不会膨胀。当温度升高至80℃以上，珠粒开始软化，分布在其内部的发泡剂受热气化产生压力，导致珠粒开始膨胀并生成互不连通的泡孔。同时，蒸汽也渗透到已膨胀的泡孔中，增大泡孔内的总压力。随着蒸汽不断渗入，压力不断增大，珠粒体积也不断增加。经预发泡的物料仍为颗粒状，但其体积比原来大数十倍，通称作预胀物。

②预发泡方法。有5种方式：红外线预发泡、热空气预发泡、热水预发泡、蒸汽预发泡和真空预发泡。前三种属于间歇操作，时间长，用于制备容重较大的泡沫塑料。后两种属于连续操作，劳动强度低，产量高，用于制备容重较小的泡沫塑料。这两种方式是目前主要的预发泡方法。

a. 蒸汽预发泡。该法是工业中普遍采用的方法，在蒸汽预发泡机中完成，如图8-3所示。

预发泡时，将可发性聚苯乙烯珠粒经螺旋进料器连续送入筒体内，珠粒受热膨胀，在搅拌作用下，因容重不同，轻者上浮，重者下沉。随螺旋进料器连续送料，螺旋进料器底部的珠粒推动上部的珠粒，沿筒壁上升到出料口，再靠离心力推出筒外，落入风管中并进入吹干器。出料口由蜗轮机构调节升降，从而控制预发泡珠粒在筒内停留的时间，以使预胀物达到规定容重。除搅拌器外，筒内装有四根管，其中三根为蒸汽管，蒸汽从管上细孔进入筒体，以使珠粒发泡。最底部一根管通压缩空气，以调节筒底温度。预发泡温度一般控制在90～105℃。预发泡容重系根据筒内温度、出料口高度与进料量三者配合来控制。温度高，出料口位置高，

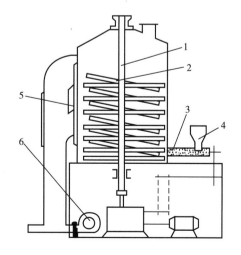

图8-3　连续式蒸汽预发泡机结构示意图
1—旋转搅拌器　2—固定搅拌器　3—螺旋进料器
4—加料口　5—出料口　6—鼓风机

进料量小，预发泡珠粒容重就小。最大发泡倍率为80以上。

预发泡过程中严格控制加热温度和时间，使可发性珠粒软化呈高弹态，但不要熔化，使珠粒有足够的强度与内部总压力平衡，避免预发泡珠粒破裂。一般温度控制在80~100℃。在机桶内停留2~4min，发泡倍数约20倍。蒸汽预发泡工艺参数见表8-8。

表8-8 蒸汽预发泡工艺参数

工艺参数	大小	工艺参数	大小
螺旋进料量/(kg/h)	30~70	筒体温度/℃	90
压缩空气压力/MPa	0.0196	出料口高度/mm	400~800
加热蒸汽压力/MPa	0.39	搅拌速度/(r/min)	96

蒸气预发泡的异常现象、产生原因及解决方法见表8-9。

表8-9 蒸气预发泡的异常现象、产生原因及解决方法

异常现象	产生原因	解决办法
珠粒密度过大	1. 发泡剂用量<5% 2. 珠粒中心处发泡剂渗透不完全	1. 增加发泡剂用量 2. 调整可发性珠粒制造工艺
机筒内结块	1. 机筒内温度不均匀 2. 蒸汽减压阀失灵，珠粒受热不均而结块 3. 原料不合格 4. 搅拌器突然停止	1. 调整机筒内温度 2. 检修蒸汽减压阀 3. 更换原料 4. 检修搅拌器
预发泡珠粒密度不均匀	1. 珠粒粒度不均匀 2. 搅拌速度太快，受热不足的珠粒上升到出口	1. 仔细筛选珠粒 2. 降低搅拌速度
预发泡珠粒孔径很粗，呈透明状泡沫	1. 珠粒渗透发泡剂后，冷藏处理不当 2. 珠粒储存时间不够	1. 冷藏条件以0~10℃为宜 2. 延长储存时间
表面有收缩现象	1. 珠粒过度受热，发泡珠粒过度膨胀使泡壁塌陷 2. 树脂分子量低或发泡剂中有溶剂类杂质	1. 降低加热蒸汽压力 2. 选择适当原料及发泡剂
预发泡结块	1. 发泡剂用量过多 2. 树脂分子量过低或发泡剂纯度差 3. 旋转搅拌器底部一挡搅拌棒距底部过高 4. 旋转搅拌棒与相应固定搅拌棒间距离过大	1. 减少发泡剂用量 2. 使用合格的原料和发泡剂 3. 降低底部一挡搅拌棒位置 4. 调整间距
发泡剂渗透不完全	1. 发泡剂用量不足 2. 恒温时间不够 3. 渗透时恒温温度偏低	1. 增加发泡剂用量 2. 延长恒温时间 3. 提高恒温温度
容重大	1. 发泡剂含量<5% 2. 珠粒芯子中发泡剂渗透不完全	1. 改善珠粒储存条件 2. 改善珠粒制造工艺

b. 真空预发泡。该法是一种新工艺，它不仅可以缩短生产时间，而且预发泡后的珠粒容重较小。该法采用可抽真空的搅拌容器，将可发性聚苯乙烯珠粒装入搅拌容器中，搅拌并预发泡。然后，再抽真空，使珠粒内部泡孔和周围两者间产生压力差异，使之进一步预发泡。

（3）熟化。预发泡后在空气中暴露一段时间使空气逐步渗入泡孔，令泡孔内外压力达到平衡，使冷凝的发泡剂再渗透到粒子中去。

①熟化机理。因为预发泡后，气泡中的气体因冷却而凝结，此时凝结成液体的发泡剂又重新溶入聚苯乙烯中，一部分还会向外渗出，当气体初凝结的一段时间内，气泡的压力会有较大的下降，以致出现真空，因此预发泡珠粒很脆弱。随着成熟时间的进展外界空气逐渐渗入气泡，预发泡珠粒就变成具有弹性而又不能用手轻易捏碎的物体。

②熟化方法。将预发泡珠粒放入大型料斗中进行。空气从料斗底部缓缓送进，由顶部排出。熟化时最好使空气很快地渗入预发泡珠粒中，而不使发泡剂太多渗出，否则预发物在模塑时的膨胀就差。一般熟化温度为 22～26℃，有时为加速熟化，可将空气温度提到 32～38℃。熟化时间由所用珠粒的规格、制品的密度要求、送至料斗中的空气条件而定，有的 8～10h，有的 24h 左右，由试验而定。

（4）成型。可发性聚苯乙烯珠粒模压成型一般采用蒸汽模塑。熟化珠粒入模送入液压机蒸气室加热发泡剂气化膨胀、塑料软化进一步膨胀由于模具限制珠粒互相熔接成整体。工艺控制如下。

①温度。温度尽快达到 110～135℃，蒸汽压达到 0.294～0.329MPa。如果蒸汽压不足，会造成制品表面和中心密度不一致，严重时得不到整块制品。因为蒸汽量不足时，泡内的空气和发泡剂就会先期渗出，而后渗入的蒸汽的压力最多也只是能与外界压力相平衡。

②时间。蒸汽的加热时间依制品的厚度而定，一般 5～60s。

③冷却。若制品密度大于 $0.025g/cm^3$，可用洗淋的方法；若制品密度小于 $0.025g/cm^3$，因为容易碎裂和收缩，最好用空气冷却。快速冷却可使压力均匀地降低，制品密度梯度也小。但是如果冷却速度过快，水蒸气分压下降过快，聚合物因冷却硬化所具有的强度不能承受残存压力，因冷却承受的部分真空即会导致泡沫体的较大收缩。

（三）生产中不正常现象、产生原因及解决方法

生产中的异常现象、产生原因及解决方法见表 8-10。

表 8-10　生产中的异常现象、产生原因及解决方法

异常现象	产生原因	解决方法
结构夹生，外观正常而内部熔结不良	1. 蒸汽压力不够，热气不能及时进入中心位置，冷空气夹在中心 2. 加热时间不够 3. 发泡珠粒熟化时间过度或发泡剂含量不足	1. 增加加热蒸汽的初始压力 2. 延长加热时间 3. 控制发泡珠粒的熟化时间及发泡剂含量

异常现象	产生原因	解决方法
结构松弛,大部分熔结不良	1. 蒸汽加热量不足 2. 熟化时间过长,发泡剂含量过少 3. 珠粒未填满型腔	1. 增加通蒸汽的时间和蒸汽压力 2. 减少熟化时间,增加发泡剂含量 3. 改用较小珠粒
崩溃塌落大部分(或小部分)收缩	1. 预发泡珠粒密度过低 2. 产品壁厚不均匀 3. 原料耐热性能低,聚苯乙烯分子量偏低或发泡剂不纯 4. 水温太低而骤冷	1. 提高预发泡珠粒密度 2. 保证蒸汽的平衡分布,疏通模具排气孔(或排气槽)并保证冷却均匀 3. 使用合格的聚苯乙烯和发泡剂 4. 提高冷却水温度
刚脱模时产品正常,过后收缩变形	1. 预发泡珠粒密度过低 2. 预发泡珠粒熟化时间不足	1. 增加预发泡珠粒密度 2. 延长熟化时间
制品中含有冷凝水	1. 发泡珠粒熔结不够完全 2. 冷却阶段水压过高、时间过长 3. 发泡珠粒孔径较粗,成型加热时泡孔有破裂和并孔现象	1. 增加成型加热蒸汽压力 2. 降低冷却时间和冷却水压力 3. 制品放置在50~60℃对流干燥热空气中,使内部水分渗透出来
制品膨胀变形或后发泡	1. 冷却时间不够或制件开模时温度太高 2. 产品壁厚不均匀或冷却水分布不均匀	1. 延长冷却时间或降低冷却水温 2. 调节产品壁厚使其均匀,检查冷却水是否夹气
部分粘模现象	1. 冷却不足 2. 模具表面太粗糙 3. 模具表面出现多孔 4. 模具表面无脱模斜度或存在小半径转角	1. 提高冷却速度 2. 磨光模具表面和消除凹痕 3. 采用聚四氯乙烯涂层、薄镀铝层模具,或者使用脱模剂(硅油、硬脂酸锌等) 4. 在模具表面设计出不低于2°的脱模斜度,转角上增大圆弧半径
制品上有空隙	1. 模具密封太紧密,使水汽或空气不能从模腔中溢出,排气不足 2. 充模不足 3. 制品薄截面处,蒸汽进入速度过快	1. 降低分型面上的锁模压力,将分型面打毛;降低锁紧油缸的压力 2. 检查喷吹注模的流动速度 3. 减少气孔数量或/和缩小孔的尺寸

(四) 影响可发性珠粒法成型制品的因素

1. 温度

在低于玻璃化温度以下,发泡剂向外逸出,珠粒不胀大。温度升高,聚合物转变至高弹态,发泡速度与发泡倍率增大。这是由于发泡剂汽化,形成泡孔,水蒸气渗入泡孔,孔内压力增高,孔壁层对拉伸的阻力减小所致。在更高温度下,聚合物的高弹形变份量减小而黏流(塑料)形变份量增大,孔壁强度下降,在发泡程度不大时即破裂,已膨胀的泡孔又出现回缩,因此发泡倍率必然很小。实践证明,可发性聚苯乙烯树脂的最佳发泡温度为104~109℃。

2. 时间

在恒定温度下，发泡倍率随时间增长而增大，达到最大值后，又随时间增长而减小。在较高温度下，最大发泡倍率随时间增长而减小的趋势更为急剧，原因是孔壁中细裂纹很快发展成粗裂纹，泡孔内压力迅速下降，使泡孔很快收缩。由此可见，高温发泡时，控制最大发泡倍率很困难，若通水冷却时间稍微不当，泡孔即发生瘪塌。所以发泡时间与冷却时间随温度而定。

3. 聚合物分子量及其分布

聚苯乙烯树脂分子量越大，其拉伸取向能力、取向后强度、玻璃化温度与黏流温度皆越高，因此便可提高发泡温度，以获得更大发泡倍率。用分子量分布窄（$M_w/M_n<2$）的聚苯乙烯树脂，发泡温度范围宽，发泡倍率大，泡孔强度高，孔壁极限厚度小，且制品质地均匀，断裂拉伸强度与相对伸长率皆高。

二、聚氨酯泡沫塑料生产工艺

聚氨酯泡沫塑料（聚醚或聚酯型）是以多元醇和二异氰酸酯为原料，加入催化剂（交联催化剂和发泡催化剂）、发泡剂（化学发泡剂和外发泡剂）、泡沫稳定剂（表面活性剂）经过混合搅拌后发泡、熟化而成。主要发泡气体为异氰酸酯与水反应形成二氧化碳。

根据原料不同和配方不同分软质、半硬质和硬质泡沫塑料。生产软质泡沫塑料（聚醚或聚酯型）都是线型的或稍带支链的长链分子，每个大分子带有 2~3 个羟基，分子量为2000~4000。生产硬质泡沫塑料的聚醚或聚酯分子量较小，具有支链结构，官能度为 3~8。聚酯型聚氨酯泡沫塑料性能优良，价格高。聚醚型聚氨酯泡沫塑料价格低，普遍应用。

软质聚氨酯泡沫塑料主要用于家具衬垫、装饰、车用垫材、地毯底衬、服装衬里、建筑吸声、体育垫材以及床垫和仪器包装等方面。

半硬质聚氨酯泡沫塑料多用于汽车防撞缓冲器、靠枕、扶手和门板、仪表板、方向盘、挡泥板等。微孔聚氨酯泡沫塑料可用于高档鞋底材料，质轻、防滑、耐磨、耐油，作为油田工人的劳动保护鞋最合适。

硬质聚氨酯泡沫塑料主要用于冰箱、冷库等隔热保温，石油管道等的隔热。

（一）聚氨酯泡沫塑料的原料

聚氨酯泡沫塑料所用的主要原料是异氰酸酯和多元醇，以及其他必要的化学助剂。聚氨酯泡沫塑料的主要原料及其作用见表8-11。

表8-11 聚氨酯泡沫塑料的主要原料及其作用

原料	主要作用
聚醚、聚酯型或其他多元醇	主反应原料
多异氰酸酯（TDI，MDI，PAPI）	主反应原料
水	链增长剂，也是产生二氧化碳气泡的原料来源
催化剂（胺及有机锡）	催化气泡及凝胶反应
泡沫稳定剂	使泡沫稳定，并控制孔的大小及结构

原料	主要作用
外发泡剂（如 $CFCl_3$ 或 CH_2Cl_2 等）	汽化后作为泡沫来源并移去反应热，避免泡沫中心"焦烧"
防老剂	提高热老化、氧老化等性能
颜料	提供各种色泽

1. 异氰酸酯

异氰酸酯是一类反应活性极高的化合物。它具有较多的不饱和基因—N═C═O，除能和许多化合物进行加成反应外，还可以在加热或在催化剂作用下发生自身聚合反应。异氰酸酯种类很多，主要有甲苯二异氰酸酯（TDI），4，4′-二苯基甲烷二异氰酸酯（MDI）和多次甲基多苯基多异氰酸酯（PAPI）。

2. 多元醇

工业上主要使用的是聚醚多元醇和聚酯多元醇。

轻质泡沫塑料采用官能团较少、羟值较低、分子量较高的多元醇，常用分子量为2000的二官能团聚醚或聚酯多元醇或分子量为3000的三官能团聚醚或聚酯多元醇。硬质泡沫塑料常用羟基官能度在3~8，平均分子量在400~800的聚醚或聚酯多元醇。

3. 催化剂

叔胺类催化剂（三乙胺、三乙撑二胺、二甲基乙醇胺）主要催化异氰酸酯与水的反应（发泡反应）；有机锡类催化剂（辛酸亚锡、二月硅酸二丁基锡）主要催化异氰酸酯与多元醇的反应（链增长）。

4. 发泡剂

作为聚氨酯泡沫塑料的发泡剂是异氰酸酯与水作用生成的二氧化碳。水加入量过多会使聚合物常带有聚脲结构，导致泡沫塑料出现脆性，同时生成二氧化碳的反应还会放出大量反应热，因泡沫塑料热导率低，反应热不能很快散发而使泡沫体中心变色、焦化，甚至燃烧；水加入量过低会制得密度较高的泡沫塑料，所以必须控制水加入量。

因此，在低密度软质泡沫塑料和硬质泡沫塑料生产中，为减少异氰酸酯用量，常加入氟碳化合物如三氯一氟甲烷、二氯二氟甲烷等氯氟烃类化合物作为外发泡剂。由于氯氟烃在聚合物形成过程中吸收热量变为气体，从而使聚合物发泡，同时降低了泡沫塑料的内部温度。

5. 稳定剂

用于聚氨酯泡沫塑料生产的稳定剂是水溶性有机硅油（聚氧烯烃与聚硅氧烷共聚而成）、磺化脂肪醇、磺化脂肪酸以及其他非离子型表面活性剂等，其中最重要的泡沫稳定剂是水溶性有机硅油。

6. 其他助剂

为了提高聚氨酯泡沫塑料的质量常需要加入某些特殊的助剂。例如，为了提高制品的耐温性及抗氧性而加入防光剂264（2,6-二叔丁基对甲酚）；为了提高制品的自熄性而加入含卤或含磷有机衍生物，含磷聚醚及无机的溴化铵等；为了提高制品的机械强度而加入铝粉；为了提高制品的柔软性而加入增塑剂；为了降低制品的收缩率而加入粉状无机填料；为了增加制品的美观色泽而加入各种颜料等。

（二）聚氨酯泡沫塑料成型原理

聚氨酯泡沫塑料在发泡成型过程中，始终伴有复杂的化学反应，这些反应有以下几种。

（1）链增长反应。多异氰酸酯的异氰酸酯基与多元醇的羟基反应生成氨基甲酸酯基团。

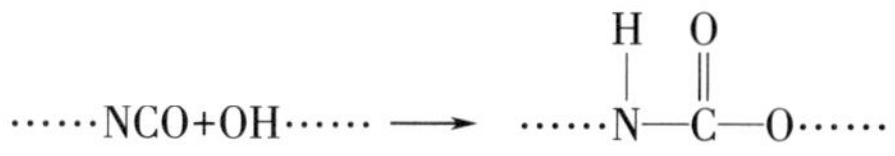

氨基甲酸酯

（2）放气反应。异氰酸酯与水反应，经过中间产物生成胺，并放出二氧化碳。

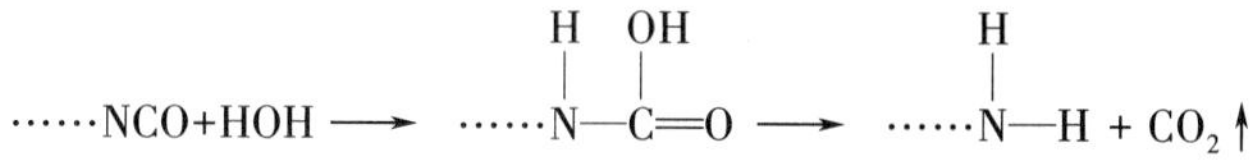

氨基甲酸　　　　　　胺

（3）氨基与异氰酸酯的反应。生成的胺很快与过剩的异氰酸酯反应生成脲的衍生物。如果聚合物中出现多个脲结构即称为聚脲。

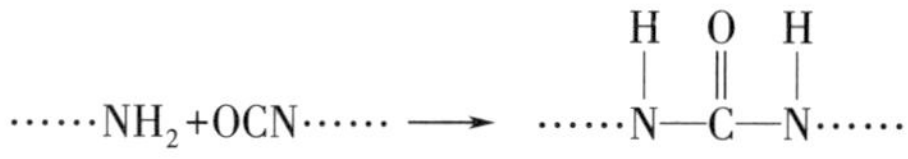

脲的衍生物

（4）交联和支化反应。氨基甲酸酯基中氮原子上的氢与异氰酸酯反应生成脲基甲酸酯，这一反应可使线型聚合物形成支化和交联的结构。

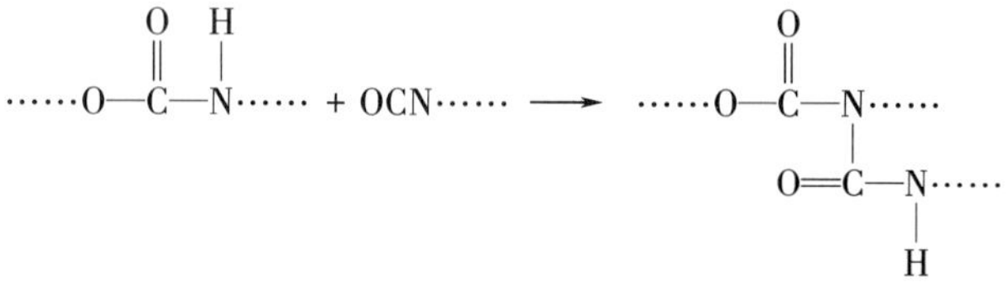

脲基甲酸酯

（5）缩二脲的形成反应。异氰酸酯与脲反应生成缩二脲，使线型聚合物形成支化结构和交联结构。

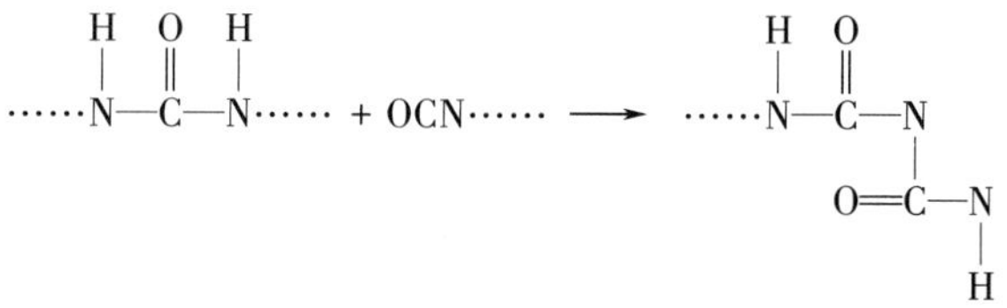

缩二脲

（6）羧基（聚酯带有羧基）与异氰酸酯反应。如果用的原料聚酯中带有羧基，则它与异氰酸酯将会发生反应而生成二氧化碳。

$$\cdots\cdots COOH+OCN\cdots\cdots \longrightarrow \overset{\overset{\displaystyle O}{\|}}{C}-\overset{\overset{\displaystyle H}{|}}{N}\cdots\cdots + CO_2\uparrow$$

（7）异氰酸酯自聚反应。形成环状聚合物。

上述七种化学反应，在制造泡沫塑料时，同时起到聚合与发泡两种作用，必须平衡进行。如聚合作用过快，发泡时聚合物的黏度太大，不易获得泡孔均匀和密度低的泡沫塑料。反之，聚合作用慢，发泡快，则气泡会大量逸失，亦难获得低密度的泡沫体。

（三）发泡方法

聚氨酯泡沫塑料发泡不同于一般的塑料树脂发泡。它分为一步法发泡工艺和两步法发泡工艺。

1. 一步法发泡工艺

直接将参加反应的全部原料按配方分别计量后，注入混合头，在高速搅拌下混合后发泡。该法工艺流程简单，原料不经加工直接使用，组分黏度小，反应放热集中，生产周期短，生产设备少，易于操作管理。目前，绝大多数软、硬质聚氨酯泡沫塑料都采用一步法发泡工艺。

2. 两步法发泡工艺

通常应用于聚醚型泡沫塑料。而聚酯型树脂本身黏度大，预聚体黏度更大，发泡时不易。首先把聚醚型树脂与适量的异氰酸酯放入有搅拌器的反应釜中加热搅拌，使生成有一定游离异氰酸酯的预聚体，然后把预聚体放入储槽，再用计量泵送至发泡机混合器中，其他组分从另一槽中同时送入混合器中，经过剧烈搅拌（4000~6000r/min）混合后，排出，发泡，熟化，成为制品。

（四）软质聚氨酯泡沫塑料生产工艺

1. 原料规格及配方

聚醚型软质泡沫塑料一步法原料规格及配方见表8-12。

表8-12 聚醚型软质泡沫塑料一步法原料规格及配方

原料组分	规格	配方/质量份	泡沫塑料性能
聚醚多元醇	羟值 54~56mg KOH/g 酸值 0.06mg KOH/g 水分 ≤0.1%	100	密度 32~40kg/m³ 拉伸强度 ≥100kPa 伸长率 ≥200% 压缩强度（25%）≥3kPa 回弹率 ≥36% 热导率 ≤0.042 压缩永久变形 ≤10%
甲苯二异氰酸酯	纯度 >98% 异构比 80/20	36~40（按 TDI 指数为1.05 计算）	
三亚乙基二胺 聚硅氧烷表面活性剂 蒸馏水	纯度 >98% 黏度 0.015~1.3Pa·s	0.15~0.20 0.7~1.2 2.5~3.0	
辛酸亚锡	总锡含量 28% 亚锡含量 26%	0.15~0.24	

聚酯型软质泡沫塑料一步法原料规格及配方见表8-13。

表 8-13 聚酯型软质泡沫塑料一步法原料规格及配方

原料组分	规格	配方/质量份	泡沫塑料性能
聚酯多元醇	羟值（60±5）mg KOH/g 酸值≤3mg KOH/g 水分<0.2%	100	密度 40~41kg/m³ 拉伸强度 165~200kPa 伸长率 250%~350% 压缩强度（25%）4~6kPa 回弹率≥30% 热导率≤0.042
甲苯二异氰酸酯	相对密度（25℃）1.21 纯度>98% 异构比 65/35	36~40（按 TDI 指数为1.05 计算）	
三亚乙基二胺	纯度>98%	0.15~0.25	
聚氧乙烯山梨糖醇酐单甘油酸酯	皂化值 45~60	5~10	
二乙基二醇胺		0.3~0.5	
蒸馏水		2.8~3.2	

聚醚型软质泡沫塑料两步法预聚体配方见表 8-14。

表 8-14 聚醚型软质泡沫塑料两步法预聚体配方

原料组分	规格	配方/质量份	泡沫塑料性能
聚醚多元醇	羟值 50mg KOH/g 酸值 0.05mg KOH/g 水分≤0.1%	100	游离异氰酸酯基为 9.6%
甲苯二异氰酸酯	纯度 98% 异构比 65/35 或 80/20	38~40（按 TDI 指数为1.05 计算）	
蒸馏水		0.1~0.2	

聚醚型软质泡沫两步法原料规格及配方见表 8-15。

表 8-15 聚醚型软质泡沫两步法原料规格及配方

原料组分	规格	配比/%	性能
预聚体 三乙烯二胺 二月桂酸二丁基锡 蒸馏水	游离异氰酸酯基为 9.6% 纯度 98% 含锡量 17%~19%	100 0.4~0.5 1 2.05	密度≤30~36kg/m³ 拉伸强度≥0.106MPa 伸长率≥226% 压缩强度（50%）≥0.003MPa 回弹率≥35% 压缩永久变形≤11%

2. 软质聚氨酯泡沫塑料成型

软质聚氨酯泡沫塑料成型有块状发泡成型和模塑发泡成型两种，目前软质块状聚氨酯泡沫塑料主要采用连续化生产，其产量约占软质聚氨酯泡沫塑料总产量的 70% 以上，通常由发泡机、切断装置、输送设备和切片机等组成生产流水线。主要生产设备是发泡机，系由混合头、计量泵、电器控制系统、原料储罐、烘道及排风装置、传送带、衬纸供收系统等组成。下面仅讨论块状发泡成型情况。

（1）发泡方法。块状发泡成型按发泡方法和设备可分为箱式发泡、卧式连续发泡和立式（垂直）连续发泡三种。

①箱式发泡。该发泡方式的工艺比较简单，即将各种物料按照配比，注入搅拌釜中，混合后，倒入发泡箱，或将物料按配比，分先后次序倒入发泡箱中，进行高速搅拌发泡成型。这种工艺设备简单，但泡沫质量不高，只是投资少，故仍有采用。

②卧式连续发泡。是采用的普遍发泡方式，生产时，按配方用量比把多元醇和TDI以及必要的助剂，用计量泵送至附有高速搅拌器的发泡机混合器内。混合器整体能往复移动（14~18次/min），以加强搅拌作用。各组分在混合头搅拌几秒后，从混合器底部不断排出混合物使其流到连续运转的传送带上，传送带衬有纸张。此时，混合物就在传送带上开始发泡，泡沫体边发泡边运动，并逐渐发泡成泡沫大块，泡沫体基本发泡成型完毕时，经传送带运转通过一个装有红外线（或其他热源）和排气装置的加热烘道，泡沫体在此烘道中熟化成型后由另一端连续输出，安装于出口的切削刀具将泡沫体切成一定长度的半成品。剥去该半成品的纸张，在室温或70~100℃的温度下进行熟化，达到最终强度。最后经过裁切即得成品。如果要求泡沫塑料是开孔型的，则还需要通过辊压。软质聚氨酯块状泡沫塑料发泡机如图8-4所示。

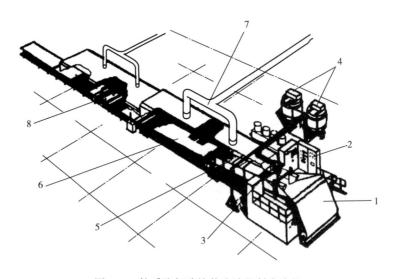

图8-4 软质聚氨酯块状泡沫塑料发泡机
1—衬纸 2—控制盘 3—混合头 4—原料储罐 5—烘道 6—输送装置 7—排风管道 8—切断器

③立式（垂直）连续发泡。该法是较新的发泡技术。该技术的发泡原理是各组分原料经计量泵精确计量后，进入混合头，经充分混合后从底部送入全封闭发泡室，发泡室内壁衬有足够强度的牛皮纸或聚乙烯薄膜。膨胀中的泡沫和衬纸由侧面的纵向输送带提升到顶部，由水平切割机切断，最后在熟化区熟化。熟化完全的泡沫块即可切割成各种厚度的泡沫片材。立式连续发泡机如图8-5所示，不仅可以生产矩形泡沫块，还可以生产圆柱状泡沫块。

（2）成型工艺控制。

①输送带在注料口处有一倾斜角，以便使物料向单一方向移动，倾斜角为 4°～9°。输送带线速度通常控制在 1.5～3.0m/min，线速度大小根据泡沫体产量和制品尺寸而定。

②混合头出料口与物料倾注平面之间的距离越近越好，以避免物料飞溅。因为飞溅的物料中往往夹杂着空气，发泡后易在泡沫中形成针孔，有的上升至泡沫表面后，在表皮上形成大孔，影响表皮外观。

③另外，底部衬纸必须平整，如有皱纹，易使形成的泡沫开裂。

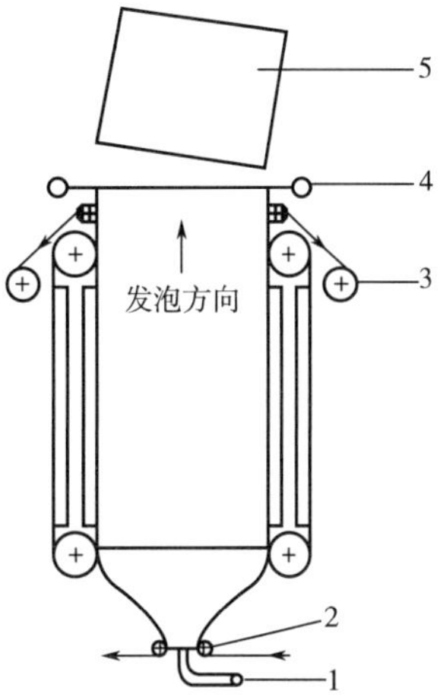

④块状泡沫发泡配方的发白时间（即物料从混合头出口至开始发泡之间的时间）为 5～10s。

⑤发泡时间（物料从混合头出口到发泡至最大高度之间的时间）为 80～160s，发泡时间可由有机锡和胺催化剂的用量来加以调节。

⑥由混合头出口至发白线（即开始发泡区域）的距离一般是 35～70cm，可以通过出料量多少以及输送带线速度和角度来加以调节。

⑦发泡后在烘道内加热熟化至表面不黏手就可结束熟化，熟化时间一般为 5～30min。

（3）块状聚氨酯泡沫塑料易产生的缺陷、产生原因及解决方法（表 8-16）。

图 8-5 立式连续发泡机
1—发泡混合物 2—送入衬纸 3—回卷衬纸
4—切断装置 5—切断的泡沫块

表 8-16 块状聚氨酯泡沫塑料易产生的缺陷、产生原因及解决方法

缺陷	产生原因	解决方法
泡沫收缩，同时发生闭孔	1. 搅拌速度太慢 2. 锡催化剂过量 3. 加入空气量过小	1. 增加搅拌速度 2. 减少锡催化剂用量 3. 增大空气流量，使开孔率增大
泡沫体发糟	1. 胺催化剂用量过大 2. 物料温度过高、反应中放热量过大 3. 泡沫体发泡后过早地堆放，使内部热量不易散发	1. 减少胺催化剂用量 2. 降低温度 3. 泡沫体熟化后，摆放2h后，才能后熟化
泡沫体出现条纹	1. 物料混合不均匀 2. 物料发白太快，造成发白区过窄，未发白区前后无重叠，衔接不上	1. 提高搅拌速度，检查混合头安装情况 2. 减少催化剂量或降低温度
泡沫体瘪泡	1. 原料温度过高，发泡反应与凝胶反应不平衡，发泡后造成"瘪泡" 2. 辛酸亚锡过多或硅酮油过多	1. 料温控制在19～22℃ 2. 降低辛酸亚锡或硅酮油用量
泡沫体剥落	凝胶反应不足	提高TDI用量，强化凝胶反应，一般可提高到106%～107%理论用量

续表

缺陷	产生原因	解决方法
泡沫体中部出现裂缝	凝胶反应不足，或料温过低	提高 TDI 用量，提高料温
泡沫体中部焦化	只用水发泡、水量过多	降低水量，或加一定量的外发泡剂如二氯甲烷
泡沫体中有气孔	反应过程有气体从外部渗入原料中，发泡反应时气体逸出而造成	在原料槽中，缓慢升温，同时慢慢搅拌，将物料中空气赶出；提高混合头区力、避免产生涡流；少量加入外发泡剂
泡沫体产生回陷	1. 硅酮油或辛酸亚锡不足 2. 发泡太快	1. 增加硅酮油用量或稍增加辛酸亚锡用量 2. 降低料温
大气孔	1. 搅拌差 2. 颜料颗粒太大而沉淀 3. 出料速度太快，冲击力过大，混入空气泡	1. 增加混合头搅拌速度 2. 增加颜料液的球磨时间 3. 调整混合头高度
泡沫体顶部开裂	硅酮油或辛酸亚锡用量不足，使泡孔不稳定，泡孔聚结爆裂	增加硅酮油用量或稍增加辛酸亚锡用量
泡沫体不能成型	1. 物料温度太低（16℃以下） 2. 催化剂失效 3. 聚醚质量不合格，如酸度过大	1. 增加物料温度（20℃以上） 2. 使用合格催化剂 3. 调整配方

（五）硬质聚氨酯泡沫塑料生产工艺

硬质聚氨酯泡沫塑料是指在一定负荷作用下，不发生变形，当负荷过大时发生变形不能恢复到原来形状的泡沫塑料。

硬质聚氨酯泡沫塑料的生产方法与软质聚氨酯泡沫塑料基本相同。按聚合物生成过程可分为一步法和两步法。生产工艺可分为块状泡沫、浇注泡沫、层压泡沫和喷涂泡沫四种。常用的为层压泡沫和喷涂泡沫。原料组分、配方等也与软质聚氨酯泡沫塑料基本相同。区别在于硬质聚氨酯泡沫塑料所用的原料官能度大，活性高。如异氰酸酯采用多亚甲基多苯基多异氰酸酯（PAPI），多元醇采用3~8个官能团的聚酯多元醇，在泡沫成型过程中形成交联的网状结构，因此制得的泡沫塑料质地坚硬。

下面以喷涂泡沫为例简单介绍硬质泡沫塑料的生产工艺。

1. 原料配方及规格

喷涂硬质泡沫塑料一步法原料规格及配方见表8-17。

2. 硬质质聚氨酯泡沫塑料成型

喷涂发泡广泛适用于野外现场施工。

表 8-17　喷涂硬质泡沫塑料一步法原料规格及配方

原料组分	规格	配方/质量份	泡沫塑料性能
含磷聚醚多元醇	羟值（350±30）mg KOH/g 酸值≤5mg KOH/g 水分<0.1%	65	密度 32~40kg/m³ 拉伸强度≥100kPa 伸长率≥200% 压缩强度（25%）≥3kPa 回弹率≥36% 热导率≤0.042 压缩永久变形≤10%
甘油聚醚多元醇	羟值（650±20）mg KOH/g 酸值≤0.2mg KOH/g 水分 0.2%		
PAPI	纯度 85%~98%	160	
三（β-氯乙苯）磷酸酯	工业级（阻燃剂）	10	
聚硅氧烷表面活性剂		2	
三亚乙基二胺	纯度>98%	3~5	
三氯氟甲烷	沸点 23.8℃	35~45	
有机铝锡	锡含量 17%~19%	0.5~1	

　　把原料分别由计量泵输送至喷枪内混合，使用干燥的高压空气作为搅拌能源（或用风动马达带动搅拌器），在压缩空气作用下将混合物喷射至目的物，一般在 5s 左右生成硬质聚氨酯泡沫塑料。空气喷涂法硬质聚氨酯泡沫塑料生产工艺流程如图 8-6 所示。

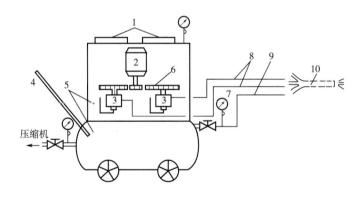

图 8-6　空气喷涂法硬质聚氨酯泡沫塑料生产工艺流程
1—两组分料缸　2—交流电动机　3—齿轮泵　4—温度计　5—空气储罐
6—变速齿轮　7—压力表　8—两组分料管　9—风管　10—喷枪

　　由于喷涂发泡时原料分散成雾状液滴，对施工现场污染大，要求原料毒性要小；原料黏度小，有利于在短时间内混合均匀，并获得较高的射流速度；采用高活性催化剂，使发泡时间缩短并加快发泡和凝固，以防止喷出后挂料，保证反应液混合后立即在喷射的表面形成泡沫塑料。

　　喷涂发泡较适合的温度范围是 15~35℃。最低温度界限是 5~8℃；环境温度是 15~30℃；发白时间为 3~7s；固化时间为 10~20s；雾化风压为 400~600kPa；喷涂速度为 1~

$2kg/min$，枪的移动速度为 $0.5\sim0.8m/s$，单层喷涂的泡沫厚度约 $15mm$。

喷涂发泡成型容易出现的缺陷、产生原因及解决方法（表 8-18）。

表 8-18 喷涂发泡成型容易出现的缺陷、产生原因及解决方法

缺陷	产生原因	解决方法
泡沫发软熟化慢	1. 催化剂用量过少 2. 异氰酸酯用量过少 3. 物料及工作表面温度过低 4. 流量不准确	1. 增加催化剂用量 2. 增加异氰酸酯用量 3. 提高物料及工作表面温度 4. 调节流量
泡沫发脆强度差	1. 异氰酸酯用量过大 2. 流量不准确 3. 空气中水分过大	1. 减少异氰酸酯用量 2. 调节流量 3. 调换干燥剂
泡沫下垂	1. 催化剂用量过少 2. 工作表面温度过低 3. 物料温度过低	1. 增加催化剂用量 2. 加热工作表面 3. 提高物料温度
物料不发泡	1. 配方错误 2. 流量误差太大	1. 检查配方 2. 检查计量泵流量
泡沫开裂或中心发黄，发焦	1. 物料温度过高 2. 物料中杂质过多 3. 催化剂用量过多 4. 流量过大，发泡过厚	1. 降低物料温度 2. 控制物料质量 3. 减少催化剂用量 4. 减少流量和发泡厚度
泡沫大块脱落	1. 工作表面不干净 2. 原料配方误差大	1. 清理工作表面 2. 调整原料配方

三、聚氯乙烯泡沫塑料生产工艺

聚氯乙烯泡沫塑料具有良好的物理性能、耐化学性能和绝缘性能，且能隔音、防震，原料来源丰富，价格低廉等。聚氯乙烯泡沫塑料按其配方和成型方法不同可制成软质和硬质两种。软质聚氯乙烯泡沫塑料在配制时加入较多的增塑剂，成型后具有一定的柔软性。而硬质聚氯乙烯泡沫塑料在配制时加入溶剂将树脂溶解，成型过程中溶剂受热挥发而成为质地坚硬的泡沫制品。

（一）发泡原材料

（1）树脂。制取泡沫塑料宜选用成糊性的乳液树脂，因其粒度细容易成糊而且带有表面活性剂，对成泡有利。

（2）增塑剂。为制取具有柔曲性和伸缩性的软质聚氯乙烯泡沫塑料，需要添加大量的增塑剂。

（3）发泡剂。发泡剂的分解温度一般不能高于成糊塑料的胶凝温度，否则就不能生产密度较小的泡沫塑料。

（4）稳定剂。这是为了防止聚氯乙烯泡沫塑料的热分解而加入的一种助剂。

（5）其他组分。根据制品性能的需要还可加入润滑剂，填料，颜料等其他组分。

（二）软质聚氯乙烯泡沫塑料

1. 发泡方法

软质聚氯乙烯泡沫塑料可以采用物理发泡法和化学发泡法制得。

（1）利用物理发泡法发泡。由于聚氯乙烯本身并不能溶解惰性气体，能够溶解这种气体的只是增塑剂或溶剂，所以采用溶解惰性气体为发泡剂来生产聚氯乙烯泡沫塑料时必须选用增塑剂含量大的聚氯乙烯糊或溶液为原料。

（2）利用化学发泡法发泡。在聚氯乙烯树脂中加入发泡剂、增塑剂、稳定剂以及其他助剂后，先调制成糊或塑炼成片或挤出成粒，而后再定量地加入模具中，并在加压下进行加热。当树脂受热呈黏流态时，发泡剂即分解而产生气体，并能均匀微细地分散在熔融树脂中。最后，经冷却定型、开模即可获得具有微细泡孔的泡沫塑料。由于增塑剂的存在，泡沫体具有一定程度的柔软性。

软质聚氯乙烯泡沫塑料配方（模压发泡法）见表8-19。

表8-19　软质聚氯乙烯泡沫塑料配方（模压发泡法）

原料	质量份	原料	质量份
聚氯乙烯树脂（2型或3型）	100	液体钡—钙稳定剂	3
邻苯二甲酸二辛酯（增塑剂）	25	硬脂酸钙（稳定剂）	2
邻苯二甲酸二丁酯（增塑剂）	30	偶氮二甲酰胺（发泡剂）	12
磷酸三甲苯酯（增塑剂）	15		

2. 成型方法

软质聚氯乙烯泡沫塑料可采用模压法、挤出法、注射法和压延法等成型。

（1）模压法。软质聚氯乙烯泡沫塑料的模压成型主要用于制鞋方面。先按照配方在聚氯乙烯中加入各种添加剂配制成塑料糊或混炼成片，然后采用模压法成型。

其生产工艺流程如图8-7所示。

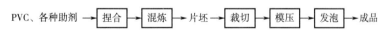

图8-7　软质聚氯乙烯泡沫塑料模压成型生产工艺流程

（2）挤出法。挤出工艺有两种：一种是将原料在低于发泡剂分解温度的料筒内塑化并挤出具有一定形状的中间产品，然后在挤出机外升温发泡使其成为制品。所得制品大多是低密度的泡沫塑料制品；另一种是采用含有低温发泡剂的原料，发泡在料筒内进行，脱离口模的挤出物在冷却后立即成为制品。所得制品大多是高密度的泡沫塑料制品。

（3）注射法。注射法制品只限于高密度的低发泡制品（密度为 $600 \sim 800 kg/m^3$），与模压成型相比具有工艺简单，生产效率高，边角废料少等特点，近年来发展较快。其配方与模压法相比，增塑剂用量增加到 $78 \sim 85$ 质量份，发泡剂用量减少到 $0.8 \sim 1$ 质量份。注射设备通常以移动式螺杆注射机为主。模具有两次开模结构，使制品形成表面不发泡层和中间发泡层。

（4）压延法。生产聚氯乙烯泡沫人造革的方法主要有压延法、涂覆法和层合法。利用压延机将聚氯乙烯压延膜与基材贴合在一起的生产方法称为压延法，用这种方法生产的聚氯乙烯泡沫人造革质量好，生产能力大，是目前比较多见的一种泡沫人造革生产的方法。下面就直接贴合的压延法进行讨论。

压延法聚氯乙烯泡沫人造革是把聚氯乙烯树脂、增塑剂、发泡剂和稳定剂等预先经捏合炼塑均匀，在较低温度下经压延机与织物贴合，送入烘房加热塑化发泡而成。

①压延法聚氯乙烯泡沫人造革原料及配方（表8-20）。

表8-20　压延法聚氯乙烯泡沫人造革原料及配方

原料	配比（质量份）	原料	配比（质量份）
聚氯乙烯树脂（XS-3）	100	硬脂酸锌	0.5
对苯二甲酸二辛酯（DOP）	35	轻质碳酸钙	10
对苯二甲酸二丁酯（DBP）	35	偶氮二甲酰胺	3
癸二酸二辛酯	5	硬脂酸	0.5
硬脂酸钡	1.5	着色剂	适量

②压延法生产发泡人造革的方法。可分为擦胶法和贴胶法两种，其中贴胶法又可分为内贴法和外贴法。四辊压延机生产人造革的方法如图8-8所示。

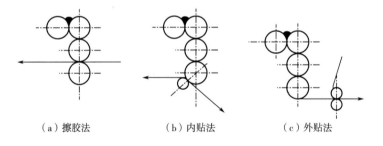

（a）擦胶法　　　（b）内贴法　　　（c）外贴法

图8-8　四辊压延机生产人造革

a. 擦胶法（辊间贴合）。布基在第三、四辊筒之间导入，并与膜层贴合后离开辊筒，布基不需预先涂胶黏剂。压延机中辊转速比上下两辊都快，其速比为1.3∶1.5∶1。由于中辊转速快，一部分物料被擦进布缝里。另一部分物料则贴附在布的表面。

b. 贴胶法。

（a）内贴法。塑料膜层与布基不在压延机主机上贴合，而在主机下辊处配置一个辅助的橡胶压辊，布基在橡胶辊与压延机下辊之间导入，并给予适当的压力，使布基与PVC膜层贴合在一起。为了提高结合强度，通常先在布基上涂一层黏合剂。

（b）外贴法。贴合的PVC膜层和布基材料导入另外一对辅助挤压贴合辊之间进行贴合，贴合辊温度比较低，因而使用寿命长。为了提高结合强度，通常先在布基上涂一层黏合剂。

无论内贴法还是外贴法,其优缺点则与擦胶法正好相反。

③压延法 PVC 泡沫人造革生产工艺流程(图8-9)。

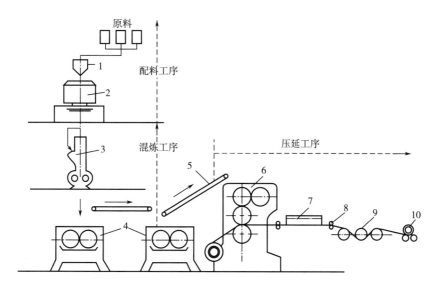

图8-9 压延法 PVC 泡沫人造革生产工艺流程

1—计量装置 2—捏合机 3—密炼机 4—开炼机 5—运输带
6—压延机 7—烘箱 8—压花辊 9—冷却辊 10—卷取辊

④在压延法 PVC 泡沫人造革生产中的工艺控制。

a. 捏合。经过筛选、称量的 PVC 树脂投入高速捏合机中,再加入增塑剂总量的1/3~1/2,搅拌 1~2min,加入稳定剂和润滑剂,持续搅拌 3min,将发泡剂和剩余的增塑剂加入,并搅拌 3~4min,总的时间为 8~10min。当捏合温度至 90~100℃,捏合料握在手心中不湿润、柔软均匀、有弹性即可放料。捏合蒸汽压力为 0.1MPa,出料温度 70~80℃。

b. 密炼。将捏合料放入密炼机中,密炼 3~4min。当工作电流达到平衡,料团不夹生粉即可将物料送至开炼机。温度一般在 130~140℃。

c. 开炼。可设多个开炼机,多次开炼,至料卷发糯、半透明无亮光时,切成料卷或开成料片。用传送带送至压延机。初开炼机辊温 135~145℃,辊距 5~7mm;终开炼机辊温 140~150℃,辊距 5~5mm。

d. 压延。调好压延机辊距和温度,使中下辊间余料直径不超过 2~3cm,此时上、中、下辊的速度保持一致,旁辊稍慢。压延工艺条件见表8-21。

表8-21 压延工艺条件

工艺条件	旁辊	上辊	中辊	下辊
速度/(m/min)	10~12	12~15	12~15	12~15
温度/℃	130~140	140~145	145~150	155~165

e. 布基处理。包括拼接、扫毛、压光等三道工序。布基采用印染接头缝机拼接。布基

经刷毛箱进行刷毛处理，经压光机将布上皱纹和平面处压平后，进行上浆处理。布基预热温度为60℃。

f. 贴合。将经预热处理的布基，平整地引入中辊、下辊，此时应将两辊的辊距稍放大，以免压力太大影响贴合。

g. 贴膜。有时为了增加发泡人造革的花纹耐磨性或使发泡人造革有更好的外观，可在发泡人造革半成品的表面贴一层预先制好的薄膜（聚氯乙烯透明膜或印花膜）。半成品先用加热辊加热（加热辊的蒸汽为压力为0.13~0.20MPa），然后贴膜，贴膜后再进烘箱发泡。

h. 发泡。压延人造革的发泡有两种方式，即瞬间发泡和烘箱发泡。烘箱发泡温度容易控制，发泡质量好，实际生产中多用此法。采用分段式烘箱，一般分为三段或四段，每段温度分别控制，一段180~185℃，二段185~175℃，三段175~185℃，四段185~200℃。发泡片材行进速度为10~12m/min，在烘箱中的时间3~10min。

i. 轧花。轧花辊与橡胶辊之间保持一定的距离，轧花时既要使人造革轧上花纹又不致把泡沫压扁，轧花辊应通冷却水，一般轧花的深度约为厚度的30%。这样发泡的人造革经过轧花装置后，发泡后的泡腔仅被压缩一部分，大部分泡腔仍保持原发泡后的泡腔形状，保持发泡人造革的柔软性，弹性好，手感好。

j. 表面处理。由于聚氯乙烯泡沫人造革中含增塑剂量较多，生产的制品表面有时发黏。同时增塑剂容易迁移出，造成发黏。表面处理就是涂上一层较薄表面处理剂或再覆上一层聚氯乙烯薄膜。涂层厚度一般控制在0.01~0.04mm。

⑤压延法生产发泡人造革的设备。前部工序基本上与生产压延薄膜使用设备相同，不同的是后面多了一台布基处理机，如果是针织布，还需要一台开幅机。为了发泡也配备发泡烘箱等设备。

布基处理设备包括三部分，分别为拼接设备、刷毛设备、压光设备。

拼接设备用于布基拆包后，用缝纫机将单匹布拼接起来。

拼接后的布要进行刷毛处理，刷毛箱与刷毛辊的结构如图8-10所示。刷毛一般在刷毛箱内进行，它是由6根猪鬃毛刷毛辊组成。布由刷毛箱下部进入，从下而上通过刷毛箱，在布的两侧各有三个与布方向相反旋转的刷毛辊，将布上两侧布毛、线毛杂物清理干净，然后再进入压光工序。

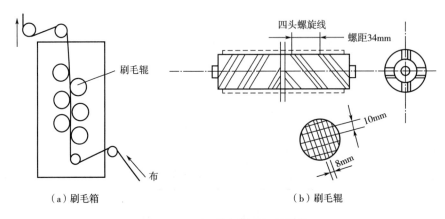

（a）刷毛箱　　　　　　　　　　　　（b）刷毛辊

图8-10　刷毛箱与刷毛辊的结构

压光是由压光机来完成的，压光机的结构如图8-11所示，它是由两个机架和垂直安装于同一中心线上的三个辊筒组成的。三个辊筒中中辊是固定的，中辊是表面磨光镀铬辊的空心钢辊，辊内可通蒸汽，蒸汽压力一般为 0.2~0.3MPa；上、下辊采用纤维辊，可以升降调节，并有一套杠杆加压装置，用于调节中辊和上、下辊压力。此压力将压平从中辊与上、下辊表面中穿过的布基上的疙瘩、皱褶，以便于使用，所以压力要随布基的不同而改变。

生产针织布泡沫人造革，由于针织布呈圆筒状，所以在生产前必须开幅剖开。开片后的针织布两边用聚乙酸乙烯乳液处理后再卷成卷备用。针织布剖幅机的结构如图8-12所示。

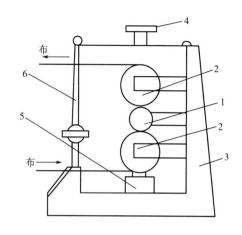

图 8-11　压光机的结构

1—光辊　2—纸辊　3—机架
4—上辊升降机构　5—下辊升降机构　6—杠杆

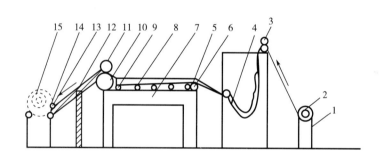

图 8-12　针织布剖幅机的结构

1—机架　2—筒子纱　3—小牵引辊　4—储布斗　5—撑布机　6—上浆装置　7—电热箱　8—小托辊
9—切边装置　10—橡胶辊　11—网纹辊　12—扩布机　13—分布辊　14—卷取辊　15—针织布卷

发泡烘箱是压延人造革一步塑化发泡的设备，一般烘箱为长方形，箱体长度 10~20m，箱体宽度 2m，可以由单段式拼装形成。烘箱的金属骨架全部由型钢组成，箱壁为夹层式，外层为薄钢板，内层为反射率较高的铝板，可提高热效率。夹层以内添加保温材料，如石棉粉、玻璃棉、膨体珍珠岩等。保温厚度大于 100mm。烘箱的加热方式有热辐射式、热风循环式、管式辐射与热风循环混合式、远红外加热等。

布基底涂装置是为了使塑料和布基贴合得更牢固而设置的，布基在贴合前最好进行底涂处理，即在布基上涂上一层浆料（黏合剂）。布基底涂装置一般由一个贮浆槽和三个旋转的辊筒及烘道等组成，如图8-13所示。

布基底涂结构如图8-14所示。涂层厚薄对发泡人造革质量影响较大，底涂时在布基上薄薄涂上一层浆料效果最佳［图8-14（a）］。上浆量过大［图8-14（b）］，浆料掺入纤维中间，使布基发硬，制成的泡沫人造革缺乏弹性，不柔软。上浆太少时，达不到上浆目的。

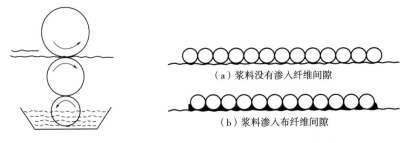

图 8-13　布基底涂装置　　　　　　图 8-14　布基底涂结构

为了防止泡沫人造革受脏污，阻止增塑剂迁移，一般利用表面处理机给人造革覆盖上一层薄膜或涂上一层表面处理剂。如图 8-15 所示，四辊涂饰机是由四个相同的辊子组成，由两个橡胶辊，一个钢镀铬辊和一个网辊组成，侧辊可以左右移动，各由直流电动机带动。四根辊子转动方向相同。四辊的速比为 M：B：C：D＝5：6：7：10，用此方法涂饰涂层厚度均匀，控制方便，效果好。

有时采用贴膜来进行表面处理如图 8-16 所示。

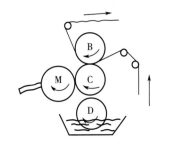

图 8-15　四辊涂饰机示意图
B、M 辊—硅橡胶辊　C 辊—钢辊
D 辊—网纹钢辊

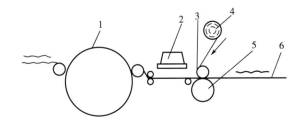

图 8-16　贴膜机示意图
1—加热辊　2—加热罩　3—压辊　4—薄膜
5—橡胶辊　6—贴膜发泡人造革

⑥压延泡沫人造革的异常现象、产生原因及解决方法（表 8-22）。

表 8-22　压延泡沫人造革的异常现象、产生原因及解决方法

异常现象	产生原因	解决方法
粘辊	1. 物料塑化时间过长、温度过高 2. 稳定剂选择不当 3. 润滑剂不足	1. 控制辊温和料温 2. 重新选择稳定剂 3. 增加润滑剂用量
布打褶	1. 边角料包住下辊 2. 进布速度大于压延速度 3. 控制布基松紧辊调节不良	1. 去掉边角料 2. 调节压延速度 3. 调整布料松紧度

异常现象	产生原因	解决方法
厚度、幅宽不均匀	1. 辊距调节不当 2. 压延温度不稳定 3. 存料控制不好 4. 发泡不均匀 5. 布基质量不好，有宽有窄	1. 调整辊距 2. 控制压延温度 3. 控制存料量 4. 改进发泡 5. 重新选择布基
革面产生横纹	1. 压延机中辊温度过高 2. 进布速度低于压延速度 3. 卷取速度太慢	1. 降低压延机中辊温度 2. 加快进布速度 3. 卷取速度稍大于压延速度
布与物料贴不牢	1. 织物底涂不好，布温太低 2. 贴合压力不足或不均匀 3. 物料塑化不良	1. 改进底涂料，提高布温 2. 提高贴合辊压力 3. 提高辊温，充分塑化物料
制品表面有疙瘩、冷疤、小孔、缺边	1. 塑化温度太低，炼塑不好 2. 喂料卷太大 3. 助剂未分散均匀 4. 原料中有杂质 5. 捏合机中有锅壁料	1. 提高塑化温度 2. 减少喂料量 3. 重新研磨助剂 4. 严格控制原料 5. 清除捏合机中锅壁料
革中有气泡	1. 终塑化温度过高 2. 压延温度过高、料温过高 3. 压延时膜层内有气泡 4. 贴膜压力不足 5. 橡胶辊变形	1. 减少塑化翻料次数 2. 降低压延温度 3. 划破膜层表面，除去气泡 4. 增加贴合压力 5. 调换橡胶辊
制品强度差	1. 炼塑控制不好 2. 发泡温度过高，车速太慢 3. 布基强度差	1. 改进炼塑 2. 调整发泡温度及车速 3. 更换布基
制品表面亮暗不一致	1. 轧花不均匀 2. 表面处理控制不当 3. 表面处理剂质量差	1. 调整轧花辊压力 2. 清洗网纹表面，调整压力 3. 重新选择表面处理剂
革面发毛	1. 辊隙存料不均匀 2. 压延温度低	1. 调整存料与加料量 2. 提高压延温度

（三）硬质聚氯乙烯泡沫塑料

硬质聚氯乙烯泡沫塑料的配方与软质聚氯乙烯泡沫塑料基本相同，只是用溶剂（丙酮、烃类或氯化烃类）代替增塑剂而使各组分混合均匀，加热成型时溶剂挥发逸出，形成硬质泡沫塑料。高发泡硬质聚氯乙烯泡沫塑料配方见表8-23，其中配方Ⅰ采用的是有机发泡剂，配方Ⅱ采用的是无机发泡剂。

表 8-23　高发泡硬质聚氯乙烯泡沫塑料配方

原料	配方 I （质量份）	配方 II （质量份）
聚氯乙烯 （悬浮法）	50	100
聚氯乙烯 （乳液法）	50	—
三碱式硫酸铅 （稳定剂）	4~6	—
三氯化二锑 （阻燃剂）	6	0.8~0.84
磷酸三甲酚酯 （增塑剂）	7	—
偶氮二异丁腈 （发泡剂）	12~14	—
偶氮二甲酰胺 （发泡剂）	7~9	—
碳酸氢钠 （发泡剂）	—	1.2~1.3
碳酸氢铵 （发泡剂）	—	12~13
二氯甲烷 （溶剂）	60~64	—
二氯乙烷 （溶剂）	—	50~60
尿素	—	0.9~0.93
硬脂酸钡 （稳定剂）	—	2~4
亚硝酸丁酯 （螯合剂）	—	11~13
磷酸三苯酯 （增塑剂）	—	6~7

硬质聚氯乙烯泡沫塑料主要采用压制成型。利用加入热分解型发泡剂的化学发泡法生产硬质聚氯乙烯泡沫塑料，主要采用模压成型工艺。首先按配方称取树脂、发泡剂、稳定剂、阻燃剂等固体成分，在球磨机中研磨 3~8h，研磨后过筛 （用 60 目筛网），再加入增塑剂、溶剂搅拌均匀，然后装入模具内，将模具置于液压机上进行加热加压塑化成型，一般压力为 20MPa，加热蒸汽压力为 0.6MPa，塑化完全后冷却脱模，将制品放入沸水或 60~80℃ 的烘房内继续发泡。最后，泡沫物还须经热处理 [（65±5）℃ 的烘房内48h]，方能定型为制品。

四、聚乙烯泡沫塑料生产工艺

聚乙烯泡沫塑料密度小，低温性能和抗化学腐蚀性能良好，并且具有一定的机械强度，因此可用于日用制品、精密仪器包装材料、保暖材料、水上漂浮材料以及代替天然木材等方面，应用面很广，发展也很迅速。

（一）聚乙烯交联发泡过程

聚乙烯结晶度高，在未达到熔融温度以前，树脂几乎不能流动，而达到熔融温度后，整个聚合物的熔融黏度急剧下降，使发泡过程中产生的气泡很难保持。此外，聚乙烯从熔融态转变为结晶态要放出大量的结晶热，而熔融聚乙烯的比热容较大，因此从熔融态转变到固态的时间比较长。加上聚乙烯的透气率较高，这些因素皆会使发泡气体易于逃逸。除挤出发泡制得无交联的高倍率发泡材料外，欲制得更高发泡倍率 （在 10 倍以上）的泡沫塑料，必须在聚乙烯分子间进行交联，使分子间相互交联成为部分网状结构，以增大树脂黏度。

通常采用的交联方法有化学交联和辐射交联。辐射交联是聚乙烯在高速电子射线或 γ 射线辐照下，发生交联反应形成网状大分子。辐射交联设备投资大，但片材质量好，一般只用于生产 5~10mm 厚的交联聚乙烯泡沫片材。化学交联一般采用有机过氧化物作交联剂，因价廉、操作方便，工业上广泛使用。

交联剂都含有氧—氧键，如过氧化二异丙苯（DCP）等，它的键能小，不稳定，在热和光作用下容易分解生成游离基，从而引发聚乙烯主链上某些碳原子产生活性，而后两个大分子游离基相互结合产生 C—C 交联键。有时也可加入助交联剂，如马来酰亚胺、顺丁烯二酸酐、1,2-聚丁二烯等含有双键和过氧键的化合物，可以提高过氧化物的交联效率和交联度，使泡沫均匀、坚固。

为了制得不同性能的聚乙烯泡沫塑料制品，可以对聚乙烯本身进行改性，如同 EVA、聚异丁烯、天然橡胶或合成橡胶、聚苯乙烯、高低密度聚乙烯等共混，还可以在泡沫塑料中使用填料。

填料的作用如下。

（1）扩大泡沫塑料的物理性能范围，如炭黑、二氧化硅可作为增强填料，提高泡沫的挠曲模量、拉伸强度、压缩载荷和刚度；碳酸钙、亚硫酸钙、硅酸钙可以较低泡沫塑料的成本，改进其燃烧性能等。

（2）可以使溶解的气体进一步成核，使气泡分散更广，泡孔尺寸更加一致。填料一般不改变泡孔的结构，而对与泡壁有关的泡沫塑料的性能（气体渗透性）有关。

（3）含填料、发泡剂、交联剂的高密度聚乙烯，可以制成泡孔细小的泡沫塑料，密度最小达 $0.04g/cm^3$。加入填料会降低过氧化物的交联效率，要相应增加用量来补偿。

（二）聚乙烯泡沫塑料成型方法

聚乙烯泡沫塑料成型方法很多，主要有挤出法、模压法和可发性珠粒法。目前应用最多的是挤出法和模压法。

1. 挤出法

将含有发泡剂的聚乙烯熔融物料从挤出机机头口模挤出，熔融物料从高压降为常压时，溶于熔融物料中的气体膨胀而进行发泡。发泡剂的加入有三种形式：其一，在聚乙烯树脂中加入分解型发泡剂；其二，在挤出机中部熔融段加压注入低沸点液体发泡剂；其三，用浸渍法制备含有挥发性发泡剂的可发性珠粒再挤出发泡。下面以聚乙烯软质泡沫塑料卷材为例重点介绍第一种发泡方法。

（1）挤出化学发泡。采用挤出法生产聚乙烯软质泡沫塑料卷材原料及配方见表 8-24。

表 8-24 聚乙烯软质泡沫塑料卷材原料及配方

原料	质量份	原料	质量份
低密度聚乙烯（树脂）	100	氧化锌	3
偶氮二甲酰胺（发泡剂）	1.5	硬脂酸锌	1
过氧化二异丙苯（交联剂）	0.6		

聚乙烯软质泡沫塑料卷材生产工艺流程如图 8-17 所示。

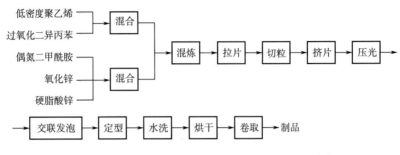

图 8-17 聚乙烯软质泡沫塑料卷材生产工艺流程（挤出法）

聚乙烯软质泡沫塑料卷材挤出法生产工艺控制分以下几个方面。

①原料分两个组分别在两个混合器中充分混合。分组混合有两个目的，一是避免混合过程中产生的局部化学反应；二是为了使主、辅料得到充分而均匀的混合，有利于交联发泡。

②物料混合温度为室温。

③两辊混炼温度和混炼时间。104~112℃，混炼时间越短越好。混炼温度过低，即使增加混炼时间也达不到预期的混炼效果；混炼温度过高，则物料受热分解，混炼后物料发黄。

④挤出温度。采用低温挤出工艺，机筒第一段至第三段的温度分别为 110~120℃、90~110℃、80~90℃。

⑤交联发泡温度为 177~180℃。

⑥发泡时间以 2.5~5min 为宜。

（2）挤出物理发泡。用挤出物理发泡法可生产无交联高发泡聚乙烯泡沫塑料。因为在挤出物理发泡中，挤出物料的温度可以精确地控制在聚乙烯熔融温度附近的较低温度下，即在低于聚乙烯熔融温度、高于聚乙烯软化温度的温度范围内膨胀发泡。此时挤出物料有较大的熔融黏度，加上挥发性发泡剂在气化膨胀的同时吸收挤出物料的热量，又进一步提高物料的熔融黏度，稳定形成的气泡，从而制得泡沫塑料。常用的发泡剂有脂肪烃类（如丙烷、丁烷、戊烷和石油醚等），挤出物理发泡法工艺简单，只要在挤出机中部的熔融段注入低沸点的挥发性发泡剂即可挤出发泡。与挤出聚苯乙烯泡沫塑料相似，为了使气泡微细、结构均匀，可加入少量成核剂。例如加 0.01~1 质量份的有机酸、碳酸盐或酸式碳酸盐、粉末状二氧化硅等。

挤出温度选择在比熔融温度低 5℃ 至软化温度之间，挤出温度选择适当可制得发泡倍数为 20 倍的聚乙烯泡沫塑料。

生产中先将混合均匀的原料从料斗喂入挤出机，在机筒中熔融塑化，再从挤出机中部的注入口用计量泵将发泡剂注入熔融物料中，经螺杆搅拌与物料完全混合。温度均匀的熔融物料从机头口模挤出，经吹塑发泡得到表面有珍珠状的光泽而内部泡孔结构均匀的聚乙烯泡沫片材。

2. 模压法

采用模压法生产聚乙烯软质泡沫塑料原料及配方见表 8-25。

表 8-25　聚乙烯软质泡沫塑料原料及配方

原料	质量份	原料	质量份
低密度聚乙烯（树脂）	100	三碱式硫酸铅	4
偶氮二甲酰胺（发泡剂）	20	过氧化二异丙苯（交联剂）	1

聚乙烯软质泡沫塑料模压法生产工艺流程如图 8-18 所示。

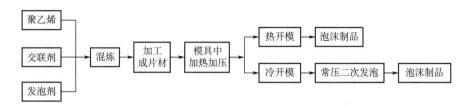

图 8-18　聚乙烯软质泡沫塑料模压法生产工艺流程

聚乙烯软质泡沫塑料模压法生产工艺控制分以下几个方面。

（1）配料。按工艺配方称料并按顺序加料。

（2）混炼。将聚乙烯树脂在开炼机中混炼 3~5min，温度控制在 110~120℃。聚乙烯树脂混炼成片之后加入偶氮二甲酰胺和三碱式硫酸铅，此时温度降至 70~100℃，再混炼 10min，待塑化均匀，色泽一致后加入过氧化二异丙苯，在同一温度下混炼 5min，制成片状。

（3）切片。按要求切成所需要尺寸的片料。

（4）模压成型。把片料装入模具中，加热（160℃左右）、加压（7.12~10.78MPa）6~8min，交联剂交联，后发泡剂分解，待发泡剂完全分解后，解除压机的压力开模，使热的物料膨胀弹出，在 2~3s 内完成发泡。

（5）开模发泡。有以下两种开模方式。

①热开模法。待发泡剂分解完全后，解除液压机压力，使热熔融板材膨胀弹出，并在 2~3min 内完成发泡。熔融物料的快速膨胀发泡有利于形成细小的泡孔，但不能达到太高的发泡倍率。因发泡剂分解产生的气体压力与物料的黏性和弹性之间难以达成平衡，发泡时微小的阻力都会导致泡沫塑料龟裂，所以要特别注意控制熔融体的黏弹性。有时也称该法为模压一步法。我国用此法大量生产聚乙烯高发泡装饰材料，如天花板等。

②冷开模法。将完成交联发泡的模具冷却到 65℃左右，开模取出泡沫块，立即送入 120~175℃的烘箱中加热进行二次发泡；也可将热压泡沫块置于容积比其大的模具中二次加热膨胀，使其充分发泡 10min 后，通水冷却 10min，开模得到具有闭孔结构、泡孔细微均匀、力学强度优良的聚乙烯泡沫塑料制品。在常压下加热二次发泡即得到高发泡倍率的泡沫片材。

在生产中，有用模前适当降低物料的温度，使其黏弹性提高，再开模的办法。所以一步法所得泡沫塑料的发泡倍率不高，一般在 3~15 倍。而两步法可得发泡倍率为 30 倍的聚乙烯泡沫塑料。

（6）两步法成型工艺。首先将塑炼好的片材在压机上模压，温度150℃，时间根据片材的厚度，常为30min左右，去压，开模，完成第一步发泡，密度0.098g/cm³，此时70%的发泡剂没有分解，然后趁热置于165℃的油浴中加热20min，这一步材料的密度进一步降低，但是尚有7%发泡剂没有分解，从油浴中取出，室温下冷却，余下的发泡剂继续分解10min后，发泡完毕。所制得的制品泡孔细小均匀，密度0.027g/cm³。

习题与思考题

1. 什么是泡沫塑料？它的应用范围如何？
2. 什么是物理发泡法、化学发泡法、机械发泡法？
3. 简述泡沫塑料成型原理。
4. 聚氨酯泡沫塑料的主要原辅材料及其作用如何？
5. 可发性聚苯乙烯泡沫塑料生产工艺是怎样的？
6. 简述聚氨酯泡沫塑料发泡原理、发泡成型方法。
7. 聚氨酯软质泡沫塑料的生产工艺和特点是什么？
8. 简述聚乙烯泡沫塑料生产中要加入交联剂的原因及交联过程。
9. 简述物理发泡法中的惰性气体发泡和低沸点液体发泡法的过程和特点。
10. 简述聚氯乙烯泡沫压延人造革的生产工艺流程。
11. 简述硬质聚氨酯泡沫塑料喷涂发泡的工艺控制因素。
12. 各种泡沫塑料制品最容易出现的质量问题有哪些？如何解决？
13. 泡沫塑料的形成可分为哪几个阶段？各阶段如何控制？
14. 聚苯乙烯泡沫塑料的成型方法有哪些？
15. 聚苯乙烯泡沫塑料模压成型的工艺过程如何进行？
16. 硬质聚氯乙烯塑料发泡与软质聚氯乙烯塑料发泡有何不同？
17. 泡沫塑料成型用合成树脂有哪些？
18. 简述泡沫塑料注射成型工艺过程。

第九章　中空吹塑成型

第一节　概述

　　中空吹塑（又称为吹塑模塑）成型是制造空心塑料制品的成型方法。它借助历史悠久的玻璃容器吹制工艺，至 20 世纪 30 年代发展成为塑料吹塑技术。它借助气体压力使闭合在模具中的处于橡胶态的热熔塑料型坯吹胀形成空心制品。这种方法是塑料成型的主要方法之一，它以生产成本低、工艺简单、效益高等独特的优点得到了广泛的应用。我们日常生活中见到的药瓶、饮料瓶、油桶以及各种形状的中空制品都是采用中空吹塑成型方法制得的。

　　中空吹塑是借助气体压力使闭合在模具中的热熔塑料型坯吹胀形成空心制品的工艺。型坯的生产特征分为两种：一是挤出型坯，先挤出管状型坯进入开启的两瓣模具之间，当型坯达到预定的长度后，闭合模具，切断型坯，封闭型坯的上端及底部，同时向型坯中心或插入型坯壁的针头通入压缩空气，吹胀型坯使其紧贴模腔壁，经冷却后开模脱出制品；二是注射型坯，以注射吹塑法在模具内注射成有底的型坯，然后开模将型坯移至吹塑模具内进行成型，冷却后开模脱出制品。

一、中空吹塑制品的性能及应用

　　中空吹塑制品具有优良的耐环境应力开裂性、良好的气密性（能阻止氧气、二氧化碳、氮气和水蒸气向容器内外透散）、耐冲击性（能保护容器内装物品）；还有耐药品性、抗静电性、韧性和耐挤压性等。中空吹塑制品应用范围见表 9-1。

表 9-1　中空吹塑制品应用范围

应用范围	代表产品
军工	子弹箱、军用水桶和油箱、担架、行军床
民用	饮用水罐、垃圾桶、化粪池、沼气池、围栏、门、家具
汽车	油箱、风道导管、导流板、水箱、保险杠、汽车行李衬料、卡车货垫
食品	酱料桶、调味品瓶、保健品瓶
日化	洗发水、洗涤剂、化妆品、消杀用品等包装瓶
化工	食品添加剂、涂料、润滑油、危化品、电子化学品用塑料桶或罐
饮品	果汁瓶、饮料瓶、啤酒瓶、红酒瓶、乳制品瓶
农业	农药瓶、液体肥料包装桶

续表

应用范围	代表产品
医疗	污物桶、消毒水箱、药品瓶、输液瓶、透析液桶、疫苗瓶、试剂瓶
交通设施用品	交通隔离栏、路障、水马、围挡、路锥、警示柱、防撞桶
渔业	渔排、养殖箱、皮划艇、小船和独木舟、浮标、浮筒码头、浮动平台
体育、旅游、户外休闲	滑雪箱、座椅、折叠桌、滑梯、工具箱、移动房屋、玩具

二、中空吹塑成型的常用方法

中空吹塑成型从大类来讲，可分为两类：挤出吹塑成型和注射吹塑成型。两者的主要区别在于型坯的制备，其吹塑过程基本相同。在这两类成型方法的基础上发展起来的还有挤出—拉伸—吹塑和注射—拉伸—吹塑及多层复合吹塑的共挤吹塑成型和共注吹塑成型等。四种吹塑方法的成型过程如图9-1所示。

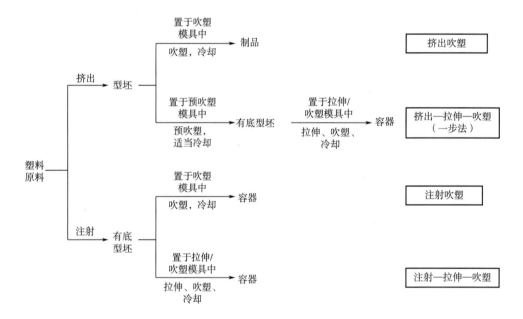

图 9-1　四种吹塑方法的成型过程

挤出吹塑成型采用挤出机将热塑性塑料熔融塑化，并通过机头挤出管状型坯，然后将型坯置于吹塑模具内，用压缩空气（或其他介质）吹胀，经冷却定型而得到与模具型腔形状相同的制品。

注射吹塑成型采用注射机先在模具内注射有底的型坯，然后开模将型坯移至中空吹塑模具内，进行吹塑成型，冷却开模脱出制品。

拉伸吹塑成型又称为双轴取向拉伸吹塑成型。它是将挤出吹塑成型或注射吹塑成型的型坯进行调温处理，使其达到拉伸温度，经内部（拉伸芯棒）或外部（拉伸夹具）机械力作用而进行纵向拉伸，同时或稍后经压缩空气吹胀进行横向拉伸，最后获得制品。

多层复合吹塑成型又称为多层吹塑成型，是在单层吹塑成型的基础上发展起来的，是使用多层复合型坯，经吹塑成型工艺，制备多层容器的成型方法。其成型过程与单层吹塑成型无本质区别，只是型坯的制造不同。

三、中空吹塑成型用聚合物及添加剂

（一）聚合物

适用于吹塑成型的塑料品种有很多，但从成型加工的特点来看，并不是所有的塑料都能用于吹塑成型。

适用于吹塑成型的塑料主要有：聚乙烯（PE）、聚丙烯（PP）、聚氯乙烯（PVC）、聚苯乙烯（PS）、聚丙烯腈（PAN）、聚甲醛（POM）、ABS 塑料、聚酰胺（PA）、聚碳酸酯（PC）、聚酯（PET）、聚苯硫醚（PPS）、聚偏二氯乙烯（PVDC）、聚偏二氟乙烯（PVDP）、丙烯酸类塑料、聚苯醚（PPO）、乙烯—醋酸—乙烯共聚物与聚砜（PSU）等，其中聚乙烯的用量最大且使用范围最广。

我国 HDPE 中空吹塑成型专用料主要生产企业见表 9-2。

表 9-2　我国 HDPE 中空吹塑成型专用料主要生产企业

企业	牌号
中国石化镇海炼化分公司	6221、BM593、5502
中韩（武汉）石油化工有限公司	5502W、HD570
中科（广东）炼化有限公司	6221、BM593、HHM5502
中国石油兰州石化分公司	DMDA-6200、2426H、6097、5000s
中国石油独山子石化分公司	5301AA、DMDA-6147、DMDZ6149、HD5502XA、HD5503GA、HD5420GA、TACP 5831D、HD5502FA
浙江石油化工有限公司	5502
中海壳牌石油化工有限公司	B53-35H-011、B5502A、5421B
中化泉州石化有限公司	HHM5502
陕西延长中煤榆林能源化工有限公司	5502S、HD50100Y
北方华锦化学工业集团有限公司	5502
延安能源化工（集团）有限责任公司	5502S、ACP5531B

（二）添加剂

添加剂是塑料成型加工中所要添加的各种辅助化学物质。加入添加剂是为了改善塑料的成型性及制品的使用性能或降低塑料制品的成本。

（1）吹塑成型用添加剂的种类有很多，若按它们在塑料制品中的作用不同，可分为以下几种。

①改善塑料物理性能、力学性能的添加剂。如热稳定剂、光稳定剂、增塑剂、冲击改性剂。

②改善塑料加工性能的添加剂。如加工改性剂、抗氧剂、热稳定剂、增塑剂、润滑剂、脱模剂。

③改善塑料光学性能的添加剂。如着色剂、成核剂。

④增加塑料新功能的添加剂。如抗静电剂、阻燃剂、香味剂、防霉剂。

（2）不管是哪类添加剂，在选择和使用时应注意以下问题。

①相容性及耐久性。添加剂与树脂、添加剂与添加剂应长期稳定、均匀存在于塑料中，且在使用过程中的损失小。

②协同性。加入塑料中的添加剂应具有协同作用，并避免产生相互对抗作用。

③功能性。添加剂应具有与功能对应的较高的技术指标。

④经济性。用量少、性价比高，可以从市场方便地、长期地得到供应。

吹塑制品常用的添加剂有稳定剂、润滑剂、增塑剂、填充剂、着色剂等。

第二节　挤出吹塑

挤出吹塑是最大的一类吹塑方法。世界上 80%～90% 的中空容器是采用挤出吹塑成型的。与注射吹塑的不同之处在于挤出吹塑的型坯是用挤出机经管状机头挤出制得的。这种方法生产效率高、型坯温度均匀、熔接缝少、吹塑制品的残余应力小、耐拉伸、冲击、弯曲，强度较高、设备简单、投资少、对中空容器的形状、大小和壁厚的允许范围较大，适用性强，故在当前中空制品的总产量中占有绝对优势。

挤出吹塑成型是采用挤出机将热塑性塑料熔融塑化，并通过机头挤出半熔状的管状型坯；然后，截取一段型坯趁热将其置于吹塑模具中，闭合模具（对开式模具，同时夹紧型坯的上下两端），接着用吹气管通入压缩空气使管坯吹胀并贴于模具型腔内壁成型；最后保压和冷却定型，排出压缩空气并开模取出制品。

当今工业化的挤出吹塑有多种具体的实施方法，主要有直接挤出吹塑和储料缸式挤出吹塑两种。此外还有有底型坯的挤出吹塑、挤出片状型坯的吹塑和三维吹塑等，除三维吹塑主要用于制造异型管等工业配件（如汽车用异型管）外，其余几种方法均用于制造包装容器。

挤出吹塑主要用来成型单层结构的容器，其成型的容器包括牛奶瓶、饮料瓶、洗涤剂瓶等容器；化学试剂桶、农用化学品桶、饮料桶、矿泉水桶等桶类容器；以及 200L、1000L 的大容量包装桶和储槽。采用的原料主要有 HDPE、PP、ABS、PC 等。

一、挤出吹塑工艺过程

如图 9-2 所示，挤出吹塑工艺过程如下：首先由挤出机直接挤出管状型坯，将挤出的型坯垂挂于安装在机头正下方的预先分开的吹塑模具型腔中，当下垂的型坯达到预定的长度后，立即闭合吹塑模具，并靠模具的切口将管坯切断，随后通过吹塑模具分型面上的小孔中插入的压缩空气吹管送入压缩空气，将型坯吹胀并紧贴模壁而成型。在保持一定压力的情况下，制品在型腔中冷却定型，最后开模即可得到中空制品。

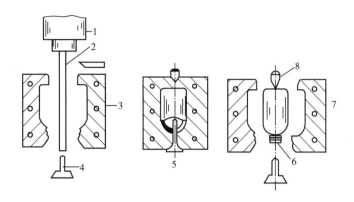

图 9-2　挤出吹塑工艺过程

1—挤出机　2—挤出管坯　3—吹塑模具　4—吹气夹子
5—闭模和吹塑　6—吹塑瓶　7—挤出吹塑成型　8—尾料

二、挤出吹塑设备

挤出吹塑设备可分为三个部分，即型坯成型装置、吹胀装置及辅助装置。

（一）型坯成型装置

型坯成型装置包括将塑料熔融塑化的挤出机、将熔料成型为型坯的机头及口模。

1. 挤出机

挤出机是挤出吹塑中最主要的设备，由挤出机挤出装置提供的熔料直接影响着型坯的质量，而型坯的质量又直接影响最终容器的力学性能、外观质量。成型加工的生产效率和经济效率，在很大程度上取决于挤出机的性能和正确操作。挤出吹塑用的挤出机分为连续挤出熔料的连续式螺杆挤出机和间歇挤出熔料的往复式螺杆挤出机。连续式螺杆挤出机的结构与普通挤出机完全相同，对于挤出吹塑用的挤出机，应具有如下特点。

（1）挤出机的驱动装置应该可连续调速。

（2）挤出机螺杆的长径比应适宜。长径比稍大一些，料温波动小，料筒加热温度低，使管坯温度均匀，可提高产品的精度及均匀性，并适用于热敏性塑料的生产。

（3）型坯在较低温度下挤出。由于熔体黏度较高，可减少型坯下垂，保证型坯厚度均匀，有利于缩短生产周期，提高生产效率。

间歇挤出熔料的往复式螺杆挤出机又分为连续旋转往复式螺杆挤出机和不连续旋转往复式螺杆挤出机。

图 9-3 为连续旋转往复式螺杆挤出机，其螺杆与柱塞油缸相连，螺杆连续旋转并做往复运动。当塑料进入机筒后，螺杆旋转使塑料受热熔融成熔体，随着过程的进行，螺杆头前部机筒内贮存熔体，且熔体量逐渐增加，此时，螺杆头部受熔体压力作用而后退。当熔体贮存量达到预定体积时，柱塞油缸通入压力油，柱塞推力使螺杆前移，将贮存的熔体挤入机头并通过口模成型为型坯。在型坯被吹胀成型的同时，螺杆处于前移位置，由于柱塞油的卸压，螺杆头部熔体的压力作用，使螺杆后退而重复实现下一个周期的动作。连续旋转往复式螺杆挤出机主要用于吹塑容积大于 10L 的容器，或用于对熔体一次输出量高达 2.3kg 的大型

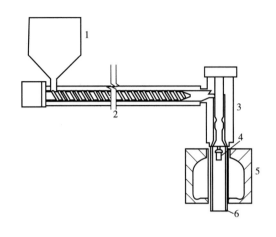

图 9-3　连续旋转往复式螺杆挤出机
1—料斗　2—挤出机　3—机头
4—吹气针　5—模具　6—管坯

容器吹塑加工。

不连续旋转往复式螺杆挤出机的结构与连续旋转往复式螺杆挤出机基本相似，吹塑工艺过程相同。两者的差别在于，前者在螺杆往复移动过程中停止旋转，因此机筒中固体塑料转变为熔体是不连续的。

挤出机挤出的型坯必须满足下列要求。

（1）各批型坯的尺寸、熔体黏度和温度均匀一致。

（2）型坯的外观质量要好。若型坯存在缺陷，则吹胀后缺陷会更显著。制品质量与型坯的外观质量及挤出机的混合程度有关。

（3）型坯的挤出必须与合模、吹胀、冷却等过程要求的时间一样快，挤出机应有足够的生产效率，不使生产受限制。

（4）型坯必须在稳定的速度下挤出，因为挤出速度的变化或产生脉冲将影响型坯的重量，而在制品上出现厚薄不均的现象。

（5）对温度和挤出速度应有精确的测定和控制，因为温度和挤出速度的变化会大大影响型坯和吹塑制品的质量。

（6）由于冷却时间直接影响吹塑制品的产量，因此，型坯总是在尽可能低的加工温度下挤出，在此情况下，熔体的黏度较高，必然产生高压和剪切力，这就要求挤出机的传动系统和止推轴承应有足够的强度。

2. 机头及口模

机头和口模是把从挤出装置挤出的熔融物料成型为管状型坯的吹塑成型的关键部件，其结构的合理性是获得高效率、高质量型坯的关键。

中空挤出吹塑成型对机头的要求是：保证口模处型坯均匀流出；型坯在口模截面上温度均一、压力均一、速度均一；机头内部流道呈流线型、无死角；流道内表面光洁度高，无阻滞部位，防止熔料在机头内流动不畅而产生过热分解。

（1）中心入料式机头。中心入料式机头采用支架来支承分流体与芯棒，支架设置若干条分流肋，如图 9-4 所示。这样，熔体流经支架时被分成了若干股，之后又重新汇合。因此，这类机头又可称为支架式机头。

中心入料式机头的流径较短，各熔体单元的停留时间相差很小，型坯周向壁厚较均匀，熔体降解的可能性较小。因此，这类机头可用于 PVC 等热敏性塑料。

熔体流经支架后形成的汇合线会降低制品性能，尤其对薄壁制品。在分流肋表面上，熔体所受的剪切速率较大，其分子取向也较大，这会降低熔体汇合线的结合强度。为提高熔体汇合线的结合强度，要使聚合物分子重新缠结，增加熔体汇合后在机头内的停留时间是提高汇合线强度最有效的方法。其一，在机头的支架后开设 U 形流道。其二，在支架后的芯棒

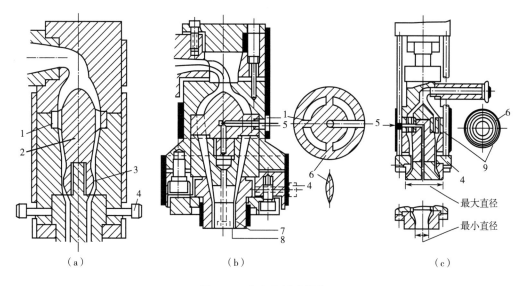

图 9-4　中心入料式机头

1—支架　2—分流体　3—节流　4—调节螺钉　5—压缩空气　6—分流肋　7—口模　8—芯棒　9—双环式支架

上开设螺旋槽。

（2）侧向入料式机头。侧向入料式机头为聚烯烃所优先采用。在这类机头中，熔体由侧向入料口进入机头后，经支管周向分流，从周向流动逐渐过渡至轴向流动。因此，支管又可称为分流槽，其对型坯周向壁厚的均匀性有较大影响。侧向入料式机头有环形支管式机头（图9-5）、心形支管式机头（图9-6）、螺旋支管式机头（图9-7）。

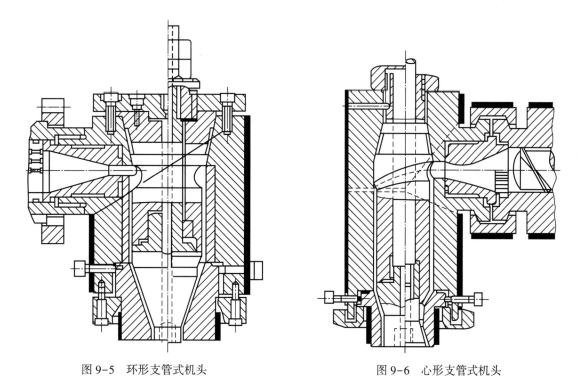

图 9-5　环形支管式机头　　　　　　图 9-6　心形支管式机头

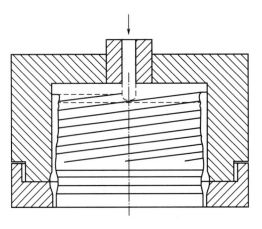

图 9-7　螺旋支管式机头

（3）储料式机头。生产大型吹塑制品，如啤酒桶及垃圾箱等，由于制品的容积较大，需要一定的壁厚保证刚度，因此需要挤出大型坯，而大型坯的下坠与颈缩严重，制品冷却时间长，要求挤出机的输出量大。储料式机头设有油缸、柱塞等。

间歇式挤出吹塑主要采用储料式机头（图 9-8），储料腔设置在机头流道内，挤出机直接给机头供料可保证熔体先进先出，即当活塞排空储料腔时，首先进入储料腔的熔体从机头挤出。首先进入机头的熔体有较长的松弛时间，活塞向下移动时，其受到的剪切作用时间较短，故其分子取向与膨胀较小。

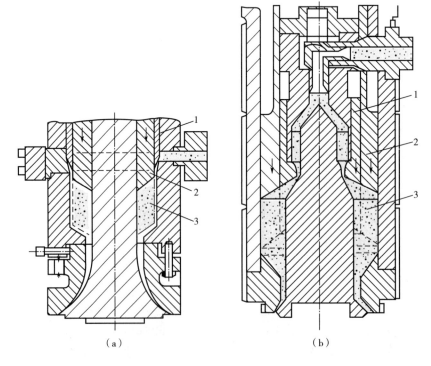

（a）　　　　　　　　　　（b）

图 9-8　储料式机头
1—可动套筒　2—环形活塞　3—储料腔

(二) 吹胀装置

型坯进入吹塑模具并闭合后，压缩空气通过吹气嘴吹入型坯内，将型坯吹胀成模腔所具有的精确形状，进而冷却、定型、脱模取出制品。吹胀装置主要包括吹气装置、吹塑模具，吹塑模具中还配有冷却系统、排气系统等。

1. 吹气装置

常用的有针管吹气、型芯吹气两种。

（1）针管吹气。如图9-9所示，针管吹气是利用中空针管刺破型坯壁，压缩空气通过针管中的流道进入型坯从而吹胀型坯；为了提高吹胀效率，可在同一型坯中采用几支吹针同时吹胀。针管吹气法的优点是适于不切断管坯的连续旋转吹塑成型；适于吹制颈尾相连的小型容器；适于非开口容器；更适合吹制有手柄的容器以及手柄本身封闭、与本体互不相通的制品。针管吹气法的缺点是由于针管喷嘴孔细，在短时间内难以吹入大量空气且吹塑压力损失大，所以，不适用于大型中空容器的成型。

（2）型芯吹气。型芯吹气是型芯直接进入开口的型坯内并确定颈部内径，型芯内部设置有气体通道和出气孔，不需要刺破型坯壁。型芯吹气又分为顶吹法和底吹法。

①顶吹法。顶吹法是通过型芯吹气的。模具的颈部向上，当模具闭合时，型坯在底部被夹住而让顶部开口，吹气芯轴直接进入开口的型坯内并确定颈部内径，在型芯和模具顶部之间切断型坯。如图9-10所示。顶吹法的优点是直接利用机头芯模作为吹气芯轴，压缩空气从机头进入，经芯轴进入型坯，简化了吹塑机构。但是，由于压缩空气从芯轴和型芯通过而影响机头温度，型坯挤出稳定性差。为此，就得设计与芯模无关、独立的顶吹芯轴。

②底吹法。如图9-11所示，从挤出机口模出来的管状型坯落到模具底部的吹气芯轴上，压缩空气从型坯的下端注入。采用这种方式吹胀型坯时，容器的口颈，可以位于容器的中心或左右两端；但是，由于进气口设在型坯温度最低处，也是型坯自重下垂厚度最厚的部位，因此，若在吹气口旁边的制品形状较为复杂时，不能将型坯充分吹胀。由于型坯下端壁厚比较厚，故容器的口颈部位的壁厚也较厚，较适宜大、中型容器的吹胀成型。

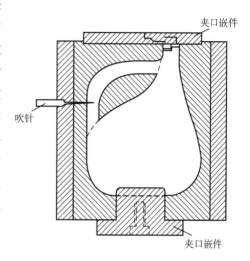

图9-9　针管吹气示意图

图中标注：夹口嵌件、吹针、夹口嵌件

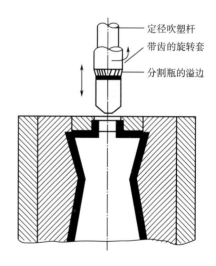

图9-10　顶吹装置示意图

图中标注：定径吹塑杆、带齿的旋转套、分割瓶的溢边

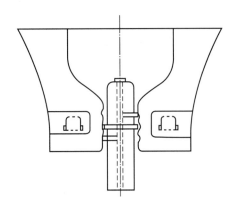

图9-11 底吹结构示意图

2. 吹塑模具

挤出吹塑模具用于型坯的吹胀、冷却、定型，同时赋予制品所需的外形及尺寸。挤出吹塑模具具有以下三个特点。一是挤出吹塑模具除双层壁制品等特殊模具外，由两瓣阴模组成，不设置阳模。与其他塑料制品所用的模具相比，在结构上要简单得多。二是由于模具结构没有阳模，可以吹胀成型带较深凹陷、外形复杂的塑料制品。三是模具型腔无熔体流道，型坯进入模具后再闭模。型坯熔体依靠压缩空气膨胀来充填型腔。

挤出吹塑模具型腔所承受压力低，对材料的要求较低，选择范围较宽。吹塑模具材料的选择要综合考虑导热性、强度、耐磨性、耐腐蚀性、抛光性、成本以及所用塑料与生产批量等因素。制造吹塑模具的材料主要有铝、铜基合金、钢、锌合金、锌镍铜合金。

吹塑成型模具结构如图9-12所示，一般包括模体、肩部夹坯嵌块、导柱、模颈圈、端板、冷却水出入口、模底夹坯口刃、模腔、模底嵌块、尾料槽、把手夹坯口刃、把手孔、剪切块等。吹塑模具对吹塑容器的几何形状、精度以及力学性能都有直接影响，是吹塑成型的关键。

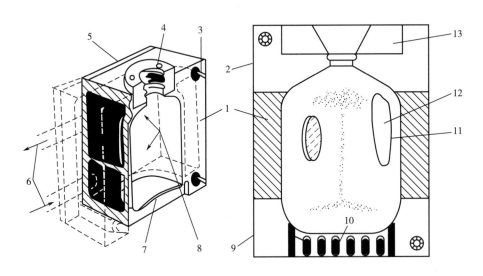

图9-12 吹塑成型模具结构

1—模体 2—肩部夹坯嵌块 3—导柱 4—模颈圈 5—端板 6—冷却水出入口 7—模底夹坯口刃
8—模腔 9—模底嵌块 10—尾料槽 11—把手夹坯口刃 12—把手孔 13—剪切块

（1）模具的冷却系统。模具的冷却是重要的成型工艺条件之一。冷却效果不好、冷却不均匀都会使容器各部位的收缩率不一致，出现容器翘曲、颈部歪斜等现象；冷却不均匀会使容器各部位的晶体结构形态不一致，会引起容器力学性能的变化，使容器过早发生机械破坏。

冷却系统结构特点：内部互通的水道，模具铸成后钻出水孔，将冷却蛇形管铸入模具内，冷却水道在模具铸造时一体制成，在模具型腔制成后再机械加工冷却水孔系统等。

对于大型模具，采用箱式冷却；对于较小的模具，开设冷却槽。

冷却槽的加工方法主要有两种：一种是在模具铸成后钻出水道；另一种是在模具浇铸时，将冷却蛇形管铸入模具内。

在冷却系统结构中，冷却水道直径10~15mm，对于大型模具可达30mm；两相邻水道之间的中心距离为水道直径的3~5倍；水道与型腔间的距离为水道直径的1~2倍；冷却介质（软水）温度5~15℃，模具温度25~50℃。

（2）模具的排气系统。排气系统是为了吹胀型坯时，排除型坯和模腔壁之间的空气，使型坯紧贴型腔壁，这样吹塑制品就能获得清晰的花纹图案，改善制品的外观及制品强度。

①分型面排气。分型面开设排气槽结构，如图9-13所示。

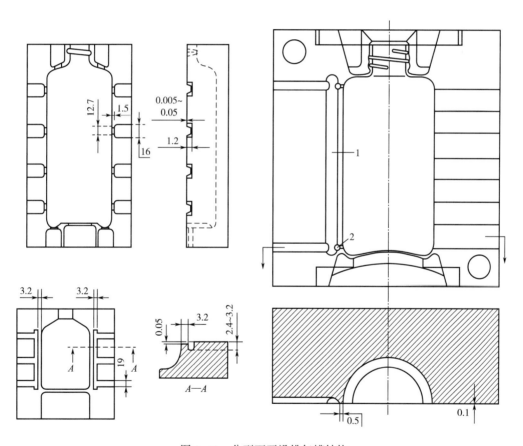

图9-13　分型面开设排气槽结构
1—通道　2—锥形槽

分型面是吹塑模具主要的排气部位，合模后其应尽可能多、快地排出空气；否则，会在制品上对应分型面部位出现纵向凹痕。这是因为制品上分型面附近部位与模具型腔贴合而固化，产生体积收缩与应力，这对分型面处因夹留空气而无法快速冷却、温度较高的部位产生了拉力。

分型面排气采用在分型面上开设排气槽方式进行。在分型面上开设宽度为 5~15mm、深度为 0.1~0.2mm 的浅槽，加工要求平直，光洁容器上不留痕迹。

②模腔内排气。一种途径是在模腔壁内开设排气孔结构，如图 9-14 所示。

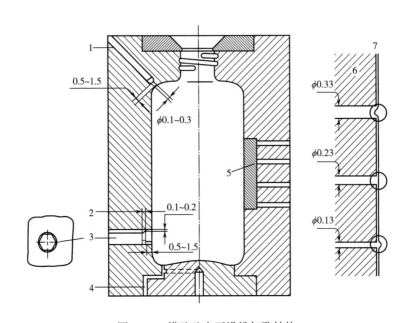

图 9-14　模腔壁内开设排气孔结构

1—通道　2—环形槽　3—嵌棒　4—排气槽　5—多孔金属板　6—模具壁　7—容器壁

对于大型吹塑模具，其模腔内的空气多，为了尽快地排出，需要在模腔内直接开设排气系统。由于在吹胀过程中，模腔内的空气容易聚集在凹陷、沟槽与拐角等处，因此，在这些部位更需要开设排气孔。排气孔直径 ϕ1.2~0.2mm、深度为 0.5~2mm，其后部孔直径 ϕ3~5mm 接通外部。

另一种途径是在模腔内嵌入多孔金属圆柱排气。在模腔壁内开设直径 ϕ5~10mm 的大孔时，孔中嵌入轴向对称，两面各磨去 0.1~0.2mm 的圆轴，利用磨削面的缝隙排气。虽然排气缝隙要比排气孔的直径小，但是排气通道的截面积大，机械加工时可以准确保证排期间隙。此方法特别适用于大型容器的吹胀。

③模颈圈螺纹槽内排气。夹留在模颈圈螺纹槽内的空气难以排出，这可通过开设排气孔来解决。在模颈圈钻出若干个轴向孔，其与螺纹槽底相距 0.5~1mm，直径 3mm；并从螺纹槽底钻出直径 0.2~0.3mm 的径向小孔，与轴向孔相通。

④真空抽气系统排气。如果模腔内夹留空气的排出速率小于型坯的吹胀速率，模腔与型坯之间会产生大于型坯吹胀气压的空气压力，使吹胀的型坯难以与模腔接触。在模腔壁内钻出孔，与真空抽气系统相连，可快速抽走模腔内夹留的空气，使制品与模腔紧密贴合。真空抽气系统可以快速地抽走模腔内的空气，使容器壁与模腔紧密贴合，改善了传热速率，缩短了成型时间。对于工程塑料挤出吹塑，可选用真空抽气系统。

（3）模具的颈部结构与螺纹成型。容器颈部成型主要是由模颈圈与夹坯块所构成的嵌块完成的，如图 9-15 所示。夹坯块位于模颈圈上侧，有助于切去颈部余料，减小模颈圈的磨损。夹坯块口刃与进气杆上的剪切套配合，切断颈部余料。

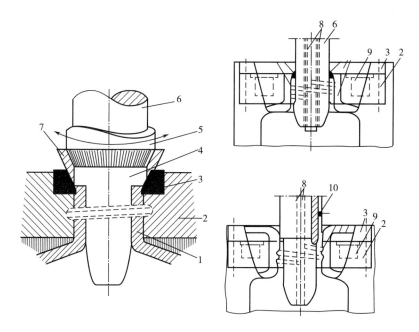

图 9-15 模具的颈部结构与容器颈部成型

1—容器颈部 2—模颈圈 3—夹坯块 4—夹坯套 5—旋转套筒 6—定径进气杆
7—颈部余料 8—进气孔 9—冷却槽 10—排气孔

容器颈部螺纹是通过颈部螺纹模环来模制。容器颈部螺纹形状一般采用梯形或圆形螺纹。为了便于毛边余料的清理，在不影响使用的前提下，在圆筒形容器的口部螺纹，可以制成 1/2 圈或 1/4 圈的断续状。在接近模具分型面附近一段上不带螺纹，如图 9-16 所示，其中（a）比较容易清理。

（4）模具型腔与内表面处理。吹塑模具一般使两半模对称，模具分型面的位置由容器的形状来确定。容器的把手应沿分型面设置，把手孔通常采用嵌块来成型。

模具型腔的表面，并不是越光滑越好，稍微粗糙的型腔表面，不仅有利于模具排气，同时还会增加制品的表面效果。

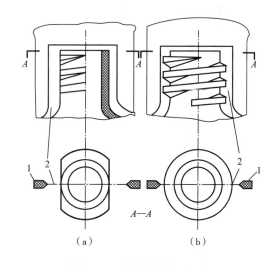

图 9-16 容器颈部螺纹形状

1—余料 2—切口

实践表明，模具型腔内壁通过进行喷砂处理或者化学腐蚀，型腔内部分位置获得细麻点。粗糙的型腔表面贮存一部分空气，有利于容器的脱模而避免产生空吸现象，也有利于实现脱模自动化。还可以解决光滑表面容易划伤的问题，遮盖轴向丝痕，提高容器的外观质量。如果型腔表面没有粗糙面，吹胀时气泡会陷入在里面而不能够排出，形成局部热绝缘体，使容器表面出现"橘皮纹"。

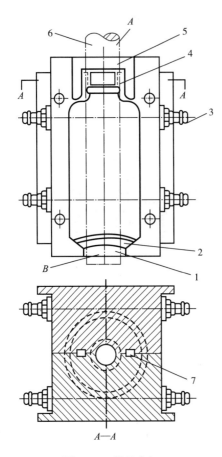

图 9-17　模具夹坯口

1，5—余料槽　2，4，7—切口　3—冷却水嘴　6—型坯

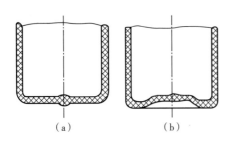

（a）　　　　　　　　（b）

图 9-18　容器底部支承面

（5）夹坯口。在模具的底部通常设置单独的底部嵌块，以挤压、封接型坯的一端并切去尾料。底部嵌块主要以夹坯口和尾料槽为主，它对容器的成型与性能影响较大。型坯放入模具内，在模具闭合的同时应该将多余的冷却余料切除，如图 9-17 所示，切除余料由夹坯口来完成；同时，夹坯口还起着在吹胀之前在模具内夹持和封闭型坯的作用。

（6）余料槽。在模具的上部和下部的余料刚好落在模具的分型面内，在某种程度上影响模具的闭合。为此，在模具夹坯口下方部位开设余料槽容纳余料、其位于模具分型面上。每半边模具的余料槽深度为型坯壁厚的 80% ~ 90%，余料槽夹角 30°~90°。

余料槽深度过小会使余料受到过大压力的挤压，使夹坯口刃受到过高的应变，甚至模具不能够完全闭合，难以切断余料。余料槽深度过大余料不能及时与槽壁接触，无法快速冷却，热量容易软化容器的接合缝，影响对接合缝的修整。

（7）模具的底部结构。吹塑容器的底部有凹形、凸形或平形，其中凹形底部最适于补偿收缩率。一般来讲，将普通小型容器底部结构设计成凹形，可以减少容器底部支承面，如图 9-18（a）所示。容器底部凹形结构是由模具相对应的凸形结构成型的，也就是说，容器底部凹形结构是由模具底部的嵌块完成的。

大型容器填装的物料多、质量大，为保证底部结构能够承受较大的压力，通常在底部设有加强筋结构，如图 9-19 所示。而在模具型腔底部也要设计成型加强筋的相应结构。从图 9-19 中加强筋的布置可以看出，（b）好于（a），因为（a）的壁厚不均匀性严重。

容器底部成凸圆形，有利于成型加工，但是它不能够垂直站立。为了解决垂直站立的问题，在瓶底部配装一个底座，如图 9-20 所示，容器底座可保证容器的长期垂直站立和存放。

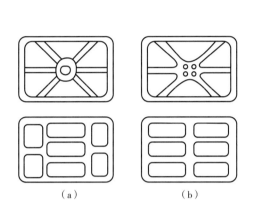

图 9-19　容器底部加强筋结构

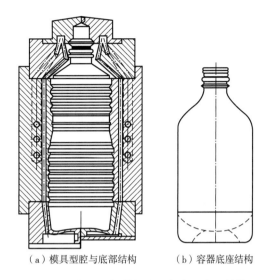

（a）模具型腔与底部结构　　（b）容器底座结构

图 9-20　容器底部结构成型与容器底座结构

（8）模具的模口部分。模具的模口部分一般呈锋利的切口，有利于切断型坯，切口的形状为三角形或梯形。

（三）辅助装置

吹塑设备的辅助装置包括对型坯壁厚控制、型坯长度控制以及制品自动取出装置等。

1. 型坯壁厚控制

型坯从机头口模挤出时，会产生膨胀现象，使型坯直径和壁厚大于口模间隙，悬挂在口模上的型坯在重力作用下产生下垂，引起伸长使纵向厚度不均和壁厚变薄而影响型坯的尺寸乃至制品质量。型坯壁厚控制分为径向壁厚控制和轴向壁厚控制。型坯径向壁厚控制，最常用的是在机头口模的周围设置若干个螺钉，如图 9-21 所示，当口模间隙出现一边厚一边薄时，型坯向薄的一边弯曲，这时拧动螺钉调节口模径向间隙的大小，来改变型坯周向的壁厚分布。也可用圆锥形的芯模，用液压缸驱动口模芯轴上下运动，调节口模间隙，以控制型坯壁厚。

2. 型坯长度控制

型坯长度控制有助于降低吹塑制品的成本。型坯过长容易造成原料的浪费，型坯过短会使其无法吹胀。型坯长度的波动

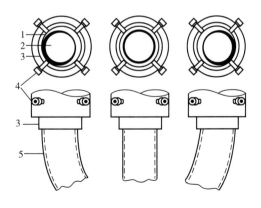

图 9-21　螺钉调节口模间隙

1—熔料　2—芯模　3—口模

4—调节螺钉　5—型坯

受挤出机加料量的波动、温度变化、工艺操作的影响。一般采用光电控制系统控制型坯长度。

3. 制品自动取出装置

对于小型容器，多采用启模后，从吹气喷嘴喷吹压缩空气，把制品吹落，在拔出吹气喷嘴的同时，用另外的喷嘴抽吸制品，再把制品的毛边敲落来取出制品。而对于大、中型制品取出的方法，多是抓住制品上端的毛边使其移出机外。

4. 其他装置

机头更换装置、锁模装置、型坯打印装置、模具自动脱模装置、滑动式升降操作台等可用于制品的后处理，机头、模芯的更换，模具间隙的检查调节，制品厚度分布的调节以及模具装卸、调节等。

三、挤出吹塑工艺控制

挤出吹塑工艺流程为：

塑料→熔融塑化→挤出型坯→吹胀→制品冷却→脱模→后处理→制品

挤出吹塑工艺控制包括原材料选择、型坯温度、预吹塑、挤出速度、吹气压力、鼓气速率、吹胀比、模具温度、冷却时间、冷却速率、型坯长度、型坯切断、型坯壁厚等。

（一）原材料选择

中空成型中，原材料的选择非常重要。首先要求原材料的性能满足制品的使用要求；其次是原材料的加工性能必须符合挤出吹塑工艺的要求。一般选用中空级树脂。

优先选择分子量较高的聚合物。对挤出吹塑成型，在型坯离开机头后及其吹胀过程中，熔体受到的剪切速率很小，采用高分子量的聚合物时熔体黏度要高许多，可提高型坯的熔体强度，减小因型坯重力作用产生的下垂，并保证能在无撕裂的情况下均匀地吹胀型坯。吹塑制品在模具内被冷却时，分子热运动的降低会减小自由体积，表现为制品的收缩。分子末端具有大的活动性，对确定自由体积，也就是对收缩，起了主要作用。提高分子量相对地降低了端基的含量，减少了制品的收缩。分子量较高可提高吹塑制品的许多使用性能，如抗冲击性、耐环境应力开裂性、抗蠕变性、耐热性和耐溶剂性等。分子量较高的聚合物可取得较大的拉伸取向效应，进一步提高制品性能。

（二）型坯温度

型坯温度直接影响中空制品的表观质量、纵向壁厚的均匀性和生产效率。挤出型坯时，熔体温度应均匀并适宜偏低，以提高型坯的熔体强度，从而减小因型坯重力作用引起的下垂，并缩短制品的冷却时间，有利于提高生产效率。

型坯温度过低，由于聚合物的弹性效应，出口膨胀严重，型坯长度收缩，壁厚增大，制品表面不光亮，内应力增加导致制品在使用时破裂。

型坯温度过高，挤出速度慢，型坯易产生下垂，引起型坯纵向厚度不均，延长冷却时间，甚至丧失熔体热强度，难以成型。

常见塑料的挤出温度范围见表9-3。

表9-3　常见塑料的挤出温度范围

塑料	挤出机温度/℃	机头口模温度/℃	塑料	挤出机温度/℃	机头口模温度/℃
低密度聚乙烯	105~185	165~175	硬聚氯乙烯	160~190	195~200
高密度聚乙烯	150~280	240~260	聚丙烯	210~240	210~225
软聚氯乙烯	145~175	180~185			

（三）预吹塑

当型坯挤出时，通过特殊刀具切断型坯使之封底，在型坯进入模具之前吹入空气，使型坯有一定程度的膨胀，称为预吹塑，如图9-22所示。

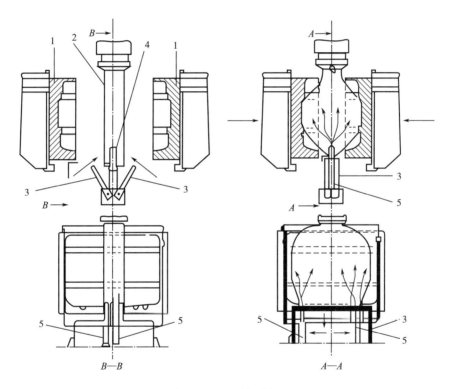

图9-22　型坯的预吹塑

1—模具　2—型坯　3—型坯密封装置　4—吹塑针　5—型坯拉伸装置

预吹塑有以下好处。

（1）容器壁厚不均匀的现象减少。不受下垂影响的型坯下部因为预吹塑从开始就吹胀；受下垂影响的型坯上部也因为预吹塑而使得膨胀少一些。这样就可以减弱由于下垂而带来的壁厚不均匀的影响。

（2）使用一个口模成型不同容器的范围扩大了，通过预吹塑可调节型坯的形状和大小，因此，可以根据所限范围并针对口模直径来选择容器的长径比。

（3）型坯切口部分的融合强度大，对于型坯下部要用特殊的刀具切断并进行扇形或半圆形的切断熔融，特殊的刀具可以用加热器控制温度，能够得到比较结实的融合强度。

（4）容器底部无毛边。

（5）型坯放入模具内，不需要夹断，容器底部可使用三瓣模具。使用简单的嵌件就可以增加容器底部的强度。

（四）挤出速度

螺杆转速是影响型坯质量的一个重要因素，螺杆转速高，挤出速度快，会大大增加挤出机的产量，同时减少型坯的下垂，但是型坯表面质量有所下降。尤其是剪切速率增大会造成某些塑料，如高密度聚乙烯，出现熔体破裂现象。螺杆转速低，型坯的黏度低，挤出速度慢，型坯因重力作用而下垂，导致型坯壁厚不均匀，甚至无法成型。因此须遵循的原则是：在既能够挤出光滑而均匀的型坯，又不会使挤出系统超出负荷的前提下，尽可能采用较快的螺杆转速。一般吹塑机都选用大一点的挤出装置，使螺杆转速在 70r/min 以下。

（五）吹气压力

型坯的吹胀是利用压缩空气的压力（吹气压力）作用在型坯上而产生的。吹塑过程中应有足够的吹气压力，才能使型坯吹胀并紧贴模壁，从而获得清晰的图案花纹。此外，压缩空气也起到冷却作用。

吹气压力的大小取决于塑料种类、型坯温度、型坯壁厚和制品容积等，一般为 0.2~1.5MPa，常用塑料的吹气压力见表 9-4。对于黏度高的型坯（聚甲醛、聚碳酸酯等），流动性及吹胀性较差，必须有较高的吹气压力；对于黏度低的型坯（尼龙、聚乙烯等），易于流动吹胀，吹气压力可小些。一般壁厚大的容器需要吹气压力大些，壁薄小的容器需要吹气压力小些。吹气压力以每递增 0.1MPa 或每递减 0.1MPa 的方法调节，直至试出制品。

表 9-4　常用塑料的吹气压力

塑料	吹气压力/MPa	塑料	吹气压力/MPa
HDPE	0.4~0.7	ABS	0.3~1.0
LDPE	0.2~0.4	PC	0.6~1.0
PP	0.4~0.7	PMMA	0.4~0.7
PS	0.3~0.7	POM	0.7~1.0
UPVC	0.5~0.7		

（六）鼓气速率

鼓气速率是指充入空气的容积速率。一般来说，鼓气速率越大越好，这样可缩短型坯的吹胀时间，使制品厚度均匀，表面质量好。但鼓气速率过大，可能会产生两种不正常现象：一是在空气进口处产生局部真空，造成这部分型坯内陷；二是空气会把型坯从口模处拉断，导致无法吹胀。

在型坯的整个吹塑过程中，型坯的膨胀阶段要求以低鼓气速率注入大流量的空气，以保证型坯能均匀、快速地膨胀，缩短型坯在与模腔接触之前的冷却时间，并提高制品的性能。低鼓气速率还可以避免型坯内出现因局部真空使型坯瘪陷的现象，这可通过采用较大的进气孔直径来保证。容器体积与进气孔直径的选用见表 9-5。

表 9-5　容器体积与进气孔直径的选用

容器体积/L	进气孔直径/mm
<1	5
1~4	6.5
4~200	12.5

（七）吹胀比

吹胀比以吹塑制品的外径与型坯外径之比来表示。吹胀比过大，制品壁厚变薄，制品尺寸变大，可节约原料，但是制品的强度和刚度降低；吹胀比过小，制品有效容积减小，制品壁厚增加，冷却时间延长，成本升高。一般吹胀比为 2~4。通常大型薄壁制品吹胀比较小，取 1.2~1.5；小型厚壁制品吹胀比较大，取 2~4。吹胀细口瓶时，吹胀比可高达 5~7。

（八）模具温度

从口模挤出的型坯进入模具后进行吹胀和冷却，其冷却程度与模具温度有直接的关系。

模具温度过低，型坯冷却速率快，形变困难且表面不光泽，夹口处塑料的延伸性降低，不易吹胀，造成该部分制品加厚，过低的模具温度常使制品表面质量下降，出现斑点或橘皮状；另外，当模具温度低于 4℃时，因受室温及空气湿度影响，模具表面极易产生热气冷凝现象，附着大量水珠，水珠的存在会影响塑件表面的光洁度，且容易使模具出现生锈腐蚀等现象。

模具温度过高，冷却时间延长，生产周期长，当冷却不充分时，制品脱模变形，收缩率大。过高的模具温度还会使冷却速率降低及热交换时间变长，不利于熔融料分子结晶，产生大小不一的晶体，使塑件抗冲击强度降低，导致塑件使用寿命比较短。

一般吹塑模具温度应控制在低于塑料软化温度 40℃左右为宜。模具温度的高低取决于塑料品种和制品形状，当塑料的玻璃化温度较高或生产薄壁大型容器，可以采用较高的模具温度。

（九）冷却时间

在整个吹塑成型周期中，冷却时间控制着容器的外观质量、性能和生产效率。冷却不均匀会使制品各部位的收缩率有差异，引起制品翘曲、瓶颈歪斜等现象。增加冷却时间，制品冷却充分，可防止型坯因弹性回复而引起的形变，容器外形规整，表面图纹清晰，质量优良。但对结晶型塑料，缓慢冷却会使结晶度和晶粒增大，从而降低制品韧性和透明度，生产周期延长，生产效率降低。冷却时间太短，所吹制的容器会产生应力而出现孔隙。吹塑成型制品的冷却时间一般较长，通常为成型周期的 1/3~2/3。

影响冷却时间的因素很多：塑料原材料的热扩散系数，熔料的温度、热焓与固化特性；容器的壁厚、体积、质量与形状；模具材料的热导性，夹坯口结构，模具排气；模具冷却介质通道；冷却流体的流量及流动状态，出、入口温度；模具温度；吹胀空气的气压与气量；吹胀空气的流动状态等。

通常，冷却速率慢的塑料需要较长的冷却时间；熔体温度低、模具温度低、吹胀气压高，冷却时间可缩短；容器体积大，壁厚较厚时，采用较长的冷却时间。因此，在生产塑料吹塑容器时，应在保证容器质量的前提下，通过试验，选出最短的冷却时间。

（十）冷却速率

在保证制品充分冷却定型的前提下，加快冷却速率以提高生产效率，其方法如下：将型坯吹胀用的压缩空气，进行制冷处理；加大模具的冷却面积，采用冷冻水或冷冻气体在模具内进行冷却；用液态氮或二氧化碳进行型坯的吹胀和内冷却等。

（十一）型坯长度

型坯长度直接影响吹塑制品的质量和切除尾料的长短，尾料涉及原材料的消耗。型坯长度决定于吹塑周期内挤出机的螺杆转速。螺杆转速快，型坯长，螺杆转速慢，型坯短。此外，加料量波动、温度变化、电压不稳、操作变更均会影响型坯长度。

控制型坯长度，一般采用光电控制系统。通过光电管检测挤出型坯长度与设定长度之间的变化，通过控制系统自动调整螺杆转速，补偿型坯长度的变化，并减少外界因素对型坯长度的影响。

（十二）型坯切断

型坯达到要求长度后应进行切断。切断装置要适应不同塑料品种的性能。在两瓣模组成的吹胀模具中，依靠模腔上、下口加工成刀刃式切料口切断型坯。

（十三）型坯壁厚

为了使挤出吹塑容器满足壁厚要求，必须采取有效措施控制型坯壁厚。首先设定出理想型坯的壁厚控制曲线，然后通过控制系统调节机头型芯或口模的移动，以调整口模与型芯间开口开度的大小，对挤出型坯的壁厚进行严格的控制。

型坯壁厚控制分为径向壁厚控制系统和轴向壁厚控制系统。径向壁厚控制系统是在机头口模的周向设置若干个螺钉，如图9-21所示，当口模间隙出现一边厚一边薄时，型坯向薄的一边弯曲，这时拧动螺钉调节口模径向间隙的大小，来改变型坯轴向壁厚分布。

轴向壁厚控制系统用于控制挤出机头型芯按预设的壁厚控制曲线做轴向运动，以控制筒状型坯沿轴向的壁厚分布。除生产制品容积较小的设备外，一般的成型设备都配备轴向壁厚控制系统。

四、挤出吹塑成型的异常现象

挤出吹塑成型中的异常现象、产生原因及解决方法见表9-6。

表9-6 挤出吹塑成型中的异常现象、产生原因及解决方法

异常现象	产生原因	解决方法
型坯翘曲	1. 口模结构不合理 2. 熔体温度或机头温度过高 3. 口模间隙不对称、不均匀 4. 口模不干净 5. 型坯挤出速度过快	1. 改进口模结构 2. 降低挤出机或机头的加热温度 3. 调节口模间隙，使之对称均匀 4. 清理口模 5. 降低螺杆转速
型坯卷边（外翻或内卷）	1. 模芯温度高于模套温度，型坯外翻 2. 模套温度高于模芯温度，型坯内卷	1. 降低模芯温度 2. 降低口模温度

异常现象	产生原因	解决方法
型坯表面粗糙	1. 熔体温度过高或过低 2. 储料缸压料速度太快 3. 模口处磨损 4. 口模中有杂质	1. 调整挤出机及机头的加热温度 2. 降低挤出速度 3. 模口抛光 4. 清除口模中杂质
型坯挤出时出现雾状	1. 低分子量添加剂过多 2. 熔体温度过高 3. 挤出机螺杆转速过快 4. 回用料用量过大	1. 更换添加剂品牌或调整添加剂的加入量 2. 降低挤出机及机头的加热温度 3. 降低挤出机螺杆转速 4. 降低回用料用量
重复挤出的型坯长短不均	1. 机头过滤网堵塞或破裂 2. 挤出机进料口堵塞 3. 挤出机或机头的加热温度不均匀 4. 新料与回料混合不均匀 5. 挤出机螺杆转速不稳定	1. 清除机头内的杂物或更换过滤网 2. 排除加料筒的物料架桥现象；除去进料口的堵塞物；降低进料段的温度 3. 调节挤出机或机头的加热温度 4. 加强新料与回料的混合 5. 恒定挤出机螺杆转速
型坯严重下垂	1. 温度过高 2. 挤出速度太慢 3. 原料流动性太好 4. 闭模速度慢 5. 型坯壁厚不合适	1. 降低口模温度和机头温度 2. 提高螺杆转速 3. 重新选择树脂 4. 加快闭模速度 5. 适当加大口模间隙宽度，增加型坯壁厚
型坯吹胀时破裂	1. 吹胀比过大 2. 机头间隙不均匀 3. 挤出速度过低 4. 机头有杂质 5. 原料不适合 6. 模具刀口太尖锐 7. 型坯熔体强度低 8. 型坯太薄或型坯壁厚不均匀 9. 型坯长度不足 10. 容器在开模时胀裂 11. 模具锁模力不足	1. 减小吹胀比 2. 调整机头间隙，使之均匀 3. 提高螺杆转速 4. 清洗机头 5. 更换原料 6. 加大刀口的宽度和角度 7. 更换原料，降低熔体温度 8. 更换模套或模芯，增大型坯壁厚，调节模口间隙 9. 检查挤出机或储料缸机头的控制装置，减少工艺参数变动，增加型坯长度 10. 调整放气时间或延迟模具开模启动时间 11. 提高锁模力或降低吹胀气气压
容器的容积减少	1. 型坯壁厚增大，导致容器壁增厚 2. 容器收缩率增加，导致容器尺寸缩小 3. 压缩空气压力小，容器未吹胀到型腔设计尺寸	1. 调节程序控制装置，使型坯壁厚减少 2. 使用收缩率小的树脂，延长吹气冷却时间，降低模具冷却温度 3. 提高压缩空气压力
制品合模线明显	1. 锁模力不足 2. 机头内有杂质 3. 机头温度不适合 4. 吹气压力过大	1. 提高锁模力 2. 清理机头，除去杂质 3. 调整机头温度 4. 减小吹气压力

异常现象	产生原因	解决方法
制品变形	1. 吹胀时间不够 2. 冷却不充分 3. 吹胀速度过低	1. 延长吹胀时间 2. 加强模具冷却、降低模具温度 3. 锁模后，加快吹胀速度
容器表面无光泽	1. 型坯熔体温度低 2. 模具排气差 3. 型坯吹胀比小 4. 吹胀气压低 5. 模具型腔表面粗糙 6. 模具温度偏低	1. 提高型坯熔体温度 2. 改善模具排气性能 3. 更换模套、模芯，提高型坯吹胀比 4. 提高吹胀气压 5. 型腔表面进行抛光 6. 提高模具温度
制品有气泡	1. 原材料干燥不充分 2. 螺杆转速过低 3. 物料过热分解	1. 干燥原材料 2. 提高螺杆转速 3. 降低塑化温度
开模时成品裂底	1. 挤出机身和机头温度过低 2. 模温过高 3. 压缩空气压力过大	1. 提高挤出机身和机头温度 2. 加强模具冷却 3. 减小压缩空气压力
切边与制品不易分离	1. 切边刀口太宽 2. 切边刀口不平 3. 锁模压力过低	1. 减小刀口宽度 2. 修平刀口 3. 提高锁模压力
容器在分型线的迹象不良	1. 型坯吹胀气压低 2. 分型线处排气不良 3. 模具分型面不平整 4. 模具胀模	1. 加大型坯吹胀气压 2. 修整该处排气槽 3. 修整模具分型面，校正模具导柱 4. 提高模具锁模压力
容器的轮廓或图纹不清晰	1. 型腔排气不良 2. 吹胀气压低 3. 型坯熔体温度偏低，物料塑化不良 4. 模具冷却温度偏低	1. 型腔进行喷砂处理或增设排气槽 2. 提高吹胀气压 3. 提高挤出机及机头的加热温度 4. 提高模具温度
制品飞边太多太厚	1. 模具胀模 2. 模具刀口磨损，导柱偏移 3. 夹坯刀口处余料槽太浅或刀口深度太浅 4. 吹胀时型坯偏斜	1. 提高锁模压力，降低吹胀气压 2. 修理模具刀口，校正或更换模具导柱 3. 修整模具，增加余料槽深度或刀口深度 4. 校正型坯与吹气杆的中心位置
制品横向壁厚不均匀	1. 型坯挤出歪斜 2. 模套与模芯内外温差较大 3. 制品外形不对称 4. 型坯吹胀比过大	1. 调整口模间隙宽度偏差；闭模前，拉直型坯 2. 提高或降低模套加热温度，改善口模内外温度偏差 3. 闭模前，对型坯进行预夹紧和预扩张，使型坯适当向薄壁方向偏移 4. 降低型坯吹胀比

异常现象	产生原因	解决方法
制品内壁或外表面受污染	1. 压缩空气不清洁 2. 使用的边角回料肮脏或混入杂物 3. 部分树脂降解，甚至炭化 4. 储料缸机头漏油	1. 增加汽水或汽油分离器中水和油的排放次数 2. 加强边角回料处理清洁工作或减少其回用量 3. 尽量减少设备的停机时间，降低加热温度，及时拆卸和清理机头口模 4. 更换储料缸密封件
制品表面出现橘皮状花纹或麻点	1. 模具排气不良 2. 模具漏水或模具型腔出现冷凝现象 3. 型坯塑化不良，型坯产生熔体破裂 4. 吹胀气压低 5. 吹胀速度慢 6. 吹胀比太小	1. 模具型坯喷砂处理，增设排气孔 2. 修理模具，调整模具冷却温度到"露点"以上 3. 降低螺杆转速，提高挤出机加热温度 4. 提高吹胀气压 5. 提高吹胀速度 6. 更换模套、模芯，提高吹胀比
制品脱换困难	1. 制品吹胀冷却时间过长，模具冷却温度低 2. 模具设计不合理，型腔表面有毛刺 3. 启模时，前后模板移动速度不均衡 4. 安装错误	1. 适当缩短型坯吹胀时间，提高模具温度 2. 修整模具，减少凹槽深度 3. 修理锁模装置，使前后模板移动速度一致 4. 重新安装
制品质量波动大	1. 型坯壁厚变化 2. 掺入的边角回料混合不均匀 3. 进料段堵塞，造成挤出机出料波动 4. 加热温度不均匀	1. 修理型坯控制装置 2. 延长混料时间，减少边角回料用量 3. 去除料口处结块物料或异物，降低料口处温度 4. 更换电加热圈

五、挤出吹塑机的操作规程

（一）开车操作

挤出吹塑机的启动要按下述步骤进行。

（1）按要求设定各加热段温度；

（2）各加热段达到预定温度并保温一定时间后，螺杆开始以最低转速连续旋转，然后逐渐提高转速至要求的值；

（3）型坯挤出稳定后，开始吹塑操作。

（二）停车操作

停止吹塑生产时要按下述步骤操作。

（1）暂停生产1h以内时，停止螺杆转动，机筒与机头的各加热段仍按加工要求设定温度；

（2）暂停生产1~8h时，停止螺杆转动，各加热段设定较低温度（例如HDPE为135℃）；

（3）停止生产 8h 以上时，停止螺杆转动及机筒与机头的加热，机筒内的熔体冷却、收缩，产生氧化、降解。为此，最好适当降低机筒上对应过渡段与均化段的温度（例如对 HDPE 来说，为 160℃），螺杆低速转动把机筒内的熔体排出，最后停止螺杆的转动与机筒的加热。

（三）设备的维护保养

1. 型坯机头的清理

保持型坯机头的洁净是挤出吹塑高性能制品的一个重要前提。某些聚合物在加工过程中会发生降解，尤其是加工温度较高或间歇吹塑时熔体要在储料腔内停留一段时间的情况下。此外，吹塑级聚合物中含有多种添加剂，熔融过程中会形成副产物。这些降解物或副产物会积聚在机头流道内，使型坯表面出现条纹，影响制品的外观性能。

（1）手工清理法。拆卸机头之前，用电加热器把其加热至塑料熔点以上的温度。之后停止加热，除去加热器，拆开机头。先用铜片或铜刮刀铲去多数熔体，接着用黄铜棉做最后清理。还可用高速气流来除去机头上的熔体，不过这时仍要用黄铜棉擦去已氧化的熔体，有时还要采用磨轮或加热来除去熔体。螺纹上的熔体可用防黏剂来清除。

（2）溶剂清洗法。借助于酸性或碱性化学剂、有机溶剂或无机溶剂来清洗。其中酸性或碱性化学剂清洗法的设备造价低，但化学剂的成本高，且清洗效率低，一般还会腐蚀金属。有机溶剂的清洗效率高。

（3）超声波清洗法。此法清洗效果好，但设备与化学试剂的成本高，仍有腐蚀问题，最好用于后清洗，除去无机残余物。

2. 吹塑模具的保养

吹塑透明容器时要高度抛光吹塑模具的型腔，生产过程中每隔一段时间要抛光一次。采用抛光剂与柔软的棉纸来抛光模腔，用力擦拭以使少量的抛光剂渗入模腔表面，然后用干净的棉纸来抛光，直至模腔出现镜面为止。

吹塑模具夹坯口刃磨损后要由熟练的制模工人来修复。

吹塑模具颈部的剪切块与进气杆上的剪切套是关键部件，要保持良好状态，必要时更换。

吹塑模具冷却孔道因堵塞或腐蚀而影响冷却介质的流动时，应立即清理。吹塑模具的导柱与导套要定期润滑，每工作一年至少要更换一次，确保两半模具对准，提高模具寿命。

第三节　注射吹塑

一、概述

注射吹塑成型是采用注射成型工艺，将熔融塑料注入注射模内，制取有底的管状型坯，且型坯包在周壁带有微孔的空心型芯上；然后趁热把型芯和包着的热型坯移入中空吹塑模具中；接着从芯棒的管道内通入压缩空气，使管坯吹胀成型紧贴于吹塑模具内表面；最后经过保压、冷却定型后排出压缩空气，开模取出制品。

1. 注射吹塑法的优点

（1）熔体被注入型坯模具型腔内时在轴向受到一定的取向效应以及吹胀产生的取向效应极大地提高了容器的强度。

（2）容器尺寸（尤其是颈部螺纹尺寸）精度高，制品壁厚均匀。

（3）制得的型坯全部进入吹塑模具内被吹胀，故所得中空制品无接缝，废边废料也少。

（4）容器光泽度较高。

（5）型坯质量重复精度高。

（6）吹塑模具上可设置滑动式底模块，故容器底部形状的设计灵活。

（7）与挤出螺杆相比，注射螺杆长径比小，压缩比小，塑化时能耗低。

（8）对塑料品种的适应范围较宽，一些难以用挤出吹塑法成型的工程塑料品种可以用注射吹塑法成型。

2. 注射吹塑法的缺点

（1）需要型坯模具和吹塑模具，且模具要求高，故注射吹塑模具造价高。

（2）型坯模具型腔内熔体所受压力较高（$10 \sim 40$ MPa），故吹塑容器内残余应力较大，生产形状复杂、尺寸较大的制品时易出现应力开裂现象，因此生产容器的形状和尺寸受限。

（3）能量消耗较高。

（4）不能成型形状复杂的制品，较难成型椭圆形容器。

（5）一般用于成型容积较小的容器（小于 500mL）。

3. 挤出吹塑法与注射吹塑法的比较（表 9-7）

表 9-7 挤出吹塑法与注射吹塑法的比较

项目	挤出吹塑法	注射吹塑法	项目	挤出吹塑法	注射吹塑法
设备投资	低	高	适应特形能力	强	较低
机头、模具费用	低	高	容器壁厚控制	困难	容易
生产率	较低	较高	容器质量	好	很好
容器整修量	多	少	瓶颈整饰公差	大（不好）	小（优良）
边角料	多	少	容器表面光洁度	低	高
适应容器体积	小、中、大	小、中	容器尺寸精度	较低	高

注射吹塑成型采用的原料主要有 PE、PP、PS、PET、PBT、PC、PAN、POM、PVC、PC 等。

二、注射吹塑过程

如图 9-23 所示，注射吹塑成型的工艺流程为：由注射机将固体塑料熔融成熔体并由注射装置将熔料在高压下注入型坯模具中并在芯模上形成有底的管状型坯，型坯冷却便收缩在型芯上，形成黏弹性的预吹塑型坯。若生产的是瓶类制品，则瓶颈部分及其螺纹也在这一步同时形成。所用芯模为一端封闭的管状物，管的开口端可通入压缩空气，闭口端的管壁上开有多个微孔，型坯就模塑和包覆在一端上。型坯成型后，开启注射模，通过旋转装置将留在芯模上的热型坯移入吹塑模内。闭合吹塑模，通过芯模开口端吹入 0.2~0.7MPa 的压缩空气，从芯模闭口端逸出的压缩空气立即将型坯吹胀而脱离芯模并紧贴到吹塑模的型腔壁上，经冷却定型后转移至脱模工位，开模取出制品。

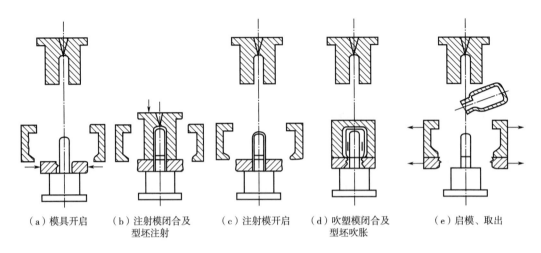

（a）模具开启　　（b）注射模闭合及　　（c）注射模开启　　（d）吹塑模闭合及　　（e）启模、取出
　　　　　　　　　　　型坯注射　　　　　　　　　　　　　　型坯吹胀

图 9-23　注射吹塑成型的工艺流程

三、注射吹塑工位

1. 二工位注射吹塑装置

二工位注射吹塑装置分为往复式注射吹塑装置和旋转式注射吹塑装置。二工位吹塑设备（相隔 180°），其脱除容器是采用机械液压式的顶出结构来完成，如图 9-24、图 9-25 所示。

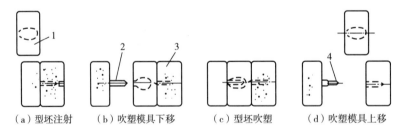

（a）型坯注射　　　（b）吹塑模具下移　　　（c）型坯吹塑　　　（d）吹塑模具上移

图 9-24　二工位往复式注射吹塑装置
1—吹塑模具　2—型坯　3—型坯模具　4—芯棒

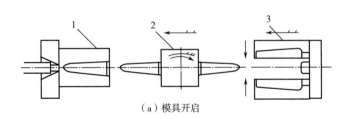

（a）模具开启

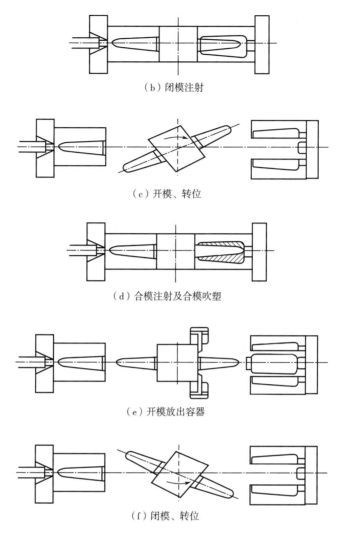

（b）闭模注射

（c）开模、转位

（d）合模注射及合模吹塑

（e）开模放出容器

（f）闭模、转位

图 9-25　二工位旋转式注射吹塑装置

1—固定模板模具　2—转位装置　3—型坯模具

2. 三工位注射吹塑装置

三工位注射吹塑装置一般采用三工位旋转式注射吹塑装置。三工位吹塑设备（相隔120°）是最常用的注射吹塑机组，增设脱除容器的专用工位，当完成吹塑成型后启模，制品随同芯管转到第三工位后，利用脱件板自动顶脱制品，如图 9-26 所示。

3. 四工位注射吹塑装置

四工位注射吹塑装置（相隔90°）是为特殊用途的工艺服务的，如图 9-27 所示，它比三工位注射吹塑装置多了一个工位，这一工位可以安排在不同的位置上。当这一工位安排在注射工位和吹塑工位之间的时候，主要用来进行型坯吹胀前的温度调节、型坯表面处理等。当这一工位安排在脱模工位和注射工位之间的时候，主要用来进行制品表面处理（如表面火焰处理）、表面印刷（如贴商标、烫印）、对芯棒进行安全检查或温度调节等。

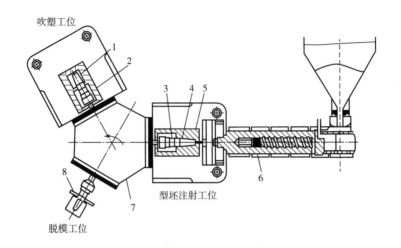

图 9-26　三工位旋转式注射吹塑装置

1—容器　2—吹塑模具　3—芯棒　4—型坯　5—型坯模具　6—注射机　7—转位装置　8—脱模板

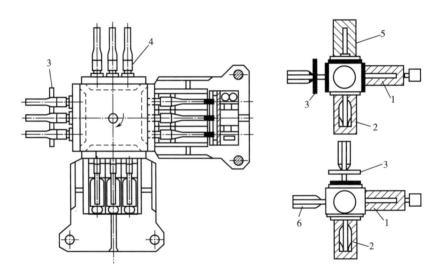

图 9-27　四工位旋转式注射吹塑装置

1—型坯注射　2—型坯吹胀　3—脱模板　4—检测装置　5—芯棒调温装置　6—火焰处理装置

四、注射吹塑设备

整个注射吹塑成型过程的基本机械结构主要是由注射系统、型坯模具、吹塑模具、合模装置、脱模装置以及旋转装置等构成。注射吹塑成型机与一般注射机的主要区别是装有注射和吹塑两副模具以及型芯运动机构。

（一）注射型坯模

注射型坯模常由型坯芯棒、型坯模腔体、型坯模颈圈、底板等组成，如图 9-28 所示。

1. 型坯芯棒

型坯芯棒具有以下三种功能。

（1）在注射模具中以芯棒为中心充当阳模，成型管状型坯。

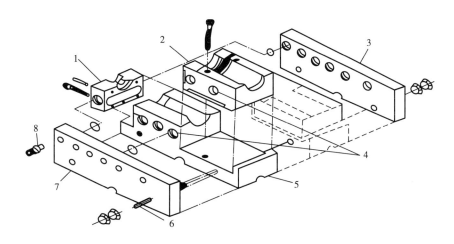

图 9-28　型坯模具的部分分解图

1—软管接头　2—端板　3—颈圈嵌块　4, 8—侧板　5—冷却孔道　6—拉杆　7—模腔体

（2）压缩空气的进出口，相当于挤出吹塑的型坯吹气杆，可在吹塑模具内通入压缩空气，吹胀型坯。

（3）作为运载工具将型坯由注射模具输送到吹塑模具中。

（4）热交换介质的进出口，芯棒内可调节型坯温度。

芯棒的结构如图 9-29 所示。需要注意以下几点。

（1）芯棒的直径和长度是主要尺寸，其长度和直径之比（L/D）一般不超过 10。

（2）芯棒在主体部位的直径应比容器的口颈部内径稍小，便于吹塑过程完成后，芯棒能顺利脱出。

（3）在型坯芯棒靠近制品颈部的部位，为防止型坯转位时口部螺纹移位，或者防止型坯吹胀时压缩空气的泄涌，应开设 1~2 圈深度为 0.10~0.25mm 的凹槽。

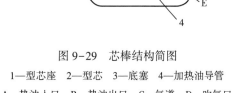

图 9-29　芯棒结构简图

1—型芯座　2—型芯　3—底塞　4—加热油导管

A—热油入口　B—热油出口　C—气道　D—吹气口

E—L/D 大时，瓶底吹气口位置

（4）型坯芯棒的压缩空气出口位置，可根据塑料的品种、型号以及制品形状、芯棒长径比来确定。

2. 型坯模腔体

由定模和动模两个半模构成，其作用是用来成型型坯的外表面。型腔的结构有瓣模式和整体式。

注射模具的结构通常采用镶套式，包括注射型腔套、型腔座、型芯定位板以及螺纹口套等，如图 9-30 所示。采用整体式由于从注射充模到离开模具这段时间内熔料的收缩小，脱模困难。瓣模式由于型腔沿着型芯轴成直角方向进行开关，就不会出现脱模困难的问题。但是，瓣模式型腔的温度控制比整体式要复杂得多。利用瓣模所形成的型坯来吹塑的容器，会

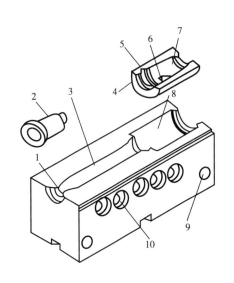

图 9-30　型坯模具型腔体
1—喷嘴座　2—充模喷嘴　3—型坯模腔　4—型坯模颈圈
5—颈部螺纹　6—固定螺钉孔　7—尾部配合面
8—型坯模具型腔槽　9—拉杆孔　10—冷却孔道

出现两条分模线。目前状态使用整体式的较多。

3. 型坯模颈圈

用来成型容器的颈部和螺纹形状并且固定芯棒。工艺上要求颈圈嵌块要紧贴在模腔体底面上，但要高出 0.010 ~ 0.015mm，以便合模时能牢固地夹持芯棒。

4. 模具的冷却与排气

用于控制型腔温度，冷却孔道的内径最小为 10mm，与型腔之间的距离为孔径的 2 倍。根据需要型坯注射模具的冷却分三段进行。

（1）颈圈段。颈圈段应有较低的温度，以确保颈部形状和螺纹的尺寸精度，冷却温度设定为 5℃ 左右。

（2）模腔体与芯棒。为了保证型坯在适当温度下的吹胀性能，此段的温度较高，采用循环水（或油），对于多数塑料，取 65 ~ 135℃；对 PET 要低至 10~35℃。

（3）充模喷嘴附近的冷却段。循环水的温度要比（2）中的温度高些。

型坯模具的排气量较小，通过芯棒尾部即可排出，不需要在型坯模具分型面上开设排气槽。

（二）吹塑模具

图 9-31 为带有实心把手的注射吹塑模具结构。吹塑模具是用来定型制品最终形状的，主要由模腔体、吹塑模颈圈、底模板、冷却系统与排气系统等组成。

吹塑模腔体的构成与型坯模具型腔类似。

模颈圈起保护和固定型坯颈部及芯棒的作用，模颈圈的直径应比相应的型坯颈圈大 0.05 ~ 0.25mm，以防止型坯转位时产生变形。

底模板用来成型容器底部的外形，容器底部应设计呈凹形状便脱模。一般对软塑料容器底部凹进 3~4mm，硬塑料容器底部凹进 0.5~0.8mm。

冷却水管应贴近型腔，可取得较高的冷却效果。排气槽在吹塑模具上是不

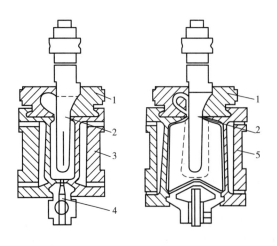

图 9-31　带有实心把手的注射吹塑模具结构
1—模颈圈　2—芯棒　3—型坯模腔体
4—喷嘴　5—吹塑模腔体

可缺少的，应开设在模具的分型面上。通常排气槽的深度为 $15\sim20\mu m$，宽 10mm 为宜。颈圈块与模腔体之间的配合面也可排气。

五、注射吹塑工艺控制

注射吹塑工艺前半部分为注射工艺控制，与一般注射成型基本相同；后半部分为吹塑工艺控制，与挤出吹塑的吹塑部分基本相同。归纳起来主要有以下几点。

（一）注射吹塑用树脂

适合注射吹塑用的树脂应具有较高的分子量和熔融黏度，而且熔体黏度受剪切速率及加工温度的影响较小，制品具有较好的冲击韧性，有合适的熔体延伸性能，以保证制品所有棱角都能均匀地呈现吹塑模腔的轮廓，不会出现壁厚明显偏薄偏厚的现象。

（二）温度

1. 料筒温度

料筒温度是指料筒表面的加热温度。料筒分三段加热，温度从料斗到喷嘴前依次由低到高，使塑料逐步熔融、塑化。第一段是靠近料斗处的固体输送段，温度要低一些，料斗座还需用冷却水冷却，以防止物料"架桥"并保证较高的固体输送效率；第二段为压缩段，物料处于压缩状态并逐渐熔融，该段温度设定一般比所用塑料的熔点或黏流温度高出 $20\sim25℃$；第三段为计量段，物料在该段处于全熔融状态，在预塑终止后形成计量室，储存塑化好的物料，该段温度设定一般要比第二段高出 $20\sim25℃$，以保证物料处于熔融状态。

每种塑料都有不同的流动温度 T_f，料筒末端最高温度应高于塑料的流动温度 T_f（对无定型塑料）或熔点温度 T_m（对结晶塑料），而低于塑料的分解温度 T_d，故料筒最合适的温度应在 T_f（或 T_m）$\sim T_d$ 之间。T_f（或 T_m）$\sim T_d$ 区间较窄的塑料，料筒温度应偏低些（比 T_f 稍高）；T_f（或 T_m）$\sim T_d$ 区间较宽的塑料，料筒温度可适当高些（比 T_f 高）。

2. 喷嘴温度

喷嘴温度通常要略低于料筒的最高温度。一方面，这是为了防止熔体产生"流诞"现象；另一方面，由于塑料熔体在通过喷嘴时产生的摩擦热使熔体的实际温度高于喷嘴温度，若喷嘴温度过高，还会使塑料发生分解，反而影响制品的质量。料筒温度和喷嘴温度的设定还与注射成型中的其他工艺参数有关。如当注射压力较低时，为保证物料的流动，应适当提高料筒和喷嘴的温度；反之，则应降低料筒和喷嘴的温度。

3. 型坯模具温度

型坯模具温度是指与型坯接触的模腔表面温度。型坯模具温度可直接影响型坯在型腔内的冷却速率，合适的模具温度不仅可以缩短成型周期，提高生产率，同时也可以减少型坯的废品和容器成型时的废品。如果型坯模具温度太低，型坯收缩严重影响后面的吹塑。模具温度应通入定温的冷却介质来控制，其控制区域包括颈部、瓶身、底部等部位。提高颈部和瓶身的模具温度，型坯成型时不易出现缺口，但应防止型坯黏模（芯棒）现象。底部温度过高，易使型坯吹胀时出现漏底现象。

4. 型坯芯棒的温度

在每一个循环周期，型坯芯棒都要经过加热和冷却循环，如图 9-32 所示。芯棒的温度，可采用热交换介质（油或空气），从芯棒内部进行调节。在进入注射工位前，芯棒也可

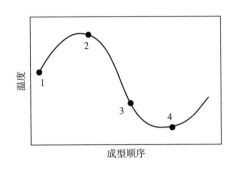

图 9-32　芯棒的温度分布曲线
1—熔体开始充模　2—型坯吹胀
3—容器脱模　4—芯棒调温

用调温套从外部进行调温。芯棒温度过低，型坯会紧缩在型芯上，影响后面的吹塑。

5. 吹塑模具温度

吹塑模具温度主要通过冷却水的温度来控制。只有模具温度分布均匀，才能够保证容器的冷却均匀。吹塑模具温度过低，型坯冷却快，形变困难，不易吹胀，过低的模具温度常使制品表面质量下降，出现斑点或橘皮状。吹塑模具温度过高时，冷却时间延长，成型周期延长，冷却不充分，制品脱模后变形大。一般吹塑模具温度应控制在低于塑料软化温度 40℃ 左右为宜。

(三) 压力

1. 塑化压力 (背压)

螺杆旋转工作时，把塑化熔融料推向螺杆头部，同时螺杆头部的熔融料对螺杆头部有一个反推力，当这个反推力大于螺杆与机筒内壁间的摩擦力及与油缸活塞后退时的回油阻力之和时，螺杆开始后退移动，能够使螺杆后退移动的这个反推力就是螺杆旋转工作对原料的塑化压力，也叫螺杆背压。这种压力的大小可通过液压系统中的溢流阀来调节。

一般操作中，塑化压力的确定应在保证制品质量优良的前提下越低越好。塑化压力高，原料的塑化充分，熔料密实，有利于排气，减少制品银纹或气泡；但较高的塑化压力，会增加原料的塑化时间，使剪切热过高，温度升高，黏度下降，漏流增加，减少了塑化量，而且增加了功率消耗，严重时使高分子物料发生降解而严重影响到制品质量。如果塑化压力太低，螺杆后退过快，物料不密实，空气量大，在注射时会消耗一部分注射压力来使物料致密和排气。工业中，塑化压力的范围是 3.4~27.5MPa。

2. 注射压力

注射压力是指柱塞或螺杆顶部对塑料熔体所施加的压力。其作用是克服熔体从料筒向型腔流动的阻力，给予熔料充模以及对熔料进行压实。

如果注射压力过低，型坯表面不平整，易出现凹坑现象，严重时，熔体很难充满模腔，易造成型坯缺口、漏底、螺纹不足等缺陷；提高注射压力，可改善熔体的流动性，提高充模速度，型坯熔接强度增加，型坯密实。但注射压力不能过高，否则容易出现型坯芯棒偏斜，型坯出现飞边的缺陷。

3. 保压压力

为了对模腔内的塑料熔体进行压实以及为了维持向模腔内进行补料流动所需要的注射压力叫作保压压力。熔体被注射充模后，注射机需要保持足够的保压压力才能得到尺寸准确、表面平整、有光泽、密实的型坯。

4. 吹胀压力

吹胀压力是指在吹塑模具内将型坯吹胀成容器的压缩空气压力。吹胀压力一般控制在 0.8~1.0MPa。提高吹胀压力，可减少型坯吹胀不足、肩部变形、瓶身凹陷等缺陷；提高压缩空气的体积流量（充气速度）可提高生产效率，改善容器的表面光泽度和壁厚均匀性。对黏度大、模量高的型坯取高值，对黏度低、易变形的型坯取低值。对于厚壁小容积制品，由于型坯厚度大，温度下降较慢，熔体黏度不会很快增大以及影响吹胀，可选用较低的吹胀压力；对于薄壁大容积制品，需要较高的吹胀压力来保证容器的完整性。

（四）成型周期

注射吹塑成型周期是指各段工艺过程所进行的时间总和。它包括塑料的塑化时间、注射时间、模具等待时间、吹塑时间、冷却时间、模具启闭间隔时间等。

六、注射吹塑成型的异常现象

注射吹塑成型中的异常现象、产生原因及解决方法见表9-8。

表9-8　注射吹塑成型中的异常现象、产生原因及解决方法

异常现象	产生原因	解决方法
型坯注射量不足	1. 喷嘴有异物 2. 喷嘴孔径太小 3. 注射压力不足 4. 保压压力不足 5. 注射时间不足 6. 熔体温度太低 7. 螺杆回复行程不足 8. 成型循环时间不足 9. 止逆型螺杆头有异物 10. 螺杆转速太低 11. 料斗与入料口有异物	1. 清理喷嘴 2. 加大喷嘴孔径 3. 提高注射压力 4. 提高保压压力 5. 延长注射时间 6. 提高熔体温度 7. 增加螺杆回复行程 8. 延长成型循环时间 9. 清理止逆型螺杆头 10. 提高螺杆转速 11. 清理料斗与入料口
型坯黏附在芯棒上	1. 熔体温度过高 2. 注射压力和注射时间太短 3. 螺杆转速过快 4. 芯棒与型坯黏附 5. 背压太低 6. 芯棒温度不合理 7. 型坯模具控温装置故障 8. 芯棒的内外风冷量不足	1. 降低熔体温度 2. 提高注射压力和延长注射时间 3. 降低螺杆转速 4. 给芯棒喷射脱模剂 5. 提高背压 6. 调节芯棒温度 7. 检查型坯模具控温装置 8. 增加芯棒的内外风冷量
容器颈部翘起	1. 脱模板位置有偏差 2. 吹胀空气时间太短 3. 吹胀压力太低	1. 调整脱模板 2. 延长吹胀空气时间 3. 提高吹胀空力
容器颈部龟裂	1. 低分子量添加剂过多 2. 熔体温度过高 3. 挤出机螺杆转速过快 4. 回用料用量过大	1. 更换添加剂品牌或调整添加剂的加入量 2. 降低挤出机及机头的加热温度 3. 降低挤出机螺杆转速 4. 降低回用料用量

异常现象	产生原因	解决方法
容器颈部龟裂	5. 熔体温度太低 6. 型坯模具颈圈段温度太低 7. 芯棒的冷却量过大 8. 吹塑模具颈圈段温度太低 9. 芯棒尾部的凹槽过大 10. 注射速度太慢 11. 各喷嘴的充料速度不匹配 12. 芯棒的同轴度有偏差 13. 模具控温装置有问题 14. 脱模装置的安装与脱模有偏差 15. 喷嘴孔径太小	5. 提高熔体温度 6. 提高型坯模具颈圈段温度 7. 减少芯棒的冷却量 8. 提高吹塑模具颈圈段温度 9. 减小芯棒尾部的凹槽 10. 提高注射速度 11. 平衡各喷嘴的充料速度 12. 检查芯棒的同轴度 13. 检查模具控温装置 14. 检查脱模装置的安装与脱模速度 15. 加大喷嘴孔径
容器壁面有颜色条痕	1. 背压太低 2. 注射压力太低 3. 熔体温度太低 4. 喷嘴孔径太小 5. 原材料中色母料混合不均匀 6. 色母料有问题 7. 螺杆的混炼性能差 8. 注射速度过快 9. 型坯模具温度过低 10. 原料未干燥	1. 提高背压 2. 提高注射压力 3. 提高熔体温度 4. 加大喷嘴孔径 5. 提高原材料中色母料混合的均匀性 6. 更换色母料 7. 提高螺杆的混炼性能 8. 降低注射速度 9. 提高型坯模具温度 10. 干燥原料
容器体凹陷	1. 吹胀空气时间不够 2. 吹塑模具温度过高 3. 芯棒的冷却量过大 4. 模具控温装置有偏差 5. 吹塑模具型腔作凹陷有偏差	1. 延长吹胀空气时间 2. 降低吹塑模具温度 3. 减少芯棒的冷却量 4. 检查模具控温装置 5. 对吹塑模具型腔做凹陷修正
型坯有过热区	1. 芯棒冷却量过小 2. 注射压力过大 3. 熔体温度过高 4. 型坯模具上相应部位的温度过高 5. 脱模装置对芯棒的局部冷却不足 6. 型坯模具控温装置有偏差	1. 增加芯棒冷却量 2. 降低注射压力 3. 降低熔体温度 4. 降低型坯模具上相应部位的温度 5. 调整脱模装置对芯棒的局部冷却 6. 检查型坯模具控温装置
型坯注射量不一致	1. 背压太小 2. 注射压力有无波动 3. 螺杆回复时间太短 4. 各喷嘴的充料速率不平衡 5. 热电偶问题 6. 混炼式喷嘴元件问题 7. 型坯模具控温装置有偏差 8. 螺杆转速不一致	1. 提高背压 2. 检查注射压力有无波动 3. 延长螺杆回复时间 4. 平衡各喷嘴的充料速率 5. 检查热电偶有无松动或损坏 6. 检查混炼式喷嘴元件有无损坏 7. 检查型坯模具控温装置 8. 调节螺杆转速

七、挤出吹塑操作规范

（一）开车操作

开车操作时，要注意以下事项。

（1）接通电源，按工艺要求对料筒进行加热，达到设定温度后，应恒温 1h 使各点温度均匀一致。

（2）打开料斗座冷却水开关，对料斗座进行冷却以防加料口出现架桥现象。

（3）采用手动对空注射，观察物料塑化情况，若物料塑化均匀即可开始生产。

（4）生产开始。

（5）经过几个循环操作，芯棒、型腔和吹塑模具的温度逐渐达到工艺要求，就可以启动注射机的自动操作了。

（6）脱模工位，要对制品进行抽检，看其质量、尺寸是否符合要求，有没有飞边、缺料和破洞。芯棒上任意部位如果黏附有塑料，容器的壁厚就会产生不均匀性，故应从每个芯棒取样，送至质量检验部门进行检验，如果质量合格，即可正常生产。

（二）停车操作

在操作结束时，要注意以下事项。

（1）把操作方式选择开关转动到手动位置。

（2）关闭加料挡板，停止继续向料筒供料。

（3）将模具置于半合模状态。

（4）将注射座推回。

（5）清理料筒中的余料，对加工中易分解的树脂，如 PVC 等，应采用螺杆清洗专用料清洗干净。

（6）把所有操作开关和按钮置于断开位置，断电、断水、断气。

（7）停车后要擦拭机器部位并打扫环境卫生。

第四节　拉伸吹塑

拉伸吹塑成型是指经双轴定向拉伸的一种吹塑成型。它是在普通的挤出吹塑成型和注射吹塑成型的基础上发展起来的。这种成型方法是通过挤出法或注射法将树脂制成管状型坯，然后将型坯进行调温处理，使其达到理想的拉伸温度，经内部（拉伸芯棒）或外部（拉伸夹具）的机械力作用而进行纵向拉伸，同时或稍后经压缩空气吹胀进行横向拉伸，最后获得制品。

通过拉伸可以使塑料分子定向排列，提高取向度，改善塑料的力学性能。制品的抗冲击性、低温性、透明性、刚性及阻隔性等经过拉伸后均有明显的提高。同时，容器壁厚减薄，质量减轻，可节约材料，降低产品成本。

拉伸吹塑成型主要采用聚酯（PET）、聚氯乙烯（PVC）、聚碳酸酯（PC）及聚萘二甲酸乙二醇酯（PEN）等作为原料，较适合成型 0.2~20L，形状为圆形、椭圆形、方形，颈部为小口或广口的容器。

一、拉伸吹塑过程

拉伸吹塑工艺分为一步法和两步法。一步法拉伸吹塑工艺又称为热型坯法,它是将刚成型好的热型坯的温度调整到拉伸温度后,马上进行拉伸吹塑成型,也就是型坯制备、拉伸、吹塑三道主要工序是在同一台机器中连续、依次完成的,型坯是生产过程中的半成品。两步法拉伸吹塑工艺又称为冷型坯法,其型坯的成型与拉伸吹塑分别在两台设备中进行。第一步制备型坯,型坯经冷却后成为一种待加工的半成品;第二步将冷型坯进行再加热、拉伸、吹塑。拉伸吹塑工艺流程如图9-33所示。

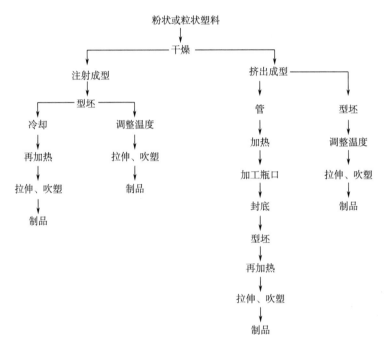

图9-33　拉伸吹塑工艺流程

两步法拉伸吹塑工艺又可分为注射型坯定向拉伸吹塑工艺、挤出型坯定向拉伸吹塑工艺、多层定向拉伸吹塑工艺、压缩定向拉伸吹塑工艺等,其中最常使用的是注射型坯定向拉伸吹塑工艺,因此,下面的介绍仅以注射型坯定向拉伸吹塑工艺为例。

如图9-34所示,先通过注射成型得到有底型坯。然后将型坯送至加热炉内,经加热至预定的拉伸温度后,再将型坯转送至拉伸吹胀模具内。在拉伸吹胀模具内,先用拉伸棒对型坯进行轴向拉伸,然后引入压缩空气使之被横向吹胀并紧贴模壁。吹胀物在一定压力下经过一段时间的冷却后,即可脱模取得制品。

二、拉伸吹塑工艺控制

1. 原材料的选择

用于拉伸吹塑成型的塑料有PET、PP、PVC、PC、POM、PAN等,其中PET树脂由于型坯壁厚自动调平性好,自由吹胀性好,良好的透明性、刚性和阻渗性得到了广泛的应用。吹塑级PET树脂,分子量 $(2.3 \sim 3.0) \times 10^4$,特性黏度 $0.7 \sim 1.4 dL/g$。

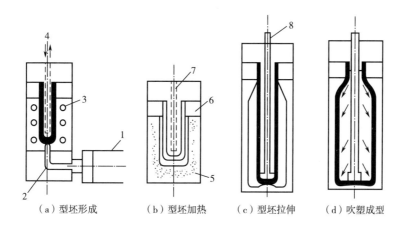

（a）型坯形成　　（b）型坯加热　　（c）型坯拉伸　　（d）吹塑成型

图 9-34　注射型坯定向拉伸吹塑工艺流程

1—注射机　2—热流道　3—冷却水孔　4—冷却水　5—加热水　6—口部模具　7—型芯加热　8—延伸棒

2. 注射型坯的工艺控制

注射型坯的工艺控制同常规注射成型一样，温度、压力、时间是注射型坯的三大工艺因素。PET 型坯的注射成型工艺参数见表 9-9。

表 9-9　PET 型坯的注射成型工艺参数

料筒温度/℃	后	288	模腔温度/℃	$1^{\#}$	266~277
	中	282		$2^{\#}$	266~277
	前	282		$3^{\#}$	277~305
螺杆预塑时间/s	8.5			$4^{\#}$	277~305
				$5^{\#}$	277~305
				$6^{\#}$	277~305
模腔数	8			$7^{\#}$	277~305
				$8^{\#}$	277~305
注射压力/MPa	高压	76	注射时间/s	4	
	低压	41			
	背压	0~35			
冷却时间/s	9		冷却温度/℃	4.4~10	
模具特征	热流道		每腔注射量/g	68	

3. 拉伸吹塑工艺控制

（1）型坯的再加热。它是两步法生产的特征。从注射模具取出的型坯冷却至室温后，再存放 24h 达到热平衡。型坯再加热的目的是增加侧壁温度到达热塑范围，以进行拉伸吹塑，使之获得充分的双轴定向拉伸。再加热一般选用有远红外或石英加热器的恒温箱。恒温箱呈线型结构，型坯沿轨道输送，固定轴使型坯转动，保持平缓加热。PET 型坯取出时温度为 195~230℃，并进行 10~20s 的保温，以达到温度分布的平衡。

（2）拉伸温度。各种塑料的最佳拉伸温度各不相同，一般结晶型塑料（如 PP）的拉伸温度比其熔点稍低，非结晶型塑料（如 PVC、PAN）和欲快速冷却而防止晶体形成的塑料（如 PET）的拉伸温度比其玻璃化温度高。壁厚的型坯拉伸温度稍高，壁薄的型坯拉伸温度稍低。各种塑料的拉伸温度范围见表 9-10。

表 9-10　各种塑料的拉伸温度范围

塑料	最佳拉伸温度/℃	塑料	最佳拉伸温度/℃
PET	85~105	PC	115~130
PVC	90~110	PS	140~160
PP	129~150	PAN	120

拉伸温度过高，有可能发生解取向，分子取向不充分，制品强度下降；反之，制品的透明性差。

（3）拉伸比。拉伸比是影响制品质量的关键。纵向拉伸比（不包括瓶口部分的制品长度与型坯长度之比）是通过拉杆来实现的；横向拉伸比又称吹胀比（制品主体直径与型坯相应部位直径之比），是通过吹塑空气来实现的。增大纵向拉伸比和横向拉伸比有利于提高制品的强度，但在实际生产中，为了保证制品的壁厚满足使用要求，纵向拉伸比和横向拉伸比都不能过大。实验表明，二者取值为 2~3 时，所得制品的综合性能较高。

（4）拉伸速度。拉伸吹塑应有一定的拉伸速度，才能保证其取向度，但拉伸速度不能太大，否则制品会出现微小裂缝等缺陷。假如出现容器底注点偏离中心位置或容器体发白的现象，则需重新设定拉伸速度。

（5）冷却速率。采用较大的冷却速率，才能保留分子取向，缩短成型周期。

三、拉伸吹塑成型中的异常现象

拉伸吹塑成型中的异常现象、产生原因及解决方法见表 9-11。

表 9-11　拉伸吹塑成型中的异常现象、产生原因及解决方法

异常现象	产生原因	解决方法
型坯透明度不佳	1. 树脂干燥不充分 2. 结晶速度太快 3. 塑化不良 4. 温度过低 5. 型坯冷却不佳 6. 混入其他树脂 7. 型坯壁厚过大	1. 提高干燥温度或增加干燥时间 2. 降低结晶速度 3. 提高背压、注射压力、注射速度 4. 提高温度 5. 增加冷却时间，降低模具温度 6. 防止其他物料混入 7. 修改型坯成型模具
容器壁厚不均匀	1. 型坯调温时间不足，调温不均 2. 树脂黏度过低 3. 型坯壁厚不均匀 4. 型坯拉伸温度过高	1. 增加型坯的调温时间，调整型坯与各加热段的温度 2. 使用黏度高的树脂 3. 修整型坯模具及芯棒的形状 4. 降低型坯的拉伸温度

异常现象	产生原因	解决方法
型坯底脱落	1. 型坯吹塑温度过低 2. 型坯底部温度过低 3. 吹塑拉伸速度过高 4. 型坯拉伸温度过低 5. 型坯底部温度过高 6. 型坯底部的浇口受伤	1. 提高型坯的吹塑温度 2. 对底部再加热升温 3. 降低拉伸棒的拉伸速度 4. 提高型坯的拉伸温度 5. 调整型坯各加热段的温度 6. 改善模具或浇口修剪方法
型坯厚度不均匀	1. 注射压力过高 2. 熔料黏度高 3. 型芯端部形状不符合要求 4. 模具加工精度不好 5. 注射模安装不当	1. 降低注射压力 2. 提高熔料温度 3. 改进型芯端部形状 4. 提高模具加工精度 5. 调整注射模安装
容器颈部起皱、变形	1. 型坯再加热时，型坯颈部受热变形 2. 型坯拉伸吹塑时，过早地拉伸型坯	1. 在模颈圈处，增加隔热层 2. 协调好拉伸及吹胀的动作起始时间
容器无法成型	1. 型坯温度不均匀 2. 型坯壁厚不均匀 3. 型坯温度过低 4. 吹塑空气压力不足 5. 吹塑空气流量不足 6. 吹塑空气压力上升速度慢 7. 拉伸倍率过大 8. 吹塑模具排气不畅 9. 吹塑模具温度过低	1. 改进型坯温度均匀性 2. 改进型坯壁厚均匀性 3. 提高注射温度 4. 提高吹塑空气压力 5. 加大吹塑空气流量 6. 改进调压结构，提高吹塑空气压力上升速度 7. 降低拉伸倍率 8. 改善吹塑模具排气能力，使之畅通 9. 提高吹塑模具的温度
容器底部薄	1. 拉吹线速度过低 2. 一次吹空气压力过高 3. 二次吹时间选择不当 4. 拉吹温度不适宜	1. 提高拉吹线速度 2. 降低一次吹空气压力 3. 推迟二次吹开始的时间 4. 提高加热器上部温度
容器壁有斑点	1. 拉伸吹塑模具的型腔黏附杂质 2. 拉伸吹塑模具的冷却水温过低，使型坯表面出现冒汗现象 3. 拉伸吹塑模具内排气不良	1. 清洁抛光拉伸吹塑模具型腔 2. 提高模具的冷却水温度 3. 修整模具，适当增加模具型腔的排气孔
容器变形	1. 型坯温度低或温差过大 2. 拉伸倍率过大 3. 吹胀压力不足 4. 吹塑时，模具型腔内的空气没排出	1. 提高型坯再加热温度，调整各加热段的温度 2. 适当减小拉伸倍率 3. 提高吹胀压力 4. 修整模具型腔，改善模具排气性能
容器容积缩小	1. 吹胀压力低 2. 吹胀时间不足 3. 拉伸吹塑模具排气不良 4. 型坯再加热温度偏低 5. 拉伸吹塑模具的冷却效果不佳	1. 提高吹胀压力 2. 延长吹胀时间 3. 修整或增设模具排气槽 4. 提高型坯加热温度 5. 检查和修整模具的冷却系统

第五节　多层吹塑

一、多层吹塑概述

多层吹塑是利用两台以上的挤出机，将同种或异种塑料在不同的挤出机内熔融混炼后，在同一个机头内复合、挤出，然后吹塑制造多层中空容器的技术。多层吹塑是在注射吹塑、挤出吹塑的基础上发展起来的，工艺上差别不大，只是制品壁不是单层而是多层，如图9-35所示。

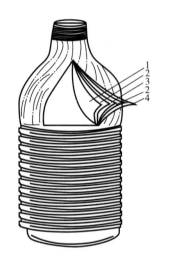

图9-35　多层瓶的复合结构
1—基层　2—黏接层　3—阻渗层
4—混有回收料的基层

多层吹塑成型把多种塑料的优点综合在一起，提高了容器的阻隔性、光屏蔽性，在保证性能的前提下可降低价格较高的阻隔性树脂的用量，从而降低阻隔容器的成本，可制成特殊结构的容器。

多层吹塑成型的关键是控制各层树脂间的熔粘，其粘接方法有两种。第一种是混入有粘接性能的树脂，这可使层数减少而能保持一定的强度。第二种是添设粘接材料层，这就需要添置挤出黏接材料用的挤出机，使设备、操作复杂。

多层吹塑成型可分为：共挤出吹塑成型、多层注坯吹塑成型、多层注射拉伸吹塑成型三种。其中应用最多的是共挤出吹塑成型。

二、共挤出吹塑

共挤出吹塑成型工艺是采用几台挤出机各自塑化的树脂，同时挤入多层机头形成多层而同心的管坯，并通过芯棒成为多层型坯，而后再进行吹塑。也有采用特殊贮料缸机头成型3~5层型坯的。贮料缸内各种塑化树脂是彼此分开的，然后用环形柱塞使各种塑料同时沿芯棒顶出而形成多层型坯。其成型过程基本与挤出吹塑成型相同。共挤出吹塑成型的技术关键是多层结构型坯的挤出。

1. 共挤出吹塑用聚合物（表9-12）

表9-12　共挤出吹塑用聚合物

不正常现象	聚合物
基层	PE、PP、PC、PVC、PETG、PU、EVA、EPDM
功能层	阻渗性聚合物：EVOH、PVDC、PAN、PA、EVA、PETP 耐热性聚合物：PC、PA、PP 外观聚合物：PA、PS

不正常现象	聚合物
黏合层	第一类：侧基用马来酸酐、丙烯酸或丙烯酸酯进行接枝改性的聚烯烃 第二类：直接合成的共聚物或三元共聚物

2. 共挤出机头

共挤出机头是共挤出吹塑成型加工的核心设备。在共挤出机头内，分别由各台挤出机输送的熔体，依照机头设计的次序和厚度，组成多成层结构的型坯。

（1）连续式共挤出机头。连续式共挤出机头如图9-36所示，该形式的机头能连续挤出多层型坯，但容易产生型坯自重下垂现象，较适合型坯量较小、容积小的多层容器。若使用熔体强度较高的塑料，连续式共挤出机头也能吹塑大容积的多层容器。

（2）多头型坯共挤出机头。多头型坯共挤出机头如图9-37所示，该形式的机头可以一次挤出2~4只型坯，有利于提高多层容器的产量，适合大批量、小容积多层容器的成型加工。

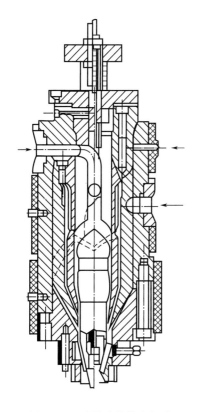

图9-36　连续式共挤出机头

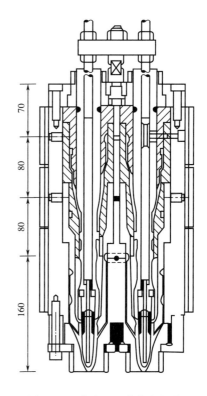

图9-37　多头型坯共挤出机头

（3）储料式共挤出机头。储料式共挤出机头如图9-38所示，该形式的机头适用于较大型制品的吹塑，可以在很短的时间里挤出大熔体，有利于减小型坯的自重下垂现象，优化型坯的轴向壁厚分布。

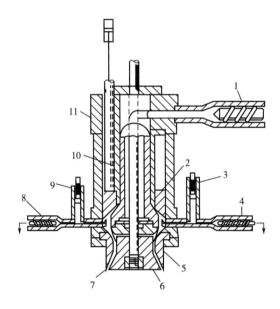

图 9-38　储料式共挤出机头

1—基层挤出机　2—环形活塞　3—黏结层储料缸　4—黏结层挤出机　5—模套　6—模芯
7—口模间隙　8—功能层挤出机　9—功能层储料缸　10—环形通道　11—基层储料缸

第六节　中空吹塑成型前沿技术

一、挤吹 PET 容器

通常情况下，瓶级 PET 缺乏应用于挤出吹塑工艺所需的熔体强度和缓慢结晶特性，因此行业中均采用注射—拉伸—吹塑工艺生产。而挤出吹塑这一生产技术，在包装解决方案的设计方面提供了相当大的自由度，对潜在设计几乎没有限制，这使得挤出吹塑工艺成为生产个性化中空吹塑产品的更佳选择。目前，该工艺已由全球领先的挤出吹塑成型设备生产商德国贝克姆公司和 PET 原材料供应商美国 DAK Americas 公司和泰国 Indorama Ventures 公司研发成功，并被百事可乐用于 89 盎司 Tropicana 橙汁瓶、被可口可乐用于 Simply Orange 产品上。而 Alpla 也宣布，开发了 PET 再生料改性的挤出吹塑工艺。

二、微发泡中空成型技术

中空吹塑发泡成型分为物理发泡和化学发泡两种工艺。物理发泡采用绿色介质超临界流体（CO_2 或 N_2）作为发泡剂，在一定的温度和压力下分解而产生气泡，靠气泡的成长来填充产品。在注塑领域，该工艺已成为一个非常成熟的革新技术，在全世界广泛使用；但缺点是不适用于外观品质要求高的制品，因此除了汽车风管等产品外，未在中空吹塑领域得到广泛应用。2018 年的国际橡塑展（CHINAPLAS 2018）期间，考特斯展示了采用物理发泡工艺生产的 1000mL 三层塑料瓶，成功将物理发泡工艺应用于消费品及工业品包装。

化学发泡是向原料中添加化学发泡剂，在特定的温度下分解产生气泡。适用于中空吹塑工艺的发泡剂供应商很少，价格昂贵，且生产中需要对工艺参数做一些调整，以上制约了该工艺的应用。

近几年，岱纳包装联合客户和发泡剂供应商共同攻关，在某国际大牌日化包装 2L 瓶中添加埃万特和华万彩发泡剂，实现了 16.8% 的减重，同时在某著名国际润滑油品牌 4L 瓶中添加上述两种发泡剂，实现了 8.8% 的减重，该方案已于 2021 年 12 月首次实现商业化量产。发泡中空成型技术在产品轻量化、隔热性、隔声性、抗冲击强度等方面优势显著，具有良好的社会和经济效益，前景广阔。

三、全电动中空成型机

节能、高速、高产量、降低生产成本是成型机发展趋势。新型全电动中空成型机引起了人们的极大兴趣。意大利 Magic MP 公司采用伺服电动机驱动技术及简化的锁模技术，推出了全新的全电动中空成型机——EP-L3/ND 挤出吹塑成型机，用于生产 PP 瓶和 HDPE 瓶。Magic MP 公司的 EP-L3/ND 挤出吹塑成型机为 3 腔、单工位中空成型机，可以生产的瓶的最大容积为 3L。有的 EP 系列还有 1~6 腔、单工位或双工位中空成型机。这种 EP 系列的中空成型机的成本高于同类液压式中空成型机，但增加的成本可以通过节能 30%~45%、高质量的瓶、维修费用的降低、噪声小以及外形尺寸小等得到补偿。

德国 Bekum 公司推出了全电动二次加热拉吹成型机，用于生产 PET 瓶和 PP 瓶。这种成型机大大提高了 PP 瓶的拉伸吹塑产量，例如用 6 腔 SB6 中空成型机成型 PP 瓶时，产量达到 7000 个/h；成型 PET 瓶时，产量达到 1800 个/h。

全电动中空成型机主要由伺服电动机驱动，具有高效、节能、低噪、稳定、清洁五大卓越优势，尤其适合对环境洁净度要求较高的领域，如医药、食品包装等。全球对全电动中空成型机的研发已有超过 20 年历史，尤其是欧洲，研发进展和市场使用率全球"遥遥领先"。

最有代表性的设备厂商有 Magic MP、Plastic blow、R&B、贝克姆、考特斯等。在 2019 德国 K 展上，Magic MP 公司现场开机演示了据称全球容积最大的双工位、全电动挤出吹塑机 ME-T50-1000D，用于生产 20L 塑料桶，锁模力达到 55t，移模行程为 1m。

国内较成熟的全电动机制造商有开平雅琪塑胶机械模具厂和苏州同大机械有限公司。自 2009 年第一台全电动机问世以来，目前开平雅琪塑胶机械模具厂已推出三代机型，可生产最大 25L 容器。代表机型 AE-1200-TS，移模行程为 1200mm，锁模行程为 300~580mm，最大锁模力达到 50t。该机型已成功用于 4+4 的 3~5L、5+5 的 1.5~2L、6+6 的 1~2L、9+9 的 500mL 等多种方案，可实现节能约 25%。苏州同大机械有限公司于 2017 年试制成功第一台全电动机，目前已推出最大 30L 多层双工位机型，锁模力达到 30t，移模行程为 700~800mm，相比液压机可实现节能 15%~23%。

四、三维挤出吹塑成型

三维挤出吹塑成型是指吹塑不规则多维形状中空制品的吹塑技术，例如汽车进气管等。它是将型坯挤出后，被局部吹胀并紧贴在一边的模具上，接着挤塑机头转动或模具转动，按 2 轴或 3 轴已编程序转动。当类似肠形的型坯充满模具的顶端时，另一边模具闭合并包紧型坯，使之与后续的型坯分离，这时型坯被吹胀并紧贴在模腔的壁面上。

三维挤出吹塑成型有以下几种形式。

（1）挤出机沿 X 和 Y 方向移动，机头在 Z 方向移动。

（2）下模板可倾斜，并能在 $X—Y$ 方向上移动，型坯直接挤在模腔内，转动、调整下模板并与上模板合模，然后吹塑成型。

（3）模板左右合模。在模板的上、下部设有挡板，模具在闭合状态下，由机头挤出型坯，型坯在模腔内下降到底部，上、下挡板闭合，然后进行吹塑成型。

（4）采用机械手。按规定将型坯放置在模腔中合模、吹塑。

三维挤出吹塑成型技术不但飞边少，而且制品上无合模线并可顺序挤出，使许多复杂形状的制品可以采用三维挤出吹塑成型技术来加工。

五、高压储氢四型瓶

用于存储高压氢气的储氢气瓶是燃料电池汽车必不可少的关键零部件之一，主要由塑料内胆、碳纤维缠绕层、金属接头、外保护层以及密封结构组成。可靠性、安全性是高压储氢气瓶发展的主要趋势，其取决于塑料内胆和纤维缠绕层。塑料内胆主要起密封氢气作用，纤维缠绕层起承载压力作用，因此这两者的性能和成本是高压储氢气瓶制备的关键。考虑到对氢气的渗透性，PA 是常用的内胆原材料。

近年来，国外 70MPa 复合材料储氢气瓶已经进入示范使用阶段。国内也有企业在进行这方面的研发。

习题与思考题

1. 吹塑成型的过程是怎样的？它有何特点？

2. 简述挤出吹塑成型的工艺控制。

3. 在挤出吹塑中，型坯下垂严重的原因是什么？如何排除？

4. 在挤出吹塑中，型坯弯曲的原因是什么？如何排除？

5. 在挤出吹塑中，容器脱模困难的原因是什么？如何排除？

6. 在挤出吹塑中，容器飞边严重的原因是什么？如何排除？

7. 挤出吹塑模具的结构由哪些构成？模具特点是什么？

8. 简述拉伸吹塑成型工艺控制。

9. 简述注射吹塑成型工艺控制。

10. 在注射吹塑中，型坯注射模具的构成是什么？

11. 在注射吹塑中，型坯缺料的原因是什么？如何排除？

12. 在注射吹塑中，容器透明度差的原因是什么？如何排除？

13. 影响吹塑制品冷却的因素有哪些？

14. 为何要提高吹塑模具的排气性能？对制品有何影响？

15. 三工位注射吹塑常采用三工位旋转注射吹塑，其成型工艺过程是怎样的？

16. 何谓中空塑料制品?

17. 中空塑料制品可用哪些原料吹塑成型?

18. 挤出条件对型坯的影响有哪些?

19. 挤出吹塑的全过程包括哪几个步骤?

20. 与注射吹塑模具相比,挤出吹塑模具有何特点?

21. 在注射吹塑中,芯棒的作用是什么?

22. 共挤出吹塑的目的是什么?

23. 共挤出吹塑中,黏合层与被黏合层之间的黏合性能受哪些因素影响?

24. 拉伸吹塑的成型方式有哪些?说出其优缺点。

参考文献

[1] 赵素合. 聚合物加工工程 [M]. 北京：中国轻工业出版社，2001.

[2] 黄虹. 塑料成型加工与模具 [M]. 北京：化学工业出版社，2003.

[3] 黄锐. 塑料成型工艺学 [M]. 2版. 北京：中国轻工业出版社，1997.

[4] 戴伟民. 塑料注射成型 [M]. 北京：化学工业出版社，2005.

[5] 刘瑞霞. 塑料挤出成型 [M]. 北京：化学工业出版社，2005.

[6] 张增红，熊小平. 塑料注射成型 [M]. 北京：化学工业出版社，2005.

[7] 刘亚青. 工程塑料成型加工技术 [M]. 北京：化学工业出版社，2006.

[8] 钱汉英，王秀娴，李曜宾，等. 塑料加工实用技术问答 [M]. 北京：机械工业出版社，1996.

[9] 李基洪，李轩. 注塑成型技术问答 [M]. 北京：机械工业出版社，2005.

[10] 于丽霞，张海河. 塑料中空吹塑成型 [M]. 北京：化学工业出版社，2005.

[11] 李树，贾毅. 塑料吹塑成型与实例 [M]. 北京：化学工业出版社，2006.

[12] 王华山. 塑料注塑技术与实例 [M]. 北京：化学工业出版社，2006.

[13] 周殿明，张丽珍. 塑料挤出成型技术问答 [M]. 北京：化学工业出版社，2004.

[14] 王小妹，阮文红. 高分子加工原理与技术 [M]. 2版. 北京：化学工业出版社，2014.

[15] 张瑞志. 高分子材料生产加工设备 [M]. 北京：中国纺织出版社，2005.

[16] 吴舜英，徐敬一. 泡沫塑料成型 [M]. 北京：化学工业出版社，1992.

[17] 张京珍. 泡沫塑料成型加工 [M]. 北京：化学工业出版社，2005.

[18] 杨伟民，杨高品，丁玉梅. 塑料挤出加工新技术 [M]. 北京：化学工业出版社，2006.

[19] 陆照福. 塑料压延、模压成型工艺与设备 [M]. 北京：中国轻工业出版社，1997.

[20] 王加龙. 塑料配料工与塑料捏合工 [M]. 北京：化学工业出版社，2006.

[21] 王文俊. 实用塑料成型工艺 [M]. 北京：国防工业出版社，1999.

[22] 黄锐. 塑料成型工艺学 [M]. 2版. 北京：中国轻工业出版社，2000.

[23] 何震海，常红梅. 压延及其他特殊成型 [M]. 北京：化学工业出版社，2007.

[24] 张玉龙，齐贵亮. 塑料吹塑成型350问 [M]. 北京：中国纺织出版社，2008.

[25] 周持兴，俞炜. 聚合物加工理论 [M]. 北京：科学出版社，2004.

[26] 何震海，常红梅. 塑料制品成型基础知识 [M]. 北京：化学工业出版社，2006.

[27] 何震海，常红梅，郝连东. 挤出成型 [M]. 北京：化学工业出版社，2006.

[28] 李泽青. 塑料热成型 [M]. 北京：化学工业出版社，2005.

[29] 齐晓杰. 塑料成型工艺与模具设计 [M]. 北京：机械工业出版社，2005.

［30］申开智．塑料成型模具［M］．北京：中国轻工业出版社，2005.

［31］王贵恒．高分子材料成型加工原理［M］．北京：化学工业出版社，1995.

［32］胡浚．塑料压制成型［M］．北京：化学工业出版社，2005.

［33］赵俊会．塑料压延成型［M］．北京：化学工业出版社，2005.

［34］杨东洁．塑料制品成型工艺［M］．北京：中国纺织出版社，2007.

［35］王艳芳，何震海，郝连东．中空吹塑［M］．北京：化学工业出版社，2006.

［36］李树，贾毅．塑料吹塑成型与实例［M］．北京：化学工业出版社，2006.

［37］杨中文．塑料成型工艺［M］．北京：化学工业出版社，2009.

［38］苗丹，宋玉平，王文倩．我国中空吹塑行业发展现状及"十四五"期间重点产品、工艺和设备发展方向［J］．中国塑料，2022，36（9）：9.